George Salmon

Analytische Geometrie des Raumes

George Salmon

Analytische Geometrie des Raumes

ISBN/EAN: 9783741166303

Hergestellt in Europa, USA, Kanada, Australien, Japan

Cover: Foto ©Thomas Meinert / pixelio.de

Manufactured and distributed by brebook publishing software (www.brebook.com)

George Salmon

Analytische Geometrie des Raumes

ANALYTISCHE GEOMETRIE DES RAUMES

VON

GEORGE SALMON.

DEUTSCH BEARBEITET

VON

Dr. WILHELM FIEDLER,
PROFESSOR AM EIDGENÖSSISCHEN POLYTECHNIKUM ZU ZÜRICH.

I. THEIL.

DIE ELEMENTE UND DIE THEORIE DER FLÄCHEN ZWEITEN GRADES.

ZWEITE VERBESSERTE AUFLAGE.

LEIPZIG,
DRUCK UND VERLAG VON B. G. TEUBNER.
1874.

Vorrede.

Die vorliegende zweite Auflage des ersten Bandes der analytischen Geometrie des Raumes nach G. Salmon darf als eine vielfach verbesserte und vermehrte bezeichnet werden, obwohl ihr Umfang den der ersten Auflage nicht übersteigt. Der Raum für das Neue ist durch die Beseitigung alles Entbehrlichen beschafft worden.

Es ist hinzugekommen die Entwickelung der homogenen Coordinaten des Punktes und der Ebene aus dem Doppelverhältniss mit den bequemen und allgemeinen Constructionen der bezüglichen Elemente; die Lehre von den sechs Coordinaten der geraden Linie in vollkommener geometrischer Durchsichtigkeit, nebst ihrer Verwendung zur Darstellung der als Complex, Congruenz und Regulus benannten Gesammtheiten von Geraden, welche dann im Laufe der Entwickelung vielfach begegnen; die directe Ableitung des analytischen Ausdrucks der projectivischen Beziehungen; die geometrische Deutung der Coefficienten einer allgemeinen linearen Substitution; die kurze Untersuchung der Collineation und Reciprocität der Räume im allgemeinen, sowie in den besonderen Fällen der Involution, also nach der bekannten Terminologie der Geometrie der Lage in den Fällen des centrischen und des geschaart involutorischen Systems und in denen des Polar- und des Nullsystems. Der Theorie der Invarianten und Covarianten der Systeme zweiten Grades ist ein eigenes ausgedehntes Kapitel gewidmet und dieselbe in systematischer Weise vervollständigt worden; das Flächenbündel zweiten Grades und der allgemeine Strahlencomplex zweiten Grades haben dabei eine nähere Behandlung gefunden. Veränderungen der Anordnung und kleine Erweiterungen finden sich, wie in den meisten Theilen des Buches, so besonders auch in dem der Theorie der Focalpunkte und der confocalen Flächen gewidmeten Kapitel.

Ich hoffe, man wird finden, dass alle diese Veränderungen dem einen Zwecke dienen, der ganzen Entwickelung in erhöhtem Maasse jenen Charakter geometrischer Anschaulichkeit und constructiver Deutlichkeit zu geben, der G. Salmon's analytisch-geometrische Schriften auszeichnet und sie so vorzüglich geeignet macht, zur Aneignung der modernen allgemeinen Methoden anzuleiten, die aus der Durchdringung der algebraischen Untersuchung mit den Anschauungen der Geometrie der Lage entsprungen sind. Es sei erlaubt, als ein Beispiel dafür die Entwickelung der Theorie der Focalpunkte und Focalkegelschnitte hervor zu heben, in welcher nach Mac Cullagh's (1836), Chasles' (1837) und Salmon's (1842) eigenen Entdeckungen die Identität der beiden allgemeinen Auffassungen der Focalpunkte — als Scheitel von involutorischen Bündeln harmonischer Polaren mit unendlich vielen (in ein Strahlenbüschel und einen Einzelstrahl vertheilten) orthogonalen Tripeln, und der Focalkegelschnitte als der sich selbst entsprechenden Curven der bezüglichen orthogonalen Polarsysteme in den Hauptebenen und als der Doppelcurven und Selbstdurchdringungen der developpabeln Fläche, die der Fläche zweiten Grades und dem imaginären Kugelkreis im Unendlichen gemeinsam umschrieben ist, auf das Einleuchtendste heraus gearbeitet wird — unter dem Nachweis zugleich aller wichtigsten Eigenschaften des Systems der Confocalen; denn gerade dieses Beispiel ist ungeachtet der Fülle des Gegebenen noch reichlicher Ausführungen fähig. Das Buch will aber überhaupt nirgends erschöpfen, jedoch überall in den Kern der Sache einführen. Darum widme ich ihm gern auch weiter meine Arbeit. Eben deshalb hoffe ich auch, dass es sich die Theilnahme des mathematischen Publicums in noch wachsendem Maasse erwerben und auf lange hin erhalten werde.

Ich muss schliesslich erwähnen, dass ich der Freundschaft des Verfassers die Kenntniss der kleinen Veränderungen verdanke, durch welche die bevorstehende dritte Ausgabe des Originals sich von der zweiten unterscheiden wird; und ich will auch an diesem Orte Herrn Prof. Gundelfinger für die gütige Mittheilung seiner Untersuchung über das Flächenbündel zweiten Grades meinen Dank sagen, welche in Art. 236., 237. benutzt ist.

Die analytische Geometrie der Curven im Raume und der algebraischen Flächen hoffe ich in ihrer erneuerten Gestalt in nächster Zeit darbieten zu können.

Hirslanden bei Zürich, Februar 1874.

Dr. Wilh. Fiedler.

Inhaltsverzeichniss.

I. Kapitel. Der Punkt. Seite 1—12.

Artikel	Seite
1. Bestimmung eines Punktes durch drei Coordinaten	1
3. Projectionen des Punktes, einer begrenzten Geraden und einer ebenen Fläche	2
5. Projection eines Punktes, einer Strecke und einer Kette von Strecken auf eine Gerade	4
7. Der Specialfall der Coordinaten und des Radius vectors eines Punktes	5
8. Coordinaten des Theilpunktes einer Strecke und eines Punktes in der Ebene eines Dreiecks	—
10. Entfernung von zwei Punkten	6
11. Polarcoordinaten eines Punktes; Richtungscosinus einer Geraden	—
13. Der Winkel von zwei Geraden	8
15. Die Richtungscosinus der gemeinsamen Normale zu zwei Geraden	9
16. Transformation der Coordinaten zu parallelen Axen	10
17. Von rechtwinkligen Axen zu andern Axen vom nämlichen Anfangspunkt	—
20. Der Grad einer Gleichung zwischen den Coordinaten wird durch Transformation nicht geändert	12

II. Kapitel. Interpretation der Gleichungen. Seite 13—17.

21. Specialfälle als Vorläufer	13
22. Dass durch eine Gleichung zwischen den Coordinaten eine Fläche, durch zwei Gleichungen eine Linie, durch drei eine Gruppe von Punkten dargestellt wird	—
23. Classification der Flächen und Curven nach ihren Ordnungen	14
25. Bedeutung einer Gleichung zwischen zwei Coordinaten	16

III. Kapitel. Die Ebene und die gerade Linie. Seite 18—71.

26. Die Ebene und die Gleichung ersten Grades	18
27. Bestimmung der Ebene durch die Normale vom Anfangspunkt	19
28. Der Winkel von zwei Ebenen	20
29. Die Ebene aus ihren Axenabschnitten	—
30. Ebene durch drei Punkte; geometrische Deutung der Coefficienten ihrer Gleichung	21

Artikel.	Seite.
32. Länge der Normale von einem Punkte auf die Ebene	23
33. Schnittpunkt von drei Ebenen; vier Ebenen durch einen Punkt.	24
34. Das Tetraedervolumen	—
35. Allgemeine lineare Symbolgleichungen	25
36. Durch vier feste Ebenen ist jede fünfte linear ausdrückbar	26
37. Doppelverhältnis eines Ebenenbüschels	28
38. Die projectivischen Coordinaten für Punkt und Ebene; Gleichung der Ebene und des Punktes	—
39. Specialfälle; die Cartesischen und die Plücker'schen Coordinaten. Theilungsverhältnis und Doppelverhältnis in der Reihe und im Büschel	34
40. Bedingungen der Projectivität; Collineare und reciproke Räume. Deutung der Coefficienten einer linearen Substitution; Transformation der Coordinaten. Beispiele; Anm. 8	37
41. Gleichungen einer Geraden in Cartesischen Coordinaten; Bedingung des Durchschneidens für zwei Gerade	45
42. Die Gerade durch einen Punkt und eine Richtung; Normale durch einen Punkt zu einer Ebene	47
43. Halbierungslinie des Winkels von zwei Geraden; Grösse des Winkels	49
44. Winkel einer Geraden und einer Ebene	51
45. Bedingung der Lage einer Geraden in einer Fläche	—
46. Normalebene einer Ebene durch eine feste Gerade	52
47. Ebene durch eine Gerade parallel einer andern	53
48. Kürzeste Entfernung von zwei Geraden	54
49. Die sechs Coordinaten einer geraden Linie und ihre geometrische Deutung	55
50. Bedingung des Durchschneidens von zwei Geraden; ihr Schnittpunkt und ihre Ebene	62
51. Strahlencomplexe, Strahlencongruenzen, Regelflächen. Complexe ersten Grades etc.	63
52. Die Relation zwischen den Entfernungen von vier Punkten einer Ebene	67
53. Das Tetraedervolumen aus den Kantenlängen	68
54. Die Relation zwischen den sphärischen Distanzen von vier Punkten einer Kugel	69
55. Radius der einem Tetraeder umgeschriebenen Kugel	70

IV. Kapitel. Allgemeine Eigenschaften der Flächen zweiten Grades. Seite 72—90.

58. Die Zahl der zur Bestimmung nöthigen Bedingungen	72
59. Transformation der allgemeinen Gleichung zu parallelen Axen.	73
60. Transformation zu Polarcoordinaten	74
61. Tangentialebene der Fläche in einem ihrer Punkte	—
62. Berührungspunkt einer Tangente oder Tangentialebene von einem Punkt ausser der Fläche; Pol und Polarebene	76
63. Die Polarebene als Ort der harmonisch conjugierten Punkte zum Pol	77
64. Polargerade einer gegebenen Geraden	—
65. Fläche zweiten Grades mit Doppelpunkt: Kegelflächen	78
66. Die Discriminante der allgemeinen Gleichung	79
67. Mittelpunkt der Fläche zweiten Grades	81
70. Mittelpunkte paralleler Sehnen; conjugierte Durchmesser und Diametralebenen; Tripel conjugierter Durchmesser und Diametralebenen	82

Artikel	Seite
72. Hauptebenen und Axen der Fläche	84
73. Die Schnitte paralleler Ebenen mit einer Fläche zweiten Grades sind ähnlich in ähnlicher Lage	85
74. Abschnitte in parallelen Sehnenpaaren durch die Fläche	86
75. Schnittpunkte der Fläche mit der Verbindungslinie von zwei Punkten	—
76. Tangentialebene; Pol und Polarebene	87
78. Berührungskegel aus einem Punkte	88
79. Bedingung der Berührung einer Ebene mit der Fläche	—
80. " " " " Geraden " " "	88

V. Kapitel. Classification der Flächen zweiten Grades.
Seite 91—102.

81.	Transformation auf den Mittelpunkt der Fläche	91
82.	Invarianten der Transformation zu neuen rechtwinkligen Axen	—
83.	Transformation zu den Hauptaxen	93
84.	Classification der Flächen zweiten Grades: Ellipsoid	94
85.	Die Hyperboloide und die Kegelflächen	95
87.	Flächen ohne Mittelpunkt: Die Paraboloide	98

VI. Kapitel. Ableitung von Eigenschaften der Flächen zweiten Grades aus speciellen Formen ihrer Gleichung.
Seite 103—142.

89.	Flächen mit Mittelpunkt; Tangentialebene und Polarebene eines Punktes	103
90.	Ihre Gleichung in Ebenencoordinaten	104
91.	Die Normale der Fläche und ihre Abschnitte	—
92.	Die Quadratsumme der Reciproken von drei zu einander rechtwinkligen Durchmessern	105
93.	Die Normalen von drei zu einander rechtwinkligen Tangentialebenen aus dem Centrum	—
94.	Die dem Durchmesser eines Punktes conjugierte Diametralebene	—
95.	Summe der Quadrate von drei zu einander conjugierten Halbdurchmessern; Parallelepiped derselben	106
98.	Quadratsumme der Projectionen von drei conjugierten Durchmessern auf eine Gerade oder eine Ebene	108
100.	Ort des Schnittpunktes der Tangentenebenen in den Endpunkten von drei conjugierten Halbdurchmessern	109
101.	Axenlängen eines Diametralschnitts	110
102.	Schnitt mit einem gegebenen Durchmesser als Axe	—
103.	Bestimmung der Diametralkreisschnitte	112
104.	Flächen mit Kreisschnitten von gleicher Stellung	113
105.	Zwei nicht parallele Kreisschnitte derselben Fläche liegen auf einer Kugel	114
106.	Kreispunkte der Fläche	—
107.	Kreisschnitte des Paraboloids	115
108.	Gerade Linien auf dem einfachen Hyperboloid	116
109.	Entstehung desselben durch den Schnitt entsprechender Ebenen projectivischer Büschel	117
110.	Die beiden Systeme geradliniger Erzeugenden der Fläche und ihr Asymptotenkegel	118

Artikel	Seite
113. Bestimmung des Hyperboloids durch drei Gerade desselben Systems; verschiedene Formen seiner Gleichung	120
115. Die geraden Linien auf dem hyperbolischen Paraboloid	124
116. Projectivische respective ähnliche Theilung der Geraden des einen Systems durch die des andern	126
118. Bedingungen, unter denen die allgemeine Gleichung eine Umdrehungsfläche darstellt	127
121. Beispiele der Untersuchung geometrischer Orte	135

VII. Kapitel. Methoden der abgekürzten Bezeichnung.
Seite 143—171.

122. Princip der Dualität und Methode der reciproken Polaren	143
123. Eine Curve und ihr reciprokes System	144
124. Reciproke in Bezug auf eine feste Kugel oder einen Ursprung	145
125. Reciproke Kegelflächen, Focallinien und Kreisschnitte derselben	146
126. Die Reciproke einer Kugel ist eine Umdrehungsfläche	147
127. Reciproke einer centrischen Fläche zweiten Grades	149
128. Princip der Dualität; Gleichungen in Ebenencoordinaten	150
129. Allgemeine Gleichung zweiten Grades in Ebenencoordinaten	—
130. Flächenbüschel zweiten Grades	152
131. Flächen-Netz oder -Büschel zweiten Grades	153
132. Büschel der Polarebenen eines Punktes in Bezug auf die Flächen eines Büschels	154
133. Hyperboloid der Polarlinien einer Geraden	155
134. Ortscurve der Pole einer Ebene	—
135. Büschel der Polarebenen eines Punktes in Bezug auf die Flächen eines Büschels etc.	156
136. Vier Kegelflächen im Büschel; gemeinsames Quadrupel, Strahlencomplex vom zweiten Grade	157
137. Flächen zweiten Grades mit gemeinschaftlichem ebenen Querschnitt oder Berührungskegel. Specialfälle	159
140. Flächen, die sich längs eines ebenen Schnittes berühren	163
141. Beziehung auf das gemeinsame Quadrupel harmonischer Pole	164
142. Tetraeder, welche in Bezug auf eine Fläche zweiten Grades einander conjugiert sind	168
144. Ein Analogon des Pascal'schen Satzes	170

VIII. Kapitel. Focalpunkte und confocale Flächen.
Seite 172—231.

146. Begriff eines Focalpunktes; Analogie der Brennpunkte ebener Curven; Orte der Focalpunkte	172
147. Die Focalpunkte gegebener Flächen; Focalkegelschnitte	174
149. Focalkegelschnitte und Kreispunkte; zwei Arten der Focalpunkte	178
150. Schnitt der Ebene durch Focalpunkt und Directrix	179
151. Regelflächen und ihre Focallinien	180
153. Focalparabeln der Paraboloide	181
154. Meinsche Eigenschaften der Focalpunkte beider Arten; Model der Fläche	183

Inhaltsverzeichniss.

Artikel		Seite
155.	Focalpunkte als Scheitel umschriebener Rotationskegel; Reciprokalfläche in Bezug auf einen Focalpunkt als Umdrehungsfläche. Beispiele	185
156.	Reciprocität zwischen Eigenschaften der Umdrehungsflächen und solchen der allgemeinen Flächen zweiten Grades. Beispiele.	186
157.	Confocale Curven und Flächen zweiten Grades	189
159.	Drei zu einer gegebenen Fläche Confocale durch einen Punkt.	192
162.	Zwei confocale Flächen durchschneiden sich rechtwinklig	194
163.	Die Normalen der beiden Confocalen in einem Punkte der Fläche sind den Axen des der Tangentialebene parallelen Diametralschnitts parallel	195
166.	Längs der Schnittcurve von zwei Confocalen ist $p\beta$ constant.	197
167.	Ort der Pole einer Ebene für die Flächen des Systems	198
169.	Die Axen des Tangentenkegels einer Fläche als Normalen der confocalen Flächen durch seinen Scheitel	199
171.	Transformation auf diese Axen	200
174.	Gleichungen der Focalkegel und andere Anwendungen. Beispiele	202
175.	Die Berührungskegel confocaler Flächen aus einem Punkte sind confocal	205
176.	Eine Gerade wird von zwei Flächen des Systems berührt	206
177.	Paraboloid der Normalen confocaler Flächen, welche den Tangentialebenen eines Büschels entsprechen	207
178.	Die Axe der Fläche des Systems, welche eine gegebene Ebene berührt	208
180.	Ort des Schnittpunktes von drei zu einander rechtwinkligen Tangentialebenen zu drei confocalen Flächen	209
181.	Tangentenkegel zweier confocalen Flächen aus demselben Scheitel	210
182.	Axen einer Fläche zweiten Grades aus einem System ihrer conjugierten Durchmesser	211
183.	Länge der Sehne einer Fläche aus einem Punkte der Fläche, welche zwei confocale berührt	212
184.	Ort der Scheitel gerader Tangentenkegel der Fläche (Art. 155)	—
185.	Jeder der Focalkegelschnitte als Ort der Focalpunkte des andern	214
186.	Weitere Beispiele	215
187.	Correspondenz der Punkte von zwei confocalen Ellipsoiden.	217
188.	Confocale Kegelschnitte als Bilder der Schnittcurven einer Fläche mit ihren Confocalen; elliptische Coordinaten	—
189.	Ein Specialfall des Flächenbüschels mit gemeinsamen Kreisschnitten	218
190.	Der Jvory'sche Satz	220
191.	Die Jacobi'sche Erzeugung der Flächen zweiten Grades; die Normale der Fläche; Anm. 27	—
193.	Ort der Berührungspunkte paralleler Tangentialebenen confocaler Flächen	222
194.	Krümmung der Flächen zweiten Grades; Krümmungsradien der normalen und schiefen Schnitte	223
196.	Die Hauptkrümmungsradien als Grenzwerthe der erstern; Hauptschnitte und Krümmungscurven	226
197.	Die Hauptkrümmungscentra als Pole der Tangentialebene in Bezug auf die Confocalen durch den Berührungspunkt	227
198.	Die Flächen der Hauptkrümmungscentra und ihre Reciproko.	—
200.	Sechs Focalcentra und Focalkugeln einer Fläche zweiten Grades und ihre metrischen Relationen	229

IX. Kapitel. Von den Invarianten und Covarianten der Systeme zweiten Grades. Seite 232—293.

Artikel.   Seite.

202. Die Invarianten zweier Flächen aus der Discriminante des Büschels. Beispiele ihrer Berechnung 232
203. Geometrische Bedeutung des Verschwindens der Invarianten Θ oder Φ. Beispiele 237
204. Bedingung der Berührung von zwei Flächen zweiten Grades. Beispiele. Parallelfläche 238
205. Der Berührungspunkt als Doppelpunkt der Durchdringungscurve 240
206. Die stationäre Berührung zweier Flächen zweiten Grades, insbesondere einer solchen mit einer Kugel 242
207. Die Fläche der Hauptkrümmungscentra einer Fläche zweiten Grades . . . . —
208. Bedingung, unter welcher die eine von zwei Flächen die Ecken und die andere zwei Gegenkanten eines Tetraeders enthält 244
209. Allgemeine Gleichung einer dem Fundamentaltetraeder eingeschriebenen Fläche zweiten Grades 245
210. Geometrische Deutung des Verschwindens der Invarianten für die eine der Flächen als Kegel oder Ebenenpaar 246
211. Die Invarianten der Fläche und des Asymptotenkegels der Kugel, respective des imaginären Kugelkreises im Unendlichen. Beispiel 248
212. Der Kegelschnitt als Specialfall der Fläche zweiten Grades. 250
213. Der Tangentenkegel mit gegebener Berührungscurve . . . —
214. Die Bedingung der Berührung einer Ebene mit der Fläche als Contravariante und die Contravarianten der Schaar; Deutung ihres Verschwindens 252
215. Gleichung der Flächenschaar in Punktcoordinaten; fundamentale Covarianten. Beispiele 254
216. Die gemeinsame berührende Developpable zweier Flächen und ihre Doppelkegelschnitte 259
217. Bedingung, unter welcher eine gegebene Gerade die gemeinsame Curve von zwei Flächen schneidet; geometrische Deutung der Contravariante π 260
218. Die developpable Fläche der Durchdringungscurve in zwei Entwickelungsformen 261
221. Das Büschel mit gemeinsamen Kreisschnitten und die Schaar der Confocalen 264
225. Die Focalkegelschnitte 266
226. Die Gleichung der Confocalen in tetrametrischen Ebenencoordinaten . . . . —
227. Bedingung der Rechtwinkligkeit in projectivischen Ebenencoordinaten 270
228. Gleichung einer Kugel in projectivischen Ebenencoordinaten. 271
229. Gleichung der dem Fundamentaltetraeder umschriebenen Kugel; Bedingungen, unter welche die allgemeine Gleichung zweiten Grades eine Kugel darstellt . . . . —
230. Die Bedingungen parabolischer, gleichseitig hyperbolischer und kreisförmiger Schnitte 274
231. Coordinaten der Brennpunkte eines ebenen Schnittes. Beispiele. Ort der Brennpunkte der Diametralschnitte einer Fläche . . . . —

Artikel.		Seite.
232.	Die Theorie der metrischen Relationen im Raume und die Bewegungen	277
233.	Die Jacobi'sche Fläche von vier Flächen zweiten Grades	278
234.	Die Jacobi'sche Curve von drei Flächen zweiten Grades	280
235.	Die Invarianten eines Netzes aus der Discriminante derselben; Invariante der Berührung; Discriminanten von Discriminanten.	282
236.	Die Covarianten des Flächen-Netzes 2. Ordnung	285
238.	Transformation von zwei Flächen auf das gemeinsame Quadrupel. Beispiele	280
239.	Die Reduction der Complexgleichung zweiten Grades und der Relation der Strahlencoordinaten auf die Summen von Quadraten	292
240.	Sechs Fundamentalcomplexe ersten Grades	295

X. Kapitel. Kegel und sphärische Kegelschnitte.
Seite 299—320.

241.	Kegelflächen und sphärische Curven	299
242.	Sphärische Coordinatensysteme; projicirende Kegel aus dem Centrum	300
243.	Princip der Interpretation der Gleichungen der Kegel als solcher von sphärischen Linien	301
244.	Sphärische Dreiecke	302
245.	Bedingung der Orthogonalität grösster Kreise	304
246.	Vom sphärischen Viereck, sphärische Kegelschnitte aus zwei Tangenten und der Berührungsebene oder durch vier Punkte.	
247.	Die cyclischen Bogen als Asymptoten. Der Reciprokalkegel und die Dualität der Theoreme in der Sphärik	305
248.	Brennpunkte sphärischer Kegelschnitte; Directrixen	308
253.	Eigenschaften allgemeiner Flächen zweiten Grades aus denen von Kegeln	310
254.	Concyclische und confocale Kegelschnitte	311
257.	Identische Relation zwischen den von einem Punkte auf drei grösste Kreise gefällten Normalen	313
258.	Gleichung der einem Tetraeder eingeschriebenen Kugel	314
259.	Die kleinen Kugelkreise oder geraden Kegel und die Theorie der Invarianten	315
261.	Die Uebertragung des Feuerbach'schen Satzes auf sphärische Dreiecke	317

Literatur-Nachweisungen.

III. Kapitel.

1) Art. 34, Seite 25, Aumerk. Vergl. "Joachimsthal's Abhandl. in Crelle's Journal" Bd. 40, p. 21 f.

2) Art. 38, Seite 28. Vergl. des Herausgebers "Darstellende Geometrie" (Leipzig 1871) p. 531 und die dort gegebenen Nachweisungen zu §§ 131 f.

3) Art. 30, Seite 34. Vergleiche Kronecker's Entwickelungen im 72. Bd. von "Crelle's Journal" p. 158 f.

4) Art. 39, Seite 35. Vergleiche "Darstellende Geometrie" Art. 37 f. Diese Erklärung ergänzt die analytisch eleganten Entwickelungen Hesse's ("Vorles. über die analyt. Geom. des Raumes") nach der geometrischen Seite.

5) Art. 40, 3; Seite 42. Vergl. "Darstellende Geometrie" Art. 42.

6) Art. 40, 3; Seite 43. Vergl. Möbius in den "Bericht d. K. S. Gesellsch. d. Wissensch. zu Leipzig" von 1856, p. 150.

7) Art. 40, 3; Seite 43. Vergl. v. Staudt "Beiträge" (1856), p. 63.

8) Art. 40, 5; Seite 48. Dieser Name für das System ist auf Grund seiner Bedeutung für die Statik von Möbius eingeführt worden (vergl. Möbius "Lehrbuch der Statik" Bd. 1, § 69, § 84 f. oder seine classische Abhandlung im 10. Bd. von "Crelle's Journal" (1833) p. 317–341. v. Staudt hat ihn angenommen, siehe "Beiträge" § 5. Wir verweisen auf diese Quellen der weitern Ausführung wegen; es sei noch erwähnt, dass die Bewegung eines starren Systems in denselben geometrischen Beziehungen dargestellt ist.

In der allgemeinen Reciprocität giebt es vier Elemente, die ihren entsprechenden vertauschbar entsprechen. Man findet sie, indem man beide Räume auf dasselbe Coordinatensystem bezieht und die einem Punkte y, in beiden entsprechenden Ebenen als identisch festsetzt; man erhält zur Bestimmung des Proportionalitätsfactors eine biquadratische Gleichung. Diese vier Punkte liegen in ihren Ebenen und gehören also der in Beisp. 4 bezeichneten Fläche an; die entsprechenden Ebenen berühren die Fläche zweiten Grades, welche die Envelope aller solcher Ebenen ist, die ihre entsprechenden Punkte enthalten. Beide Flächen berühren einander in den vier Punkten mit jenen Tangentialebenen und durchdringen sich im bezüglichen windschiefen Vierseit. Vergl. "Kegelschn." Art. 379.

9) Art. 51, Seite 61. Vergl. a. a. O. in "Darstellende Geometrie" die Nachweise zu § 142.

10) Art. 51, Seite 61, Beisp. Vergl. Cayley "On the six Coordinates of a Line", "Transact of the Cambr. Philos. Society" Bd. 11, 2.

11) Art. 53, Seite 63. Vergleiche Plücker's "Neue Geometrie des Raumes" Leipzig 1869. § 2.

12) Art. 53, Beisp. Seite 66. Vergleiche die constructive Lösung in "Darstellende Geometrie" Art. 93.

12*) Art. 57, Aumerk. Seite 71. Siehe "Crelle's Sammlung math. Aufs. Bd. 1, p. 105; und die Abhandlung von Siebeck im 63. Bd. von "Crelle's Journal" p. 151, sowie in Baltzer's "Determinanten" § 15 in Verbindung mit Kronecker's citirten Entwickelungen im 72. Bd. von "Crelle's Journal", p. 162 f.

VII. Kapitel.

13) Art. 131, Anmerk., Seite 151. Vergl. Reye „Mathemat. Annalen" Bd. 2, p. 475.
14) Art. 135, Seite 156. Diese Construction gab Hesse „Crelle's Journal" Bd. 24. p. 56.
15) Art. 135, Seite 156. Man vergleiche die dazu von Townsend gegebenen Entwickelungen „Cambridge a. Dubl. Journ." Bd. 4, p. 241.
16) Art. 136, Beisp.; Seite 150. Vergleiche K. Müller in Bd. 1 der „Mathem. Annalen" p. 413 und Reye's „Vorträge" Bd. 2, p. 116 f.
17) Art. 139, Seite 162. Dies ward von W. R. Hamilton zuerst ausgesprochen.
18) Art. 141, Beisp., Seite 167. Vergleiche Townsend's Abhandlung in Bd. 11 des „Quart. Journ. of Mathem." p. 347.
19) Art. 142, Seite 168. Das Theorem rührt von Chasles, der hier gegebenen Beweis von Ferrers her. („Quarterly Journ. of Mathem." Bd. 1, p. 241.)
20) Art. 144, Seite 170. Vergleiche „Aperçu historique".

VIII. Kapitel.

21) Art. 154, Seite 185. Mac-Cullagh veröffentlichte die modulare Erzeugungs-Methode der Flächen zweiten Grades 1836. Unabhängig von diesem hatte Chasles diese Eigenschaften studirt; man findet seine Ergebnisse in den Noten des 1837 veröffentlichten „Aperçu historique". Deutsche Ausgabe p. 413 f. Salmon gab 1842 die ergänzende Eigenschaft der nichtmodularen Focalpunkte. Etwas später entdeckte Amiot unabhängig dieselbe Eigenschaft, ohne aber die vollständige Theorie der Focalpunkte zu erhalten, da er Mac-Cullagh's Erzeugungsart nicht kannte. Man vergl. die Abhandlung Mac-Cullagh's über die Focaleigenschaften der Flächen zweiten Grades in den „Proceedings of the R. Irish Acad." Bd. 2, p. 446. Dazu Townsend's Abhandlung im 3. Bde. des „Cambridge a. Dubl. Math. Journ." p. 1, 97, 148, wo die Focalpunkte als doppelt berührende Kugeln vom Radius Null betrachtet sind.
NB. Die Nachweisungsziffern 22) p. 186, Art. 155, 6 und 23) p. 189, Art. 157 sind zu streichen.
24) Art. 175, Seite 205. Siehe „Liouville's Journal" Bd. 11, p. 121 und „Crelle's Journ." Bd. 12, p. 137.
25) Art. 191, Seite 220. Siehe „Crelle's Journ." Bd. 12. Dazu die Veröffentlichung aus seinem Nachlass durch Hermes und dessen Ausführungen im 73. Bde. des Crelle'schen Journ. p. 179, 209.
26) Art. 191, Anmerk. Seite 221. Siehe „Cambridge and Dublin Math. Journ." Bd. 3, p. 151.
27) Art. 192, Seite 222. Nach einer Notiz aus dem Nachlass Joachimsthal's „Crelle's Journ." Bd. 73, p. 209. Diese Sätze von Jacobi und Joachimsthal gelten für eine Fläche F^n von der Ordnung n an Stelle der Ebene ABC und die Resultante in der Normale derselben in D. Die erzeugte Fläche F ist von der Ordnung $4n^2$ im Allgemeinen und wird speciell von der Ordnung $2n^2$ für eine zur Ebene ABC symmetrische Fläche F^n. Dies bemerkte Painvin in „Nouvell. Annal." Bd. 30, p. 481.
28) Art. 199, Seite 229. Diese Gleichung scheint zuerst gegeben von Booth „Tangential-Coordinaten" Dublin 1840. Vergl. dessen „Treatise on some new geometrical methods" (London 1873) Bd. 1, p. 112.
29) Art. 200, Seite 229. Vergl. Heilermann „Crelle's Journal" Bd. 56, p. 315.

IX. Kapitel.

30) Art. 202, Seite 232. Vergl. die Abhandlung von H. Stahl „Ueber die Massfunctionen der analytischen Geometrie". Berlin 1873.

31) Art. 202, 6; Seite 236. Diese Ausdrücke verdankt der Autor Cathcart.

32) Art. 202, 7; Seite 237. Vergl. Sylvester's Abhandlung in Bd. 31 des „Philos. Magazine", p. 119, 295. Für die constructive Behandlung vergleiche man des Herausgebers „Darstellende Geometrie" Art. 87; Art 100.

33) Art. 203, 1; Seite 238. Vergleiche Hesse im 20. Bd. von „Crelle's Journ." p. 297.

34) Art. 210, Beisp. Seite 248. Man vergleiche Lüroth's Darstellung in „Zeitschrift f. Math. und Physik" 1868, p. 404 und Sylvester's Abhandlung in Note 20 f.

35) Art. 215, 1; Seite 258. Für die analytische Behandlung kann man vergleichen d'Ovidio im 10. Bd. des „Giornale di Napoli" p. 315.

36) Art. 218, Seite 262. Vergleiche „Cambridge and Dublin Math. Journ." Bd. 3, p. 171; obwohl nur der geometrische Beweis dort mitgetheilt ist, so war doch das Resultat durch die wirkliche Bildung der Gleichung der Developpabeln erhalten worden. Siehe auch Bd. 2, p. 68. Die Gleichungen wurden auch durch Cayley in Bd. 5 entwickelt.

37) Art. 222, Beisp. Seite 266. Vergleiche Townsend im 8. Bd. des „Quarterly Journ. of Math."

38) Art. 224, Beisp. Seite 269. Siehe für diese Bemerkung Darboux im Bd. 1 des „Bulletin des Mathém." p. 384 und Dini in Bd. 3 der „Annali di Matem." p. 281.

36) Art. 231, 2, Seite 276. Für die Discussion siehe die Abhandlung von Painvin im 23. Bd. der „Nouvelles Annal." p. 481.

37) Art. 232, Seite 278. Vergl. Klein „Ueber die sogenannte Nicht-Euklidische Geometrie" im 4. Bd. der „Mathem. Annalen" p. 573. Die Beziehungen dieser Fragen zur Cayley'schen Massbestimmung kannte der Herausgeber vor dieser Veröffentlichung und sie waren auch Beltrami bekannt. Zur linearen Transformation einer Fläche zweiter Ordnung in sich selbst vergleiche man Cayley's Abhandl. in Bd. 36 und 37 des „Philos. Magaz." p. 326, 209.

Hier könnte die Ausdehnung der Methode des Art. 359 Anfg. 2, 3 der „Kegelschn." auf die entsprechenden Beziehungen zwischen Flächen zweiten Grades entwickelt worden, welche Casey im 2. Bd. der „Annali" p. 303 f. gegeben hat. Sie gilt unmittelbar für vier Kegelschnitte einer solchen Fläche, die ein fünfter berührt.

38) Art. 234, Seite 281. Vergleiche die Abhandlung von Geiser im 69. Bd. von „Crelle's Journal" p. 197, besonders p. 218.

39) Art. 236, Seite 285. Die allgemeine analytische Darstellung der Geometrie des Flächen-Netzes 2. Ord. folgt im Wesentlichen einer gütigen Mittheilung von Prof. Gundelfinger; zu dem Inhalt vergleiche man Sturm's Abhandlung im 70. Bd. von „Crelle's Journal" p. 212 f.

40) Art. 240, Seite 298. Siehe die Abhandlung von Klein im Bd. 2 der „Mathem. Annalen" p. 198.

X. Kapitel.

41) Art. 241, Seite 299. Vergleiche das Memoir von Chasles im 6. Bd. der „Mém. publiés par l'acad. royale des sciences en Belgique" oder dessen treffliche Uebersetzung in's Englische von Graves. Dublin 1837.

42) Art. 242, Seite 300. Siehe „Crelle's Journal" Bd. 6, p. 240 oder die angeführte Arbeit von Graves.

43) Art. 254, Seite 312. Siehe die Arbeit von Graves p. 77.

Verzeichniss bemerkter Druckfehler.

Seite 4 Zeile 7 v. u. lies Q statt O.
„ 9 „ 16 „ „ „ + „ .
„ 30 „ 31 rechts ebene statt linie.
„ 31 lies Fig. 5 statt Fig. 4.
„ 36 Zeile 11 v. o. lies $lx_i + my_i + nz_i = 0$.
„ 43 „ 13 v. u. „ $a_{ik} = -a_{ki}$.
„ 44 „ 6 v. o. lies $\eta' =$
„ 46 „ 1 v. u. „ $-(y-$
„   „ 2 „ „ „ $-(x-$
„ 58 „ 13 v. u. lies A_1, 2 statt A_1, 2.
„ 60 „ 17 v. o. „ Einh. Ebene.
„ 62 „ 15 v. o. fehlt „für H als linke Seite der identischen Relation 3) im Art. 61."
„ 63 Ueberschrift, lies Geraden statt Graden.
„ 93 Zeile 6 v. o. lies a_{11}', a_{22}'.
„ 113 Ueberschrift, lies Ebenen.
„ 124 Zeile 6 v. o. lies hyperbolische.
„ 162 „ 6 v. u. lies ¹¹) statt ¹¹).
„ 167 „ 9 v. o. „ welcher.
„ 169 „ 13 v. o. (fehlt die Ziffer ¹⁹).
„ 169 „ 20 lies $(a_{12} x_1 x_2 + a_{34} x_1 x_3)$.
„ 170 „ 12 v. u. fehlt bei Chasles die Verweisungsnummer ²⁰).
„ 197 in der Ueberschrift lies Allgemeine.
„ 237 Zeile 19 v. u. lies auf ein sich selbst conjugirtes.
„ 244 „ 5 v. o. lies $-3(\beta^2 + \gamma^2) \alpha^4 \beta^2 \gamma^2 x^2$.
„ 253 „ 19 v. u. lies welches.
„ 256 und 257 in der Ueberschrift lies Art. 215.
„ 268 Zeile 9 v. o. lies Flächen.

Nachtrag zum Druckfehlerverzeichniss der „Kegelschnitte" 3. Aufl.

Seite 8 Zeile 1 v. o. lies xOX.
„ 32 „ 18 v. u. „ $x \cos a_1$.
„ 46 „ 3 „ o. „ $\cdot (a - x) y$.
„ 60 „ 5 „ u. „ der Linie PQ und $P'Q'$.
„ 63 „ 9 „ „ „ $(x'y - xy')$.
„ 87 „ 14 „ u. „ Winkel QAB.

XVI Druckfehlerverzeichniss der Kegelschnitte 3. Aufl.

Seite	Zeile			
,, 62	Zeile 10 v. o. lies $l_1a_1 - l_2a_2$
,, 63	,, 7 ,, ,, ,, na_3 la_1.
,, 64	,, 8 ,, u. ,, $a_1 - na_2$.
,, 65	,, 17 ,, o. ,, $A_1 - kA_2$.
,, 72	,, 8 ,, u. ,, $a_1a_2 + a_2a_1$.
,, 74	,, 7 ,, n ,, $a_1a_1 -$.
,, 75	,, 9 ,, n ,, $x_1^2 \varrho$.
,, 78	,, 4 ,, o. ,, $a_1''' - la_1'''$.
,, 86	,, 12 ,, u. ,, $+ a_m X_p$.
,, 89	,, 8 ,, o. erste Formel, lies x_1' statt x_1''.
,, 89	,, 8 ,, u. lies $+ A_2 x_2'''$.
,, 276	,, 18 ,, o. ,, $2a_{12} x$
,, 279	,, 19 ,, ,, ,, wie diese mit der Tangente.
,, 370	,, 16 ,, n. ,, $\{A_{33}(x^2 - y^2)$
,, 371	,, 8 ,, ,, ,, $x' + x'' i, y' + y'' i$.
,, 420	,, 17 ,, ,, ,, im Nenner $(b_{11}b_{22} - b_{12}^2)$.
,, 425	,, 9 ,, o. ,, $- (kp + q)$
,, ,,	,, 16 ,, u. ,, $d_{11}(ka_{22} + b_{22})$.
,, 467	,, 8 ,, n. muss in der 1., 2., 3. Determinante die untere Zeile an Stelle von ξ_1, ξ_2, ξ_3 respective die Null enthalten.
,, 503	,, 13 ,, n ,, lies x^2 statt ξ^2.
,, ,,	,, 11 ,, ,, füge bei durch directe Berechnung.
,, 504	,, 17 ,, ,, lies x_1^2 und $x_p r_2$ statt ξ_1^2 und $\xi_2 \xi_3$.
,, 506	,, 1 ,, ,, ,, $- 2 A_{33} x_p$.
,, 506	,, 19 ,, ,, Druckstrich und Nenner gehören zu $x_p r_1$ als $A_1 +$
,, 507	,, 16 ,, o. lies $(a_{11}a_{22} - a_{12}^2)/k^2$.
,, 512	,, 6 ,, u. ,, $x_1 x_2 - x_p r_1' = 0$.
,, ,,	,, 2 ,, ,, fehlt hinter der Determinante der Exponent 2.
,, 513	,, 5 ,, o. ,, SS''.
,, ,,	,, 6 ,, n ,, $S'S''$ cos^2 θ'.
,, ,,	,, 11 ,, n ,, $+$ arc. $\left(\cos = \frac{p''}{\sqrt{SS''}}\right)$ arc. $\left(\cos = \frac{p'}{\sqrt{SS''}}\right)$.
,, 514	,, 13 ,, u. ,, links $a_{11}x_1 x_1'$.
,, 519	,, 13 ,, o. ,, $// A_{11} \xi_1 \xi_1'$.
,, ,,	,, 16 ,, u. ,, $\{a_{11}(\xi_1 \xi_2' - \xi_1' \xi_2)^2$.
,, ,,	,, 3 ,, ,, ,, $- \{A_{11}($
,, 520	,, 1 ,, o. ,, $)$ vor statt nach respective.
,, ,,	,, ,, 18 ,, ,, streiche hinter $\}$ den Exponenten 2.
,, ,,	,, ,, 10 ,, u. setze hinter der Determinante rechts den Exponenten 2.
,, ,,	,, ,, 5 ,, ,, lies im letzten Glied $\sqrt{SS''}$.
,, 526	,, 3 ,, ,, ,, in der Determinante linke x_1 statt x_2.
,, 602	,, 1 ,, o. ,, $x_1 + \lambda x_2$. Sodann lies in Zeile 2 und 3 $\lambda = e^{i\theta}, \lambda : \mu = e^{2i\theta} = -e^{(2\theta - \pi)i};$ also auch $\frac{1}{\mu_i}\zeta, \frac{\lambda}{\mu} = \theta$. (Vergl. Art. 368.)

I. Kapitel.

Der Punkt; Theorie der Projectionen und Transformation der Coordinaten.

1. Wie die Lage eines Punktes C in einer Ebene bestimmt wird, indem man ihn auf zwei in dieser Ebene gelegene Coordinatenaxen OX, OY bezieht, ist bekannt. Um die Lage eines Punktes P im Raume zu bestimmen, haben wir nun eine dritte Axe OZ zu den beiden schon vorhandenen hinzuzufügen, welche nicht in ihrer Ebene liegt. Wenn wir dann die der Linie OZ parallel gemessene Entfernung z des Punktes P von der Ebene XOY und die Coordinaten x und y des Punktes C kennen, in welchem die durch P gehende Parallele zu OZ die Ebene schneidet, so ist die Lage des Punktes P offenbar vollständig bestimmt.

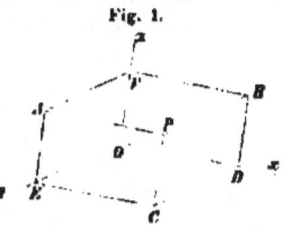

Fig. 1.

Von den drei Gleichungen $x = a$, $y = b$, $z = c$ bestimmen die beiden ersten den Punkt C und man erhält den Punkt P, indem man durch ihn eine Parallele zu OZ zieht und auf ihr die Länge $CP = c$ abträgt. Es ist auch bekannt, wie die Lage des Punktes C in der Ebene XOY von den Vorzeichen der Grössen a und b bedingt wird; in derselben Weise bestimmt das Zeichen von c die Seite der Ebene XOY, nach welcher die Linie CP zu messen ist, indem man annimmt, dass alle auf der einen Seite der Ebene gemessenen Linien dieser Art als positiv gelten, während die auf der andern Seite derselben gemessenen negativ sind. Man betrachtet z. B. die z aller über der Ebene XOY gelegenen Punkte als positiv und die z aller unter derselben gelegenen Punkte als negativ unter der Voraussetzung, dass diese Ebene selbst eine Horizontalebene ist. Es erhellt zugleich, dass für jeden in der Ebene XOY gelegenen Punkt $z = 0$ ist.

Die von den Axen miteinander gebildeten Winkel sind willkürlich innerhalb der durch die vorigen Bestimmungen gezogenen Grenzen; die Axen werden aber speciell als rectangulär bezeichnet, wenn die Linien OX und OY rechtwinklig zu einander sind und die Linie OZ normal zur Ebene XOY ist.

2. Wir haben die Methode der Bestimmung eines Punktes im Raume in der Weise auseinandergesetzt, welche die einfachste scheint für diejenigen, welche mit der analytischen Geometrie in der Ebene vertraut sind, und gehen nun dazu weiter, sie in einer mehr symmetrischen Art darzustellen.

Wir bedienen uns zu dieser Bestimmung der Verbindung von drei Coordinatenaxen OX, OY, OZ, welche sich in einem Puukte O schneiden, den wir wie in der Planimetrie als den Anfangspunkt bezeichnen. Die drei Axen heissen die Axen der x, y, z respective. Sie bestimmen auch die drei Coordinatenebenen, nämlich die Ebenen XOY, YOZ, ZOX, welche wir als die Ebenen xy, yz, zx respective benennen werden.

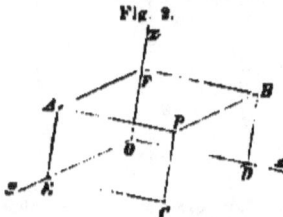

Fig. 2.

Da nun offenbar $PA = CE = a$, $PB = CD = b$, $PC = c$ ist, so ist die Lage eines Punktes P bekannt, wenn seine drei Coordinaten gegeben sind, d. h. wenn die drei Geraden PA, PB, PC bekannt sind, welche durch ihn den Axen der x, der y, der z respective parallel bis zum Durchschnitt mit der Ebene der jedesmaligen beiden andern Axen gezogen werden.

Da ferner $OD = a$, $OE = b$, $OF = c$ ist, so kann der durch die Gleichungen $x = a$, $y = b$, $z = c$ bestimmte Punkt durch folgende symmetrische Construction gefunden werden: Man messe in der Axe der x die Länge $OD = a$ und lege durch D die Ebene $PBDC$ parallel der Ebene yz, messe in der Axe der y die Länge $OE = b$ und lege durch E die Ebene $PCEA$ parallel zu zx, und endlich in der Axe der z die Länge $OF = c$ und lege durch F die Ebene $PAFB$ parallel zu xy; der Durchschnittspunkt der drei so bestimmten Ebenen ist P, der zu bestimmende Punkt.

3. Die Punkte A, B, C werden als die **Projectionen** des Punktes P auf die drei Coordinatenebenen bezeichnet;

wenn die Axen rectangulär sind, heissen sie insbesondere orthogonale Projectionen. Da wir uns im Folgenden zu allermeist mit orthogonalen Projectionen beschäftigen werden, so sollen, wenn wir ohne nähere Bezeichnung von Projectionen sprechen, immer orthogonale Projectionen verstanden sein, während das Gegentheil ausdrücklich bezeichnet werden wird. Und da wir von einigen Eigenschaften der orthogonalen Projectionen oft Gebrauch machen werden, so wollen wir dieselben, obgleich mehrere von ihnen schon in der „Analytischen Geometrie der Kegelschnitte" (Art. 424) bewiesen wurden, hier zusammenstellen.

Die Länge der Orthogonalprojection einer begrenzten geraden Linie auf irgend eine Ebene ist gleich dem Producte der Linie in den cosinus des Winkels, welchen sie mit dieser Ebene bildet.*)

Sind PC und $P'C'$ die von P und P' auf die Ebene XOY gefällten Normalen, so ist CC' die Orthogonalprojection der Linie PP' auf diese Ebene, und die Vervollständigung des Rechtecks $PCC'Q$ durch die Parallele PQ zu CC' liefert

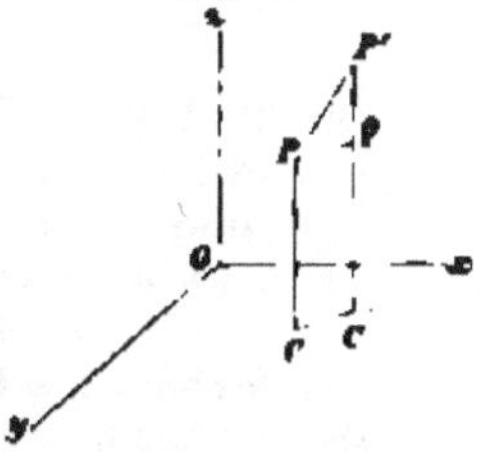

$$PQ = CC' = PP' \cdot \cos P'PQ.$$

Fig. 3.

4. Die Projection der in einer beliebigen Ebene enthaltenen Fläche auf eine Ebene ist gleich dem Producte der Originalfläche in den cosinus des von beiden Ebenen gebildeten

---

*) Der von einer Linie mit einer Ebene gebildete Winkel ist derselbe, welchen die Linie mit ihrer Orthogonalprojection auf diese Ebene einschliesst. Der Winkel zwischen zwei Ebenen wird durch den Winkel der Normalen gemessen, welche man in ihnen auf ihrer Durchschnittslinie in einem beliebigen Punkte derselben errichten kann; oder auch durch den Winkel der Normalen, die man von irgend einem Punkte auf beide Ebenen fällt. Der Winkel zwischen zwei Linien, welche sich nicht schneiden, ist durch den Winkel gemessen, den zwei Parallelen zu denselben von einem Punkte aus einschliessen.

Wenn wir von dem Winkel zweier Linien sprechen, so ist es wünschenswerth, ohne Zweideutigkeit auszudrücken, ob wir den spitzen oder stumpfen Winkel derselben verstehen. Dazu setzen wir voraus, dass z. B. für den Winkel der Linien PP', CC' in Figur 2 diese Linien in dem Sinne von P nach P' und von C nach C' durchlaufen werden und dass für

Winkels. („Kegelschn." Art. 424.) Denn wenn die Ordinaten beider Figuren zur Durchnittslinie ihrer Ebenen normal genommen sind, so ist jede Ordinate der Projection das Product aus der entsprechenden Ordinate des Originals in den cosinus des von beiden Ebenen gebildeten Winkels. Und wenn zwei Figuren von derjenigen Beschaffenheit sind, dass die denselben Abscissen entsprechenden Ordinaten in unveränderlichem Verhältniss stehen, so sind die Flächen dier Figuren selbst in dem nämlichen Verhältniss. („Kegelschn." Art. 261.)

5. **Die Projection eines Punktes auf eine gerade Linie** ist der Durchschnittspunkt derselben mit einer durch den Punkt gehenden und zu ihr normalen Ebene; es sind also beispielsweise in Figur 1 für rectanguläre Axen D, E, F die drei Projectionen des Punktes P auf die Axen.

Fig. 4.

Die Projection einer begrenzten geraden Linie auf eine andere Gerade ist gleich dem Product der ersteren Linie in den cosinus des von beiden gebildeten Winkels. (Fig. 3.)

Sei PP' die gegebene Linie und DD' ihre Projection auf OX, so ziehen wir durch P eine zu OX parallele Gerade bis zum Durchschnitt mit der Ebene $P'C'D'$ in Q; da beide auf einander normal sind, so ist PQP' ein rechter Winkel und $PQ = PP' \cdot \cos P'PQ$, endlich aber $PQ = DD'$, weil diese Geraden die in zwei parallelen geraden Linien von zwei parallelen Ebenen gebildeten Abschnitte sind.

6. Für drei beliebige Punkte P, P', P'' ist die Projection von PP'' auf eine beliebige Gerade der Summe

die Parallele PQ derselbe Sinn festgehalten werde. Alsdann ist der Winkel zwischen diesen Linien ein spitzer. Wenn wir aber von dem Winkel der Linien PP' und $C'C$ sprechen, so ist die Parallele PQ nach entgegengesetztem Sinne zu ziehen und wir erhalten den stumpfen Winkel, welchen die Linien mit einander bilden. Wenn wir von dem Winkeln sprechen, welche eine gerade Linie OP mit den Axen bildet, so verstehen wir darunter immer die Winkel, welche OP mit den positiven Seiten der Axen OX, OY, OZ einschliesst.

der Projectionen von PP' und $P'P''$ auf dieselbe Gerade gleich.

Wenn D, D', D'' die Projectionen der drei Punkte sind, so ist DD'' die Summe von DD' und $D'D''$, so lange D' zwischen D und D'' liegt. Liegt aber D'' zwischen D und D', so ist DD'' die Differenz von DD' und $D'D''$, und da der Sinn des Uebergangs von D' nach D'' der entgegengesetzte von dem von D nach D' ist, so ist DD'' die algebraische Summe von DD' und $D'D''$. Dass die Projection von $P'P''$ im letzteren Falle mit dem negativen Zeichen zu nehmen ist, geht auch daraus hervor, dass in diesem Falle die Länge der Projection das Product von $P'P''$ in den cosinus eines stumpfen Winkels ist. (Note pag. 3.)

Für eine beliebige Anzahl von Punkten P, P', P'', P''', etc. ist allgemein die Projection von PP''' auf eine beliebige Gerade gleich der Summe der Projectionen von PP', $P'P''$, $P''P'''$ auf dieselbe Gerade.

7. Wir werden oft Gelegenheit haben von dem folgenden speciellen Falle des Vorhergehenden Gebrauch zu machen.

Die Summe der Projectionen der Coordinaten des Punktes P auf eine beliebige Gerade ist der Projection seines Radius Vectors auf dieselbe Gerade gleich.

Denn die Betrachtung der Punkte O, B, C, P in Figur 1 oder 3 zeigt, dass die Projection von OP der Summe der Projectionen von OB ($= x$), BC ($= y$) und CP ($= z$) gleich sein muss.

8. Nachdem wir diese auf die Projectionen bezüglichen Grundsätze begründet haben, die wir häufig anwenden werden, kehren wir zu dem eigentlichen Gegenstand dieser Untersuchung zurück.

Die Coordinaten desjenigen Punktes, welcher die Entfernung zwischen zwei Punkten x', y', z'; x'', y'', z'' in dem Verhältniss $m : n$ theilt, sind

$$x = \frac{mx'' + nx'}{m+n}, \quad y = \frac{my'' + ny'}{m+n}, \quad z = \frac{mz'' + nz'}{m+n}$$

Der Beweis für den entsprechenden Satz der analytischen Planimetrie beweist auch den gegenwärtigen Satz. (Vergl. „Kegelschn." Art. 7.) Die Linien PM, QN in der dortigen Figur können für die Ordinaten der beiden Punkte in Bezug auf eine der Coordinatenebenen genommen werden.

Wenn wir das Verhältniss $m : n$ als unbestimmt betrachten,

so drücken dieselben Gleichungen die Coordinaten eines beliebigen Punktes in der Verbindungslinie jener beiden Punkte aus.

9. **Eine der Seiten eines Dreiecks ist im Verhältnisse $m:n$ und die Verbindungslinie des Theilpunktes mit der gegenüberliegenden Ecke im Verhältnisse $(m+n):l$ getheilt, welches sind die Coordinaten des letzteren Theilpunktes?**

Sie sind

$$x = \frac{lx' + mx'' + nx'''}{l + m + n}, \quad y = \frac{ly' + my'' + ny'''}{l + m + n}, \quad z = \frac{lz' + mz'' + nz'''}{l + m + n},$$

wie man genau in derselben Art beweist, in welcher das entsprechende Theorem der Planimetrie bewiesen wurde. („Kegelschn." Art. 7. Aufg. 6.) Wenn l, m, n unbestimmte Grössen sind, so drücken dieselben Gleichungen die Coordinaten eines beliebigen Punktes in der Ebene des betrachteten Dreiecks aus.

Beispiel. Die geraden Linien, welche die Mittelpunkte der gegenüber liegenden Kanten eines Tetraeders verbinden, schneiden sich in einem Punkte.

Denn die x von zwei solchen Mittelpunkten sind $\frac{1}{2}(x' + x'')$, $\frac{1}{2}(x''' + x'''')$, das x des Mittelpunktes ihrer Verbindungslinie ist folglich $\frac{1}{4}(x' + x'' + x''' + x'''')$; analoge Ausdrücke geben die Coordinaten y und z dieses Punktes und ihre Symmetrie zeigt, dass sie auch den Verbindungslinien der andern Mittelpunktspaare angehören.

Die geraden Linien, welche die Ecken des Tetraeders mit den Schwerpunkten der Gegenflächen verbinden, gehen durch denselben Punkt. Denn das x eines solchen Schwerpunkts $\frac{1}{3}(x' + x'' + x''')$, und wir erhalten denselben Werth wie vorher, wenn wir die Verbindungslinie desselben mit der gegenüberliegenden Ecke nach dem Verhältnisse $3:1$ theilen.

10. **Man soll die Entfernung zwischen zwei Punkten P, P' bestimmen, welche den rectangulären Coordinaten x', y', z'; x'', y'', z'' entsprechen.**

Die Figur 4 zeigt, dass $P\bar{P}'^2 = \bar{P'}Q^2 + \bar{PQ}^2$ ist; da nun $P'Q = z' - z''$, $PQ^2 = \bar{CC'}^2 = (x' - x'')^2 + (y' - y'')^2$

(„Kegelschn." Art. 5.)

so ist

$$P\bar{P}'^2 = (x' - x'')^2 + (y' - y'')^2 + (z' - z'')^2.$$

Zusatz. Die Entfernung eines beliebigen Punktes x', y', z' vom Anfangspunkt der Coordinaten ist durch die Gleichung $OP^2 = x'^2 + y'^2 + z'^2$ gegeben.

11. Die Lage eines Punktes kann auch durch die

Länge seines Radius vector und die Winkel bestimmt werden, welche derselbe mit drei rectangulären Axen bildet.

Wenn wir diese Winkel durch α, β, γ bezeichnen, so gelten, weil die Coordinaten x, y, z die Projectionen des Radius vector auf die drei Axen sind, die Gleichungen

$$x = \rho \cos \alpha, \quad y = \rho \cos \beta, \quad z = \rho \cos \gamma.$$

Und aus $x^2 + y^2 + z^2 = \rho^2$ ergiebt sich für diese drei cosinus, die wir oft kurz als die Richtungscosinus des Radius vector bezeichnen werden, die verbindende Relation

$$\cos^2 \alpha + \cos^2 \beta + \cos^2 \gamma = 1.*)$$

Zuweilen wird auch die Lage eines Punktes im Raume dadurch bestimmt, dass man das folgende System von Polarcoordinaten anwendet: Der Radius vector, der Winkel γ, welchen er mit einer festen Axe AZ bildet, und der Winkel $COD = \varphi$, welchen die Projection des Radius vector auf eine zu OZ normale Ebene mit einer festen Geraden OX in dieser Ebene einschliesst.

Da nun $OC = \rho \sin \gamma$ ist, so vermitteln die Formeln

$$x = \rho \sin \gamma \cos \varphi, \quad y = \rho \sin \gamma \sin \varphi, \quad z = \rho \cos \gamma$$

den Uebergang zwischen rectangulären und derartigen Polarcoordinaten.

12. Das Quadrat der Fläche einer beliebigen ebe-

---

*) Ich bin dem gewöhnlichen Gebrauche in der Wahl dieser Winkel zur Bestimmung der Richtung einer Geraden gefolgt; in gewisser Hinsicht bietet jedoch die Anwendung ihrer Complementwinkel, d. h. der Winkel der Linie mit den Coordinatenebenen, Vorzüge dar. Diese bezeichnen die entsprechenden Formeln für schiefwinklige Axen, die im Texte nicht gegeben sind, weil sie später nicht gebraucht werden.

Sind α, β, γ die Winkel, welche eine gerade Linie mit den Ebenen yz, zx, xy macht, während A, B, C die Winkel der Axen der x, der y und der z gegen die Ebenen yz, zx, xy respective bezeichnen, so entsprechen den Formeln des Textes die nach dem Princip des Art. 7 leicht zu beweisenden folgenden

$$x \sin A = \rho \sin \alpha, \quad y \sin B = \rho \sin \beta, \quad z \sin C = \rho \sin \gamma.$$

Wir projiciren auf eine zur Ebene yz normale Linie, so verschwinden die Projectionen von y und z auf dieselbe, und die Projection von x ist derjenigen des Radius vector gleich; die Winkel, welche x und ρ mit dieser Normalen bilden, sind aber die Complemente von A und α.

neu Figur ist gleich der Summe der Quadrate der Projectionen dieser Fläche auf drei rectanguläre Ebenen.

Wir nehmen an, die fragliche Fläche sei durch A ausgedrückt, und α, β, γ bezeichneten die Winkel, welche die Normale seiner Ebene mit den drei Axen bildet; dann sind nach Art. 4 die Projectionen der Fläche auf die Ebenen yz, zx, xy respective gleich $A \cos \alpha$, $A \cos \beta$, $A \cos \gamma$, und die Summe ihrer Quadrate gleich A^2 in Folge der Relation $\cos^2 \alpha + \cos^2 \beta + \cos^2 \gamma = 1$.

13. Man soll den cosinus des von zwei geraden Linien OP, OP' gebildeten Winkels θ mittelst der Richtungscosinus dieser Linien ausdrücken.

Wir bewiesen im Art. 10, dass
$$PP'^2 = (x - x')^2 + (y - y')^2 + (z - z')^2$$
ist und verbinden damit die bekannte Relation
$$PP'^2 = \varrho^2 + \varrho'^2 - 2\varrho\varrho' \cos \theta;$$
da nun $\varrho^2 = x^2 + y^2 + z^2$, $\varrho'^2 = x'^2 + y'^2 + z'^2$ ist, so ist auch $\varrho\varrho' \cos \theta = xx' + yy' + zz'$ oder
$$\cos \theta = \cos \alpha \cos \alpha' + \cos \beta \cos \beta' + \cos \gamma \cos \gamma'.$$

Zusatz. Die Bedingung, unter welcher zwei gerade Linien rechtwinklig zu einander sind, ist
$$\cos \alpha \cos \alpha' + \cos \beta \cos \beta' + \cos \gamma \cos \gamma' = 0.$$

14. Zuweilen ist die Formel
$$\sin^2 \theta = (\cos \beta \cos \gamma' - \cos \gamma \cos \beta')^2$$
$$+ (\cos \gamma \cos \alpha' - \cos \alpha \cos \gamma')^2 + (\cos \alpha \cos \beta' - \cos \beta \cos \alpha')^2$$
von Nutzen. Sie kann sehr einfach mittelst eines elementaren Theorems von der Summe der Quadrate dreier Determinanten bewiesen werden, welches in den „Vorlesungen" Art. 14 bewiesen, aber auch durch directe Entwicklung leicht bewährt wird. Nach demselben ist
$$(bc' - cb')^2 + (ca' - ac')^2 + (ab' - ba')^2$$
$$= (a^2 + b^2 + c^2)(a'^2 + b'^2 + c'^2) - (aa' + bb' + cc')^2.$$

Wenn aber a, b, c; a', b', c' die Richtungscosinus zweier Geraden bezeichnen, so geht unser Ausdruck für $\sin^2 \theta$ aus dieser Relation hervor, weil die rechte Seite derselben dann mit $1 - \cos^2 \theta$ identisch wird.

Beispiel. Man soll den senkrechten Abstand eines Punktes x', y', z' von einer durch den Anfangspunkt unter den Richtungswinkeln α, β, γ gehenden Geraden bestimmen.

Ist P der gegebene Punkt, OQ die gegebene Gerade, PQ die Senkrechte, so ist offenbar $PQ = OP$. $\sin POQ$ und die Anwendung des so eben für $\sin POQ$ gefundenen Werthes und die Bemerkung, dass $x' = OP \cos \alpha'$, etc. giebt $\overline{PQ}^2 = (y' \cos \gamma - z' \cos \beta)^2 + (z' \cos \alpha - x' \cos \gamma)^2 + (x' \cos \beta - y' \cos \alpha)^2$.

15. Man soll die Richtungscosinus einer Geraden finden, die zu zwei gegebenen geraden Linien und somit zu ihrer Ebene normal ist.

Sind α', β', γ'; α'', β'', γ'' die Richtungswinkel der gegebenen Linien und α, β, γ die der gesuchten Geraden, so erhalten wir α, β, γ aus den Gleichungen

$$\cos \alpha \cos \alpha' + \cos \beta \cos \beta' + \cos \gamma \cos \gamma' = 0,$$
$$\cos \alpha \cos \alpha'' + \cos \beta \cos \beta'' + \cos \gamma \cos \gamma'' = 0,$$
$$\cos^2 \alpha + \cos^2 \beta + \cos^2 \gamma = 1.$$

Die beiden ersten liefern durch successive Elimination von $\cos \alpha$, $\cos \beta$, $\cos \gamma$ für λ als eine unbestimmte Grösse die Relationen

$$\lambda \cos \alpha = \cos \beta' \cos \gamma'' - \cos \beta'' \cos \gamma',$$
$$\lambda \cos \beta = \cos \gamma' \cos \alpha'' - \cos \gamma'' \cos \alpha',$$
$$\lambda \cos \gamma = \cos \alpha' \cos \beta'' - \cos \alpha'' \cos \beta',$$

und die Substitution derselben in die dritte Gleichung giebt nach Art. 14. für θ als den Winkel zwischen den gegebenen Geraden

$$\lambda^2 = \sin^2 \theta.$$

Dasselbe Ergebniss konnte auch wie folgt erhalten werden: Sind P und Q oder x', y', z' und x'', y'', z'' Punkte, von denen je einer in den gegebenen Geraden liegt, so ist das Doppelte der Fläche der Projection des Dreiecks POQ auf die Ebene xy

$$= x' y'' - x'' y' = \varrho' \varrho'' (\cos \alpha' \cos \beta'' - \cos \alpha'' \cos \beta');$$

da aber das Doppelte der Fläche des Dreiecks gleich $\varrho' \varrho'' \sin \theta$ und somit die Projection der Fläche auf die Ebene der xy gleich $\varrho' \varrho'' \sin \theta \cos \gamma$ ist, so folgt wie vorher

$$\sin \theta \cos \gamma = \cos \alpha' \cos \beta'' - \cos \alpha'' \cos \beta';$$

und in analoger Weise

$$\sin \theta \cos \alpha = \cos \beta' \cos \gamma'' - \cos \beta'' \cos \gamma',$$
$$\sin \theta \cos \beta = \cos \gamma' \cos \alpha'' - \cos \gamma'' \cos \alpha'.$$

Von der Transformation der Coordinaten.

16. Man soll zu neuen Axen transformieren, welche den alten parallel sind und deren Anfangspunkt in Bezug auf die alten Axen durch die Coordinaten x', y', z' bestimmt ist.

Man erhält wie in der Planimetrie die Transformationsgleichungen

$$x = X + x', \quad y = Y + y', \quad z = Z + z'.$$

Denn eine durch den Punkt P parallel zu einer der Axen, z. B. zu der z, gezogene Gerade schneidet die Ebene xy des alten Systems in einem Punkte C, die Ebene XY des neuen Systems aber in einem Punkte C' und es ist

$$PC = PC' + C'C.$$

Aber PC ist das alte, PC' das neue z und da parallele Ebenen in parallelen geraden Linien gleiche Abschnitte bestimmen, so ist CC' gleich der Geraden, die man durch den neuen Anfangspunkt der Axe der z parallel bis zur alten Ebene xy zieht.

17. Von einem System rectangulärer Axen zu einem andern Axensystem überzugehen, welches denselben Anfangspunkt hat.

Wir nehmen an, dass die Winkel der neuen Axen der x, y, z mit den alten Axen durch α, β, γ; α', β', γ'; α'', β'', γ'' respective bezeichnet sind; dann ist die Summe der Projektionen der neuen Coordinaten auf eine der alten Axen nach Art. 7. gleich der Projection des Radius vector, welche die entsprechende alte Coordinate ist. Wir erhalten somit die drei Gleichungen

$$\left.\begin{array}{l} x = X \cos \alpha + Y \cos \alpha' + Z \cos \alpha'', \\ y = X \cos \beta + Y \cos \beta' + Z \cos \beta'', \\ z = X \cos \gamma + Y \cos \gamma' + Z \cos \gamma''. \end{array}\right\} \ldots (A).$$

Nach Art. 11. ist überdiess

$$\left.\begin{array}{l} \cos^2 \alpha + \cos^2 \beta + \cos^2 \gamma = 1, \\ \cos^2 \alpha' + \cos^2 \beta' + \cos^2 \gamma' = 1, \\ \cos^2 \alpha'' + \cos^2 \beta'' + \cos^2 \gamma'' = 1. \end{array}\right\} \ldots (B).$$

Und für λ, μ, ν als die Winkel zwischen den neuen Axen der y und z, der z und x, der x und y respective ist nach Art 13.

$$\begin{aligned}\cos\lambda &= \cos\alpha'\cos\alpha'' + \cos\beta'\cos\beta'' + \cos\gamma'\cos\gamma'',\\ \cos\mu &= \cos\alpha''\cos\alpha + \cos\beta''\cos\beta + \cos\gamma''\cos\gamma,\\ \cos\nu &= \cos\alpha\cos\alpha' + \cos\beta\cos\beta' + \cos\gamma\cos\gamma',\end{aligned} \quad \ldots (C).$$

18. Wenn die neuen Axen gleichfalls rectangulär sind, so ist
$$\begin{aligned}\cos\alpha\cos\alpha' + \cos\beta\cos\beta' + \cos\gamma\cos\gamma' &= 0,\\ \cos\alpha'\cos\alpha'' + \cos\beta'\cos\beta'' + \cos\gamma'\cos\gamma'' &= 0,\\ \cos\alpha''\cos\alpha + \cos\beta''\cos\beta + \cos\gamma''\cos\gamma &= 0.\end{aligned}\quad\ldots(D).$$

Wenn die neuen Axen rectangulär sind, so gelten, weil α, α', α'' die Winkel bezeichnen, welche die alte Axe der x mit den neuen Axen bildet, etc. die Relationen

$$\begin{aligned}\cos^2\alpha + \cos^2\alpha' + \cos^2\alpha'' &= 1,\\ \cos^2\beta + \cos^2\beta' + \cos^2\beta'' &= 1,\\ \cos^2\gamma + \cos^2\gamma' + \cos^2\gamma'' &= 1,\end{aligned}\quad\ldots(E),$$

$$\begin{aligned}\cos\alpha\cos\beta + \cos\alpha'\cos\beta' + \cos\alpha''\cos\beta'' &= 0,\\ \cos\beta\cos\gamma + \cos\beta'\cos\gamma' + \cos\beta''\cos\gamma'' &= 0,\\ \cos\gamma\cos\alpha + \cos\gamma'\cos\alpha' + \cos\gamma''\cos\alpha'' &= 0,\end{aligned}\quad\ldots(F),$$

und die neuen Coordinaten ergeben sich in Function der alten wie folgt:

$$\begin{aligned}X &= x\cos\alpha + y\cos\beta + z\cos\gamma,\\ Y &= x\cos\alpha' + y\cos\beta' + z\cos\gamma',\\ Z &= x\cos\alpha'' + y\cos\beta'' + z\cos\gamma'',\end{aligned}\quad\ldots(G).$$

Die beiden entsprechenden Systeme von Gleichungen (A) und (G) können aus der folgenden Tafel abgelesen werden

	X	Y	Z
x	α	α'	α''
y	β	β'	β''
z	γ	γ'	γ''

Es ist nicht schwer, die Gleichungen (E), (F), (G) analytisch aus den Gleichungen (A), (B), (D) abzuleiten; wir verzichten darauf, weil sie geometrisch evident sind.

19. Wenn wir die Quadrate der Gleichungen (A) (Art. 17.) addiren, so ergiebt sich mit Beachtung der Gleichungen (C)
$$x^2 + y^2 + z^2 = X^2 + Y^2 + Z^2 + 2YZ\cos\lambda + 2ZX\cos\mu + 2XY\cos\nu.$$

Wir erhalten so den vom Anfangspunkt nach einem beliebigen

Punkte gehenden Radius vector mittels der schiefwinkligen Coordinaten desselben ausgedrückt.

Man beweist leicht, dass das Quadrat der Entfernung zweier Punkte in schiefwinkligen Coordinaten durch
$$(x'-x'')^2 + (y-y'')^2 + (z'-z'')^2 + 2(y'-y'')(z'-z'')\cos\lambda$$
$$+ 2(z'-z'')(x'-x'')\cos\mu + 2(x'-x'')(y'-y'')\cos\nu$$
ausgedrückt wird.*)

20. Der Grad einer Gleichung zwischen den Coordinaten wird durch Transformation derselben nicht geändert.

Diess wird wie in der analytischen Planimetrie aus der Bemerkung bewiesen, dass die für x, z, y so eben gegebenen Ausdrücke die neuen Coordinaten nur im ersten Grade enthalten.

---

*) Da wir von der Transformation von einem System schiefwinkliger Axen zu einem andern System schiefwinkliger Axen keinen Gebrauch machen werden, so mögen die betreffenden Formeln nur hier angegeben werden.

Wenn A, B, C dieselbe Bedeutung haben wie in der Note des Art. 11 und α, β, γ; α', β', γ'; α'', β'', γ'' die von den neuen Axen mit den alten Coordinatenebenen gebildeten Winkel bezeichnen, so finden wir durch Projection auf gerade Linien, welche an den alten Coordinatenebenen normal sind, wie in jener Anmerkung
$$x \sin A = X \sin \alpha + Y \sin \alpha' + Z \sin \alpha'',$$
$$y \sin B = X \sin \beta + Y \sin \beta' + Z \sin \beta'',$$
$$z \sin C = X \sin \gamma + Y \sin \gamma' + Z \sin \gamma''.$$

II. Kapitel.

Interpretation der Gleichungen.

21. Es erhellt aus der Construction des Art. 1., dass zwei gleichzeitige Gleichungen $x = a$, $y = b$, welche das z unbestimmt lassen, den Punkt C allein bestimmen und daher den Punkt P irgendwo in der Linie CP angeben. Diese beiden Gleichungen sind daher als Repräsentation der so bezeichneten geraden Linie zu betrachten, als welche der Ort aller Punkte ist, deren $x = a$ und deren $y = b$ ist.

Zwei Gleichungen dieser Form repräsentieren sonach eine zur Axe der z parallele Gerade; insbesondere repräsentieren die Gleichungen $x = 0$, $y = 0$ die Axe der z selbst. Ebenso für die anderen Axen.

Wenn die einzige Gleichung $x = a$ gegeben wäre, so würden wir nur den Punkt D erfahren und daraus zu schliessen haben, dass der Punkt P irgendwo in der Ebene $PBDC$ liege; seine Lage innerhalb dieser Ebene bleibt aber unbestimmt. Diese Ebene als der Ort aller der Punkte, welche $x = a$ haben, ist durch die Gleichung analytisch dargestellt; und jede Gleichung von dieser Form repräsentiert eine der yz Ebene parallele Ebene, und insbesondere bezeichnet die Gleichung $x = 0$ die yz Ebene selbst. Ebenso für die anderen Coordinatenebenen.

22. Im Allgemeinen repräsentiert eine einzige Gleichung zwischen den Coordinaten eine Fläche, zwei gleichzeitige Gleichungen zwischen den Coordinaten repräsentieren eine Linie, die entweder gerade oder krumm ist, und drei Gleichungen bezeichnen einen Punkt oder mehrere Punkte.

I. Wenn eine einzige Gleichung gegeben ist, so können wir

für x und y willkürliche Werthe annehmen und die Auflösung der durch Substitution derselben erhaltenen Bestimmungsgleichung für z giebt dann die entsprechenden Werthe von z; d. h. für jeden beliebig angenommenen Punkt C in der Ebene der xy erhalten wir in der Linie PC eine bestimmte Anzahl von Punkten, deren Coordinaten der gegebenen Gleichung genügen. Die Vereinigung der so gefundenen Punkte bildet eine Fläche, welche die geometrische Darstellung der gegebenen Gleichung ist.

II. Wenn zwei Gleichungen gegeben sind, so können wir dieselben durch successive Elimination von y und z zwischen ihnen in die Form $y = \varphi(x)$, $z = \psi(x)$ bringen und wenn wir nun für x einen willkürlichen Werth annehmen, so bestimmen diese Gleichungen die entsprechenden Werthe von y und z; in anderen Worten, wir können nun nicht mehr den Punkt C in der Ebene xy willkürlich wählen, sondern er ist auf einen gewissen durch die Gleichung $y = \varphi(x)$ bestimmten Ort beschränkt. Jedem Punkte C, welcher diesem Orte angehört, entsprechen in der Linie PC eine Anzahl von Punkten P und die Vereinigung derselben ist durch jene beiden Gleichungen repräsentiert.

Und da die Punkte C, welche die Projectionen der Letzteren sind, in einer gewissen geraden oder krummen Linie liegen, so ist klar, dass die Punkte P auch in einer bestimmten Curve enthalten sind, wobei sie jedoch durchaus nicht nothwendig in einer Ebene liegen.

Anderseits hat die Betrachtung unter I. gelehrt, dass der Ort der Punkte, deren Coordinaten jeder der beiden Gleichungen einzeln genügen, eine Fläche ist; in Folge dessen ist der Ort derjenigen Punkte, deren Coordinaten beide Gleichungen befriedigen, die Vereinigung aller dieser Punkte, welche den beiden durch die getrennt betrachteten Gleichungen repräsentierten Flächen gemein sind, d. h. derselbe ist die Durchschnittslinie dieser Flächen.

III. Wenn drei Gleichungen gegeben sind, so genügen dieselben offenbar zur Bestimmung der drei unbekannten Grössen x, y, z und durch sie werden daher einzelne Punkte dargestellt. Da jede einzelne der drei Gleichungen eine Fläche repräsentirt, so sind es diejenigen reellen oder imaginären Punkte, welche den drei Flächen gemein sind.

23. **Die Flächen werden gleich den ebenen Curven**

nach dem Grade der Gleichungen classificiert, durch welche sie dargestellt sind.

Da für jeden Punkt in der Ebene xy

$$z = 0$$

ist, so liefert die Substitution $z = 0$ in eine beliebige Gleichung die Relation, welche zwischen den Coordinaten x und y derjenigen Punkte besteht, in denen die Ebene xy die durch die Gleichung dargestellte Fläche schneidet, d. h. die Gleichung der ebenen Durchschnittscurve. Es ist offenbar, dass die Gleichung dieser Curve im Allgemeinen von demselben Grade ist, wie die der Fläche; denn zuerst der Grad der Gleichung des Schnittes kann nicht grösser sein als der Grad der Gleichung der Fläche, und sodann, es ist nur scheinbar, dass er kleiner sein könnte. So ist z. B. die Gleichung

$$zx^2 + ay^2 + b^2x = c^2$$

vom dritten Grade, und wir erhalten doch für $z = 0$ eine Gleichung zweiten Grades als die der Schnittcurve mit der xy Ebene; da aber die Originalgleichung homogen sein muss, um eine geometrische Bedeutung zu haben, so ist nothwendig jedes ihrer Glieder von der dritten Dimension in einer Linear-Einheit, und die nach der Substitution $z = 0$ übrig bleibenden Glieder sind daher auch als vom dritten Grade zu betrachten und bilden eine mit einer Constanten multiplicierte Gleichung zweiten Grades; d. h. das Resultat der Substitution bezeichnet einen Kegelschnitt und eine unendlich entfernte Linie. (Vergl. „Kegelschn." Art. 68).

Wenn wir also die unendlich entfernten Geraden in die Betrachtung aufnehmen, so können wir sagen, dass die Durchschnittslinie einer Fläche n^{ter} Ordnung mit der Ebene xy immer von der n^{ten} Ordnung ist; und da nach den Ergebnissen unserer Untersuchung über die Transformation jede beliebige Ebene zur Ebene xy gemacht werden kann, und durch eine Transformation der Coordinaten der Grad einer Gleichung zwischen denselben nicht geändert wird, so erkennen wir, dass jeder ebene Schnitt einer Fläche n^{ter} Ordnung selbst von der n^{ten} Ordnung ist.

In gleicher Art wird bewiesen, dass jede gerade Linie eine Fläche n^{ter} Ordnung in n Punkten durchschneidet. Denn sie kann zur Axe der z im Coordinatensystem gemacht werden und die Punkte, in welchen diese die Fläche durchschneidet, werden durch die gleichzeitige Substitution

$$x = 0, \quad y = 0$$

in die Gleichung der Fläche gefunden; wir erhalten durch dieselbe im Allgemeinen eine Gleichung vom n^{ten} Grade zur Bestimmung von z. Wenn der Grad der entstehenden Gleichung kleiner als n wäre, so zeigt diess an, dass einige der n Punkte, in welchen die Axe der z die Fläche schneidet, mit ihrem unendlich entfernten Punkte zusammenfallen. („Kegelschn." Art. 94).

24. Curven im Raum werden nach der Zahl von Punkten classificiert, welche sie mit einer Ebene gemein haben.

Zwei Gleichungen von den Graden m und n respective repräsentieren eine Curve von der Ordnung mn.

Denn die durch jene Gleichungen dargestellten Flächen werden von einer beliebigen Ebene in Curven geschnitten, welche von der m^{ten} und n^{ten} Ordnung respective sind, und diese Curven bestimmen mit einander mn Durchschnittspunkte. Wenn umgekehrt die Ordnung einer Curve in die Factoren m und n zerlegbar ist, so kann diese Curve der Durchschnitt und zwar der vollständige Durchschnitt zweier Flächen von den Ordnungen m und n sein; aber nicht jede Curve ist eine solche vollständige Durchdringung, so z. B. keine nicht ebene Curve, deren Ordnung eine Primzahl ist.

Drei Gleichungen, welche respective von den Graden m, n und p sind, bezeichnen mnp Punkte.

Diess ergibt sich aus der Theorie der Elimination; denn wenn wir zwischen den bezeichneten Gleichungen die Grössen y und z eliminieren, so erhalten wir zur Bestimmung von x eine Gleichung vom Grade mnp und also mnp Werthe von x. (Vgl. „Vorlesungen" Art. 36.) Damit ist zugleich bewiesen, dass drei Flächen von der m^{ten}, n^{ten} und p^{ten} Ordnung sich in mnp Punkten durchschneiden.

25. Wenn eine Gleichung nur zwei der Veränderlichen enthält, wie z. B. $\varphi(x, y) = 0$, so kann sie zunächst als Gleichung einer Curve in der Ebene xy betrachtet werden, ohne dass man sie jedoch als eine Ausnahme von der Regel ansehen dürfte, nach welcher zwei Gleichungen zur Darstellung einer Curve erforderlich sind; denn dabei ist die Voraussetzung $z = 0$ stillschweigend

gemacht worden, und es erscheint also eine Curve in der xy Ebene durch die beiden Gleichungen $\varphi(x, y) = 0$, $z = 0$ dargestellt. Denken wir uns die letztere Gleichung unterdrückt, so genügen die Coordinaten jedes Punktes der übrig bleibenden Gleichung $\varphi(x, y) = 0$, dessen x und y ihr genügen, welches auch das z desselben sei, d. h. diese Gleichung repräsentiert alle Punkte einer Fläche, welche durch Bewegung einer zu der Axe der z parallelen geraden Linie längs jener Curve in der Ebene xy erzeugt wird. Sie heisst eine **cylindrische Fläche**, wie jede Fläche, welche durch Bewegung einer geraden Linie parallel mit sich selbst hervorgebracht wird.

Wenn eine Gleichung nur eine der Veränderlichen z. B. x enthält, so wissen wir aus der Theorie der Gleichungen, dass sie in n Factoren von der Form $x - a = 0$ zerfällt, und sie repräsentiert daher nach Artikel 21. n Ebenen, welche sämmtlich zu einer der Coordinatenebenen parallel sind.

III. Kapitel.

Die Ebene und die gerade Linie.

26. Wir beginnen die Discussion der Gleichungen mit derjenigen der Gleichung vom ersten Grade und beweisen zuerst, dass jede Gleichung vom ersten Grade eine Ebene repräsentiert und dass umgekehrt jede Ebene durch eine Gleichung vom ersten Grade dargestellt wird. Wir begründen zunächst den letzteren Satz auf mehreren Wegen.

Zuerst ward im Artikel 21. erkannt, dass die Ebene xy durch eine Gleichung vom ersten Grade $z=0$ dargestellt wird und die Transformation zu beliebigen andern Axen kann den Grad dieser Gleichung nach Artikel 20. nicht ändern.

Wir kommen zu dem nämlichen Resultat, indem wir die Gleichung der durch drei gegebene Punkte bestimmten Ebene entwickeln; sie entsteht z. B. durch Elimination der Grössen l, m, n zwischen den Gleichungen des Art. 9.:

$$l(x-x') + m(x-x'') + n(x-x''') = 0,$$
$$l(y-y') + m(y-y'') + n(y-y''') = 0,$$
$$l(z-z') + m(z-z'') + n(z-z''') = 0;$$

und diese liefert eine Gleichung vom ersten Grade. Man kann sie in Form der Determinante

$$\begin{vmatrix} x-x', & x-x'', & x-x''' \\ y-y', & y-y'', & y-y''' \\ z-z', & z-z'', & z-z''' \end{vmatrix} = 0$$

darstellen und durch Zerlegung (vgl. „Vorlesungen" Artikel 9 f.) sie auf die Form

$$\begin{vmatrix} y', y'', y''' \\ z', z'', z''' \\ 1, 1, 1 \end{vmatrix} + y \begin{vmatrix} z', z'', z''' \\ x', x'', x''' \\ 1, 1, 1 \end{vmatrix} + z \begin{vmatrix} x', x'', x''' \\ y', y'', y''' \\ 1, 1, 1 \end{vmatrix} = \begin{vmatrix} x', x'', x''' \\ y', y'', y''' \\ z', z'', z''' \end{vmatrix}$$

reducieren, der wir weiterhin wieder begegnen werden.

27. Man soll die Gleichung einer Ebene finden, für welche die Länge der Normale vom Anfangspunkt der Coordinaten $= p$ und die Winkel derselben mit den Axen α, β, γ gegeben sind.

Die Länge der Projection des Radius vector eines beliebigen Punktes der Fläche auf jene Normale ist nach der Voraussetzung einerseits $= p$ und nach Art. 7. gleich der Summe der Projectionen der Coordinaten jenes Punktes auf dieselbe Linie; man erhält also als analytischen Ausdruck der Ebene die Gleichung

$$x \cos \alpha + y \cos \beta + z \cos \gamma = p.^*)$$

Umgekehrt kann jede Gleichung vom ersten Grade

$$Ax + By + Cz + D = 0$$

auf die eben erhaltene Form reducirt werden, indem man sie durch einen Factor R dividiert. Wir erhalten dann

$$A = R \cos \alpha, \quad B = R \cos \beta, \quad C = R \cos \gamma$$

und daraus nach Art. 11. zur Bestimmung von R

$$R = \sqrt{(A^2 + B^2 + C^2)}.$$

Jede Gleichung $Ax + By + Cz + D = 0$ kann daher mit der Gleichung einer Ebene identificiert werden, deren normaler Abstand vom Anfangspunkt

$$= \frac{-D}{\sqrt{(A^2 + B^2 + C^2)}}$$

ist und für welche die Richtungscosinus dieser Normalen durch A, B, C dividiert durch dieselbe Quadratwurzel ausgedrückt werden.

Wir geben dabei der Quadratwurzel dasjenige Vorzeichen, welches die Normale positiv macht, und die Zeichen der cosinus bestimmen dann, ob die Winkel, welche die Normale mit den positiven Axen bildet, spitz oder stumpf sind.

---

*) Obwohl wir im Folgenden nur rectanguläre Axen voraussetzen, so ist doch diese Gleichung offenbar ebenso für schiefwinklige Coordinatensysteme gültig.

28. Man soll den von den Ebenen
$$Ax + By + Cz + D = 0, \quad A'x + B'y + C'z + D' = 0$$
gebildeten Winkel bestimmen.

Dieser Winkel ist ebenso gross als derjenige, welchen die vom Anfangspunkt auf beide Ebenen gefällten Normalen mit einander einschliessen. Da nun nach dem letzten Art. die Winkel bekannt sind, welche diese Normalen mit den Axen einschliessen, so erhalten wir nach Art. 13. und 14. die Formeln

$$\cos\theta = \frac{AA' + BB' + CC'}{\sqrt{\{(A^2 + B^2 + C^2)(A'^2 + B'^2 + C'^2)\}}}$$

$$\sin^2\theta = \frac{(BC' - B'C)^2 + (CA' - C'A)^2 + (AB' - A'B)^2}{(A^2 + B^2 + C^2)(A'^2 + B'^2 + C'^2)}$$

Aus ihnen folgt, dass die Ebenen rechtwinklig zu einander sind, wenn
$$AA' + BB' + CC' = 0$$
ist, und dass sie einander parallel sind, wenn die Bedingungen
$$AB' = A'B, \quad BC' = B'C, \quad CA' = C'A$$
erfüllt sind, d. h. wenn die Coefficienten A, B, C zu denen A', B', C' proportional sind; es ist aus dem letzten Artikel schon offenbar, dass die Richtung der Normalen beider Ebenen in diesem Falle dieselbe wäre.

29. Man soll die Gleichung einer Ebene mittelst der Abschnitte a, b, c ausdrücken, welche sie in den Axen bestimmt.

Wir finden den von der Ebene
$$Ax + By + Cz + D = 0$$
in der Axe der x gebildeten Abschnitt a durch die gleichzeitige Substitution $y = 0$, $z = 0$ in die Gleichung, d. h. wir haben $Aa + D = 0$; und ebenso gelten die Gleichungen $Bb + D = 0$, $Cc + D = 0$. Die Substitution der daraus gewonnenen Werthe in die allgemeine Gleichung liefert für dieselbe die der Aufgabe entsprechende Form

$$\frac{x}{a} + \frac{y}{b} + \frac{z}{c} = 1.$$

Wenn in der allgemeinen Gleichung ein Glied fehlt, z. B.

Die Ebene durch drei Punkte. Art. 30.

wenn $A = 0$ ist, so liegt der Punkt, in welchem die Ebene die Axe der x schneidet, unendlich entfernt oder die Ebene ist der Axe der x parallel. Wenn gleichzeitig $A = 0$, $B = 0$ sind, so schneiden die beiden Axen der x und y die Ebene in unendlicher Entfernung und dieselbe ist somit ihrer Projectionsebene parallel. (Vgl. Art. 21.) Für $A = 0$, $B = 0$, $C = 0$ werden alle drei Axen in unendlicher Entfernung geschnitten, d. h. eine Gleichung von der Form $0 \cdot x + 0 \cdot y + 0 \cdot z + D = 0$ repräsentiert eine unendlich entfernte Ebene.

30. Man soll die Gleichung der durch drei Punkte x', y', z'; x'', y'', z''; x''', y''', z''' bestimmten Ebene finden. Ist $Ax + By + Cz + D = 0$ ihre Gleichung, so müssen A, B, C, D den Bedingungsgleichungen

$$Ax' + By' + Cz' + D = 0,$$
$$Ax'' + By'' + Cz'' + D = 0,$$
$$Ax''' + By''' + Cz''' + D = 0$$

genügen, weil jene durch die Coordinaten jedes der drei Punkte befriedigt sein muss.

Die Elimination von A, B, C, D zwischen diesen Gleichungen liefert die Bedingung in der Form

$$\begin{vmatrix} x, & y, & z, & 1 \\ x', & y', & z', & 1 \\ x'', & y'', & z'', & 1 \\ x''', & y''', & z''', & 1 \end{vmatrix} = 0$$

oder durch Entwicklung nach den einfachen Gesetzen der Determinanten

$$x \{y' (z'' - z''') + y'' (z''' - z') + y''' (z' - z'')\}$$
$$+ y \{z' (x'' - x''') + z'' (x''' - x') + z''' (x' - x'')\}$$
$$+ z \{x' (y'' - y''') + x'' (y''' - y') + x''' (y' - y'')\}$$
$$= x' (y'' z''' - y''' z'') + x'' (y''' z' - y' z''') + x''' (y' z'' - y'' z');$$

(vergl. Art. 26.) aus ihr erhellen zugleich die Werthe von A, B, C, D.

Wenn wir x, y, z als die Coordinaten irgend eines vierten Punktes betrachten, so geben dieselben Gleichungen die Bedingung, unter welcher vier Punkte in einer Ebene liegen.

31. Die Coefficienten von x, y, z in der vorher-

gehenden Gleichung sind offenbar die doppelten Flächenzahlen der Projectionen des von den drei Punkten gebildeten Dreiecks auf die Coordinatenebenen.

Die Multiplication der Gleichung (Art. 27.)

$$x \cos \alpha + y \cos \beta + z \cos \gamma = p$$

mit $2F$, wenn F den Inhalt des Dreiecks der drei Punkte bezeichnet, macht dieselbe daher mit derjenigen des letzten Artikels identisch, weil $F \cos \alpha$, $F \cos \beta$, $F \cos \gamma$ die Projectionen dieses Dreiecks auf die Coordinatenebenen sind (Art. 4.). Somit muss auch das absolute Glied in beiden Fällen denselben Werth haben, d. h. die Grösse

$$x'(y''z''' - y'''z'') + x''(y'''z' - y'z''') + x'''(y'z'' - y''z')$$

repräsentiert das Product der doppelten Flächenzahl des Dreiecks der drei Punkte in die Normale der Ebene vom Anfangspunkt, d. h. das sechsfache Volumen der dreiseitigen Pyramide, welche das Dreieck zur Basis und den Anfangspunkt zum Scheitel hat.*)

---

*) Wenn wir in dem vorhergehenden Werthe für x', y', z', etc. $\varrho' \cos \alpha'$, $\varrho' \cos \beta'$, $\varrho' \cos \gamma'$, etc. substituieren, so finden wir, dass das sechsfache des Volumens der Pyramide das Product von ϱ', ϱ'', ϱ''' in die Determinante

$$\begin{vmatrix} \cos \alpha' , & \cos \beta' , & \cos \gamma' \\ \cos \alpha'' , & \cos \beta'' , & \cos \gamma'' \\ \cos \alpha''' , & \cos \beta''' , & \cos \gamma''' \end{vmatrix}$$

ist. Denken wir nun die drei Radien vectoren durch eine aus dem Anfangspunkt beschriebene Kugel vom Radius Eins geschnitten, so dass sie auf ihr das sphärische Dreieck $R'R''R'''$ bestimmen, so ist das sechsfache Volumen der Pyramide für $a = R'R''$ und p als die von R''' auf letztere Seite gefällte Normale $= \varrho' \varrho'' \varrho''' \sin a \sin p$, weil $\varrho' \varrho'' \sin a$ der doppelte Inhalt einer Seitenfläche der Pyramide und $\varrho''' \sin p$ die Normale von der Gegenecke auf dieselbe ist. Die obige Determinante ist daher das Doppelte der Function

$$\sqrt{\{\sin s \sin(s-a) \sin(s-b) \sin(s-c)\}}$$

der Seiten jenes sphärischen Dreiecks.

Man erkennt das Nämliche, wenn man das Quadrat der obigen Determinante nach der gewöhnlichen Regel bildet; die abkürzende Substitution

$$\cos \alpha'' \cos \alpha''' + \cos \beta'' \cos \beta''' + \cos \gamma'' \cos \gamma''' = \cos a, \text{ etc.}$$

giebt als solches

Wenn wir F selbst mittelst der Coordinaten der drei Punkte nach Art. 12. ausdrücken, so wird gefunden, dass $4F^2$ der Summe der Quadrate der Coefficienten von x, y, z in der Gleichung des letzten Artikels gleich ist.

32. Man soll die Länge der von einem gegebenen Punkte x', y', z' auf eine Ebene gefällten Normale bestimmen.

Wenn wir durch x', y', z' eine der gegebenen parallelen Ebene legen und die gemeinschaftliche Normale vom Anfangspunkt auf beide Ebenen fällen, so ist der zwischen beiden Ebenen enthaltene Abschnitt dieser Linie die fragliche Normale, weil parallele Ebenen in parallelen Linien gleiche Abschnitte bestimmen. Nach der Definition des Art. 5. ist aber die Länge der Normalen auf die durch x', y', z' gehende Ebene die Projection des Radius vector von x', y', z' auf diese Normale, und daher nach Art. 27.

$$= x' \cos \alpha + y' \cos \beta + z' \cos \gamma;$$

die fragliche Länge ist somit

$$x' \cos \alpha + y' \cos \beta + z' \cos \gamma - p.$$

Dies setzt voraus, dass die Normale auf die durch x', y', z' gehende Ebene grösser ist als p, oder dass x', y', z' und der Anfangspunkt auf entgegengesetzten Seiten der Ebene liegen; sind sie auf derselben Seite der Ebene gelegen, so ist die Länge der Normalen

$$= p - (x' \cos \alpha + y' \cos \beta + z' \cos \gamma).$$

$$\begin{vmatrix} 1 & \cos c & \cos b \\ \cos c & 1 & \cos a \\ \cos b & \cos a & 1 \end{vmatrix},$$

d. i.

$$1 + 2 \cos a \cos b \cos c - \cos^2 a - \cos^2 b - \cos^2 c,$$

welches mit dem fraglichen Werthe übereinstimmt.

Die Bemerkung erscheint nützlich, dass für drei zu einander rechtwinklige gerade Linien die Determinante

$$\begin{vmatrix} \cos \alpha' & \cos \beta' & \cos \gamma' \\ \cos \alpha'' & \cos \beta'' & \cos \gamma'' \\ \cos \alpha''' & \cos \beta''' & \cos \gamma''' \end{vmatrix}$$

die Einheit zum Werthe hat; denn ihr Quadrat ist nach dem Obigen

$$= \begin{vmatrix} 1 & 0 & 0 \\ 0 & 1 & 0 \\ 0 & 0 & 1 \end{vmatrix}.$$

Für die in der Form

$$Ax + By + Cz + D = 0$$

gegebene Gleichung der Ebene wird wie im Art. 28. die Reduction auf die Normalform dieses Artikels vollzogen und die Länge der gesuchten Normalen ist

$$\frac{Ax' + By' + Cz' + D}{\sqrt{(A^2 + B^2 + C^2)}}.$$

Es ist offenbar, dass alle diejenigen Punkte, für welche

$$Ax' + By' + Cz' + D \text{ und } D$$

dieselben Vorzeichen haben, mit dem Anfangspunkte auf einerlei Seite der Ebene liegen, und dass alle diejenigen Punkte, für welche diese Grössen verschiedene Vorzeichen besitzen, auf der dem Anfangspunkt entgegengesetzten Seite der Ebene gelegen sind.

33. Man soll die Coordinaten des Durchschnittspunktes von drei Ebenen bestimmen.

Die Bestimmung dieser Coordinaten ist die Auflösung von drei Gleichungen ersten Grades mit drei Unbekannten, wie sie in den „Vorlesungen" Artikel 16. (S. 28) gegeben ist. Die Werthe der Coordinaten sind gleichzeitig unendlich gross, wenn die Determinante $\varDelta$ oder $(AB'C'')$ verschwindet, d. h. wenn

$$A(B'C'' - B''C') + A'(B''C - BC'') + A''(BC' - B'C) = 0$$

ist. Unter dieser Bedingung sind also die drei Ebenen derselben geraden Linie parallel, denn ihre Schnittlinien sind nothwendig unter einander parallel, weil sie sich in einem unendlich entfernten Punkte schneiden.

Unter welcher Bedingung schneiden sich vier Ebenen in einem Punkte?

Man erhält diese Bedingung durch Elimination von x, y, z zwischen den Gleichungen der vier Ebenen; sie ist also die Determinante $(AB'C''D''')$ oder

$$\begin{vmatrix} A, & B, & C, & D \\ A', & B', & C', & D' \\ A'', & B'', & C'', & D'' \\ A''', & B''', & C''', & D''' \end{vmatrix} = 0.$$

34. Man soll das Volumen des Tetraeders bestimmen, welches vier gegebene Punkte zu Ecken hat.

Wenn wir den Inhalt des durch drei jener Punkte gebildeten

Dreiecks mit der Länge der vom vierten auf seine Ebene gefallten Normale multiplicieren, so erhalten wir das dreifache Volumen des Tetraeders. Nun ist die Länge der bezeichneten Normalen nach der im Art. 31. gegebenen Form der Gleichung der Ebene durch einen Bruch gegeben, der das Resultat der Substitution der Coordinaten des vierten Punktes in jene Gleichung zum Zähler und die Quadratwurzel aus der Summe der Quadrate der Coefficienten von x, y, z in derselben zum Nenner hat; und diese Quadratwurzel ist nach Art. 32. der doppelte Inhalt des von jenen drei Punkten gebildeten Dreiecks. Das sechsfache Volumen jenes fraglichen Tetraeders ist daher durch die Determinante

$$\begin{vmatrix} x' & , y' & , z' & , 1 \\ x'' & , y'' & , z'' & , 1 \\ x''' & , y''' & , z''' & , 1 \\ x'''' & , y'''' & , z'''' & , 1 \end{vmatrix}$$

ausgedrückt.[*]

35. Es ist, ganz ebenso wie in der analytischen Planimetrie, evident, dass für $S = 0$, $S' = 0$, $S'' = 0$ als Gleichungen von drei Flächen, und a, b, c als willkürliche Constanten durch $aS + bS' = 0$ eine Fläche repräsentiert wird, welche durch die Schnittlinie der Flächen $S = 0$, $S' = 0$ hindurchgeht; und ebenso durch $aS + bS' + cS'' = 0$ eine Fläche, welche die gemeinschaftlichen Punkte der drei Flächen $S = 0$, $S' = 0$, $S'' = 0$ enthält. Sind insbesondere $L = 0$, $M = 0$, $N = 0$ die Gleichungen von drei Ebenen, so ist

---

[*] Das Volumen des von vier durch ihre Gleichungen bestimmten Ebenen begrenzten Tetraeders kann gefunden werden, indem man die Coordinaten ihrer Ecken bildet und in die obige Formel substituiert. Das Resultat ist (vergl. „Vorlesungen" Art. 17.), dass das sechsfache Volumen durch den Ausdruck

$$\frac{(AB'C''D''')'}{(AB''C''')(A'B'''C''')(A''B'''C)(A'''BC')}$$

gegeben ist, in welchem die zwischen den Parenthesen stehenden Grössen Determinanten bedeuten. (a. a. O. Artikel 3.) Die Determinante des Zählers und somit der fragliche Inhalt verschwindet, wenn die vier Ebenen durch denselben Punkt gehen; und der Nenner verschwindet oder der Inhalt wird unendlich gross, sobald irgend drei jener Ebenen derselben geraden Linie parallel sind. Die Determinanten des Nenners sind die nach den Elementen D gebildeten Minoren der Determinante des Zählers.[1]

$aL + bM = 0$ die Gleichung einer Ebene, welche durch die Schnittlinie der ersten beiden unter ihnen geht, und $aL+bM+cN=0$ die Gleichung einer Ebene, welche den gemeinschaftlichen Durchschnittspunkt aller drei enthält. Wir bemerken als specielle Fälle, dass $aL + b = 0$ eine Ebene bezeichnet, welche zur Ebene $L=0$ parallel ist, und dass ebenso $aL + bM + c = 0$ eine Ebene bezeichnet, welche zur Durchschnittslinie der Ebenen $L = 0$, $M = 0$ parallel geht. (Vergl. Art. 30.)

Vier Ebenen $L = 0$, $M = 0$, $N = 0$, $P = 0$ gehen durch einen Punkt, wenn ihre Gleichungen durch eine Identische Relation von der Form

$$aL + bM + cN + dP = 0$$

verbunden sind, weil dann dieselben Coordinatenwerthe, welche den Gleichungen der ersten drei Ebenen genügen, auch die Gleichung der vierten identisch erfüllen. Wenn umgekehrt vier durch einen Punkt gehende Ebenen gegeben sind, so ist eine solche identische Relation leicht zu entwickeln; denn wenn wir die erste jener Gleichungen durch $(A'B''C''')$, die zweite durch $(A''B'''C)$, die dritte durch $(A'''B C')$ und die vierte durch $(A B'C'')$ multipliciren und die Producte addiren, so verschwinden nach Art. 4. der „Vorlesungen" die Coefficienten von x, y, z identisch und das übrig bleibende Glied ist die Determinante des Art. 35., welche verschwindet, weil die vier Ebenen sich in einem Punkte durchschneiden. Die Gleichungen solcher vier Ebenen sind also durch die identische Relation verbunden

$$L(A'B''C''') - M(A''B'''C) + N(A'''B C') - P(A B'C'') = 0.$$

36. Wenn irgend vier nicht durch einen Punkt gehende Ebenen durch ihre Gleichungen

$$L = 0, M = 0, N = 0, P = 0$$

gegeben sind, so kann auf dieselbe Art, wie in der analytischen Planimetrie (Vergl. „Kegelschnitte" Art. 58.), dargethan werden, dass die Gleichung jeder andern Ebene in die Form

$$aL + bM + cN + dP = 0$$

gebracht werden kann. Denn wenn diese vier festen Ebenen durch

$$A_i x + B_i y + C_i z + D_i = 0, \quad (i = 1, 2, 3, 4)$$

respective dargestellt sind und

$$Ax + By + Cz + D = 0$$

die fünfte Ebene bezeichnet, welche in die Form

$$aL + bM + cN + dP = 0$$

gebracht werden soll, so geht die Bestimmung von a, b, c, d aus der Auflösung der vier Bedingungsgleichungen

$$aA_1 + bA_2 + cA_3 + dA_4 = A,$$
$$aB_1 + bB_2 + cB_3 + dB_4 = B,$$
$$aC_1 + bC_2 + cC_3 + dC_4 = C,$$
$$aD_1 + bD_2 + cD_3 + dD_4 = D$$

hervor, welche stets möglich und bestimmt ist, so lange die vier festen Ebenen nicht durch einen Punkt gehen.

Daher entspringt daraus ein System von **Punktcoordinaten im Raume**, bei welchem die Gleichung einer Ebene durch eine lineare homogene Gleichung zwischen vier Veränderlichen dargestellt wird. Und allgemein kann die Gleichung einer Fläche n^{ter} Ordnung durch eine homogene Gleichung n^{ten} Grades zwischen den Grössen L, M, N, P ausgedrückt werden, weil die Zahl der Glieder der vollständigen Gleichung n^{ten} Grades zwischen drei und die der homogenen Gleichung n^{ten} Grades zwischen vier Variabeln die nämliche ist. Im Folgenden werden wir diese **Vierebenen-Coordinaten** überall da gebrauchen, wo durch sie unsere Gleichungen vereinfacht werden können; wir werden sie durch x, y, z, w oder durch x_1, x_2, x_3, x_4 bezeichnen und haben sie als Grössen zu betrachten, welche zu den senkrechten Abständen oder zu gegebenen Vielfachen der senkrechten Abstände des durch sie bestimmten Punktes von vier Ebenen $x = 0$, $y = 0$, $z = 0$, $w = 0$ oder $x_i = 0$ proportional sind.

Eine homogene Gleichung n^{ten} Grades zwischen diesen vier Variabeln bezeichnet eine Fläche n^{ter} Ordnung.

Beispiel 1. Man bestimme die Gleichung der Ebene durch den Punkt x', y', z' und die Durchschnittslinie der Ebenen

$$Ax + By + Cz + D = 0 \text{ und } A'x + B'y + C'z + D' = 0.$$

Sie ist

$$(A'x' + B'y' + C'z' + D')(Ax + By + Cz + D)$$
$$= (Ax' + By' + Cz' + D)(A'x + B'y + C'z + D').$$

Beispiel 2. Welches ist die Gleichung der Ebene ABC in Figur 1?

Die Gleichungen von BC sind

$$\frac{x}{a} = 1, \frac{y}{b} + \frac{z}{c} = 1; \text{ etc.}$$

also ist die Gleichung der geforderten Ebene

$$\frac{x}{a} + \frac{y}{b} + \frac{z}{c} = 2,$$

denn sie geht nach dieser ihrer Form durch jede der drei Verbindungslinien der gegebenen Punkte.

Beispiel 3. Die Gleichung der Ebene *PEF* in derselben Figur zu bestimmen.

Die Linie *EF* hat die Gleichungen

$$x = 0, \quad \frac{y}{b} + \frac{z}{c} = 1$$

und die Gleichung der durch sie mit dem Punkte a, b, c bestimmten Ebene ist daher nach dem ersten Beispiel

$$\frac{y}{b} + \frac{z}{c} - \frac{x}{a} = 1.$$

37. **Wenn vier Ebenen, welche sich in derselben geraden Linie schneiden, durch eine fünfte Ebene geschnitten werden, die jene nicht enthält, so ist das Doppelverhältniss des entstehenden Strahlbüschels unveränderlich.**

Wir können durch eine Transformation der Coordinaten die Schnittebene zur Ebene der xy machen und erhalten dann durch die Substitution $z = 0$ in die Gleichungen der vier Ebenen die Gleichungen der vier Strahlen jenes Büschels. Sie sind offenbar von der Form

$$aL + M = 0, \quad bL + M = 0, \quad cL + M = 0, \quad dL + M = 0,$$

und das Doppelverhältniss derselben hängt, wie in „Kegelschnitte" Art. 56., allein von den Constanten a, b, c, d ab und ändert daher seinen Werth nicht, wenn durch Transformation der Coordinaten $L = 0, M = 0$ als Gleichungen anderer Durchschnittslinien erscheinen. Das Nämliche ergibt sich auch geometrisch direct aus dem Fundamentalsatze „Kegelschn." Art. 57.

38. Damit kann eine directere Ableitung des Coordinatensystems der x_i des Art. 36 und des ihm nach dem Principe der Dualität („Kegelschn." Art. 81.) correspondierenden Systems homogener Coordinaten ξ_i gegeben werden, nach der zugleich die Beziehung der allgemeinen oder projectivischen Coordinaten des Punktes und der Ebene zu den speciellen nach Cartesius und Plücker benannten Systemen anschaulich wird.[?]

Wenn fünf Punkte A_1, A_2, A_3, A_4, E, von denen keine vier in einer Ebene liegen, oder fünf Ebenen A_1, A_2, A_3, A_4, E, von denen keine vier durch einen Punkt gehen, gegeben sind, so lässt sich jeder andere Punkt und respective jede andere Ebene in Bezug auf diese festen Elemente durch projectivische Coordinaten bestimmen.

Jeder Punkt P bestimmt mit den geraden Verbindungslinien von dreien der Punkte A_i, die ein Dreieck bilden, drei Ebenen, die nur ihn gemein haben und durch die Doppelverhältnisse gegeben werden können, die sie mit den drei festen Ebenen durch je dieselbe Gerade (nämlich nach den übrigen beiden A_i und nach E) bilden; z. B. also durch die Doppelverhältnisse von Ebenenbüscheln

$$(A_1 A_2 . A_3 A_4 E P),$$
$$(A_2 A_3 . A_1 A_4 E P),$$
$$(A_3 A_1 . A_2 A_4 E P)$$

ist der Punkt P bestimmt.

Bezeichnet man durch e_1, e_2, e_3, e_4 die Abstände des Punktes E und durch p_1, p_2, p_3, p_4 die Abstände des Punktes P von den Ebenen $A_2 A_3 A_4$, $A_3 A_4 A_1$, $A_4 A_1 A_2$, $A_1 A_2 A_3$, oder allgemeiner sind e_i und p_i die in gleicher Richtung gemessenen Längen von E und P respective bis zu der Ebene $A_i A_k A_l$, so sind die vorher geschriebenen Doppelverhältnisse respective

$$= \frac{p_3 : e_3}{p_4 : e_4}, \ = \frac{p_1 : e_1}{p_4 : e_4}, \ = \frac{p_2 : e_2}{p_4 : e_4},$$

und man kann setzen

$$p_i : e_i = x_i.$$

Jede Ebene Π bestimmt mit den Schnittlinien von dreien der Ebenen A_i, die ein Dreiflach bilden, drei Punkte, die nur sie gemein haben und durch die Doppelverhältnisse gegeben werden können, die sie mit den drei festen Punkten in je derselben Geraden (nämlich in den übrigen beiden A_i und in E) bilden; z. B. also durch die Doppelverhältnisse von Punktreihen

$$(A_1 A_2 . A_3 A_4 E \Pi),$$
$$(A_2 A_3 . A_1 A_4 E \Pi),$$
$$(A_3 A_1 . A_2 A_4 E \Pi)$$

ist die Ebene Π bestimmt.

Bezeichnet man durch ε_1, ε_2, ε_3, ε_4 die Abstände der Ebene E und durch π_1, π_2, π_3, π_4 die Abstände der Ebene Π von den Punkten $A_2 A_3 A_4$, $A_3 A_4 A_1$, $A_4 A_1 A_2$, $A_1 A_2 A_3$, oder allgemeiner sind ε_i und π_i die in bestimmten Richtungen gemessenen Längen von den Ecken des Fundamentaltetraeders bis zu den Ebenen E u. Π, so sind die vorher geschriebenen Doppelverhältnisse respective

$$= \frac{\pi_3 : \varepsilon_3}{\pi_4 : \varepsilon_4}, \ = \frac{\pi_1 : \varepsilon_1}{\pi_4 : \varepsilon_4}, \ = \frac{\pi_2 : \varepsilon_2}{\pi_4 : \varepsilon_4},$$

und man kann setzen

$$\pi_i : \varepsilon_i = \xi_i.$$

so dass x_1, x_2, x_3, x_4 vier algebraische Zahlen bezeichnen, deren Verhältnisse den Punkt P in Bezug auf die fünf Fundamentalpunkte bestimmen und ihn durch dreifache Wiederholung der Construction der vierten Ebene in einem Büschel von gegebenem Doppelverhältniss construiren lassen. Sie sind als tetrametrische Coordinaten des Punktes P zu bezeichnen; der Punkt E bestimmt durch seine Lage gegen die Flächen des Fundamentaltetraeders $A_1 A_2 A_3 A_4$ die vier Maassstäbe, nach denen sie gemessen werden; wir nennen ihn den Einheitspunkt des Systems, seine Coordinaten sind gleich Eins.

Liegt P in einer Fläche $A_j A_k A_l$ des Fundamentaltetraeders, so ist eine der Coordinaten nämlich x_i gleich Null, und wenn man die p_j, c_j in Richtungen misst, welche dieser Tetraederfläche angehören, so erhält man eine entsprechende Coordinatenbestimmung des ebenen Punktsystems in dieser Letzteren.

Der Lage von P in der Tetraederkante $A_i A_j$ entspricht das Verschwinden von x_l und x_k und der Punkt wird durch das Verhältniss von x_i zu x_j bestimmt.

Denken wir die Tetraeder der A_i und der A_j in der Art identisch, dass die Ecke A_i die Ebene A_j zur Gegenfläche hat, bezeichnen wir die Schnittpunkte der Strahlen von A_i nach P

so dass ξ_1, ξ_2, ξ_3, ξ_4 vier algebraische Zahlen bezeichnen, deren Verhältnisse die Ebene Π in Bezug auf die fünf Fundamentalebenen bestimmen und sie durch dreifache Wiederholung der Construction des vierten Punktes in einer geraden Reihe von gegebenem Doppelverhältniss construiren lassen. Sie sind als tetrametrische Coordinaten der Ebene Π zu bezeichnen; die Ebene E bestimmt durch ihre Lage gegen die Ecken des Fundamentaltetraeders A_1 A_2 A_3 A_4 die vier Maassstäbe, nach denen sie gemessen werden; wir nennen sie die Einheitsfläche des Systems, ihre Coordinaten sind gleich Eins.

Geht Π durch eine Ecke $A_j A_k A_l$ des Fundamentaltetraeders, so ist eine der Coordinaten nämlich ξ_i gleich Null, und wenn man die π_i, e, in Richtungen misst, welche der entsprechenden Gegenfläche des Tetraeders angehören, so erhält man eine analoge Coordinatenbestimmung des ebenen Strahlensystems in dieser.

Wenn Π durch eine Tetraederkante $A_i A_j$ geht, so verschwinden die Coordinaten ξ_k und ξ_l und die Ebene wird durch das Verhältniss von ξ_i zu ξ_j bestimmt.

respective E mit der Gegenfläche A_l durch P_{li}, E_{li} die Schnittpunkte der Ebenen aus der Kante A_i A_j nach denselben Punkten mit der Gegenkante A_k A_l durch P_{kl}, E_{kl}, endlich die Schnittpunkte der Ebenen Π und E mit der Kante A_k A_l des Fundamental-

Fig. 4.

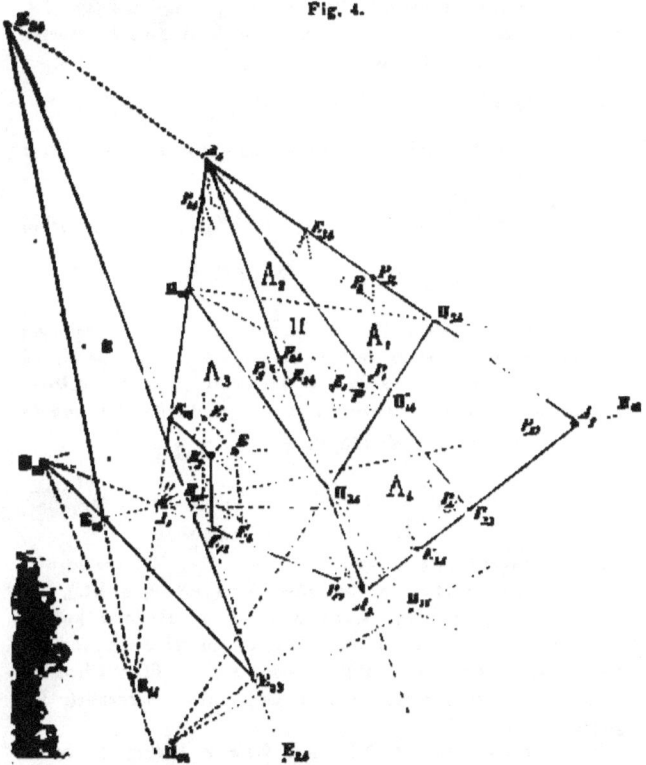

tetraeders durch Π_{kl}, E_{kl} (Fig. 4), so hat man die Relationen

$$(A_i A_j . A_k A_l E P) = (A_k A_l E_{kl} P_{kl}),$$
$$(A_i A_j . A_k A_l E \Pi) = (A_k A_l E_{kl} \Pi_{kl})$$

und somit zur Definition der Coordinatenverhältnisse die Gleichungen

Drittes Kapitel. Art. 38.

$$\frac{x_1}{x_4} = (A_1 A_4 E_{11} P_{11}), \quad \frac{x_2}{x_4} = (A_2 A_4 E_{21} P_{21}), \quad \frac{x_3}{x_4} = (A_3 A_4 E_{31} P_{31});$$

$$\frac{\xi_1}{\xi_4} = (A_1 A_3 \mathsf{E}_{11} H_{11}), \quad \frac{\xi_2}{\xi_4} = (A_1 A_3 \mathsf{E}_{21} H_{21}), \quad \frac{\xi_3}{\xi_4} = (A_1 A_3 \mathsf{E}_{31} H_{31}).$$

Wir bestimmen endlich die gegenseitige Lage des Einheitspunktes E und der Einheitsebene E durch die Angabe der Werthe der drei Doppelverhältnisse

$$-\frac{\lambda_1}{\lambda_4} = (A_1 A_4 \mathsf{E}_{11} E_{11}), \quad -\frac{\lambda_2}{\lambda_4} = (A_2 A_4 \mathsf{E}_{21} E_{21}), \quad -\frac{\lambda_3}{\lambda_4} = (A_3 A_4 \mathsf{E}_{31} E_{31})$$

und erhalten dann durch Multiplication der entsprechenden Werthe die Ausdrücke

$$-\frac{\lambda_1 \xi_1 x_1}{\lambda_4 \xi_4 x_4} = (A_1 A_4 E_{11} P_{11})(A_1 A_3 \mathsf{E}_{11} H_{11})(A_1 A_4 \mathsf{E}_{11} E_{11}) = (A_1 A_4 H_{11} P_{11}),$$

$$-\frac{\lambda_2 \xi_2 x_2}{\lambda_4 \xi_4 x_4} = (A_2 A_4 H_{21} P_{21}), \quad -\frac{\lambda_3 \xi_3 x_3}{\lambda_4 \xi_4 x_4} = (A_3 A_4 H_{31} P_{31}).$$

Wir werden zeigen, dass die Summe der drei hier erhaltenen Doppelverhältnisse immer dann gleich Eins ist, wenn die Ebene H den Punkt P enthält, so dass für die Coordinaten eines solchen Punktes x_i und einer solchen Ebene ξ_i stets die Relation besteht

$$-\frac{\lambda_1 \xi_1 x_1 + \lambda_2 \xi_2 x_2 + \lambda_3 \xi_3 x_3}{\lambda_4 \xi_4 x_4} = 1,$$

welche ihre einfachste Form annimmt, nämlich die Form

$$\xi_1 x_1 + \xi_2 x_2 + \xi_3 x_3 + \xi_4 x_4 = 0.$$

wenn $\lambda_1 = \lambda_2 = \lambda_3 = \lambda_4$ sind, d. h. wenn der Einheitpunkt und die Einheitsebene der Coordinaten x_i und ξ_i an allen Ecken, in allen Kanten und auf allen Flächen des Tetraeders durch dasselbe harmonisch getrennt sind. Dieser Einfachheit wegen wollen wir die Einheitselemente so gewählt denken, wenn nicht das Gegentheil ausdrücklich angegeben wird.

Liegt der Punkt P in der Ebene H (Fig. 4), so ist jede der in den erhaltenen Doppelverhältnissen auftretenden Reihen auf die Ebene der beiden andern von P aus projicirt. z. B. die Reihe $A_1 A_4 H_{11} P_{11}$ auf die Ebene $A_2 A_3 A_4$ der beiden letzten Reihen in $P_1 A_4 H_{11}^* P_{23}$, wenn H_{11}^* den Schnitt von $A_1 P$ mit der Geraden $H_{21} H_{31} H_{23}$ bezeichnet. Wir ermitteln dann die Summe der Doppelverhältnisse

Specielle Formen der projectivischen Coordinaten. - Art. 38.

$(A_2 A_4 \Pi_{24} P_{21})$, $(A_3 A_4 \Pi_{34} P_{31})$, $(P_1 A_4 \Pi_{14} \cdot P_{23})$.

und projicieren zu diesem Zwecke die Figur der drei Reihen central auf eine Ebene, welche zur projicierenden Ebene der Geraden $\Pi_{21} \Pi_{14} \cdot \Pi_{34}$ parallel ist, so dass das Bild dieser Geraden $\Pi_{21}' \Pi_{14}'\cdot \Pi_{34}'$ unendlich fern liegt und die vorigen Doppelverhältnisse durch die gleichwerthigen (Fig. 6)

Fig. 6.

$(A_2' A_4' \infty P_{21}')$, $(A_3' A_4' \infty P_{31}')$, $(P_1' A_4' \infty P_{23}')$.

ersetzt werden, für welche man ferner schreiben kann

$(A_4', A_2', A_3' P_1')$, $(A_4', A_3', P_1' A_2')$,
$(A_4', P_1', A_2' A_3')$.

wenn man durch diese Symbole die Verhältnisse bezeichnet, nach denen die Seiten des Dreiecks $A_2' P_1' A_3'$ die Strecken $A_4' A_2'$, $A_4' A_3'$, $A_4' P_1'$ respective theilen. Wenn man aber endlich diese Verhältnisse durch die Verhältnisse der entsprechenden Dreiecksflächen wie folgt ersetzt

$$\frac{\Delta A_4' A_3' P_1'}{\Delta A_2' A_3' P_1'}, \quad \frac{\Delta A_4' P_1' A_2'}{\Delta A_3' P_1' A_2'}, \quad \frac{\Delta A_4' A_2' A_3'}{\Delta P_1' A_2' A_3'}$$

so folgt aus der nothwendigen Gleichheit

$$\Delta A_4' A_3' P_1' + \Delta A_4' P_1' A_2' + \Delta A_4' A_2' A_3' = \Delta A_2' A_3' P_1'.$$

dass die Summe der drei betrachteten Doppelverhältnisse die positive Einheit ist.*)

Wenn in der Gleichung

$$\xi_1 x_1 + \xi_2 x_2 + \xi_3 x_3 + \xi_4 x_4 = 0$$

die ξ_i Constanten sind, so ist sie die Gleichung der durch die Coordinaten ξ_i bestimmten und also nach

---

*) Man zeigt in analoger Weise aber einfacher dass

$(ABCD) + (ACBD) = 1$;

überdiess so: Es ist

$$\frac{AC}{BC} \cdot \frac{BD}{AD} + \frac{AB}{CB} \cdot \frac{CD}{AD}$$

$$= \frac{(AB+BC)(BC+CD) - AB \cdot CD}{BC \cdot AD} = \frac{BC(AB+BC+CD)}{BC \cdot AD} = 1.$$

$$\frac{\xi_k}{\xi_i} = (A_i\, A_k\, \mathsf{E}_{ii}\, \Pi_{ki})$$

construirbaren Ebene, d. h. die Gleichung, welche von den Coordinaten aller Punkte dieser Ebene befriedigt wird.

Sind in derselben Gleichung die x_i Constanten, so ist sie die Gleichung des durch die Coordinaten x_i bestimmten Punktes, welchen man nach $\frac{x_k}{x_i} = (A_k A_i E_{ii} P_{ii})$ construirt; die Coordinaten aller durch diesen Punkt gehenden Ebenen genügen ihr.

39. Durch besondere Voraussetzungen über die gegenseitige Lage der Fundamentalelemente können diese allgemeinen Coordinaten specialisiert werden. Ist E der Mittelpunkt der dem Tetraeder der A_i eingeschriebenen Kugel, so sind die vier Einheiten gleich, nach denen die x_i gemessen werden, wenn man sie als Längenzahlen der Entfernungen von P von den Fundamentalebenen betrachtet, und dieselben können daher als diese Längenzahlen selbst im gewöhnlichen Sinne bezeichnet werden (Art. 34). Der Uebergang vom Einheitpunkt E mit den Abständen e_i zu diesem Punkte der gleichen Abstände als Einheitpunkt entspricht der Multiplication der Coordinaten x_i mit der Längenzahl des respectiven e_i. Ist E der Schwerpunkt des Tetraeders, so sind jene vier Einheiten die Viertel der entsprechenden Tetraederhöhen und die Coordinaten x_i die Verhältnisse der Entfernungen von P von den Fundamentalebenen zu den entsprechenden Höhen des Tetraeders[3], oder der Volumina der Tetraeder $P\,A_j\,A_k\,A_l$ und $A_i\,A_j\,A_k\,A_l$. Zugleich ist dann die Einheitebene E unendlich fern.

Wenn wir voraussetzen, dass eine Fläche des Fundamentaltetraeders z. B. $A_1\,A_2\,A_3$ oder A_4 die unendlich ferne Ebene des Raumes sei, so bilden die Punkte P_1, P_2, P_3 und E_1, E_2, E_3, die Parallelprojectionen der Punkte P und E nach den Richtungen A_1, A_2, A_3 respective auf die Ebenen $\mathsf{A}_1, \mathsf{A}_2, \mathsf{A}_3$ und man hat wegen $(A_4 \infty E_{41} E_{4j}) = -1$

$$A_4\, \mathsf{E}_{41} = -A_4\, E_{41},\quad A_4\, \mathsf{E}_{42} = -A_4\, E_{42},\quad A_4\, \mathsf{E}_{43} = -A_4\, E_{43};$$

also $\quad x_4 = p_4 : e_4 = 1,\quad \dfrac{x_1}{x_4} = \dfrac{A_4\, P_{41}}{A_4\, E_{41}} = x_1,$

$$\dfrac{x_2}{x_4} = \dfrac{A_4\, P_{42}}{A_4\, E_{42}} = x_2,\quad \dfrac{x_3}{x_4} = \dfrac{A_4\, P_{43}}{A_4\, E_{43}} = x_3$$

und
$$\frac{\xi_1}{\xi_4} = -\frac{1}{A_4} \frac{H_{11}}{A_1 E_{11}}, \quad \frac{\xi_2}{\xi_4} = -\frac{1}{A_4} \frac{H_{12}}{A_1 E_{12}}, \quad \frac{\xi_3}{\xi_4} = -\frac{1}{A_4} \frac{H_{13}}{A_1 E_{13}},$$

vergl. Fig. 1, p. 2, wo nur O, A, B, C, D, E, F durch A_4, P_1, P_2, P_3, P_{11}, P_{12}, P_{13} zu ersetzen und die unendlich fernen Punkte auf x, y, z durch A_1, A_2, A_3 zu bezeichnen sind.

Macht man endlich $A_4 E_{11} = A_4 E_{12} = A_4 E_{13} = 1$, so sind die x_1, x_2, x_3 die gewöhnlichen Cartesischen Punktcoordinaten x, y, z und die $\frac{\xi_1}{\xi_4}$, $\frac{\xi_2}{\xi_4}$, $\frac{\xi_3}{\xi_4}$ die Plücker'schen Ebenen-Coordinaten ξ, η, ζ. Die Gleichung $\xi_1 x_1 + \ldots = 0$ geht in $\xi x + \eta y + \zeta z + 1 = 0$ über, d. h. in der Gleichung der Ebene sind die Verhältnisse der Coefficienten zum absoluten Glied ihre Plücker'schen Coordinaten und in der Gleichung des Punktes dieselben Verhältnisse seine Cartesischen Coordinaten.

Der Uebergang von den allgemeinen projectivischen Raumcoordinaten zu den elementaren Coordinatensystemen von Cartesius und Plücker entspricht einer Reliefbildung, bei welcher die eine Fläche des Fundamentaltetraeders zur Gegenebene gewählt wird[1]). Damit ist auch die Bedeutung der Substitution $\frac{x}{w}$, $\frac{y}{w}$, $\frac{z}{w}$ für x, y, z geometrisch erklärt.

1. Drei Punkte von den Coordinaten y_i, z_i, w_i bestimmen eine Ebene von der Gleichung

$$\begin{vmatrix} x_1, & x_2, & x_3, & x_4 \\ y_1, & y_2, & y_3, & y_4 \\ z_1, & z_2, & z_3, & z_4 \\ w_1, & w_2, & w_3, & w_4 \end{vmatrix} = 0.$$

(Vergl. Art. 30.)

1. Drei Ebenen von den Coordinaten η_i, ζ_i, ω_i bestimmen einen ihnen gemeinsamen Punkt von der Gleichung

$$\begin{vmatrix} \xi_1, & \xi_2, & \xi_3, & \xi_4 \\ \eta_1, & \eta_2, & \eta_3, & \eta_4 \\ \zeta_1, & \zeta_2, & \zeta_3, & \zeta_4 \\ \omega_1, & \omega_2, & \omega_3, & \omega_4 \end{vmatrix} = 0$$

(Vergl. Art. 33.)

Da diese Gleichungen auch als die Resultate der Elimination der k, l, m, n oder $\varkappa$, λ, μ, ν zwischen den Systemen

$$kx_i + ly_i + mz_i + nw_i = 0, \quad \varkappa\xi_i + \lambda\eta_i + \mu\zeta_i + \nu\omega_i = 0 \quad (i = 1, 2, 3, 4)$$

betrachtet werden können, so hat man für die Coordinaten eines beliebigen Punktes in der Ebene y_i, z_i, w_i, respective die Coordinaten einer beliebigen Ebene durch den Punkt η_i, ζ_i, ω_i die Ausdrücke

$$x_i = -\frac{ly_i + mz_i + nw_i}{k} \text{ (vergl. Art. 9.)}, \quad \xi_i = -\frac{\lambda\eta_i + \mu\zeta_i + \nu\omega_i}{\varkappa},$$

deren Nenner bei der Substitution in Gleichungen dann vernachlässigt
werden können, wenn dieselben in den x_i respective den ξ_i homogen sind.

2. Die Ebenen, welche zwei Punkte y_i, z_i mit den Fundamentalpunkten A_i verbinden und die geraden Linien, in welchen sie die Gegenebenen A_i durchschneiden, sind durch

$$x_j (y_i z_i - y_i z_i) + x_k (y_i z_j - y_j z_i) + x_i (y_j z_k - y_k z_j) = 0$$

dargestellt; analog die Punkte, welche die Schnittlinie zweier Ebenen η_i,
ζ_i mit den Fundamentalebenen A_i gemein hat, durch dieselben Gleichungen
in den ξ, η, ζ.

Da diese Gleichungen als die Eliminationsresultate der Systeme

$$lx_i + my_i + nz_i = 0, \quad lx_k + my_k + nz_k = 0, \quad lx_l + my_l + nz_l; \text{ etc.}$$

angesehen werden können, so erhält man für die Coordinaten x_i eines
Punktes in der Verbindungslinie der beiden Punkte y_i, z_i; respective die
Coordinaten ξ_i einer Ebene durch die Schnittlinie von zwei Ebenen η_i, ζ_i
die Ausdrücke

$$x_i = - \frac{my_i + nz_i}{l} \text{ (vergl. Art. 71.)}, \quad \xi_i = - \frac{\mu \eta_i + \nu \zeta_i}{\lambda}.$$

3. Dieselben Gleichungen führen zur allgemeinen geometrischen Interpretation der Zahlen m und n; man erhält aus

$$lx_1 + my_1 + nz_1 = 0, \quad lx_2 + my_2 + nz_2 = 0$$

durch Elimination von l

$$\frac{m}{n} = - \frac{x_2 z_1 - x_1 z_2}{x_2 y_1 - x_1 y_2}$$

und analoge Werthe aus den übrigen Paaren. Die Umformung dieses Ausdrucks führt aber zur geometrischen Interpretation; es ist, wenn wir die
Doppelverhältnisse in der Ebene $A_1 A_2 A_3$ messen und dafür P_1 und R_1
durch P, R bezeichnen und wenn Q, R ebenso den Punkten von den
Coordinaten y_i, z_i entsprechen:

$$\frac{m}{n} = - \frac{x_2 z_1 \left(1 - \frac{x_1}{x_2} : \frac{z_1}{z_2}\right)}{x_2 y_1 \left(1 - \frac{x_1}{x_2} : \frac{y_1}{y_2}\right)} = \frac{z_1}{y_1} \cdot \frac{1 - (A_2 . A_1 A_2 EP) : (A_2 . A_1 A_2 ER)}{1 - (A_2 . A_1 A_2 EP) : (A_2 . A_1 A_2 EQ)}$$

$$= \frac{z_1}{y_1} \cdot \frac{1 - (A_2 . A_1 A_2 RP)}{1 - (A_2 . A_1 A_2 QP)} = \frac{z_1}{y_1} \cdot \frac{(A_2 . A_1 R A_2 P)}{(A_2 . A_1 Q A_2 P)} \text{ (Vgl. Anm.* p. 33.)}$$

Fig. 7.   Also

$$\frac{m}{n} = - \frac{z_1}{y_1} (P_1 PQR) = - \frac{PR}{PQ},$$

wo $z_1 : y_1 = P_1 R : P_1 Q$ ist, für P_1
als den Schnittpunkt der Fundamentallinie $A_2 A_3$ mit der Geraden QR
in der Ebene $A_1 A_2 A_3$. (Fig. 7.) In
derselben Weise findet man

$$\frac{p}{r} = -\frac{\xi_1}{\eta_1}(A_1 P_3 Q_3 R_3) = -\frac{\sin pr}{\sin pq}.$$

Sind dann aber ferner P_1, P_2, P_3, P_4 vier Punkte in der geraden Verbindungslinie der Punkte Q und R, denen respective die Werthe $m_1:n_1$, $m_2:n_2$, $m_3:n_3$, $m_4:n_4$ entsprechen, so erhält man für das Doppelverhältniss derselben folgende einfache Entwicklung. Man hat

$$(P_1 P_2 P_3 P_4) = (P_3 Q P_1 P_2):(P_4 Q P_1 P_2) = \frac{(RP_1 Q P_2)}{(RP_2 Q P_3)}:\frac{(RP_1 Q P_4)}{(RP_1 Q P_4)}$$

$$= \frac{(RQP_1P_3)-1}{(RQP_1P_2)-1} \cdot \frac{(RQP_1P_4)-1}{(RQP_1P_4)-1} = \frac{\frac{(A_1 P_3 Q R)}{(A_1 P_2 Q R)}-1}{\frac{(A_1 P_2 Q R)}{(A_1 P_2 Q R)}-1} : \frac{\frac{(A_1 P_4 Q R)}{(A_1 P_2 Q R)}-1}{\frac{(A_1 P_2 Q R)}{(A_1 P_1 Q R)}-1}$$

$$= \frac{\frac{m_3:n_3}{n_1}-1}{\frac{m_1:n_1}{n_2}-1} \cdot \frac{\frac{m_1:n_1}{n_2}-1}{\frac{m_2:n_2}{n_4}-1} = \frac{m_3 n_2 - m_2 n_3}{m_2 n_3 - m_3 n_2} : \frac{m_1 n_4 - m_4 n_1}{m_2 n_4 - m_4 n_2},$$

oder für $m_i:n_i = k_i$

$$(P_1 P_2 P_3 P_4) = \frac{k_3-k_1}{k_3-k_2}:\frac{k_4-k_1}{k_4-k_2} = \frac{k_1-k_3}{k_2-k_3}\cdot\frac{k_2-k_4}{k_1-k_4}.$$

(Vergl. „Kegelschnitte" Art. 298.)

Unter der speciellen Voraussetzung, dass P_1 mit Q, P_2 mit R zusammenfallen, ist wegen $n_1 = 0$, $m_2 = 0$

$$(P_1 P_2 P_3 P_4) = (QRP_3 P_4) = \frac{n_3}{-m_3}:\frac{n_4}{-m_4} = \frac{k_3}{k_4}.$$

Sollen P_3, P_4 mit Q, R eine harmonische Gruppe bilden, so muss $k_3 = -k_4$ sein und man hat also für die Coordinaten x_i solcher Punkte, die mit y_i und z_i eine harmonische Gruppe bilden, die Werthe $(y_i \pm k z_i)$. (Vergl. Art. 73.)

40. Wenn zwei Reihen von Punkten projectivisch d. h. von gleichem Doppelverhältniss sein sollen, d. h. wenn man hat $(P_1 P_2 P_3 P) = (P_1' P_2' P_3' P_4')$ ist, und wir durch k_i, k_i' die Parameter der einzelnen Punkte in Bezug auf beliebige Fixpunkte ihrer Reihen ausdrücken, so ist

$$\frac{k_1-k_3}{k_2-k_3}:\frac{k_1-k}{k_2-k} = \frac{k_1'-k_3'}{k_2'-k_3'}:\frac{k_1'-k'}{k_2'-k'};$$

wir betrachten P_1, P_2, P_3 und folglich auch P_1', P_2', P_3' als feste Punkte, die drei gegebenen Paare der der projectivischen Reihen, und erhalten als Bedingung der Projectivität eine Gleichung von der Form

$$akk' - bk + ck' - d = 0$$

zwischen den Parametern der beweglichen entsprechenden Punkte P, P'.

Substituiert man für k, k' die durch das Vorige bestimmten Werthe von der Form

$$k = \frac{\frac{x_2}{x_1} y_1 - y_2}{\frac{x_2}{x_1} z_1 - z_2}, \quad k' = \frac{\frac{x_2'}{x_1'} r_1' - r_2'}{\frac{x_2'}{x_1'} w_1' - w_2'},$$

so entsteht eine Gleichung von derselben Form, die wir schreiben wollen

$$a_{12} \frac{x_2}{x_1} \frac{x_2'}{x_1'} - a_{22} \frac{x_2}{x_1} + a_{11} \frac{x_2'}{x_1'} - a_{21} = 0,*)$$

und aus welcher man

$$\frac{x_2'}{x_1'} = \frac{a_{21} + a_{22} \frac{x_2}{x_1}}{a_{11} + a_{12} \frac{x_2}{x_1}} = \frac{a_{21} x_1 + a_{22} x_2}{a_{11} x_1 + a_{12} x_2}$$

erhält. Soll eine Beziehung dieser Art im ganzen Raume stattfinden, so muss eine Abhängigkeit von der Form

$$\frac{x_i'}{x_1'} = \frac{a_{i1} x_1 + a_{i2} x_2 + a_{i3} x_3 + a_{i4} x_4}{a_{11} x_1 + a_{12} x_2 + a_{13} x_3 + a_{14} x_4}$$

bestehen, aus welcher für alle entsprechenden geraden Reihen die projectivische Beziehung wieder hervorgeht, oder man muss haben

$$\rho x_i' = a_{i1} x_1 + a_{i2} x_2 + a_{i3} x_3 + a_{i4} x_4.$$

Der Ebene $\xi_1' x_1' + \xi_2' x_2' + \xi_3' x_3' + \xi_4' x_4' = 0$ des zweiten Raumes entspricht im ersten Raume das durch

$$\xi_1'(a_{11}x_1 + a_{12}x_2 + a_{13}x_3 + a_{14}x_4) + \xi_2'(a_{21}x_1 + a_{22}x_2 + a_{23}x_3 + a_{24}x_4)$$
$$+ \xi_3'(a_{31}x_1 + a_{32}x_2 + a_{33}x_3 + a_{34}x_4) + \xi_4'(a_{41}x_1 + a_{42}x_2 + a_{43}x_3 + a_{44}x_4) = 0,$$

oder

$$x_1(a_{11}\xi_1' + a_{21}\xi_2' + a_{31}\xi_3' + a_{41}\xi_4') + x_2(a_{12}\xi_1' + a_{22}\xi_2' + \ldots)$$
$$+ x_3(a_{13}\xi_1' + \ldots) + x_4(a_{14}\xi_1' + \ldots) = 0$$

dargestellte Gebilde, d. h. wieder eine Ebene und man sieht zugleich, dass die lineare Abhängigkeit der x_i' von den x_i nothwendig ist, wenn dem Punktsystem einer Ebene des einen Raumes ein ebenes Punktsystem im andern Raume entsprechen soll. Man

---

*) Für $a_{22} = -a_{11}$ hat man den Fall der Involution.

hat aus der erhaltenen Gleichung zugleich für die entsprechende Transformation der Ebenencoordinaten die Relationen

$$\xi_k = a_{1k}\xi_1' + a_{2k}\xi_2' + a_{3k}\xi_3' + a_{4k}\xi_4';$$

d. h. der Uebergang zu einem collinearen System entspricht einer allgemeinen linearen Substitution für die x_i' und der transponierten Substitution für die ξ_k. Durch ganz analoge Betrachtungen erkennt man, dass das projectivische Entsprechen zwischen den Punkten x_i eines Raumes und den Ebenen ξ_i' eines anderen Raumes die Relationen

$$m\xi_i' = a_{i1}x_1 + a_{i2}x_2 + a_{i3}x_3 + a_{i4}x_4$$

erfordert und dass, damit auch immer einer Ebene ξ_k des ersten Raumes ein Punkt des zweiten entspreche, zugleich

$$r\xi_k = a_{k1}x_1' + a_{2k}x_2' + a_{3k}x_3' + a_{4k}x_4'$$

sein muss, d. h. die Reciprocität räumlicher Systeme wird ebenfalls durch eine allgemeine lineare Substitution und deren transponierte analytisch ausgedrückt.

Die geometrische Bedeutung der Coefficienten der betreffenden linearen Substitution ergiebt sich aus dem Vorigen; so dass wir eine gegebene lineare Substitution ebenso leicht geometrisch darstellen können, wenn die Coordinatensysteme gegeben sind, auf welche beide Räume bezogen wurden, als wir auch zu einer geometrisch gegebenen Collineation oder Reciprocität zweier Räume die analytische Ausdrucksform oder die sie repräsentirende lineare Substitution ermitteln können.

Bezeichnen wir im Raume der x_i, ξ_i die Fundamentalelemente durch A_1, A_2, A_3, A_4, E und E, im Raum der x_i', ξ_i' dagegen durch A_1^*, A_2^*, A_3^*, A_4^*, E^*, E^*, so dass jenen in diesem Raume die Elemente A_1', A_2', A_3', A_4', E' und E', den zweiten aber in jenem Raume die Elemente A_1^*, A_2^*, A_3^*, A_4^*, E^*, E^* entsprechen, so liefern die allgemeinen Substitutionen für den Punkt A_4' und die Ebene A_4^* die Beziehungen

$$\frac{\varrho e_i}{h_i}x_i' = a_{i4}, \quad \frac{\mu r_i'}{h_i}\xi_k = a_{4k}$$

und kommt zu unmittelbarer Verbindung mit der geometrischen Construction für A_4' respective A_4^*

$$x_i' : x_j' = a_{i4} : a_{j4}, \quad \xi_k : \xi_l = a_{4k} : a_{4l}.$$

Die Coefficienten der linearen Substitution, welche die Collineation zweier Räume ausdrückt, sind also, sofern sie zur selben Zeile gehören d. h. einerlei ersten Index haben, den durch die zweiten Indices bezeichneten Coordinaten der Ebene des ersten Systems gleich oder proportional, welche der durch den gemeinsamen Index bezeichneten Fundamentalebene des zweiten Systems entspricht; sie sind dagegen, sofern sie zur gleichen Reihe gehören d. h. einerlei zweiten Index haben, den durch die ersten Indices bezeichneten Coordinaten desjenigen Punktes im zweiten System gleich oder proportional, welcher dem durch den gemeinsamen Index bezeichneten Fundamentalpunkte des ersten Systems entspricht. Man erhält überdiess für den Punkt E' die Relation

$$\mu x_i' = a_{i1} + a_{i2} + a_{i3} + a_{i4},$$

d. h. seine Coordinaten sind die Summen der Coefficienten der Substitution nach Zeilen; und für die Ebene E^*

$$\varrho \xi_i = a_{1i} + a_{2i} + a_{3i} + a_{4i},$$

oder ihre Coordinaten sind die Summen der Coefficienten nach Reihen.

Im Falle der Reciprocität erhält man ganz analog für die Ebenen A_i', A_i^*

$$\xi_i' : \xi_k' = a_{ik} : a_{kk} \text{ und } \xi_i : \xi_k = a_{ki} : a_{kk},$$

und für die Ebenen E' und E^* speciell

$$m \xi_i' = a_{i1} + a_{i2} + a_{i3} + a_{i4}, \quad r \xi_i = a_{1i} + a_{2i} + a_{3i} + a_{4i}.$$

Denken wir die collinearen Räume speciell congruent und in sich deckender Lage, d. h. alle ihre entsprechenden Elemente als zusammenfallend, so erkennen wir, dass jede Transformation der Coordinaten einer linearen Substitution äquivalent ist, in welcher die Coefficienten von einerlei erstem Index den durch die zweiten Indices bezeichneten Coordinaten der Fundamentalebene des zweiten Systems vom gemeinsamen Index im ersten System, und die Coefficienten von einerlei zweitem Index den durch die ersten Indices bezeichneten Coordinaten des Fundamentalpunktes des ersten Systems vom gemeinsamen Index im zweiten System gleich oder proportional sind, während die μfachen der Coordinaten des Einheitspunktes des ersten Systems in Bezug auf das zweite gleich den Summen der Coefficienten nach Zeilen und die ϱfachen Coordinaten der Einheitsebene des zweiten Systems in Bezug auf das erste gleich den Summen der Coefficienten nach Reihen sind. (Vergl. Art. 16 f.)

Beispiel 1. Wenn die projectivischen Räume auf dasselbe Coordinatensystem bezogen werden, so lassen sich ihre gegenseitigen Beziehungen in analytischer Form einfach erörtern. In zwei collinearen Räumen fallen entsprechende Punkte zusammen, wenn die Relationen

$$\mu x_i = a_{i1}x_1 + a_{i2}x_2 + a_{i3}x_3 + a_{i4}x_4$$

erfüllt sind. Man erhält aber durch Elimination der x_i zwischen ihnen eine biquadratische Gleichung

$$\begin{vmatrix} a_{11}-\mu & , a_{12} & , a_{13} & , a_{14} \\ a_{21} & , a_{22}-\mu & , a_{23} & , a_{24} \\ a_{31} & , a_{32} & , a_{33}-\mu & , a_{34} \\ a_{41} & , a_{42} & , a_{43} & , a_{44}-\mu \end{vmatrix} = 0$$

zur Bestimmung der Werthe von μ, welche die sich selbst entsprechenden Punkte liefern. Durch Einsetzen der Wurzelwerthe in die Bedingungsgleichungen werden diese zu Bestimmungsgleichungen für die Coordinaten der fraglichen Punkte. Wenn sie reell sind, so vereinfachen sich für die Wahl derselben als Fundamentalpunkte die Formeln der projectivischen Beziehung in $\mu x_i' = a_i x_i$, wie es aus den Grundlagen unserer Coordinatenbestimmung sich auch direct ergibt. Vergl. „Kegelschnitte" Art. 376.)

Beispiel 2. Zwei Räume sind einander collinear, wenn sie zu demselben dritten Raume reciprok sind.

Denn die Verbindung der Bedingungsgleichungen der beiden Reciprocitäten giebt solche der Collineation.

Beispiel 3. Die Gleichungen der Collineation der Räume sind für schiefwinklige Coordinaten

$$x' = \frac{a_{11} + a_{12}x + a_{13}y + a_{14}z}{a_{41} + a_{42}x + a_{43}y + a_{44}z}, \quad y' = \frac{a_{21} + a_{22}x + a_{23}y + a_{24}z}{a_{41} + a_{42}x + a_{43}y + a_{44}z},$$
$$z' = \frac{a_{31} + a_{32}x + a_{33}y + a_{34}z}{a_{41} + a_{42}x + a_{43}y + a_{44}z}.$$

Den Punkten der Ebene $a_{41} + a_{42}x + a_{43}y + a_{44}z = 0$ entsprechen unendlich ferne Punkte im Raume der gestrichenen Coordinaten; wäre sie selbst unendlich fern, so hätten wir den speciellen Fall der Affinität. (Vergl. „Kegelschnitte" Art. 378, 6; 424.) Im Allgemeinen nennen wir sie die Gegenebene im ungestrichenen Raum.

Hier soll der Fall der Involution untersucht werden (vergl. „Kegelschnitte" Art. 377.) d. h. der Fall des vertauschbaren Entsprechens zwischen den Elementen beider Räume. Die Ebene, welche durch $a_{41} + a_{42}x + a_{43}y + a_{44}z = 0$ dargestellt ist, die Gegenebene der Involution, ist dann allgemein nicht unendlich fern und kann als Ebene $z = 0$ gewählt werden, so dass die Gleichungen der Collineation in

$$z(x' - a_{11}) = a_{21} + a_{22}x + a_{23}y, \quad z(y' - a_{31}) = a_{31} + a_{32}x + a_{33}y,$$
$$zz' = a_{41} + a_{42}x + a_{43}y + a_{44}z$$

und durch Parallelverschiebung der Axen des gestrichenen Systems nach dem Anfangspunkte $(a_{21}, a_{31}, 0)$ in

$$zx' = a_{21} + a_{22}x + a_{23}y, \; zy' = a_{31} + a_{32}x + a_{33}y,$$
$$zz' = a_{11} + a_{12}x + a_{13}y + a_{14}z$$

übergehen, aus denen für sich deckende Coordinatensysteme im Falle der Involution sofort die weiteren folgen

$$z'x = a_{21} + a_{22}x' + a_{23}y', \; z'y = a_{31} + a_{32}x' + a_{33}y',$$
$$z'z = a_{11} + a_{12}x' + a_{13}y' + a_{14}z'.$$

Die Bedingungen der Verträglichkeit dieser beiden Gruppen von Gleichungen sind die Bedingungen der Involution. Multipliciren wir die ersten beiden Gleichungen der letzten Gruppe mit z und setzen sodann für zx', zy', zz' die Werthe nach denen der ersten Gruppe, so folgen als für alle Werthe der x, y, z zu erfüllende Gleichungen

$$x(a_{11} + a_{12}x + a_{13}y + a_{14}z) = a_{21}z + a_{22}(a_{21} + a_{22}x + a_{23}y)$$
$$+ a_{23}(a_{31} + a_{32}x + a_{33}y).$$
$$y(a_{11} + a_{12}x + a_{13}y + a_{14}z) = a_{31}z + a_{32}(a_{21} + a_{22}x + a_{23}y)$$
$$+ a_{33}(a_{31} + a_{32}x + a_{33}y);$$

man muss daher haben

$$a_{17} = 0, \; a_{12} = 0, \; a_{11} = 0, \; a_{21} = 0, \; a_{31} = 0;$$
$$a_{23}(a_{22} + a_{33}) = 0, \; a_{32}(a_{22} + a_{33}) = 0;$$
$$a_{14} = a_{22}^2 + a_{23}a_{32} = a_{32}a_{23} + a_{33}^2.$$

Diesen Relationen genügen die Annahmen a) und ebenso b)

a) $a_{33} = + a_{22}, \; a_{23} = 0, \; a_{32} = 0;$ \; b) $a_{33} = - a_{22}$

und man erhält denselben entsprechend die Gleichungen der Involution

a) $zx' = a_{22}x, \; zy' = a_{22}y, \; zz' = a_{22}^2;$ oder b) $zx' = a_{22}x + a_{23}y,$
$$zy' = a_{32}x - a_{22}y, \; zz' = a_{22}^2 + a_{23}a_{32}.$$

Im Falle a) folgt für $x = x', y = y', z = z'$

$$x(z - a_{22}) = 0, \; y(z - a_{22}) = 0, \; z^2 - a_{22}^2 = 0,$$

denen gleichzeitig genügt wird durch $z = a_{22}$ und durch $z = - a_{22}$, $x = 0, y = 0$. Es giebt sonach in diesem Falle eine sich selbst entsprechende Ebene (Collineationsebene) parallel zur Gegenebene im Abstand a_{22} von derselben, und einen sich selbst entsprechenden Punkt (Collineationscentrum) in der Axe z in demselben Abstand auf der andern Seite der Gegenebene. Die in jener Ebene liegenden Punkte und Geraden und die durch diesen Punkt gehenden Ebenen und Geraden entsprechen sich selbst; die Geraden in jener sind die Träger involutorischer Büschel entsprechender Ebenen, die Geraden durch diesen die Träger involutorischer Reihen entsprechender Punkte.[5]) Im Falle b) ist für $x = x', y = y', z = z'$

$$x(z - a_{22}) = a_{23}y, \; y(z + a_{22}) = a_{32}x, \; z^2 = a_{22}^2 + a_{23}a_{32}$$
(setzen wir $= b^2$, also $z = \pm b$).

wo die dritte Gleichung aus den beiden ersten folgt, so dass dieselben zwei Gerade in äquidistanten Parallelebenen zur Gegenebene bezeichnen, die mit b gleichzeitig reell und imaginär und durch die Gleichungen bestimmt sind

$$x(b - a_{22}) = a_{23}y, \quad y(b + a_{22}) = a_{32}x.$$

Wählt man die Halbierungslinien dieser Richtungen in der Gegenebene, die stets reell sind, zu den Axen der x und y, so erhält man für die Gleichungen der Involution

$$zY = mX, \quad zX = nY, \quad zz' = mn$$

und für die sich selbst entsprechenden Geraden

$$z = Y\sqrt{mn}, \quad Y = X\sqrt{\tfrac{m}{n}} \quad \text{und} \quad z = -Y\sqrt{mn}, \quad Y = -X\sqrt{\tfrac{m}{n}}.$$

Entsprechende Punkte liegen in einer die Doppellinien schneidenden Geraden und bilden mit den Punkten der letzteren harmonische Gruppen; entsprechende Ebenen gehen durch eine die Doppellinien schneidende Gerade und bilden mit den Ebenen derselben harmonische Gruppen.[6]) Man unterscheidet beide Fälle der involutorischen Räume als centrisch-involutorisch und geschaart-involutorisch.[7])

Beispiel 4. In zwei reciproken Räumen liegen Punkte x_i in den entsprechenden Ebenen ξ_i', wenn

$$x_1(a_{11}x_1 + a_{12}x_2 + a_{13}x_3 + a_{11}x_4) + x_2(a_{21}x_1 + \ldots)$$
$$+ x_3(a_{31}x_1 + \ldots) + x_4(a_{41}x_1 + \ldots) = 0$$

ist; es sind also die Punkte einer Fläche zweiter Ordnung

$$a_{11}x_1^2 + \ldots + (a_{12} + a_{21})x_1x_2 + \ldots = 0.$$

Wir werden bald sehen (Art. 63), dass für $a_{ik} = a_{ki}$ diese Fläche zu der Fläche zweiter Ordnung wird, in Bezug auf welche der Punkt x_i und die Ebene ξ_i' sich als Pol und Polarebene entsprechen.

Beispiel 5. Setzt man in den allgemeinen Gleichungen der Reciprocität $a_{ii} = 0$ und $a_{ik} = -a_{ki}$, so wird die Gleichung der ineinander liegenden Elemente identisch erfüllt; die Gleichungen der Reciprocität werden

$$\xi_1' = \qquad a_{12}x_2 + a_{13}x_3 + a_{14}x_4,$$
$$\xi_2' = -a_{12}x_1 \qquad + a_{23}x_3 + a_{24}x_4,$$
$$\xi_3' = -a_{13}x_1 - a_{23}x_2 \qquad + a_{34}x_4,$$
$$\xi_4' = -a_{14}x_1 - a_{24}x_2 - a_{34}x_3 \quad .$$

Da die Determinante der rechten Seiten dieser Gleichungen nicht identisch Null ist, wie in dem entsprechenden Falle der Planimetrie, so bestimmen sie eine Reciprocität räumlicher Systeme mit vertauschbarem Entsprechen, also eine Involution, die man als ein **Nullsystem** bezeichnet.[*])

Für $x_1 = 1$, $x_2 = x$, $x_3 = y$, $x_4 = z$ und $\xi_2 : \xi_1 = \xi$, $\xi_3 : \xi_1 = \eta$, $\xi_4 : \xi_1 = \zeta$ folgt aus der Gleichung der dem Punkte x, entsprechenden Ebene die Gleichung der Ebene, welche dem Punkte x, y, z entspricht,

$$a_{12}x + a_{12}y + a_{11}z + (-a_{12} + a_{23}y + a_{31}z)x' + (-a_{13} - a_{23}x + a_{31}z)y' - (a_{11} + a_{21}x + a_{31}y)z' = 0,$$

oder man hat

$$x' = \frac{a_{12} + a_{22}y + a_{32}z}{a_{11}x + a_{21}y + a_{31}z}, \quad y' = \frac{a_{13} - a_{23}x + a_{33}z}{a_{11}x + a_{21}y + a_{31}z},$$

$$z' = \frac{-a_{11} - a_{21}x - a_{31}y}{a_{11}x + a_{21}y + a_{31}z}.$$

Einem Büschel von parallelen Ebenen im gestrichenen System, als für welche die Verhältnisse $\xi' : \zeta'$ und $\eta' : \zeta'$ constante Werthe λ, μ besitzen, entspricht eine Punktreihe im andern System, welche durch

$$-a_{12} + a_{22}y + a_{32}z + \lambda(a_{11} + a_{21}x + a_{31}y) = 0,$$
$$-a_{13} - a_{23}x + a_{31}z + \mu(a_{11} + a_{21}x + a_{31}y) = 0$$

bestimmt ist und daher stets durch den festen Punkt geht, in dem die Ebenen

$$a_{22}y + a_{32}z = a_{12}, \quad a_{21}x + a_{31}y = -a_{11}, \quad -a_{23}x + a_{31}z = a_{13}$$

sich schneiden, und welcher unendlich fern liegt, weil die Determinante der linken Seiten in diesen Gleichungen verschwindet. Den Geraden der unendlich fernen Ebene entsprechen Gerade, die einander parallel sind, wie es aus der involutorischen Natur der Beziehung hervorgeht; man nennt sie die **Durchmesser des Systems**. Ist einer derselben die Axe der z, so muss $a_{21} = 0$, $a_{31} = 0$ sein und man erhält für den der Stellung der Ebene $z = 0$ entsprechenden oder conjugierten Durchmesser, die **Axe des Systems**, mit $\lambda = 0$, $\mu = 0$

$$-a_{12} + a_{22}y = 0, \quad -a_{13} - a_{23}x = 0.$$

Machen wir diesen zur Axe der z parallelen Durchmesser zur Axe der z selbst in einem neuen System X, Y, X', Y', d. h. setzen wir

$$X - \frac{a_{12}}{a_{22}} = x, \quad Y + \frac{a_{13}}{a_{23}} = y; \quad X' - \frac{a_{11}}{a_{11}} = x', \quad Y' + \frac{a_{11}}{a_{11}} = y',$$

so reduciert sich die Gleichung der dem Punkt X, Y, Z entsprechenden Ebene auf

$$a_{11}(z - z') = a_{22}(XY' - X'Y).$$

Ihr Winkel gegen die Ebene der x, y ist unter der zulässigen Annahme rechtwinkliger Coordinaten durch

$$\tan\alpha_1 = \frac{a_{22}}{a_{11}}\sqrt{x^2 + y^2}$$

gegeben, d. h. die von der Axe gleichweit entfernten Punkte haben Polarebenen von gleicher Neigung gegen dieselbe.

Man berechnet nach der obigen Fundamentalgleichung leicht die Gleichungen der einer gegebenen Geraden

$$x = mz + a, \quad y = nz + b$$

entsprechenden oder conjugierten Geraden

$$x' = (mz' + a)\frac{a_{11}}{a_{23}(na-mb)}, \quad y' = (nz' + b)\frac{a_{11}}{a_{23}(na-mb)}$$

und sieht daraus, dass eine Gerade sich selbst conjugiert ist, wenn man hat $a_{11} = a_{23} (na - mb)$; es giebt also dreifach unendlich viele sich selbst conjugierte Gerade. (Vergl. weiterhin Art. 53, 1.) Durch jeden Punkt des Raumes gehen einfach unendlich viele von Ihnen, welche das Büschel in seiner Polarebene, und in jeder Ebene liegen einfach unendlich viele, welche das Büschel aus ihrem Pol bilden. Jede Gerade ist sich selbst conjugiert, welche zwei einander conjugierte Gerade schneidet. Man sieht darnach leicht, wie zwei Paare conjugierter Strahlen unendlich viele gemeinschaftliche Transversalen haben müssen, wie die gemeinsame Normale zu zwei conjugierten Geraden auch normal zur Axe des Systems ist, etc.

Die gerade Linie.

41. Wenn man die Gleichungen zweier Ebenen als gleichzeitig geltend ansieht, so wird durch sie die Durchschnittslinie dieser Letzteren repräsentiert, als welche alle diejenigen Punkte enthält, deren Coordinaten beiden Gleichungen genügen. Das zuletzt Vorhergehende macht augenscheinlich, dass die Gleichungen zweier Punkte als gleichzeitig geltend gedacht nicht minder eine gerade Linie darstellen, nämlich die gerade Verbindungslinie jener beiden Punkte. (Vergl. Art. 51.)

Indem man nach einander x und y zwischen den beiden Gleichungen eliminiert, erhält man die Gleichungen der geraden Linie in der gebräuchlichen Form

$$x = mz + a, \quad y = nz + b.$$

Von ihnen stellt die erste die Projection der Linie auf die Ebene xz oder den Aufriss und die zweite ihre Projection auf die Ebene yz oder den Seitenriss dar. Beide zeigen, dass die **Gleichungen einer geraden Linie vier unabhängige Constanten enthalten.**

Wir können die Gleichungen der Verbindungslinie zweier Punkte unabhängig bilden; denn wir haben im Art. 8 die Coordinaten irgend eines Punktes dieser Verbindungslinie bestimmt und es genügt für jenen Zweck, aus den Werthen derselben das Verhältniss $m : n$ zu bestimmen und seine drei Ausdrücke einander gleich zu setzen; man erhält die Gleichungen

$$\frac{x-x'}{x'-x''} = \frac{y-y'}{y'-y''} = \frac{z-z'}{z'-z''}$$

als die Gleichungen der geraden Verbindungslinie von x', y', z' und x'', y'', z''; dieselben Gleichungen ergeben sich aus einer einfachen geometrischen Betrachtung. Sie zeigen auch, dass die Gleichungen der Projectionen der Linie mit den Gleichungen der Verbindungslinien der gleichnamigen Projectionen von zweien ihrer Punkte identisch sind, wie diess auch sonst evident ist.

42. Zwei gerade Linien im Raume schneiden sich im Allgemeinen nicht. Wenn die erste derselben durch die Gleichungen $L = 0$, $M = 0$ und die zweite durch die anderen $N = 0$, $P = 0$ dargestellt wird, so wird der Durchschnittspunkt dieser Geraden, sofern ein solcher vorhanden ist, zugleich jenen vier Ebenen gemeinsam sein und die Bedingung, unter welcher sich jene Geraden durchschneiden, ist daher dieselbe, unter welcher vier Ebenen durch einen Punkt gehen, welche wir im Art. 33 entwickelt haben.

Zwei sich schneidende gerade Linien bestimmen eine Ebene, deren Gleichung leicht gefunden werden kann. Denn wir sahen im Art. 35, dass die linken Seiten der Gleichungen von vier durch einen Punkt gehenden Ebenen der identischen Relation

$$aL + bM + cN + dP = 0$$

genügen; es müssen somit die Gleichungen $aL + bM = 0$, $cN + dP = 0$ identisch und Repräsentanten der nämlichen Ebene sein; zugleich zeigt die Form dieser beiden Gleichungen, dass sie respective durch die beiden geraden Linien $L = 0$, $M = 0$; $N = 0$, $P = 0$ hindurchgehen.

Beispiel. Wenn die gegebenen geraden Linien durch Gleichungen von der Form

$$x = mz + a, \quad y = nz + b; \quad x = m'z + a', \quad y = n'z + b'$$

dargestellt sind, so wird die Bedingung, unter der sie sich durchschneiden, gefunden, indem man die erste und dritte Gleichung für z auflöst und die so gefundenen Werthe mit den aus der zweiten und vierten Gleichung entspringenden vergleicht; man erhält

$$\frac{a - a'}{m - m'} = \frac{b - b'}{n - n'}$$

Wenn diese Bedingung erfüllt ist, so sind die vier Gleichungen durch die identische Relation

$$(n - n')\{(x - mz - a) - (x' - m'z - a')\}$$
$$= (m - m')\{(y - nz - b) - (y' - n'z - b')\}$$

verbunden und es ist daher die Gleichung ihrer Ebene
$$(n-n')(x-mz-a) = (m-m')(y-nz-b).$$

43. Die Gleichungen einer Linie zu finden, welche durch den Punkt x', y', z' geht und mit den Axen die Winkel α, β, γ einschliesst.

Die Projectionen der Entfernung des Punktes x', y', z' von einem veränderlichen Punkte x, y, z dieser Linie auf die Axen sind respective $x-x'$, $y-y'$, $z-z'$, und da sie gleich den entsprechenden Producten dieser Entfernung in die cosinus der von der Linie mit den Axen gebildeten Winkel sind, so erhalten wir

$$\frac{x-x'}{\cos\alpha} = \frac{y-y'}{\cos\beta} = \frac{z-z'}{\cos\gamma} \quad (=r),$$

eine Form der Gleichungen der geraden Linie, die in Ansehung ihrer Symmetrie nach x, y, z häufig brauchbar und selbst der Form des Art. 41. vorzuziehen ist, obwohl sie zwei überflüssige Constanten einschliesst.

Man soll die Gleichungen der vom Punkte x', y', z' auf die Ebene
$$Ax + By + Cz + D = 0$$
gefällten Normalen entwickeln.

Die Bemerkung, dass die Richtungscosinus dieser Linie nach Art. 26. den Grössen A, B, C respective proportional sind, giebt sofort die fraglichen Gleichungen in der Form
$$\frac{x-x'}{A} = \frac{y-y'}{B} = \frac{z-z'}{C}$$

Wenn wir umgekehrt die von einer gegebenen Geraden mit den Axen gebildeten Winkel bestimmen wollen, so bringen wir ihre Gleichung in die Form
$$\frac{x-x'}{A} = \frac{y-y'}{B} = \frac{z-z'}{C}$$
und erhalten die Richtungscosinus der Linie, indem wir die Grössen A, B, C respective dividiren durch
$$\sqrt{(A^2 + B^2 + C^2)}.$$

Beispiel 1. Welches sind die Richtungscosinus der Geraden $x=mz+a$, $y=nz+b$?

Wenn wir die Gleichungen in der Form
$$\frac{x-a}{m} = \frac{y-b}{n} = \frac{z}{1}$$
schreiben, so sind die Richtungscosinus respective gleich

$$\frac{m}{\sqrt{(1+m^2+n^2)}}, \quad \frac{n}{\sqrt{(1+m^2+n^2)}}, \quad \frac{1}{\sqrt{(1+m^2+n^2)}}.$$

Beispiel 2. Man soll die Richtungscosinus von

$$\frac{x}{l} = \frac{y}{m}, \quad z = 0 \quad \text{bestimmen.}$$

Sie sind
$$\frac{l}{\sqrt{(l^2+m^2)}}, \quad \frac{m}{\sqrt{(l^2+m^2)}}, \quad 0.$$

Beispiel 3. Man soll die Richtungscosinus bestimmen für
$$Ax + By + Cz + D = 0, \quad A'x + B'y + C'z + D' = 0.$$

Die nach einander folgenden Eliminationen von y und z und die dann vollzogene Reduction auf die Form dieses Art. giebt die Richtungscosinus in den Ausdrücken

$$\frac{BC' - B'C}{R}, \quad \frac{CA' - C'A}{R}, \quad \frac{AB' - A'B}{R}$$

für $\quad R^2 = (BC' - B'C)^2 + (CA' - C'A)^2 + (AB' - A'B)^2.$

Beispiel 4. Man soll die Gleichung der durch die geraden sich durchschneidenden Linien

$$\frac{x-x'}{\cos\alpha} = \frac{y-y'}{\cos\beta} = \frac{z-z'}{\cos\gamma}, \quad \frac{x-x'}{\cos\alpha'} = \frac{y-y'}{\cos\beta'} = \frac{z-z'}{\cos\gamma'}$$

gehenden Ebene bestimmen.

Da diese Ebene durch den Punkt x', y', z' geht und ihre Normale zu zweien Linien normal ist, deren Richtungscosinus bekannt sind, so ist ihre Gleichung nach Artikel 14.

$$(x-x')(\cos\beta\cos\gamma' - \cos\beta'\cos\gamma) + (y-y')(\cos\gamma\cos\alpha' - \cos\gamma'\cos\alpha)$$
$$+ (z-z')(\cos\alpha\cos\beta' - \cos\alpha'\cos\beta) = 0.$$

Beispiel 5. Man soll die Gleichung der durch die zwei parallelen Linien

$$\frac{x-x'}{\cos\alpha} = \frac{y-y'}{\cos\beta} = \frac{z-z'}{\cos\gamma}, \quad \frac{x-x''}{\cos\alpha} = \frac{y-y''}{\cos\beta} = \frac{z-z''}{\cos\gamma}$$

bestimmten Ebene finden.

Diese Ebene enthält die Verbindungslinie der gegebenen Punkte $x', y', z'; x'', y'', z''$, deren Richtungscosinus zu den Differenzen

$$x' - x'', \quad y' - y'', \quad z' - z''$$

proportional sind; in Folge dessen sind die Richtungscosinus ihrer Normalen respective proportional den Grössen

$$(y'-y'')\cos\gamma - (z'-z'')\cos\beta, \quad (z'-z'')\cos\alpha - (x'-x'')\cos\gamma,$$
$$(x'-x'')\cos\beta - (y'-y'')\cos\alpha,$$

und diese Letzteren gehen daher als Coefficienten von x, y, z in die fragliche Gleichung ein; man findet endlich ihr absolutes Glied, indem man in den so gebildeten Ausdruck die Substitution x', y', z' für x, y, z vollzieht, in der Form

$$(y'z'' - y''z')\cos\alpha + (z'x'' - z''x')\cos\beta + (x'y'' - x''y')\cos\gamma.$$

44. Man soll die Richtungscosinus der geraden Linie finden, welche den von zwei gegebenen Geraden gebildeten Winkel halbiert.

Nach der Fassung der Aufgabe genügt es, die Betrachtung auf Linien einzuschränken, welche durch den Anfangspunkt der Coordinaten gehen. Denken wir dann in beiden gegebenen Geraden die vom Anfangspunkt gleichweit entfernten Punkte
$$x',\ y',\ z';\ x'',\ y'',\ z'',$$
so ist der Mittelpunkt ihrer geraden Verbindungslinie ein Punkt der gesuchten Halbierungslinie und die Gleichungen derselben sind daher durch
$$\frac{x}{x'+x''} = \frac{y}{y'+y''} = \frac{z}{z'+z''}$$
ausgedrückt, ihre Richtungscosinus somit proportional zu
$$x'+x'',\ y'+y'',\ z'+z'';$$
da aber $x',\ y',\ z',\ x'',\ y'',\ z''$ zu den Richtungscosinus der gegebenen Linien in einerlei Verhältniss stehen, so sind die Richtungscosinus der Halbierungslinie zu
$$\cos\alpha' + \cos\alpha'',\ \cos\beta' + \cos\beta'',\ \cos\gamma' + \cos\gamma''$$
proportional, und man erhält ihre Ausdrücke, wenn man jede dieser Grössen durch die Quadratwurzel aus der Summe ihrer Quadrate dividiert.

Die Halbierungslinie des Supplementwinkels der gegebenen Geraden wird gefunden, indem man für den Punkt $x'',\ y'',\ z''$ einen im entgegengesetzten Sinne gleichweit vom Anfangspunkt entfernten Punkt, d. i. $-x'',\ -y'',\ -z''$, substituiert, und ihre Richtungscosinus sind daher den Grössen
$$\cos\alpha' - \cos\alpha'',\ \cos\beta' - \cos\beta'',\ \cos\gamma' - \cos\gamma''$$
proportional. Die Quadratwurzeln im Nenner sind offenbar gleich $\sqrt{2}(1 \pm \cos\delta)$ oder $2\cos\tfrac{1}{2}\delta,\ 2\sin\tfrac{1}{2}\delta$ für δ als Winkel der beiden Geraden.

Wir bemerken, dass die Ebenen, welche den Neigungswinkel zweier Ebenen halbieren, durch
$$(x\cos\alpha + y\cos\beta + z\cos\gamma - p)$$
$$= \pm(x\cos\alpha' + y\cos\beta' + z\cos\gamma' - p')$$
dargestellt werden. (Vergl. Art. 32.)

45. Man soll den durch die geraden Linien

$$\frac{x-a}{l} = \frac{y-b}{m} = \frac{z-c}{n}, \quad \frac{x-a}{l'} = \frac{y-b}{m'} = \frac{z-c}{n'}$$

gebildeten Winkel bestimmen.

Die Vergleichung der in den Art. 13. und 43. gewonnenen Ergebnisse giebt für diesen Winkel die Formel

$$\cos\theta = \frac{ll' + mm' + nn'}{\sqrt{(l^2 + m^2 + n^2)}\sqrt{(l'^2 + m'^2 + n'^2)}}$$

Die betrachteten Geraden sind somit rechtwinklig zu einander für

$$ll' + mm' + nn' = 0.$$

Beispiel 1. Welches ist der von den geraden Linien

$$\frac{x}{2} = \frac{y}{\sqrt{(3)}} = \frac{z}{\sqrt{(2)}}; \quad \frac{x}{\sqrt{(3)}} = y, \; z = 0$$

gebildete Winkel?

Antwort: $30°$.

Beispiel 2. Man soll die senkrechte Entfernung eines Punktes x'', y'', z'' von der geraden Linie

$$\frac{x-x'}{\cos\alpha} = \frac{y-y'}{\cos\beta} = \frac{z-z'}{\cos\gamma}$$

bestimmen.

Wenn man von jenem auf diese die Normale fällt und den gegebenen Punkt mit dem Punkte x', y', z' der Geraden verbindet, so ist die Länge von jener dem Producte aus der Länge L dieser Letzteren in den sinus des von beiden gebildeten Winkels gleich; nun sind die Richtungscosinus der eben bezeichneten Linie L durch

$$\frac{x'-x''}{L}, \quad \frac{y'-y''}{L}, \quad \frac{z'-z''}{L}$$

dargestellt und man erhält mittelst der im Art. 13. für $\sin^2\theta$ gegebenen Formel das Quadrat des gesuchten senkrechten Abstandes

$$= [\cos\beta(z'-z'') - \cos\gamma(y'-y'')]^2 + [\cos\gamma(x'-x'') - \cos\alpha(z'-z'')]^2 + [\cos\alpha(y'-y'') - \cos\beta(x'-x'')]^2.$$

Für $x'' = y'' = z'' = 0$ reduciert sich dieser Ausdruck auf den im Beispiel des Art. 13. gefundenen, aus welchem er auch durch eine Verlegung des Anfangspunkts auf die einfachste Weise abgeleitet wird.

Wenn man die Länge K der zweiten Kathete jenes rechtwinkligen Dreiecks, aus welchem der cosinus vorher entnommen ward, als das Product von L in den cosinus des nämlichen Winkels ausdrückt, so erhält man für sie den Werth

$$K = \cos\alpha\,(x'-x'') + \cos\beta\,(y'-y'') + \cos\gamma\,(z'-z'')$$

und mittelst derselben die Coordinaten des Fusspunktes der Normale

$$x_n = x' + K\cos\alpha, \quad y_n = y' + K\cos\beta, \quad z_n = z' + K\cos\gamma.$$

46. Man soll den Winkel bestimmen, welcher von der Ebene $Ax + By + Cz + D = 0$ mit der geraden Linie $\frac{x-a}{l} = \frac{y-b}{m} = \frac{z-c}{n}$ gebildet wird.

Der fragliche Winkel ist das Complement desjenigen Winkels, welchen die gegebene Gerade und die Normale der Ebene mit einander einschliessen, und wir erhalten daher

$$\sin\theta = \frac{Al + Bm + Cn}{\sqrt{(l^2 + m^2 + n^2)}\,\sqrt{(A^2 + B^2 + C^2)}}$$

Für

$$Al + Bm + Cn = 0$$

ist die betrachtete Gerade der Ebene parallel, denn sie ist alsdann normal zu einer Normalen der Ebene.

47. Unter welchen Bedingungen ist die gerade Linie $x = mz + a$, $y = nz + b$ ganz in der Ebene $Ax + By + Cz + D = 0$ enthalten?

Wenn wir die durch die Gleichungen der Linie für x und y gegebenen Werthe in die Gleichung der Ebene substituieren, so giebt die nachmalige Auflösung derselben für z

$$z = -\frac{Aa + Bb + D}{Am + Bn + C},$$

und wenn der Zähler und Nenner dieses Ausdrucks gleichzeitig identisch verschwinden, so wird der Werth von z unbestimmt und die gerade Linie ist vollständig in der Ebene enthalten. Wir haben so eben gesehen, dass das Verschwinden des Nenners den Parallelismus der Geraden mit der Ebene anzeigt, während das Verschwinden des Zählers anzeigt, dass einer der Punkte der Geraden, nämlich der Punkt a, b, 0, in welchem sie die Ebene xy schneidet, in der Ebene enthalten ist.

Wir können in derselben Art die Bedingungen aufstellen, unter welchen eine gerade Linie ganz in einer beliebigen Fläche gelegen ist; wir substituieren wie vorher die Werthe von x und y in die Gleichung der Fläche und vergleichen die Coefficienten aller Potenzen von z in der resultierenden Gleichung mit Null. Es ist klar, dass die Zahl der daraus hervorgehenden Bedingungen um Eins die Ordnungszahl der Fläche übersteigt.*)

49. **Man soll die Gleichung einer Ebene bestimmen, welche durch eine gegebene gerade Linie geht und zu einer gegebenen Ebene normal ist.**

Wir denken die Linie durch die Gleichungen

$$Ax + By + Cz + D = 0, \quad A'x + B'y + C'z + D' = 0$$

und die Ebene durch

$$A''x + B''y + C''z + D'' = 0$$

gegeben. Dann ist die Gleichung jeder durch jene Gerade gehenden Ebene von der Form

$$\lambda (Ax + By + Cz + D) + \mu (A'x + B'y + C'z + D') = 0,$$

und damit eine solche zu der gegebenen Ebene normal sei, muss die Bedingung

$$(\lambda A + \mu A') A'' + (\lambda B + \mu B') B'' + (\lambda C + \mu C') C'' = 0$$

erfüllt sein. Sie bestimmt das Verhältniss $\lambda:\mu$ und die geforderte Gleichung ergiebt sich in der Form

$$(AA'' + BB'' + CC'')(A'x + B'y + C'z + D')$$
$$= (A'A'' + B'B'' + C'C'')(Ax + By + Cz + D)$$

Eine andere sehr einfache Bestimmung ihrer Gleichung bietet sich dar, wenn die Ebene und die gerade Linie durch Gleichungen von der Form

$$x \cos \alpha + y \cos \beta + z \cos \gamma = p;$$
$$\frac{x-x'}{\cos \alpha'} = \frac{y-y'}{\cos \beta'} = \frac{z-z'}{\cos \gamma'}$$

gegeben sind; denn die gesuchte Ebene enthält eine Gerade von den Richtungswinkeln α', β', γ' und die Normale der Ebene von

---

*) Weil die Gleichung einer geraden Linie vier Constanten enthält, so kann eine gerade Linie so bestimmt werden, dass sie irgend vier gegebene Bedingungen erfüllt. Demnach muss jede Fläche zweiten Grades unzählig viele gerade Linien enthalten, weil um drei Bedingungen zu erfüllen vier Constanten zur Disposition sind. Jede Fläche der dritten Ordnung muss eine begrenzte Anzahl von geraden Linien enthalten, weil die Zahl der Bedingungen, welchen zu genügen ist, mit der Zahl der verfügbaren Constanten übereinstimmt. Flächen von höheren Ordnungen enthalten nicht mit Nothwendigkeit gerade Linien, sondern müssen, um dies zu thun, besonderen Bedingungen genügen.

den Richtungswinkeln α, β, γ; nach Art. 15. sind daher die Richtungscosinus einer zu ihr normalen Geraden respective proportional zu

$$\cos\beta'\cos\gamma - \cos\beta\cos\gamma', \quad \cos\gamma'\cos\alpha - \cos\gamma\cos\alpha',$$
$$\cos\alpha'\cos\beta - \cos\alpha\cos\beta',$$

und weil die Ebene zugleich den Punkt x', y', z' enthält, so ist ihre Gleichung nothwendig

$$(x - x')(\cos\beta\cos\gamma' - \cos\beta'\cos\gamma)$$
$$+ (y - y')(\cos\gamma\cos\alpha' - \cos\gamma'\cos\alpha)$$
$$+ (z - z')(\cos\alpha\cos\beta' - \cos\alpha'\cos\beta) = 0.$$

49. Man soll die Gleichung einer Ebene bestimmen, welche durch eine gegebene Gerade und parallel einer zweiten gegebenen Geraden geht.

Wir nehmen zuerst an, die beiden Geraden seien durch

$$L = 0, \quad M = 0; \quad N = 0, \quad P = 0$$

gegeben, wo L, M, N, P die allgemeinste Gleichungsform der Ebene vertreten. Indem wir dann genau wie im Art. 35. verfahren, erhalten wir die identische Relation

$$L(A'B''C'') - M(A'B''C) + N(A''BC) - P(ABC'') = (AB'C''D),$$

in welcher die rechte Seite diejenige Determinante repräsentirt, bei deren Verschwinden die vier Ebenen L, M, N, P sich in einem Punkte schneiden, während die Coefficienten der linken Seite ihre Minoren sind.

Aus dieser Relation ergiebt sich, dass die Gleichungen

$$L(A'B''C'') - M(A'B''C') = 0, \quad N(A''BC) - P(AB'C'') = 0$$

parallele Ebenen repräsentieren; denn sie unterscheiden sich nur durch eine Constante, d. h. sie schneiden sich in der unendlich entfernten Ebene. Diese Ebenen gehen aber der Form ihrer Gleichungen nach durch je eine der beiden gegebenen geraden Linien.

Wir nehmen sodann zweitens an, dass die beiden Geraden durch die Gleichungen

$$\frac{x-x'}{\cos\alpha} = \frac{y-y'}{\cos\beta} = \frac{z-z'}{\cos\gamma}; \quad \frac{x-x''}{\cos\alpha'} = \frac{y-y''}{\cos\beta'} = \frac{z-z''}{\cos\gamma'}$$

gegeben sind, und bemerken, dass die Richtungscosinus einer Normale der gesuchten Ebene, weil eine solche zu jeder der beiden Geraden normal sein muss, die im letzten Artikel gegebenen

Werthe haben werden, so dass die Gleichungen der gesuchten parallelen Ebenen durch

$$(x-x')(\cos\beta\cos y' - \cos\beta'\cos y) + (y-y')(\cos y\cos\alpha' - \cos y'\cos\alpha)$$
$$+ (z-z')(\cos\alpha\cos\beta' - \cos\alpha'\cos\beta) = 0,$$
$$(x-x'')(\cos\beta\cos y' - \cos\beta'\cos y) + (y-y'')(\cos y\cos\alpha' - \cos y'\cos\alpha)$$
$$+ (z-z'')(\cos\alpha\cos\beta' - \cos\alpha'\cos\beta) = 0$$

ausgedrückt werden.

Die normale Entfernung beider Ebenen ist die Differenz zwischen den vom Anfangspunkt auf sie gefällten Normalen, und somit gleich dem Quotienten aus der Differenz ihrer absoluten Glieder durch die Quadratwurzel aus der Summe der Quadrate der gemeinschaftlichen Coefficienten von x, y, z in ihren Gleichungen; diese normale Entfernung ist daher

$$\{(x'-x'')(\cos\beta\cos y' - \cos\beta'\cos y) + (y'-y'')(\cos y\cos\alpha' - \cos y'\cos\alpha)$$
$$+ (z'-z'')(\cos\alpha\cos\beta' - \cos\alpha'\cos\beta)\} : \sin\theta.$$

wenn wir durch θ den von beiden geraden Linien gebildeten Winkel bezeichnen, wie im Art. 14. Es ist offenbar, dass die so bestimmte normale Entfernung kürzer ist, als jede andere gerade Linie, die man von einem Punkte der einen Ebene nach einem Punkte der andern Ebene ziehen kann.

50. **Man soll die Gleichungen und die Grösse der kürzesten Entfernung zwischen zwei sich nicht durchschneidenden Geraden bestimmen.**

Die kürzeste Entfernung zweier Geraden ist eine zu beiden normale gerade Linie, welche folgendermassen bestimmt wird: Man lege durch jede der beiden geraden Linien nach Art. 48. eine Ebene, welche zu den nach Art. 49. bestimmten Ebenen normal ist; ihre Durchschnittslinie ist eine Normale der beiden parallelen Ebenen und somit auch der beiden gegebenen geraden Linien; die Construction zeigt, dass sie auch die beiden gegebenen Geraden schneidet, sie giebt also die gesuchte kürzeste Entfernung. Ihre Länge ist offenbar die im letzten Artikel bereits gegebene.

Indem wir nach Art. 48. die Gleichung einer Ebene ermitteln, welche durch eine Linie von den Richtungswinkeln α, β, γ geht und normal zu einer Ebene ist, deren Richtungscosinus zu

$$\cos\beta'\cos y - \cos\beta\cos y', \quad \cos y'\cos\alpha - \cos y\cos\alpha',$$
$$\cos\alpha'\cos\beta - \cos\alpha\cos\beta'$$

proportional sind, erkennen wir, dass die gesuchte Linie die Durchschnittslinie der Ebenen

$$(x-x')(\cos\alpha' - \cos\delta\cos\alpha) + (y-y')(\cos\beta' - \cos\delta\cos\beta)$$
$$+ (z-z')(\cos\gamma' - \cos\delta\cos\gamma) = 0,$$
$$(x-x'')(\cos\alpha - \cos\delta\cos\alpha') + (y-y'')(\cos\beta - \cos\delta\cos\beta')$$
$$+ (z-z'')(\cos\gamma - \cos\delta\cos\gamma') = 0$$

ist; ihre Richtungscosinus sind den Grössen

$$\cos\beta'\cos\gamma - \cos\beta\cos\gamma', \quad \cos\gamma'\cos\alpha - \cos\gamma\cos\alpha',$$
$$\cos\alpha'\cos\beta - \cos\alpha\cos\beta'$$

nothwendig proportional.

51. Eine gerade Linie im Raume ist die Verbindungslinie von zwei Punkten y, z oder die Schnittlinie von zwei Ebenen η, ζ; ist die gerade Linie yz mit der $\eta\zeta$ identisch, so gelten gleichzeitig die vier Gleichungen

$$\eta_1 y_1 + \eta_2 y_2 + \eta_3 y_3 + \eta_4 y_4 = 0,$$
$$\eta_1 z_1 + \eta_2 z_2 + \eta_3 z_3 + \eta_4 z_4 = 0,$$
$$\zeta_1 y_1 + \zeta_2 y_2 + \zeta_3 y_3 + \zeta_4 y_4 = 0,$$
$$\zeta_1 z_1 + \zeta_2 z_2 + \zeta_3 z_3 + \zeta_4 z_4 = 0.$$

Die successive Elimination von η_1, η_2, η_3, η_4 zwischen den beiden ersten Gleichungen dieser Gruppe giebt das System

$$(y_1 z_2 - y_2 z_1)\eta_2 - (y_3 z_1 - y_1 z_3)\eta_3 + (y_1 z_1 - y_4 z_1)\eta_4 = 0,$$
$$-(y_1 z_2 - y_2 z_1)\eta_1 + (y_2 z_3 - y_3 z_2)\eta_3 + (y_2 z_4 - y_4 z_2)\eta_4 = 0,$$
$$(y_3 z_1 - y_1 z_3)\eta_1 - (y_2 z_3 - y_3 z_2)\eta_2 + (y_3 z_4 - y_4 z_3)\eta_4 = 0,$$
$$-(y_1 z_4 - y_4 z_1)\eta_1 - (y_2 z_4 - y_4 z_2)\eta_2 - (y_3 z_4 - y_4 z_3)\eta_3 = 0.$$

Dasselbe System, nur mit Ersetzung der η durch die ζ giebt die successive Elimination der ζ zwischen den beiden letzten Gleichungen der obigen Gruppe.

Eliminirt man dagegen nach einander y_1, y_2, y_3, y_4 zwischen der ersten und dritten oder der zweiten und vierten der vier ursprünglichen Gleichungen, so erhält man das System

$$(\eta_1\zeta_2 - \eta_2\zeta_1)y_2 - (\eta_3\zeta_1 - \eta_1\zeta_3)y_3 + (\eta_1\zeta_4 - \eta_4\zeta_1)y_4 = 0,$$
$$-(\eta_1\zeta_2 - \eta_2\zeta_1)y_1 + (\eta_2\zeta_3 - \eta_3\zeta_2)y_3 + (\eta_2\zeta_4 - \eta_4\zeta_2)y_4 = 0,$$
$$(\eta_3\zeta_1 - \eta_1\zeta_3)y_1 - (\eta_2\zeta_3 - \eta_3\zeta_2)y_2 + (\eta_3\zeta_4 - \eta_4\zeta_3)y_4 = 0,$$
$$-(\eta_1\zeta_4 - \eta_4\zeta_1)y_1 - (\eta_2\zeta_4 - \eta_4\zeta_2)y_2 - (\eta_3\zeta_4 - \eta_4\zeta_3)y_3 = 0$$

und ein ihm gleiches mit Ersetzung der y durch die z aus der Elimination der z zwischen der zweiten und vierten von jenen Gleichungen.

Mit den Abkürzungen

$$p_{ik} = y_i z_k - y_k z_i, \quad \pi_{ik} = \eta_i \zeta_k - \eta_k \zeta_i$$

schreiben wir diese Systeme, wie folgt — die mit den ζ und z statt der η und y geschriebenen lassen wir weg —

$$\begin{array}{ll}
p_{12} y_2 - p_{31} y_3 + p_{11} \eta_1 = 0, & \pi_{12} y_2 - \pi_{31} y_3 + \pi_{14} y_4 = 0, \\
- p_{12} \eta_1 + p_{23} y_3 + p_{21} \eta_1 = 0, & - \pi_{12} y_1 + \pi_{23} y_3 + \pi_{21} y_4 = 0, \\
p_{31} \eta_1 - p_{23} \eta_2 + p_{31} \eta_1 = 0, & \pi_{31} y_1 - \pi_{23} y_2 + \pi_{31} y_4 = 0, \\
- p_{14} \eta_1 - p_{24} \eta_2 - p_{34} \eta_3 = 0; & - \pi_{14} y_1 - \pi_{24} y_2 - \pi_{34} y_3 = 0
\end{array}$$

Eliminiert man zwischen den Gleichungen der ersten Gruppe in η und in ζ die p_{ik} successive oder zwischen den Gleichungen der zweiten Gruppe in y und in z die π_{ik}, so erhält man stets je eine der in folgender Kette vereinigten Proportionalitäten

2) $p_{12} : p_{23} : p_{31} : p_{14} : p_{24} : p_{34} = \pi_{34} : \pi_{14} : \pi_{24} : \pi_{23} : \pi_{31} : \pi_{12}$;

z. B. durch die Elimination von p_{12} zwischen den beiden Formen der ersten Gleichung links

$$- p_{31} \pi_{23} + p_{11} \pi_{21} = 0 \text{ oder } p_{31} : p_{11} = \pi_{21} : \pi_{23}.$$

Diese Proportionalität der p_{ik} und π_{ik} wird auch nicht gestört, wenn die zur Bestimmung der Geraden benutzten Punkte in ihrer Reihe verlegt oder wenn die zur Bestimmung derselben benutzten Ebenen in ihrem Büschel gedreht werden; denn eine solche Veränderung wird nach Art. 39,2. durch die Substitution von

$$m_1 y_i + n_1 z_i, \; m_2 y_i + n_2 z_i \text{ für } y_i \text{ und } z_i$$

und respective von

$$\mu_1 \eta_i + \nu_1 \zeta_i, \; \mu_2 \eta_i + \nu_2 \zeta_i \text{ für } \eta_i \text{ und } \zeta_i$$

ausgedrückt und man erhält somit

$$p_{ik} = (m_1 y_i + n_1 z_i)(m_2 y_k + n_2 z_k) - (m_1 y_k + n_1 z_k)(m_2 y_i + n_2 z_i)$$
$$= (m_1 n_2 - m_2 n_1)(y_i z_k - y_k z_i);$$

ebenso auch

$$\pi_{ik} = (\mu_1 \nu_2 - \mu_2 \nu_1)(\eta_i \zeta_k - \eta_k \zeta_i);$$

d. h. die p_{ik} und π_{ik} ändern sich nur durch Hinzutreten eines constanten der Substitutionsdeterminante gleichen Factors oder ihre Verhältnisse ändern sich nicht.

Eliminiert man aber zwischen den vier Gleichungen des ersten Systems 1) die η und zwischen denen des zweiten die y, so erhält man als zwischen den p_{ik} respective π_{ik} bestehende Relationen

$$\begin{vmatrix} 0, & p_{12}, & -p_{31}, & p_{11} \\ -p_{12}, & 0, & p_{23}, & p_{21} \\ p_{31}, & -p_{23}, & 0, & p_{31} \\ -p_{11}, & -p_{21}, & -p_{31}, & 0 \end{vmatrix} = 0, \quad \begin{vmatrix} 0, & \pi_{12}, & -\pi_{31}, & \pi_{11} \\ -\pi_{12}, & 0, & \pi_{23}, & \pi_{21} \\ \pi_{31}, & -\pi_{23}, & 0, & \pi_{31} \\ -\pi_{11}, & -\pi_{21}, & -\pi_{31}, & 0 \end{vmatrix} = 0,$$

oder durch Entwickelung

3) $p_{12}p_{31} + p_{23}p_{10} + p_{31}p_{21} = 0$, $\pi_{12}\pi_{31} + \pi_{23}\pi_{11} + \pi_{31}\pi_{21} = 0$; oder $R = 0$.

Alle diese Resultate sind auch geometrisch evident oder haben geometrische Bedeutung. Die Grössen p_{rs} sind nach der

Fig. 8.

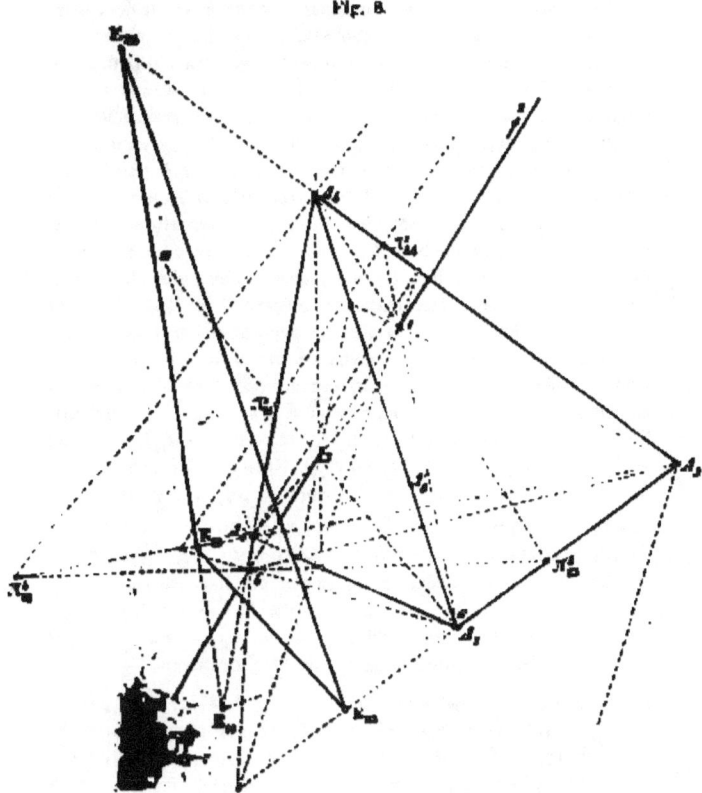

Definition $y_i z_k - y_k z_i$, d. h. nach Art. 39,2 die Coefficienten in den Gleichungen der Ebenen d. i. die Coordinaten der Ebenen, welche die Gerade yz mit den Fundamentalpunkten A_1, A_2, A_3, A_4 verbinden. Insbesondere p_{31}, p_{21}, p_{23} die Coefficienten in der Gleichung der Ebene $A_1 yz$; wir dürfen sagen, die p_{ik} seien die Coordinaten der Ebenen, welche die Gerade yz aus den Fundamentalpunkten projicieren.

Dagegen sind die Grössen $\pi_{ik} \equiv \eta_i \zeta_k - \eta_k \zeta_i$ die Coefficienten in den Gleichungen, also die Coordinaten der Punkte, in welchen die Gerade yz die Fundamentalebene A_i schneiden, oder die Coordinaten ihrer Durchstosspunkte in den Fundamentalebenen. Man sieht leicht, wie in dieser geometrischen Bedeutung die Proportionalität 2) der p_{ij} und π_{ik} begründet ist und sodann unmittelbar, dass durch dieselbe auch die Unveränderlichkeit dieser Verhältnisse beim Uebergang von y und z zu $m_1 y + n_1 z$, $m_2 y + n_2 z$ oder von η, ζ zu $\mu_1 \eta + \nu_1 \zeta$, $\mu_2 \eta + \nu_2 \zeta$ nothwendig bedingt ist; endlich aber auch die geometrische Nothwendigkeit der Relationen 3). In der That folgt jene Proportionalität aus dem Umstande, dass die Schnittlinien der projicierenden Ebenen ε_i der Geraden mit den Fundamentalebenen nothwendig die Durchstosspunkte S_i derselben enthalten müssen. Die Fig. 8 macht diess anschaulich, indem sie für die projicierenden Ebenen ihre Schnittlinien mit den Fundamentalebenen zeigt. z. B. für die projicierenden Ebenen aus A_2, A_4 von der Geraden mit den Durchstosspunkten 1, 2, 3, 4 in den Ebenen A_1, A_2, A_3, A_4 die Schnittlinien mit diesen vier Ebenen $A_1 2$, $\Pi_{31}{}^1 \Pi_{11}{}^1 3$; $A_2 3 \Pi_{11}{}^2$, $A_2 4$; und $A_4 1 \Pi_{23}{}^4$, $A_4 \Pi_{13}{}^4 2$, $A_4 3$, $\Pi_{13}{}^4 4 \Pi_{23}{}^4$. Nach dem Vorigem sind die Gleichungen der projicierenden Ebenen ε_1, ε_2, ε_3, ε_4 respective

$$p_{34}x_2 - p_{21}x_3 + p_{23}x_1 = 0, \quad -p_{31}x_1 + p_{11}x_3 + p_{31}x_1 = 0,$$
$$p_{21}x_1 - p_{11}x_2 + p_{12}x_1 = 0, \quad -p_{23}x_1 - p_{31}x_2 - p_{12}x_3 = 0;$$

die Substitution der Coordinatengruppen der Durchstosspunkte S_i, nämlich für $S_1: 0, \pi_{31}, -\pi_{21}, \pi_{23}$; für $S_2: -\pi_{31}, 0, \pi_{11}, \pi_{31}$; für $S_3: \pi_{21}, -\pi_{11}, 0, \pi_{12}$ und für $S_4: -\pi_{23}, -\pi_{31}, -\pi_{12}, 0$ in diese beiden Gleichungen giebt die vier Gruppen

$$p_{31}\pi_{31} + p_{21}\pi_{21} + p_{23}\pi_{23} = 0, \qquad -p_{11}\pi_{21} + p_{31}\pi_{23} = 0,$$
$$-p_{31}\pi_{11} + p_{23}\pi_{31} = 0, \qquad p_{31}\pi_{31} + p_{11}\pi_{11} + p_{31}\pi_{31} = 0,$$
$$-p_{31}\pi_{11} + p_{23}\pi_{12} = 0, \qquad -p_{31}\pi_{21} + p_{31}\pi_{12} = 0,$$
$$-p_{31}\pi_{31} + p_{21}\pi_{12} = 0; \qquad p_{31}\pi_{23} - p_{11}\pi_{12} = 0;$$

$$-p_{11}\pi_{34} + p_{12}\pi_{23} = 0, \qquad -p_{31}\pi_{31} + p_{12}\pi_{21} = 0,$$
$$-p_{21}\pi_{31} + p_{12}\pi_{31} = 0, \qquad p_{23}\pi_{31} - p_{17}\pi_{14} = 0,$$
$$p_{21}\pi_{21} + p_{14}\pi_{14} + p_{12}\pi_{12} = 0, \qquad -p_{23}\pi_{21} + p_{31}\pi_{11} = 0,$$
$$-p_{24}\pi_{23} + p_{11}\pi_{31} = 0; \qquad p_{23}\pi_{23} + p_{31}\pi_{31} + p_{12}\pi_{12} = 0.$$

Die zwölf zweigliedrigen unter denselben geben aber die Kette der Proportionalitäten 2) und es entspringen überdies auf Grund der letzteren aus den vier dreigliedrigen die Rela-

Fig. 9.

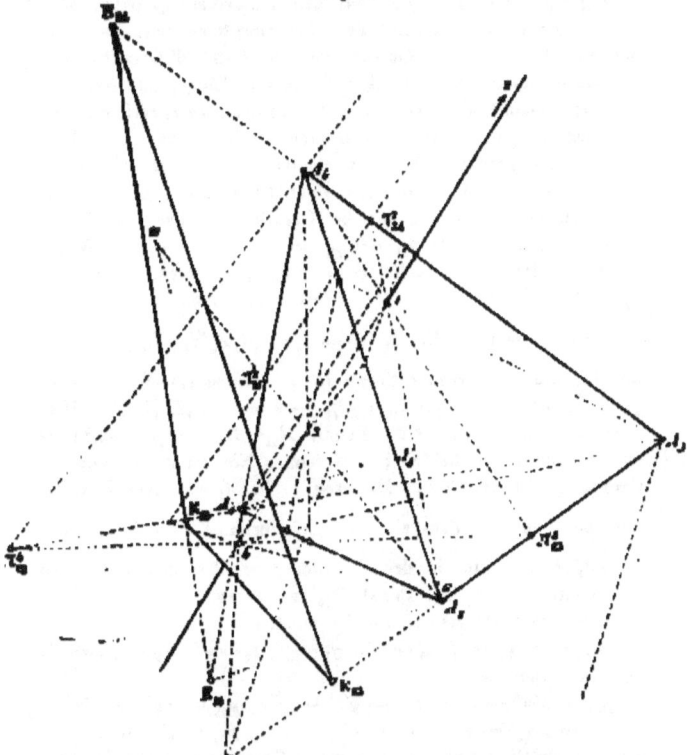

tionen 3), wenn man in ihnen entweder die p_{ij} durch die π_{kl} oder die π_{ij} durch die p_{kl} ersetzt, die ihnen proportional sind. Zu-

gleich sind die Relationen 3) in ihrer Determinantenform wegen derselben Proportionalität die Bedingungen, welche erfüllt sein müssen, damit die vier Ebenen ς_i durch dieselbe Gerade gehen, respective die vier Punkte S_i in derselben Geraden liegen. Sie sind also ebenso nothwendig als hinreichend.

Die Grössen p_{ik}, π_{ik} können nach den gewonnenen Ergebnissen als die sechs Coordinaten der Geraden im Raume bezeichnet werden; denn ihre Verhältnisse bestimmen dieselbe mittelst ihrer projicirenden Ebenen aus den Fundamentalpunkten oder ihrer Durchstosspunkte mit den Fundamentalebenen, dieselben sind von der Wahl der Bestimmungspunkte in der Geraden oder den Bestimmungsebenen durch dieselbe unabhängig und kommen auf vier unabhängige Veränderliche zurück, entsprechend den vier Bedingungen, welche eine Gerade erfüllen kann. Ihre Verwendung zur geometrischen Construction zeigt Fig. 9, in welcher A_1, A_2, A_3, A_4 die Fundamentalpunkte und E_{23} E_{31} E_{13} die Einheitebenen bezeichnen für die Gerade von den Coordinaten $p_{12} = -3$, $p_{23} = -9$, $p_{31} = 6$, $p_{14} = -9$, $p_{24} = -8$, $p_{34} = 11$, welche die Relation 3) erfüllen. Für die projicirende Ebene aus A_2 ist $\xi_1 = -11$, $\xi_3 = -9$, $\xi_4 = 6$ und somit

$$-\frac{11}{6} = (A_4 A_1 E_{14} \Pi_{14}{}^2), \quad -\frac{3}{2} = (A_1 A_3 E_{31} \Pi_{34}{}^2);$$

und für die projicirende Ebene aus A_4 ebenso $\xi_1 = 9$, $\xi_2 = -6$, $\xi_3 = 3$, also $3 = (A_3 A_1 E_{13} \Pi_{13}{}^4)$, $-2 = (A_1 A_2 E_{21} \Pi_{23}{}^4)$. Darnach sind in der Fig. 9 die Punkte $\Pi_{14}{}^2$, $\Pi_{31}{}^2$; $\Pi_{13}{}^4$, $\Pi_{23}{}^4$ construirt und so die beiden projicirenden Ebenen ς_2, ς_4 und die Gerade 1234 ermittelt. Man zog z. B. $A_1 A_4'$ parallel $A_2 E_{14}$ und trug auf die Parallele zu $A_2 A_4$ durch A_1 das $-\frac{11}{6}$ fache von $A_4' A_2$ auf, um in der Verbindungsgeraden des erhaltenen Endpunktes mit A_2 den Punkt $\Pi_{14}{}^2$ zu finden.

Setzt man in Cartesischen Coordinaten
$y_4 = z_4 = x$, $y_1 = x'$, $z_1 = x''$; $y_2 = y'$, $z_2 = y''$; $y_3 = z'$, $z_3 = z''$,
so erhält man
$p_{12} = x'y'' - x''y'$, $p_{23} = y'z'' - y''z'$, $p_{31} = z'x'' - z''x'$.
$p_{14} = x' - x''$, $p_{24} = y' - y''$, $p_{34} = z' - z''$
und die Relation zwischen den sechs Coordinaten lautet
$$(x'y'' - x''y')(z' - z'') + (y'z'' - y''z')(x' - x'') + (z'x'' - z''x')(y' - y'') = 0.$$

Die Gleichungen für die projectivische Transformation der Coordinaten p_{ik} sind für die a_{ik} als Coefficienten der allgemeinen linearen Substitution mit vier Variabeln im Art. 40 in der Form enthalten ($i, k = 1, 2, 3, 4$)

$$p'_{ik}p_{ik} = p_{12}(a_{i1}a_{k2} - a_{i2}a_{k1}) + p_{23}(a_{i2}a_{k3} - a_{i3}a_{k2}) + p_{31}(a_{i3}a_{k1} - a_{i1}a_{k3})$$
$$+ p_{14}(a_{i1}a_{k4} - a_{i4}a_{k1}) + p_{24}(a_{i2}a_{k4} - a_{i4}a_{k2}) + p_{34}(a_{i3}a_{k4} - a_{i4}a_{k3}).$$

Ihre Coefficienten sind die Coordinaten der Kanten des alten Fundamentaltetraeders in Bezug auf das neue; die der transponierten Substitution die Coordinaten des neuen in Bezug auf das alte.[9]

Beispiel. Wenn man als das Moment zweier Geraden das Product ihres kürzesten Abstandes in den Sinus ihres Neigungswinkels bezeichnet, so ist für p_{ij} und p_{ij}' als ihre Coordinaten dasselbe [10])

$$= p_{23}p_{14}' + p_{31}p_{24}' + p_{12}p_{34}' + p_{14}p_{23}' + p_{24}p_{31}' + p_{34}p_{12}'.$$

Wir denken in der Geraden p_{ij} eine Strecke von der Länge r und dem Anfangspunkt x, y, z, in p_{ij}' eine Strecke r' mit dem Anfangspunkt x', y', z' und bezeichnen die Winkel, welche diese Geraden mit den Axen wicher Cartesischen Coordinaten bilden, durch $\alpha, \beta, \gamma; \alpha', \beta', \gamma'$ respective, so dass die Coordinaten der Endpunkte jener Strecken $x + r\cos\alpha$, $y + r\cos\beta, z + r\cos\gamma; x' + r'\cos\alpha'$, etc. sind und sich ergiebt, — mit Unterdrückung des Factors r —

$p_{23} = z\cos\beta - y\cos\gamma$, $p_{31} = x\cos\gamma - z\cos\alpha$, $p_{12} = y\cos\alpha - x\cos\beta$,
$p_{14} = \cos\alpha$, $p_{24} = \cos\beta$, $p_{34} = \cos\gamma$; $p_{23}' = z'\cos\beta' - y'\cos\gamma'$, etc.

Nun ist der Inhalt des von den vier betrachteten Punkten als Ecken bestimmten Tetraeders einerseits $-\frac{1}{6}rr'$ mal den Sinus des Winkels unserer Geraden und den kürzesten Abstand derselben oder ihr Moment, und andrerseits nach den Coordinaten der Ecken

$$= \frac{1}{6}\begin{vmatrix} x, & y, & z, & 1 \\ x + r\cos\alpha, & y + r\cos\beta, & z + r\cos\gamma, & 1 \\ x', & y', & z', & 1 \\ x' + r'\cos\alpha', & y' + r'\cos\beta', & z' + r'\cos\gamma', & 1 \end{vmatrix}$$

$$= \frac{1}{6}rr'\begin{vmatrix} x, & y, & z, & 1 \\ \cos\alpha, & \cos\beta, & \cos\gamma, & 0 \\ x', & y', & z', & 1 \\ \cos\alpha', & \cos\beta', & \cos\gamma', & 0 \end{vmatrix}$$

$$= \frac{1}{6}rr'(p_{23}p_{14}' + p_{31}p_{24}' + p_{12}p_{34}' + p_{14}p_{23}' + p_{24}p_{31}' + p_{34}p_{12}');$$

was den Satz beweist.

Darnach erscheinen die Coordinaten eines Strahls als constante Vielfache seiner Momente in Bezug auf die sechs Kanten des Fundamentaltetraeders.

52. Zwei gerade Linien p_{ik}, p_{ik}' durchschneiden einander, wenn ihre Coordinaten der Bedingung genügen

$$p_{12}p_{34}' + p_{23}p_{14}' + p_{31}p_{24}' + p_{14}p_{23}' + p_{24}p_{31}' + p_{34}p_{12}' = 0,$$

welche nichts anderes ist als die mit Hülfe der Abkürzungen

$$p_{ik} = y_i z_k - y_k z_i, \quad p_{ik}' = y_i' z_k' - y_k' z_i'$$

ausgedrückte Entwickelung der Bedingung

$$\begin{vmatrix} y_1, & y_2, & y_3, & y_4 \\ z_1, & z_2, & z_3, & z_4 \\ y_1', & y_2', & y_3', & y_4' \\ z_1', & z_2', & z_3', & z_4' \end{vmatrix} = 0,$$

unter welchen die beiden Paare der sie bestimmenden Punkte in einer Ebene liegen. (Vergl. voriges Beispiel.) Sie ist auch in der Form $\Sigma' p_{ik} \dfrac{dR}{dp_{ik}} = 0$ ausdrückbar. Wenn für jede Kante $A_i A_k$ des Fundamentaltetraeders alle Coordinaten bis auf p_{ik} verschwinden, so sagt dies aus, dass dieselbe alle Tetraederkanten, die gegenüber liegende allein ausgenommen, durchschneidet.

Bezeichnen wir durch x_i die Coordinaten des Schnittpunktes von zwei geraden Linien, so drücken die Gruppen von Gleichungen

$$\begin{aligned}
p_{31}x_2 - p_{21}x_3 + p_{23}x_4 &= 0, & p_{34}'x_1 - p_{24}'x_3 + p_{23}'x_4 &= 0, \\
-p_{31}x_1 \phantom{{}+p_{11}x_3} + p_{14}x_3 + p_{34}x_4 &= 0, & -p_{34}'x_1 \phantom{{}+p_{11}x_3} + p_{14}'x_3 + p_{31}'x_4 &= 0, \\
p_{21}x_1 - p_{14}x_2 \phantom{{}+p_{11}x_3} + p_{12}x_4 &= 0, & p_{24}'x_1 - p_{14}'x_2 \phantom{{}+p_{11}x_3} + p_{12}'x_4 &= 0, \\
-p_{23}x_1 - p_{31}x_2 - p_{12}x_3 \phantom{{}+p_{11}x_3} &= 0, & -p_{23}'x_1 - p_{31}'x_2 - p_{12}'x_3 \phantom{{}+p_{11}x_3} &= 0
\end{aligned}$$

aus, dass die projicierenden Ebenen der ersten sowohl als der zweiten Geraden ihn enthalten. Die Vergleichung der entsprechenden Gleichungen beider Gruppen giebt die Verhältnisse

$$x_1 : x_2 : x_3 : x_4 =$$

$$\begin{aligned}
&= P_1 : (p_{23}p_{24}' - p_{23}'p_{24}) : (p_{23}p_{31}' - p_{21}'p_{34}) : (p_{24}p_{31}' - p_{24}'p_{21}) \\
&= (p_{31}p_{21}' - p_{31}'p_{14}) : P_2 : (p_{31}p_{34}' - p_{34}'p_{34}) : (p_{34}p_{14}' - p_{14}'p_{14}) \\
&= (p_{12}p_{14}' - p_{12}'p_{14}) : (p_{12}p_{24}' - p_{12}'p_{21}) : P_3 : (p_{14}p_{24}' - p_{14}'p_{24}) \\
&= -(p_{34}p_{12}' - p_{34}'p_{12}) : -(p_{12}p_{23}' - p_{12}'p_{23}) : -(p_{23}p_{31}' - p_{23}'p_{31}) : P_4
\end{aligned}$$

und durch Vergleichung derselben bestimmt man endlich die Grössen P_1, P_2, P_3, P_4 wie folgt:

$$P_1 = p_{14}p_{23}' + p_{34}p_{24}' + p_{12}p_{34}', \quad P_2 = p_{23}p_{14}' + p_{24}p_{31}' + p_{12}p_{34}',$$
$$P_3 = p_{23}p_{14}' + p_{31}p_{24}' + p_{34}p_{12}', \quad P_4 = p_{14}p_{23}' + p_{24}p_{31}' + p_{34}p_{12}'.$$

Dasselbe System von Grössen rechts giebt nach Vertauschung der Zeilen mit den Reihen die Verhältnisse $\xi_1 : \xi_2 : \xi_3 : \xi_4$ für die Coordinaten der Ebene, welche die beiden sich schneidenden Geraden bestimmen.

53. Wir können dann mit der Gleichung $R = 0$, welcher die Coordinaten einer geraden Linie stets genügen, eine in den sechs Coordinaten homogene Gleichung, zwei oder drei oder endlich vier solche Gleichungen verbinden und dadurch verschiedene Gesammtheiten von geraden Linien ausdrücken, welche den bezüglichen Gruppen entsprechen.[11])

Wir erhalten 1) mit einer homogenen Gleichung n^{ten} Grades $f^{(n)} = 0$ ein dreifach unendliches System von Geraden, das wir als einen Strahlencomplex n^{ten} Grades bezeichnen. Das System aller Strahlen, welche eine gegebene gerade oder krumme Linie schneiden, das System aller der Geraden, welche eine gegebene Oberfläche berühren, sind specielle Formen davon. Den Grundcharakter des allgemeinen Complexes erläutern wir durch folgende Ueberlegungen. Wenn in der Gleichung $f^{(n)} = 0$ der eine der Bestimmungspunkte jedes Strahls z. B. z_i als fest gedacht wird, so verwandelt sich dieselbe in die Gleichung einer Fläche n^{ter} Ordnung, deren Punkte sämmtlich auf Geraden aus z_i liegen, d. h. sie repräsentiert eine Kegelfläche n^{ter} Ordnung. Ersetzen wir aber in $f^{(n)} = 0$ die p_{ij} durch die ihnen proportionalen π_{ij} und denken sodann eine der Bestimmungsebenen des variabeln Strahles z. B. ζ_i als unveränderlich, so verwandelt sich die Gleichung in die Gleichung einer Fläche n^{ter} Classe, deren Ebenen sämmtlich durch Gerade auf ζ_i gehen, d. h. sie repräsentiert eine ebene Curve n^{ter} Classe. **Im Complex n^{ten} Grades bilden also die Strahlen aus einem Punkte einen Kegel n^{ter} Ordnung und die in einer Ebene liegenden eine Curve n^{ter} Classe.** Rücksichtlich der vorerwähnten Specialfälle übersieht man sofort, dass die Strahlen, welche eine Curve n^{ter} Ordnung schneiden, die erstere Eigenschaft in allgemeiner Form, die letztere aber in der speciellen Form besitzen, dass die Curve n^{ter} Classe in n Punkte degeneriert.

Wenn wir sodann den festen Punkt der ersten Betrachtung einen Strahl durchlaufen oder die feste Ebene der zweiten sich um einen Strahl drehen lassen, so hat der Strahl dort mit dem veränderlichen Kegel in jeder Lage des Punktes eine bestimmte

Tangentialebene und hier mit der veränderlichen Curve in jeder Lage der Ebene einen bestimmten Berührungspunkt gemein. Und es ist eine unmittelbare Folge der algebraischen Abhängigkeit dieser Ebenen und Punkte von einander, dass sie zwei projectivische Gebilde beschreiben, ein Büschel von Ebenen durch den Strahl und eine zu ihm projectivische Punktreihe auf demselben. (Vergl. „Kegelschnitte" Art. 299.) Im Falle des Strahlencomplexes der Tangenten einer Fläche fallen alle Punkte der vorbetrachteten Reihe in dem Berührungspunkt des Strahles mit der Fläche zusammen.

Wir erhalten 2) mit zwei homogenen Gleichungen n^{ten} respective m^{ten} Grades $f^{(n)} = 0$, $f^{(m)} = 0$ zwischen den Coordinaten p_i ein zweifach unendliches System von geraden Linien, welche beiden den Gleichungen einzeln entsprechenden Complexen vom n^{ten} respective m^{ten} Grade zugleich angehören; wir sagen ein Strahlensystem oder eine Congruenz. Durch jeden Punkt im Raume gehen nm Strahlen einer solchen Congruenz, die gemeinsamen Erzeugenden der beiden diesem Punkte entsprechenden Kegel, und in jeder Ebene liegen ebenso viele Strahlen derselben, die gemeinschaftlichen Tangenten der Curven beider Complexe in dieser Ebene. Nach dem Vorigen wird in jedem Strahle der Congruenz zu dem Büschel der sich um denselben drehenden Ebene eine ihm projectivische Reihe durch den ersten und eine andere durch den zweiten Complex bestimmt, so dass also diese Reihen zu einander projectivisch sind und als in demselben Strahl liegend zwei Doppelpunkte haben, denen zwei bestimmte Ebenen des Büschels entsprechen. Diese Punkte und Ebenen bestimmen sich offenbar durch die dem betrachteten Strahl unendlich nahe benachbarten Strahlen der Congruenz, welche ihn schneiden. Sie sind die Berührungspunkte und zugehörigen Tangentialebenen mit einer algebraischen Fläche, als deren Doppeltangenten die Strahlen der Congruenz erscheinen. Jedoch kann diese Fläche in zwei zerfallen oder degeneriren, so dass man folgende Fälle erhält, von denen der erste der allgemeine ist. Die Strahlen einer Congruenz sind entweder

    a) die Doppeltangenten einer Fläche, oder

    b) die doppeltschneidenden Geraden einer Curve, oder

    c) die gemeinsamen Tangenten von zwei Flächen, oder

d) die Tangenten einer Fläche aus den Punkten einer Curve, oder
e) die gemeinschaftlichen Transversalen von zwei Curven.

Die Normalen einer Oberfläche bilden ein Strahlensystem oder eine Congruenz; jede von ihnen berührt wie wir sehen werden in zwei Punkten, den Hauptkrümmungscentren, eine Fläche, die Fläche der Krümmungsmittelpunkte. (Vergl. Art. 207. und den Schlussabschnitt von Kap. VIII über die Krümmung der Flächen zweiten Grades.)

3) Drei homogene Gleichungen zwischen den p_{ik} von den respectiven Graden n, m, l, also $f^{(n)} = 0$, $f^{(m)} = 0$, $f^{(l)} = 0$ bestimmen eine einfach unendliche Schaar von Geraden, die eine geradlinige oder Regelfläche bilden und die man als einen Regulus bezeichnen kann. Im Allgemeinen werden zwei unendlich nahe benachbarte unter ihnen sich nicht schneiden. Nicht durch jeden Punkt des Raumes gehen und nicht in jeder Ebene desselben liegen Strahlen des Systems. Wenn wir mit den Gleichungen $R = 0$, $f^{(n)} = 0$, $f^{(m)} = 0$, $f^{(l)} = 0$ die Gleichung einer beliebigen Geraden $p_{12}p_{34}' + \ldots + p_{14}p_{23}' = 0$ combiniren, so erhalten wir nach den Regeln der Algebra $2lmn$ gemeinsame Auflösungen dieser Gleichungen und damit ebenso viele Gerade der Regelfläche, welche die angenommene schneiden. Diese Zahl ist die Ordnung des Regulus — wie wir sehen werden zugleich die Classe und Ordnung der Regelfläche.

Wenn wir im Falle 2) mit den Gleichungen $R = 0$, $f^{(n)} = 0$, $f^{(m)} = 0$ die Gleichungen von zwei beliebigen Geraden combiniren, so erhalten wir die Zahl von Strahlen in der Congruenz, welche zwei Gerade schneiden. Der Fall, wo die angenommenen Geraden sich schneiden, lehrt, dass diese Zahl sich zusammensetzt aus der der Strahlen durch einen Punkt d. i. der Ordnung, und der Zahl der Strahlen in einer Ebene d. i. der Classe der Congruenz; sie kann als Ordnungsklasse der Congruenz bezeichnet werden.

Im Falle des Complexes können wir die Zahl seiner Strahlen, welche drei gegebene Gerade treffen, als die Ordnung desselben bezeichnen.

Es tritt zu diesen Untersuchungen als allgemeiner Fall hinzu, wenn 4) vier homogene Gleichungen $f^{(n)} = 0$, $f^{(m)} = 0$, $f^{(l)} = 0$, $f^{(k)} = 0$ von den Graden n, m, l, k respective eine Anzahl $2klmn$ von Strahlen bestimmen, die allen diesen Complexen gemeinsam sind.

Beispiel. Wir wollen alles das an der homogenen Gleichung ersten Grades noch erläutern, Ihre Bedingungsgleichung des vorigen Art. für das Schneiden mit einer Geraden giebt den speciellen linearen Complex, den alle Transversalen einer Geraden bilden und wir haben in ihr die Gleichung für den allgemeinen linearen Complex $f^{(1)}=0$, sobald wir die p_{ik} als völlig willkürliche nicht durch $R=0$ verbundene Constante betrachten. Im linearen Complex liegen alle Strahlen durch einen Punkt in einer Ebene und alle Strahlen in einer Ebene gehen durch einen Punkt; bezeichnet man diesen Punkt und diese Ebene als Pol und Polarebene, so liegt der Pol in der Polarebene und wir haben die Rechtrocität des Nullsystems; die sich selbst conjugierten Strahlen desselben (vergl. Art. 40., 5) bilden den linearen Complex. Es ist leicht, die Entwickelungen der angeführten Stelle in Strahlencoordinaten zu wiederholen. Nach den fünf unabhängigen Constanten der homogenen linearen Gleichung zwischen den p_{ik} wird der lineare Complex durch fünf seiner Strahlen bestimmt.

Aus dem Beisp. des Art. 51. folgt, dass das Resultat der Substitution der Coordinaten einer Geraden in die Gleichung eines linearen Complexes dem Momente der Geraden in Bezug auf die ihr conjugierte Gerade in demselben proportional ist. Die Einführung linearer Functionen der Strahlencoordinaten an Stelle derselben (vergl. Art. 273) kommt also darauf hinaus, dass als die Bestimmungsstücke der Geraden die mit Constanten multiplicierten Momente derselben in Bezug auf ihre conjugierten Geraden in sechs gegebenen linearen Complexen genommen werden.

Sind $f^{(1)}=0$, $f^{(1)''}=0$ die Gleichungen zweier linearer Complexe, so kann in der Gleichung $f^{(1)} + \lambda f^{(1)''}=0$ der Parameter λ zweifach so bestimmt werden, dass alle durch sie dargestellten Strahlen je eine feste Gerade schneiden; die Congruenz zweier linearer Complexe, das Strahlensystem erster Ordnung und Classe, ist daher als die Gesammtheit der Geraden aufzufassen, welche zwei feste Gerade schneiden, oder als das System der sich selbst entsprechenden Geraden eines geschaart involutorischen Systems. (Art. 40., 3.)

Drei lineare Complexe haben eine Regelfläche zweiten Grades, nämlich die eine Schaar ihrer Erzeugenden gemein. Vier lineare Complexe bestimmen zwei gerade Linien, die ihnen gemeinsam sind. Die Aufsuchung der gemeinsamen Transversalen von vier Geraden $p_{ik}^{(1)}$, $p_{ik}^{(2)}$, $p_{ik}^{(3)}$, $p_{ik}^{(4)}$ ist ein Beispiel dafür. Die Aufgabe liefert die vier Bedingungsgleichungen — Gleichungen specieller linearer Complexe —

$$p_{12}^{(i)} p_{34} + p_{13}^{(i)} p_{14} + p_{31}^{(i)} p_{24} + p_{14}^{(i)} p_{23} + p_{21}^{(i)} p_{31} + p_{34}^{(i)} p_{12} = 0$$
$$(i = 1, 2, 3, 4,;$$

drücken wir mit Hülfe derselben die Coordinaten p_{12}, p_{23}, p_{31}, p_{14} in Function der beiden letzten p_{24}, p_{34} aus, so erhalten wir durch Substitution dieser Ausdrücke in die Gleichung $R = 0$ eine quadratische Gleichung zur Bestimmung des Verhältnisses $p_{24} : p_{34}$ und aus dieser zwei Wurzeln, von denen jede eine einfache Reihe von Werthen der p_{ik} bestimmt, die den Bedingungen genügen.[12]

Wenn die erörterte Bestimmung auf nicht reelle Wurzeln führt, so bezeichnet man die beiden Geraden der Lösung als conjugiert imaginäre Gerade im Raum. Setzt man unter fortwährender Erfüllung der Bedingung $R = 0$ für p_{ik} die Summe $p_{ik}' + i p_{ik}''$, so sind diess die Coordinaten solcher nicht reellen Geraden; sie werden von allen den Geraden geschnitten, deren Coordinaten den bei der Trennung des reellen und des imaginären Theils in der Substitutionsgleichung entstehenden Bedingungen

$$p_{12}' p_{34} + \ldots + p_{14}' p_{23} + \ldots = 0, \quad p_{12}'' p_{34} + \ldots + p_{14}'' p_{23} + \ldots = 0$$

genügen. Vier beliebige bestimmen aber diese Gleichungen und damit jene Geraden als ihre gemeinsamen Transversalen.

Wenn für einen linearen Complex fünf Gerade gegeben sind, so liefert jede Gruppe von vieren unter ihnen zwei zugeordnete Polaren desselben in ihren gemeinsamen Transversalen, und alle die Strahlen, welche dieselben schneiden, gehören dem Complex an. Die Polarebene eines Punktes wird durch die von ihm ausgehenden Transversalen zu zwei Paaren solcher conjugirten Polaren bestimmt, der Pol einer Ebene durch die in ihr liegenden Transversalen zu zwei solchen Paaren.

54. Wir schliessen dem Inhalte der vorigen Kapitel einige **Eigenschaften des Tetraeders** an, welche, obwohl nicht durch die Methode der Coordinaten gefunden, uns doch von Nutzen und der Anführung werth scheinen.

Man soll die Relation angeben, welche die Längen der sechs geraden Linien verbindet, die zwischen vier Punkten einer Ebene gezogen werden können.

Wir nennen a, b, c die Seiten des Dreiecks ABC und d, e, f die geraden Linien DA, DB, DC, welche seine Ecken mit dem vierten Punkte D verbinden. Wenn wir dann die von den Seiten a, b, c am Punkte D bestimmten Winkel durch α, β, γ bezeichnen, so ist $\cos \alpha = \cos(\beta \pm \gamma)$, also

$$\cos^2 \alpha + \cos^2 \beta + \cos^2 \gamma - 2 \cos\alpha \cos\beta \cos\gamma = 1,$$

eine für alle möglichen Lagen von D in der Ebene ABC gültige Relation. Man hat aber

$$\cos \alpha = \frac{e^2 + f^2 - a^2}{2ef}, \quad \cos \beta = \frac{f^2 + d^2 - b^2}{2fd},$$

$$\cos \gamma = \frac{d^2 + e^2 - c^2}{2de}$$

und erhält durch Substitution dieser Werthe und Reduction die verlangte Relation in dem Ausdrucke

$$a^2(d^2 - e^2)(d^2 - f^2) + b^2(e^2 - f^2)(e^2 - d^2)$$
$$+ c^2(f^2 - d^2)(f^2 - e^2) + a^2 d^2(a^2 - b^2 - c^2)$$
$$+ b^2 e^2(b^2 - c^2 - a^2) + c^2 f^2(c^2 - a^2 - b^2) + a^2 b^2 c^2 = 0.$$

55. Man soll das Volumen eines Tetraeders als eine Function der Längen seiner sechs Kanten darstellen.

Wir bezeichnen die Seiten einer seiner Flächen ABC durch a, b, c und die entsprechende Höhe, d. h. die auf dieselbe von der gegenüberliegenden Ecke gefällte Normale durch p; so wie die Abstände des Fusspunkts derselben von den Ecken A, B, C, durch d', e', f' respective. Dann besteht zwischen a, b, c, d', e', f' die Relation des letzten Artikels und die Kanten d, e, f des Tetraeders, welche von jener vierten Ecke nach A, B, C gehen, sind durch $d^2 = d'^2 + p^2$, $e^2 = e'^2 + p^2$, $f^2 = f'^2 + p^2$ ausgedrückt, so dass

$$d^2 - e^2 = d'^2 - e'^2, \quad e^2 - f^2 = e'^2 - f'^2, \quad f^2 - d^2 = f'^2 - d'^2$$

sind. Wenn man also den Werth der linken Seite der Gleichung des letzten Artikels durch F bezeichnet, so erhält man durch diese Substitutionen die neue Gleichung

$$-F = p^2 (2a^2b^2 + 2b^2c^2 + 2c^2a^2 - a^4 - b^4 - c^4),$$

in welcher der mit p^2 multiplicirte Ausdruck das sechsachnfache des Quadrats von der Fläche des Dreiecks ABC darstellt. Wenn wir bemerken, dass das pfache dieser Fläche das dreifache Volumen des Tetraeders giebt, so erhält man die Relation

$$-F = -144\, V^2,$$

welche der Forderung entspricht.

Man kann zu derselben auch gelangen, indem man von dem Determinantenausdruck des Art. 34 ausgeht und erhält sie dann selbst in Form einer Determinante.

Man hat nach Art. 34 und nach bekannten Determinantengesetzen

$$6V = \begin{vmatrix} 1, & 0, & 0, & 0, & 0 \\ 0, & 1, & x_1, & y_1, & z_1 \\ 0, & 1, & x_2, & y_2, & z_2 \\ 0, & 1, & x_3, & y_3, & z_3 \\ 0, & 1, & x_4, & y_4, & z_4 \end{vmatrix} = - \begin{vmatrix} 0, & 1, & 0, & 0, & 0 \\ 1, & 0, & x_1, & y_1, & z_1 \\ 1, & 0, & x_2, & y_2, & z_2 \\ 1, & 0, & x_3, & y_3, & z_3 \\ 1, & 0, & x_4, & y_4, & z_4 \end{vmatrix},$$

also durch Multiplication beider Werthe

$$-36 V^2 =$$

$$\begin{vmatrix} 0, & 1, & 1, & 1, & 1 \\ 1, & x_1^2+y_1^2+z_1^2, & x_1x_2+y_1y_2+z_1z_2, & x_1x_3+y_1y_3+z_1z_3, & x_1x_4+y_1y_4+z_1z_4 \\ 1, & x_1x_2+y_1y_2+z_1z_2, & x_2^2+y_2^2+z_2^2, & x_2x_3+y_2y_3+z_2z_3, & x_2x_4+y_2y_4+z_2z_4 \\ 1, & x_1x_3+y_1y_3+z_1z_3, & x_2x_3+y_2y_3+z_2z_3, & x_3^2+y_3^2+z_3^2, & x_3x_4+y_3y_4+z_3z_4 \\ 1, & x_1x_4+y_1y_4+z_1z_4, & x_2x_4+y_2y_4+z_2z_4, & x_3x_4+y_3y_4+z_3z_4, & x_4^2+y_4^2+z_4^2 \end{vmatrix};$$

ändern wir nun in dieser Determinante die Vorzeichen der letzten vier Horizontalen und die der ersten Verticale, multipliciren dann jene und dividiren diese durch 2, so ist dieselbe mit 2^3 multiplicirt; die Addition der mit $(x_1^2 + y_1^2 + z_1^2)$, $(x_2^2 + y_2^2 + z_2^2)$, $(x_3^2 + y_3^2 + z_3^2)$, $(x_4^2 + y_4^2 + z_4^2)$ respective multiplicirten ersten zu den vier letzten Horizontalreihen und die analoge Addition der mit denselben Factoren multiplicirten ersten zu den vier letzten Verticalreihen ändert sodann den Werth der Determinante nicht, giebt aber ihren Hauptelementen den Werth Null und verwandelt die übrigen Elemente in die Ausdrücke der Längen der Kanten durch ihre Coordinaten. Man erhält nach den vorigen Bezeichnungen

$$288\, V^2 = \begin{vmatrix} 0, & 1, & 1, & 1, & 1 \\ 1, & 0, & a^2, & b^2, & c^2 \\ 1, & a^2, & 0, & d^2, & e^2 \\ 1, & b^2, & d^2, & 0, & f^2 \\ 1, & c^2, & e^2, & f^2, & 0 \end{vmatrix}$$

den vorigen Ausdruck, und hat damit auch den analytischen Beweis der Formel des vorigen Artikels gefunden; denn für $V = 0$, d. h. die Lage der vier Punkte in einer Ebene, geht sie daraus hervor.

Dieser Ausdruck kann als specieller Fall eines allgemeineren erhalten werden, nach dem das Product der Volumina V, V' zweier Tetraeder durch die Relation

$$288\, VV' = \begin{vmatrix} 0, & 1, & 1, & 1, & 1 \\ 1, & e_{11}^2, & e_{12}^2, & e_{13}^2, & e_{14}^2 \\ 1, & e_{21}^2, & e_{22}^2, & e_{23}^2, & e_{24}^2 \\ 1, & e_{31}^2, & e_{32}^2, & e_{33}^2, & e_{34}^2 \\ 1, & e_{41}^2, & e_{42}^2, & e_{43}^2, & e_{44}^2 \end{vmatrix}$$

bestimmt wird, in welcher die e_{ij} die geradlinigen Entfernungen der Ecken E_i, E_j des ersten und zweiten Tetraeders bezeichnen.

56. **Man soll die Relation angeben, welche die sechs Bogen grösster Kreise zwischen vier Punkten einer Kugel verbindet.**

Derselbe Gang wie im Art. 54. unter Substitution der entsprechenden Formel der sphärischen Trigonometrie liefert für α, β, γ, δ, ε, φ als die cosinus der sechs fraglichen Bogen die Relation

$$\alpha^2 + \beta^2 + \gamma^2 + \delta^2 + \epsilon^2 + \varphi^2 - \alpha^2\delta^2 - \beta^2\epsilon^2 - \gamma^2\varphi^2$$
$$+ 2\alpha\beta\delta\epsilon + 2\beta\gamma\epsilon\varphi + 2\gamma\alpha\delta\varphi - 2\alpha\beta\gamma - 2\alpha\epsilon\varphi - 2\beta\delta\varphi$$
$$- 2\gamma\delta\epsilon = 1.$$

Die nämliche Relation kann folgendermaassen bewiesen werden: Wenn die Richtungscosinus der Radien der vier Punkte

$$\cos \alpha_1, \cos \beta_1, \cos \gamma_1,$$
$$\cos \alpha_2, \cos \beta_2, \cos \gamma_2,$$
$$\cos \alpha_3, \cos \beta_3, \cos \gamma_3,$$
$$\cos \alpha_4, \cos \beta_4, \cos \gamma_4$$

sind, so können wir aus dieser Gruppe von Elementen nach der im Art. 13. der „Vorlesungen" gegebenen Methode eine Determinante bilden, deren Werth identisch verschwindet und welche wegen

$$\cos \alpha_i^2 + \cos \beta_i^2 + \cos \gamma_i^2 = 1,$$
$$\cos \alpha_1 \cos \alpha_2 + \cos \beta_1 \cos \beta_2 + \cos \gamma_1 \cos \gamma_2 = \cos 12, \text{ etc.}$$

die Form annimmt

$$\begin{vmatrix} 1 & \cos 12 & \cos 13 & \cos 14 \\ \cos 21 & 1 & \cos 23 & \cos 24 \\ \cos 31 & \cos 32 & 1 & \cos 34 \\ \cos 41 & \cos 42 & \cos 43 & 1 \end{vmatrix} = 0,$$

die den obigen Werth wiedergiebt. Man vollendet ihre Symmetrie wenn man die Hauptelemente 1 durch $\cos 11$, $\cos 22$, etc. ersetzt.

57. Man soll den Radius der einem Tetraeder umgeschriebenen Kugel finden.

Die Seite a des Tetraeders ist die dem Bogen vom cosinus $= \alpha$ entsprechende Sehne, also

$$\alpha = 1 - \frac{a^2}{2r^2}$$

mit analogen Ausdrücken für β, γ, etc. Durch die Substitution dieser Werthe liefert die Formel des letzten Art. die Gleichung

$$\frac{F}{4r^3} + \frac{2a^2d^2b^2e^2 + 2b^2e^2c^2f^2 + 2c^2f^2a^2d^2 - a^4d^4 - b^4e^4 - c^4f^4}{16r^4} = 0,$$

welche in Determinantenform geschrieben für das Product Vr des Tetraedervolumens in den Radius der umgeschriebenen Kugel die Relation giebt

$$-576\, V^2 r^2 = \begin{vmatrix} 0 & f^2 & e^2 & a^2 \\ f^2 & 0 & d^2 & b^2 \\ e^2 & d^2 & 0 & c^2 \\ a^2 & b^2 & c^2 & 0 \end{vmatrix}.$$

somit für
$$ad + bc + ef = 2S$$
$$r^2 = \frac{S(S-ad)(S-bc)(S-ef)}{36 V^2};*)$$

oder in der am Schlusse des Art. 55. angewendeten Bezeichnung

$$-576\, V^2 r^2 = \begin{vmatrix} 0 & c_{12}^2 & c_{13}^2 & c_{14}^2 \\ c_{21}^2 & 0 & c_{23}^2 & c_{24}^2 \\ c_{31}^2 & c_{32}^2 & 0 & c_{34}^2 \\ c_{41}^2 & c_{42}^2 & c_{43}^2 & 0 \end{vmatrix}.$$

Da die Theorie des Tetraeders zahlreiche Uebungsaufgaben darbietet, so wollen wir hier als Beispiel einer solchen hinzufügen, dass die kürzeste Entfernung zwischen zwei Gegenkanten eines Tetraeders mit dem Quotienten aus dem sechsfachen Volumen desselben durch das Product der Längen der Gegenkanten in den sinus des von ihnen gebildeten Winkels übereinstimmt, und wir erinnern zum Beweise dieses Satzes nur an die Relation

$$2ad \cos \theta = b^2 + e^2 - c^2 - f^2.$$

*) Die Vergleichung dieses Ausdrucks mit dem entsprechenden der Dreieckslehre lässt den folgenden Vergleich aussprechen: Das sechsfache Product aus dem Inhalt des Tetraeders in den Halbmesser der umgeschriebenen Kugel ist dem Inhalt eines Dreiecks gleich, welches die Producte aus den Längenzahlen der Gegenkanten des Tetraeders in den Längenzahlen seiner Seiten hat. Wir wollen durch denselben auf die mannichfaltigen Analogien dieser Art hinweisen, die zwischen Dreieck und Tetraeder bestehen.

IV. Kapitel.

Allgemeine Eigenschaften der Flächen zweiten Grades.

58. Wir schreiben die allgemeine Gleichung vom zweiten Grade in der Form

$$a_{11}x^2 + a_{22}y^2 + a_{33}z^2 + a_{44} + 2a_{23}yz + 2a_{13}xz + 2a_{12}xy + 2a_{14}x + 2a_{24}y + 2a_{34}z = 0.$$

Sie enthält zehn Glieder und da durch Division einer der Coefficienten der Einheit gleich gemacht werden kann, so erkennt man neun Bedingungen als hinreichend zur Bestimmung einer Fläche zweiter Ordnung. Wenn z. B. neun Punkte der Fläche gegeben sind, so erhalten wir durch die successive Substitution der Coordinaten einer jeden in die allgemeine Gleichung neun Gleichungen, welche zur Bestimmung der neun unbekannten Grössen $a_{12}:a_{11}$, $a_{13}:a_{11}$, etc. hinreichend sind. In derselben Art erkennen wir die Anzahl der zur Bestimmung einer Fläche n^{ten} Grades nothwendigen Bedingungen als um eins kleiner als die Anzahl der Glieder in der allgemeinen Gleichung n^{ten} Grades.

Die Gleichung einer Fläche zweiten Grades kann auch (siehe Artikel 38.) als eine homogene Function der Gleichungen von vier gegebenen Ebenen x, y, z, w in der Form

$$a_{11}x^2 + a_{22}y^2 + a_{33}z^2 + a_{44}w^2 + 2a_{23}yz + 2a_{13}zx + 2a_{12}xy + 2a_{14}xw + 2a_{24}yw + 2a_{34}zw = 0$$

ausgedrückt werden, denn die neun unabhängigen Constanten dieser Gleichung können so bestimmt werden, dass die Fläche durch neun gegebene Punkte geht, d. i. jede gegebene Fläche zweiten Grades kann durch sie dargestellt werden.

Man kann durch Einführung einer linearen Einheit w jede Gleichung in x, y, z homogen machen und erreicht in zahlreichen

Fällen durch die Anwendung solcher Gleichungen eine grössere Symmetrie der Resultate.

Die consequente Anwendung von Indices lässt die vier Veränderlichen der homogenen Form durch x_1, x_2, x_3, x_4, bezeichnen und die allgemeine Gleichung zweiten Grades in projectivischen Coordinaten

$$a_{11}x_1^2 + a_{22}x_2^2 + a_{33}x_3^2 + a_{44}x_4^2 + 2a_{12}x_1x_2 + 2a_{13}x_1x_3$$
$$+ 2a_{14}x_1x_4 + 2a_{23}x_2x_3 + 2a_{24}x_2x_4 + 2a_{34}x_3x_4 = 0$$

symbolisch durch

$$\Sigma\Sigma a_{ij}\, x_i x_j = 0 \quad (a_{ij} = a_{ji}; \quad i,j = 1, 2, 3, 4)$$

darstellen; an einigen wichtigen Stellen soll Rücksicht auf diese Bezeichnung genommen werden.

Der Einfachheit wegen verweilen wir aber besonders bei der Anwendung gewöhnlicher Cartesischer Coordinaten.

Beisp. Die Gleichung der Fläche zweiter Ordnung durch die neun Punkte $x_i^{(1)}$, $x_i^{(2)}$, ..., $x_i^{(9)}$ entsteht durch Elimination der a_{ik} aus der der zehn entsprechenden Bedingungsgleichungen

$$a_{11}x_1^2 + \ldots + 2a_{12}x_1x_2 + \ldots = 0.$$
$$\overset{(1)}{a_{11}x_1^2} + \ldots + 2a_{12}\overset{(1)\ (1)}{x_1x_2} + \ldots = 0, \text{etc.}$$

in der Determinantenform

$$\begin{vmatrix} x_1^2, & x_2^2, & x_3^2, & x_4^2, & 2x_1x_2, & 2x_2x_3, & 2x_1x_3, & 2x_1x_4, & 2x_2x_4, & 2x_3x_4 \\ \overset{(1)}{x_1^2}, & \overset{(1)}{x_2^2}, & \overset{(1)}{x_3^2}, & \overset{(1)}{x_4^2}, & \overset{(1)(1)}{2x_1x_2}, & \overset{(1)(1)}{2x_2x_3}, & \overset{(1)(1)}{2x_1x_3}, & \overset{(1)(1)}{2x_1x_4}, & \overset{(1)(1)}{2x_2x_4}, & \overset{(1)(1)}{2x_3x_4} \\ \vdots & & & & & & & & & \\ \overset{(9)}{x_1^2}, & \overset{(9)}{x_2^2}, & \overset{(9)}{x_3^2}, & \overset{(9)}{x_4^2}, & \overset{(9)(9)}{2x_1x_2}, & \overset{(9)(9)}{2x_2x_3}, & \overset{(9)(9)}{2x_1x_3}, & \overset{(9)(9)}{2x_1x_4}, & \overset{(9)(9)}{2x_2x_4}, & \overset{(9)(9)}{2x_3x_4} \end{vmatrix} = 0,$$

welche mit Vertauschung der Reihen und Zeilen zugleich die Bedingung der Verträglichkeit der zehn Gleichungen

$$c_1 x_1^2 + c_2 \overset{(1)}{x_1^2} + c_3 \overset{(2)}{x_1^2} + \ldots + c_{10} \overset{(9)}{x_1^2} = 0$$
$$2(c_1 x_1 x_2 + c_2 \overset{(1)(1)}{x_1 x_2} + c_3 \overset{(2)(2)}{x_1 x_2} + \ldots + c_{10} \overset{(9)(9)}{x_1 x_2}) = 0$$

ist, welche erforderlich sind, damit sich zehn Constanten c_i so bestimmen lassen, dass die Summe der mit ihnen multiplicirten Quadrate der Gleichungen der zehn Punkte x, $x^{(1)}$, $x^{(2)}$, ..., $x^{(9)}$ identisch Null sei. Also: Zehn Punkte liegen auf derselben Fläche zweiter Ordnung, wenn die Summe der Quadrate ihrer mit geeigneten Constanten multiplicirten Gleichungen Null ist. Zehn Ebenen berühren dieselbe Fläche zweiter Classe, wenn die Summe der Quadrate ihrer mit gewissen Constanten multiplicirten Gleichungen Null ist.

59. Die Coordinaten werden zu beliebigen neuen parallelen durch einen Punkt x', y', z' gehenden Axen transformiert, indem man (Art. 16)

$$x + x',\ y + y',\ z + z'\ \text{für}\ x,\ y,\ z$$

respective substituiert.

Das Resultat dieser Substitution ist, dass die Coefficienten der höchsten Potenzen der Veränderlichen (a_{11}, a_{22}, a_{33}, a_{23}, a_{13}, a_{12}) unverändert bleiben, dass das neue absolute Glied mit dem Resultat der Substitution von x', y', z' für x, y, z in die gegebene Gleichung übereinstimmt, welches wir durch U' bezeichnen; dass der neue Coefficient von x

$$= 2\,(a_{11}x' + a_{12}y' + a_{13}z' + a_{14})\ \text{oder}\ \frac{dU'}{dx'}$$

und in derselben Weise die neuen Coefficienten von y und z respective gleich sind

$$\frac{dU'}{dy'}\ \text{und}\ \frac{dU'}{dz'}.$$

Es ist eine zweckmässige Abkürzung, die Differentiale der Function U nach x, y, z, w oder x_1, x_2, x_3, x_4 respective durch U_1, U_2, U_3, U_4 zu bezeichnen.

60. Wir können die allgemeine Gleichung zu Polar-Coordinaten transformieren, indem wir

$$x = \lambda\varrho,\ y = \mu\varrho,\ z = \nu\varrho$$

setzen (wo für rectanguläre Axen λ, μ, ν respective gleich $\cos\alpha$, $\cos\beta$, $\cos\gamma$ und für schiefwinklige Axen nach der Anmerkung des Art. 11. λ, μ, ν allgemein Functionen der Winkel sind, welche die Linie mit diesen Axen einschliesst); die Gleichung wird dadurch

$$\varrho^2\,(a_{11}\lambda^2 + a_{22}\mu^2 + a_{33}\nu^2 + 2a_{23}\mu\nu + 2a_{13}\lambda\nu + 2a_{12}\lambda\mu)$$
$$+ 2\varrho\,(a_{14}\lambda + a_{24}\mu + a_{34}\nu) + a_{44} = 0,$$

und liefert nach ihrer Natur als quadratische Gleichung für die Länge des einer gegebenen Richtung entsprechenden Radius vector zwei Werthe; da jeder beliebige Punkt als Anfangspunkt der Coordinaten gewählt werden kann, so beweist sie, dass jede gerade Linie eine Fläche zweiter Ordnung in zwei Punkten schneidet, wie wir schon früher (Art. 23.) erkannt haben.

61. Wir betrachten zuerst den Fall, wo der Anfangspunkt der Coordinaten in der Fläche liegt, also $a_{44} = 0$ und somit eine der Wurzeln der eben erhaltenen quadratischen Gleichung gleich

Null ist; wir suchen die Bedingung, unter welcher der Radius vector die Fläche im Anfangspunkt der Coordinaten berührt.

Da in diesem Falle die zweite Wurzel unserer quadratischen Gleichung ebenfalls gleich Null sein muss, so ist

$$a_{14}\lambda + a_{24}\mu + a_{34}\nu = 0$$

die fragliche Bedingung. Sie geht durch Multiplication mit ϱ und Wiedereinführung von x, y, z für $\lambda\varrho$, $\mu\varrho$, $\nu\varrho$ in die Form

$$a_{14}x + a_{24}y + a_{34}z = 0$$

über und drückt offenbar aus, dass der Radius vector in einer gewissen festen Ebene liegt. Und da λ, μ, ν keiner andern als der eben beschriebenen Beschränkung unterliegen, so muss jeder durch den Anfangspunkt der Coordinaten gehende und in dieser Ebene gelegene Radius vector die Fläche berühren.

Wir erkennen, dass in einem gegebenen Punkte einer Fläche zweiter Ordnung unendlich viele Tangenten derselben gezogen werden können und dass dieselben alle in einer Ebene liegen, welche die Tangentenebene in diesem Punkte genannt wird.

Wenn die Gleichung der Fläche in der Form

$$u_2 + u_1 = 0$$

geschrieben wird, in welcher die Glieder vom ersten und die vom zweiten Grade in den Veränderlichen gesondert sind, so ist

$$u_1 = 0$$

die Gleichung der Tangentenebene im Anfangspunkt der Coordinaten.

62. Wir können die Gleichung der Tangentenebene der Fläche in einem beliebigen ihrer Punkte x', y', z' durch Transformation der Coordinaten finden; denn durch Verlegung des Anfangspunktes nach diesem Punkte verschwindet das absolute Glied und die Gleichung der Tangentenebene ist (Art. 59.)

$$x\,U_1' + y\,U_2' + z\,U_3' = 0,$$

oder durch den Rückgang zu den alten Axen

$$(x - x')\,U_1' + (y - y')\,U_2' + (z - z')\,U_3' = 0.$$

Durch Einführung der Lineareinheit w kann dieselbe Gleichung in einer vollkommenen symmetrischen Gestalt gegeben werden; denn nach der Natur einer homogenen Function U und weil x', y', z' der Gleichung der Fläche genügen, haben wir

$$x'U_1' + y'U_2' + z'U_3' + w'U_4' - 2U = 0,$$

und erhalten durch Addition dieser Gleichung zu der zuletzt gefundenen die Gleichung der Tangentenebene in der Form

$$xU_1' + yU_2' + zU_3' + wU_4' = 0,$$

oder entwickelt

$$x(a_{11}x' + a_{12}y' + a_{13}z' + a_{14}) + y(a_{12}x' + a_{22}y' + a_{23}z' + a_{24})$$
$$+ z(a_{13}x' + a_{23}y' + a_{33}z' + a_{34}) + a_{14}x' + a_{24}y' + a_{34}z' + a_{44} = 0.$$

Indem man bemerkt, dass diese Gleichung in Bezug auf die Gruppen x, y, z und x', y', z' symmetrisch ist, findet man, dass sie auch in der Form

$$x'U_1 + y'U_2 + z'U_3 + w'U_4 = 0$$

geschrieben werden kann.

63. Man soll den Berührungspunkt einer Tangente oder Tangentenebene bestimmen, welche durch einen gegebenen nicht in der Fläche liegenden Punkt x', y', z' geht.

Die zuletzt gefundene Gleichung drückt eine zwischen x, y, z, w, den Coordinaten eines beliebigen Punktes der Tangentenebene, und x', y', z', w' als Coordinaten ihres Berührungspunktes bestehende Relation aus; und um auszudrücken, dass die ersteren Coordinaten gegeben und die letzteren gesucht sind, haben wir nur die Accente der ersteren zu beseitigen und sie den letzteren beizufügen. Wir finden also, dass der Berührungspunkt in der durch

$$xU_1' + yU_2' + zU_3' + wU_4' = 0$$

dargestellten Ebene liegen muss; sie wird die Polarebene des gegebenen Punktes genannt, indem man zugleich diesen als ihren Pol bezeichnet.

Da der Berührungspunkt keiner andern Bedingung als dieser zu genügen hat, so gehen die Tangentebenen der Fläche in allen ihrer Durchschnittscurve mit der Polarebene angehörigen Punkten durch den Pol, und die gerade Verbindungslinie eines Berührungspunktes mit dem gegebenen Punkte ist eine Tangente der Fläche. Die Gesammtheit aller dieser Verbindungslinien, d. i. die Schaar der Tangenten, welche durch den gegebenen Punkt an die Fläche gezogen werden können, bildet den diesem

Punkte entsprechenden Tangentenkegel oder Berührungskegel der Fläche*).

64. Die Polarebene kann auch als der Ort der harmonischen Mittel der durch den Pol gehenden Radien vectoren der Fläche definiert werden.

Untersuchen wir nämlich den Ort der Punkte der harmonischen Theilung für die durch den Anfangspunkt gehenden Radien vectoren, bezeichnen wir durch ϱ', ϱ'' die Wurzeln der quadratischen Gleichung des Art. 60. und durch ϱ den Radius vector des raglichen Ortes, so ist

$$\frac{2}{\varrho} = \frac{1}{\varrho'} + \frac{1}{\varrho''} = -\frac{2(\lambda a_{14} + \mu a_{24} + \nu a_{34})}{a_{44}},$$

d. i. durch Rückkehr zu den x, y, z Coordinaten

$$a_{14}x + a_{24}y + a_{34}z + a_{44} = 0,$$

oder die Gleichung der Polarebene des Anfangspunktes, die auch aus der entwickelten Gleichung des Art. 62. für $x' = y' = z' = 0$ hervorgeht.

Aus dieser Definition der Polarebene ist evident, dass für jeden durch einen gegebenen Punkt gehenden ebenen Schnitt einer Fläche die Polare des Punktes in Bezug auf die Schnittcurve durch den Durchschnitt der Ebene des Schnittes mit der Polarebene des Punktes gegeben wird; denn der Ort der harmonischen Mittel aller durch diesen Punkt gehenden Radien vectoren enthält nothwendig auch den Ort der harmonischen Mittel derjenigen Radien vectoren, welche in der Schnittebene liegen.

65. Wenn die Polarebene eines Punktes A den Punkt B enthält, so geht die Polarebene des Punktes B durch den Punkt A.

Denn da die Gleichung der Polarebene in Bezug auf x, y, z und x', y', z' symmetrisch ist, so erhalten wir offenbar dasselbe Resultat durch die Substitution der Coordinaten des zweiten Punktes

---

*) Eine Fläche, die durch Bewegung einer geraden Linie erzeugt wird, die stets durch einen festen Punkt geht, heisst ein Kegel und der bezeichnete feste Punkt der Scheitel- oder der Mittelpunkt der Fläche. Ein Cylinder ist der Grenzfall eines Kegels, welcher dem Uebergang des Scheitels in unendlich grosse Entfernung entspricht. (Art. 25.)

78 Vierten Kapitel. Art. 66.

In die Gleichung der Polarebene des ersten, als durch die der Coordinaten des ersten in die Gleichung der Polarebene des zweiten.

Der Durchschnitt der Polarebenen von A und B ist eine gerade Linie, welche wir die Polarlinie der Geraden AB in Bezug auf die Fläche nennen wollen.

Man sieht, dass die Polarlinie von AB der Ort der Pole aller der Ebenen ist, welche durch die Linie AB gelegt werden können.*)

Die Polarebene eines Punktes der Fläche ist ihre Tangentialebene in diesem. Von zwei Polarlinien geht daher die eine durch die Berührungspunkte der Tangentialebenen aus der andern. Weil somit an eine Fläche zweiter Ordnung durch eine Gerade auch zwei Tangentialebenen gehen, so sagt man, eine **Fläche zweiter Ordnung sei zugleich von der zweiten Classe**; man nennt diese Flächen auch kurz zusammenfassend **Flächen zweiten Grades**.

66. Wenn in der Originalgleichung nicht nur $a_{44} = 0$, sondern auch $a_{14} = a_{24} = a_{34} = 0$ sind, so wird die gefundene Gleichung der Tangentenebene (Art. 61.) illusorisch, weil jedes ihrer Glieder verschwindet und keine einzelne Ebene kann als die Tangentenebene der Fläche im Anfangspunkt der Coordinaten bezeichnet werden. Denn der Coefficient von ϱ (Art. 60.) verschwindet für jede dem ϱ beigelegte Richtung, jede durch den Anfangspunkt der Coordinaten gehende gerade Linie schneidet die Fläche in zwei zusammenfallenden Punkten, d. h. der Anfangspunkt ist ein Doppelpunkt in der Fläche.

In dem gegenwärtigen Falle bezeichnet die Gleichung einen Kegel, der den Anfangspunkt zum Scheitel hat; in der That thut diess jede in x, y, z homogene Gleichung. Denn wenn eine solche durch die Coordinaten x', y', z' befriedigt wird, so genügen ihr auch die Coordinaten kx', ky', kz' (wo k eine beliebige Constante ist), d. h. die Coordinaten aller Punkte der geraden Verbindungslinie des Punktes (x', y', z') mit dem Anfangs-

---

*) Es ist nicht schwer, die Gleichungen solcher Linien darzustellen. Man kann nach dem Winkel fragen, den sie mit einander bilden und erkennt, dass eine Fläche zweiten Grades existirt, für welche jede gerade Linie auf ihrer Polare rechtwinklig steht: Es ist die Kugel. Wir erinnern an die allgemeine Theorie der Winkelgrössen in Art. 419 f., 366 f. der „Kegelschnitte".

punkt; diese Verbindungslinie liegt somit ganz in der Fläche und dieselbe muss unendlich viele gerade Linien enthalten, welche, durch den Anfangspunkt gehen.

Die Gleichung der Tangentenebene für irgend einen Punkt dieser Kegelfläche kann in den Formen

$$xU_1' + yU_2' + zU_3' = 0, \quad x'U_1 + y'U_2 + z'U_3 = 0$$

geschrieben werden, von denen die erste durch den Mangel des absoluten Gliedes anzeigt, dass die Tangentenebene in einem beliebigen Punkte des Kegels durch den Anfangspunkt geht, während die zweite ausdrückt, dass die Tangentenebene in irgend einem Punkte (x', y', z') die Fläche in jedem Punkte der geraden Linie berührt, welche den Punkt (x', y', z') mit dem Scheitel verbindet, weil sie noch die nämliche Ebene repräsentiert, wenn man für x', y', z' respective kx', ky', kz' substituiert.

Wenn der Punkt (x', y', z') nicht in der Fläche liegt, so repräsentiert die zuletzt betrachtete Gleichung die Polarebene dieses Punktes und man erkennt in gleicher Weise, dass die Polarebene jedes Punktes durch den Scheitel des Kegels geht, und dass alle Punkte, die in derselben geraden durch den Scheitel gehenden Linie gelegen sind, die nämliche Polarebene haben.

Um daher die Polarebene eines Punktes in Bezug auf einen Kegel zu finden, haben wir nur irgend einen ebenen Schnitt durch diesen Punkt zu legen und die Polarlinie des Punktes in Bezug auf die entsprechende Schnittcurve zu bestimmen; die durch sie und den Scheitel gehende Ebene ist die fragliche Polarebene, denn es ward im Art. 64. bewiesen, dass die Polarebene die Polarlinie enthält, und jetzt erkannt, dass sie zugleich durch den Scheitel des Kegels geht.

67. Wir können leicht die Bedingung entwickeln, unter welcher die allgemeine Gleichung zweiten Grades einen Kegel repräsentiert.

Denn unter dieser Voraussetzung muss es möglich sein, durch Transformation der Coordinaten die neuen Coefficienten $a_{14}, a_{24}, a_{34}, a_{44}$ zum Verschwinden zu bringen; die Coordinaten des neuen Anfangspunktes, d. i. des Scheitels, müssen daher (Art. 59.) die Bedingungen

$$U_1' = 0, \quad U_2' = 0, \quad U_3' = 0, \quad U' = 0$$

erfüllen, deren Letztere in Verbindung mit den übrigen mit der Bedingung $U_4' = 0$ äquivalent ist.

Wenn wir aber x', y', z' aus den vier Gleichungen

$$a_{11}x' + a_{12}y' + a_{13}z' + a_{14} = 0,$$
$$a_{12}x' + a_{22}y' + a_{23}z' + a_{24} = 0,$$
$$a_{13}x' + a_{23}y' + a_{33}z' + a_{34} = 0,$$
$$a_{14}x' + a_{24}y' + a_{34}z' + a_{44} = 0$$

eliminieren, so erhalten wir die fragliche Bedingung in der Form einer Determinante

$$\begin{vmatrix} a_{11}, & a_{12}, & a_{13}, & a_{14} \\ a_{12}, & a_{22}, & a_{23}, & a_{24} \\ a_{13}, & a_{23}, & a_{33}, & a_{34} \\ a_{14}, & a_{24}, & a_{34}, & a_{44} \end{vmatrix} = 0$$

oder entwickelt

$$a_{11}a_{22}a_{33}a_{44} + 2a_{14}a_{23}a_{24}a_{34} + 2a_{22}a_{13}a_{34}a_{14} + 2a_{33}a_{12}a_{14}a_{24}$$
$$+ 2a_{44}a_{23}a_{13}a_{12} - a_{22}a_{33}a_{14}^2 - a_{33}a_{11}a_{24}^2 - a_{11}a_{22}a_{34}^2 - a_{11}a_{44}a_{23}^2$$
$$- a_{22}a_{44}a_{13}^2 - a_{33}a_{44}a_{12}^2 + a_{23}^2 a_{14}^2 + a_{13}^2 a_{24}^2 + a_{12}^2 a_{34}^2$$
$$- 2a_{13}a_{12}a_{24}a_{34} - 2a_{12}a_{23}a_{34}a_{14} - 2a_{22}a_{13}a_{14}a_{24} = 0,$$

deren linke Seite die Discriminante Δ und zugleich die Hesse'sche Determinante der gegebenen Gleichung ist.[*]

Wir werden es vortheilhaft finden, die Differentialquotienten der Discriminante nach den Elementen a_{ii} und a_{ij} oder ihre Unterdeterminanten nach diesen durch A_{ii} respective $2 A_{ij}$ zu bezeichnen, so dass man hat

$$A_{11} = a_{22}a_{33}a_{44} + 2a_{23}a_{24}a_{34} - a_{22}a_{34}^2 - a_{33}a_{24}^2 - a_{44}a_{23}^2,$$
$$A_{22} = a_{33}a_{44}a_{11} + 2a_{13}a_{34}a_{14} - a_{33}a_{14}^2 - a_{44}a_{13}^2 - a_{11}a_{34}^2, \text{ etc.};$$
$$A_{23} = a_{11}a_{34}a_{24} + a_{44}a_{13}a_{12} - a_{11}a_{44}a_{23} + a_{23}a_{14}^2 - a_{12}a_{34}a_{14}$$
$$\quad - a_{13}a_{14}a_{24}, \text{ etc.};$$
$$A_{14} = a_{22}a_{13}a_{34} + a_{33}a_{12}a_{24} - a_{22}a_{33}a_{14} + a_{14}a_{23}^2 - a_{12}a_{23}a_{34}$$
$$\quad - a_{13}a_{23}a_{24}, \text{ etc.}$$

68. Wir kehren nun zur Betrachtung der quadratischen Gleichung des Art. 60. zurück, und untersuchen unter der Voraussetzung, dass a_{44} nicht verschwindet, die Bedingung, unter welcher der Radius vector im Anfangspunkt halbiert wird.

---

[*] Vergl. „Vorlesungen", Art. 57., 62., 81., 97., 161.

Es ist dazu nothwendig und hinreichend, dass der Coefficient von ϱ in dieser Gleichung mit Null identisch ist, weil wir dann aus ihr für ϱ numerisch gleiche Werthe mit entgegengesetzten Vorzeichen erhalten. Die verlangte Bedingung ist daher

$$a_{11}\lambda + a_{21}\mu + a_{31}\nu = 0;$$

mit ϱ multiplicirt zeigt sie, dass der Radius vector dann in der Ebene

$$a_{11}x + a_{21}y + a_{31}z = 0.$$

liegen muss. Nach Art. 64. schliessen wir daraus, dass jede durch den Anfangspunkt der Coordinaten in einer zur Polarebene desselben parallelen Ebene gezogene gerade Linie im Anfangspunkt halbirt wird.

69. Unter den gleichzeitig geltenden Voraussetzungen $a_{11} = 0$, $a_{24} = 0$, $a_{31} = 0$ wird jede durch den Anfangspunkt gehende gerade Linie in ihm halbirt und der Anfangspunkt wird dann das Centrum der Fläche genannt.

Jede Fläche zweiter Ordnung hat im allgemeinen ein und nur ein Centrum. Denn wenn wir durch Transformation der Coordinaten die Coefficienten a_{14}, a_{24}, a_{34} der allgemeinen Gleichung auf den gemeinschaftlichen Werth Null bringen wollen, so erhalten wir die drei Bedingungsgleichungen

$$U_1' = 0 \text{ oder } a_{11}x' + a_{12}y' + a_{13}z' + a_{14} = 0,$$
$$U_2' = 0 \text{ oder } a_{12}x' + a_{22}y' + a_{23}z' + a_{24} = 0,$$
$$U_3' = 0 \text{ oder } a_{13}x' + a_{23}y' + a_{33}z' + a_{34} = 0,$$

welche zur Bestimmung der drei unbekannten Grössen x', y', z' nothwendig und hinreichend sind. Man erhält mit den Bezeichnungen des vorigen Art. zur Bestimmung der Coordinaten des Centrums $A_{11}x' = A_{14}$, $A_{11}y' = A_{24}$, $A_{11}z' = A_{31}$. Wenn jedoch $A_{11} = 0$ ist, so werden diese Coordinaten unendlich gross und die Fläche besitzt kein im endlichen Raume gelegenes Centrum.*)

---

*) Wenn, wie es möglich ist, die Zähler dieser Brüche gleichzeitig mit dem Nenner derselben verschwinden, so sind die Coordinaten des Centrums unbestimmt und die Fläche besitzt unendlich viele Centra. So dann, wenn die drei Ebenen $U_1 = 0$, $U_2 = 0$, $U_3 = 0$ durch dieselbe gerade Linie gehn; dann ist jeder Punkt in dieser Linie ein Centrum. Die Bedingung, unter welcher dies eintritt, kann in der Form

Wenn wir die Originalgleichung in der Form
$$u_2 + u_1 + u_0 = 0$$
schreiben, in der wir die Glieder vom zweiten und ersten Grade und die vom Grade Null unterscheiden, so ist offenbar A_{11} die Discriminante des Polynoms u_2.

70. Man soll den Ort der Mittelpunkte der Sehnen finden, welche parallel sind einer gegebenen geraden Linie
$$\frac{x}{\lambda} = \frac{y}{\mu} = \frac{z}{\nu}.$$

Wenn wir den Anfangspunkt der Coordinaten nach irgend einem Punkte des fraglichen Ortes verlegen, so müssen die neuen Coefficienten a_{11}, a_{21}, a_{31} die im Art. 68. gefundene Bedingung
$$a_{11}\lambda + a_{21}\mu + a_{31}\nu = 0$$
erfüllen und daher ist nach Art. 59. die Gleichung des Ortes
$$\lambda U_1 + \mu U_2 + \nu U_3 = 0.$$

Diese Gleichung bezeichnet eine durch den Durchschnittspunkt der Ebenen $U_1 = 0$, $U_2 = 0$, $U_3 = 0$ gehende Ebene; wir benennen sie als die der gegebenen Richtung der Sehnen conjugirte Diametralebene der Fläche.

Wenn irgend ein Punkt in dem durch den Anfangspunkt der Coordinaten in der gegebenen Richtung gezogenen Radius vector die Coordinaten x', y', z' hat, so kann die Gleichung der Diametralebene in der Form
$$x'U_1 + y'U_2 + z'U_3 = 0$$
geschrieben werden.

Die Gleichung der Polarebene des Punktes kx', ky', kz'
$$kx'U_1 + ky'U_2 + kz'U_3 + U_4 = 0$$
giebt aber, durch k dividirt und für unendlich wachsendes k, die nämliche Gleichung; welches zeigt, dass die Diametralebene die Polarebene des unendlich entfernten Punk-

$$\begin{vmatrix} a_{11}, & a_{12}, & a_{13}, & a_{14} \\ a_{12}, & a_{22}, & a_{23}, & a_{24} \\ a_{13}, & a_{23}, & a_{33}, & a_{34} \end{vmatrix} = 0$$

geschrieben werden, welche das gleichzeitige Verschwinden der vier Determinanten bezeichnet, die aus den geschriebenen vier Verticalreihen zu dreien gebildet werden können. Wir kommen im folgenden Kapitel auf diesen Fall zurück.

tes der gegebenen geraden Linie ist, wie wir auch mittelst geometrischer Betrachtungen hätten beweisen können. (Vgl. „Kegelschnitte" Art. 294, 4.)

In derselben Weise wird erkannt, dass das Centrum der Pol der unendlich entfernten Ebene ist; denn wenn der Anfangspunkt das Centrum der Fläche ist, so wird (Art. 64.) die Gleichung seiner Polarebene $a_{44} = 0$, welche nach Art. 29. eine unendlich entfernte Ebene repräsentiert.

Wenn speciell die gegebene Fläche ein Kegel ist, so fällt die Ebene, welche alle einer durch den Scheitel gehenden festen Geraden parallelen Sehnen halbiert, mit der Polarebene irgend eines Punktes dieser Linie zusammen. Wir haben früher erkannt, dass allen Punkten einer solchen Geraden dieselbe Polarebene entspricht und finden jetzt in Uebereinstimmung damit, dass die Polarebene ihres unendlich entfernten Punktes d. i. die ihr conjugierte Diametralebene, die nämliche ist.

71. Die Ebene, welche die der Axe der x parallelen Sehnen halbiert, wird durch die Voraussetzungen $\mu = 0$, $\nu = 0$ aus der Gleichung des vorigen Art. gefunden und ist also $U_1 = 0$ oder $a_{11}x + a_{12}y + a_{13}z + a_{14} = 0$;*) sie ist der Axe der y parallel, wenn $a_{21} = 0$ ist. Diess ist aber auch die Bedingung, unter welcher die der Axe der y conjugierte Diametralebene der Axe der x parallel ist; d. h. wenn die einer gegebenen Richtung conjugierte Diametralebene eine andere Richtung enthält, so enthält die dieser letzteren Richtung conjugierte Diametralebene auch die erste Richtung.

Wenn $a_{21} = 0$ ist, so sind offenbar die Axen der x und y einem Paare von conjugierten Durchmessern des durch die Ebene xy bestimmten Schnittes parallel, und man erkennt ausserdem, dass die jedem dieser Durchmesser conjugierte Diametralebene den anderen enthält; denn der Ort der Mittelpunkte aller Sehnen der Fläche, welche einer gegebenen Geraden parallel sind, schliesst nothwendig den Ort der Mittelpunkte aller der Sehnen dieser Art ein, welche in einer gegebenen Ebene enthalten sind.

---

*) Daraus folgt, dass die Ebene $x = 0$ die der Axe der x parallelen Sehnen halbiert, wenn $a_{12} = 0$, $a_{13} = 0$, $a_{14} = 0$ sind; oder wenn die Originalgleichung keine ungerade Potenz von x enthält. Es ist überdiess offenbar, dass diess der Fall sein muss, damit für beliebige bestimmte Werthe von y und z gleiche und entgegengesetzte Werthe für x erhalten werden.

Drei Diametralebenen heissen conjugiert, wenn jede von ihnen zur Durchschnittslinie der beiden andern conjugiert ist; und drei Durchmesser heissen conjugiert, wenn jeder von ihnen conjugiert ist der Ebene der beiden andern. Wir erhalten also ein System von drei conjugierten Durchmessern, wenn wir zu zwei conjugierten Durchmessern eines beliebigen ebenen durch das Centrum geführten Schnittes den der Schnittebene conjugierten Durchmesser gesellen. Für die gleichzeitig erfüllten Voraussetzungen $a_{23} = 0$, $a_{13} = 0$, $a_{12} = 0$ erhellt aus dem Anfang dieses Art., dass die Coordinatenebenen drei conjugierten Diametralebenen parallel sind.

Wenn die Fläche ein Kegel ist, so erhellt aus dem in den Art. 66., 70. Gesagten, dass ein System von drei conjugierten Durchmessern eine beliebige Ebene in drei Punkten schneidet, von denen jeder der Pol der Verbindungslinie der beiden andern in Bezug auf die entsprechende Schnittcurve ist.

72. Eine Diametralebene wird als Hauptebene bezeichnet, wenn sie zu den Sehnen normal steht, zu denen sie conjugiert ist.

Unter der Voraussetzung rectangulärer Axen und für λ, μ, ν als die Richtungscosinus der Sehne haben wir im Art. 70. die Gleichung der entsprechenden Diametralebene

$$\lambda(a_{11}x + a_{12}y + a_{13}z + a_{14}) + \mu(a_{12}x + a_{22}y + a_{23}z + a_{24}) + \nu(a_{13}x + a_{23}y + a_{33}z + a_{34}) = 0$$

erhalten und erkennen, dass dieselbe zur Sehne normal ist, wenn (Art. 43.) die Coefficienten von x, y, z respective proportional zu λ, μ, ν sind, d. i. wenn die Gleichungen

$$\lambda a_{11} + \mu a_{12} + \nu a_{13} = k\lambda,$$
$$\lambda a_{12} + \mu a_{22} + \nu a_{23} = k\mu,$$
$$\lambda a_{13} + \mu a_{23} + \nu a_{33} = k\nu$$

bestehen. Wir können aus diesen in λ, μ, ν linearen Gleichungen λ, μ, ν eliminieren und erhalten zur Bestimmung von k

$$\begin{vmatrix} a_{11} - k, & a_{12}, & a_{13} \\ a_{12}, & a_{22} - k, & a_{23} \\ a_{13}, & a_{23}, & a_{33} - k \end{vmatrix} = 0$$

oder in entwickelter Form

$$k^3 - k^2(a_{11} + a_{22} + a_{33}) + k(a_{11}a_{22} + a_{22}a_{33} + a_{33}a_{11} - a_{23}^2 - a_{13}^2 - a_{12}^2) - (a_{11}a_{22}a_{33} + 2a_{23}a_{13}a_{12} - a_{11}a_{23}^2 - a_{22}a_{13}^2 - a_{33}a_{12}^2) = 0.$$

Die successive Einführung der drei durch diese Gleichung bestimmten Werthe von k in die vorigen Bedingungsgleichungen erlaubt uns die Bestimmung der entsprechenden Werthe von λ, μ, ν.

Eine Fläche zweiten Grades hat daher im Allgemeinen drei Hauptdiametralebenen; die drei zu ihnen normalen Durchmesser werden die Axen der Fläche genannt.*)

Beispiel. Man soll die Hauptebenen bestimmen für

$$7x^2 + 6y^2 + 5z^2 - 4xy - 4yz = 6.$$

Die cubische Gleichung für k ist

$$k^3 - 18k^2 + 99k - 162 = 0$$

von den Wurzeln 3, 6, 9. Daher sind die drei Gleichungen

$$7\lambda - 2\mu = k\lambda, \quad -2\lambda + 6\mu - 2\nu = k\mu, \quad -2\mu + 5\nu = k\nu.$$

Die Substitution $k = 3$ in dieselben liefert $2\lambda = \mu = \nu$ und man erhält durch Multiplication mit ϱ und durch Substitution von x für $\lambda\varrho$, etc. für die eine der Axen die Gleichungen $2x = y = z$.

Die durch den Coordinatenanfangspunkt, der hier mit dem Centrum zusammenfällt, gehende Normalebene zu dieser Geraden ist also

$$x + 2y + 2z = 0.$$

In gleicher Art werden die beiden andern Hauptebenen gefunden, als von den Gleichungen $2x - 2y + z = 0$, $2x + y - 2z = 0$.**)

73. Die von einer Fläche zweiten Grades mit parallelen Ebenen bestimmten Durchschnittslinien sind einander ähnlich und ähnlich gelegen.

---

*) In dem folgenden Kapitel werden wir die zur Bestimmung derselben gewonnene Gleichung genauer discutieren.

**) Wenn H die Glieder vom höchsten Grade in der Gleichung bezeichnet, und V die Function

$$(a_{22}a_{33} - a_{23}^2)x^2 + (a_{33}a_{11} - a_{13}^2)y^2 + (a_{11}a_{22} - a_{12}^2)z^2 + 2(a_{12}a_{13} - a_{11}a_{23})yz$$
$$+ 2(a_{23}a_{21} - a_{22}a_{13})zx + 2(a_{23}a_{13} - a_{33}a_{12})xy$$

ausdrückt, so ist die Gleichung der drei Hauptebenen für das Centrum als Anfangspunkt der Coordinaten durch die Determinante gegeben („Vorles." Art. 149.)

$$\begin{vmatrix} x & y & z \\ V_1 & V_2 & V_3 \\ V_{11} & V_{22} & V_{33} \end{vmatrix} = 0$$

Da jede Ebene zur Ebene der xy gewählt werden kann, so genügt für den Beweis die Betrachtung der durch diese gebildeten Schnittcurve, deren Gleichung durch die Substitution $z = 0$ aus der Gleichung der Fläche abgeleitet wird. Der durch eine zu ihr parallele Ebene erzeugte Schnitt wird erhalten, indem man die Gleichung zu parallelen Axen durch einen neuen Anfangspunkt der Coordinaten in der Axe der z transformiert d. h. $z + c$ für z einsetzt und sodann $z = 0$ oder sofort $z = c$ einführt. Und da bei einer solchen Transformation die Coefficienten der höchsten Potenzen ungeändert bleiben, so erhalten wir in jedem Falle dieselben Coefficienten für x^2, xy und y^2 und die Curven sind somit einander ähnlich und in ähnlicher Lage. („Kegelschn." Art. 242.)

Was aus geometrischen Gründen offenbar ist, dass der Ort der Centra der parallelen Schnitte der zur Stellung ihrer Ebenen coujugierte Durchmesser der Fläche ist, lässt sich ebenfalls leicht algebraisch nachweisen.

74. Wenn ϱ', ϱ'' die Wurzeln der quadratischen Gleichung des Art. 60. bezeichnen, so ist ihr Product $\varrho' \varrho''$ gleich dem durch den Coefficienten von ϱ^2 dividierten a_{11}. Transformieren wir nun die Gleichung zu parallelen Axen, um einen mit dem ersten parallelen Radius vector zu betrachten, so bleibt der Coefficient von ϱ^2 unverändert und das Product der beiden Werthe der Radien vectoren ist dem neuen a_{11} proportional.

Wenn also durch die gegebenen Punkte A, B beliebige parallele Sehnen gezogen werden, welche mit der Fläche die Punkte R, R'; S, S' respective bestimmen, so sind die Producte $RA \cdot AR'$, $SB \cdot BS'$ zu einander in einem constanten Verhältniss, nämlich im Verhältniss $U' : U''$, wenn wir durch U' und U'' die Resultate der Substitution der Coordinaten von A und B in die Gleichung der Fläche bezeichnen.

75. Wir schliessen diess Kapitel mit dem Nachweis, wie die im Vorhergehenden aus der Discussion von geraden Linien aus dem Anfangspunkt der Coordinaten erhaltenen Sätze durch ein allgemeineres Verfahren erhalten werden können, welches dem im Art. 109 der „Kegelschnitte" angewendeten analog ist. Wir bedienen uns dabei der grösseren Symmetrie wegen homogener Gleichungen mit vier Veränderlichen.

Man soll die Punkte bestimmen, in denen eine gegebene Fläche zweiten Grades durch die gerade Verbindungslinie der Punkte (x', y', z', w'), (x'', y'', z'', w'') geschnitten wird.

Wir betrachten als unbekannte Grösse das Verhältniss $\mu : \lambda$, nach welchem die bezeichnete Verbindungslinie in den Punkten getheilt wird, in denen sie die Fläche schneidet, so dass die Coordinaten dieses Punktes (Art. 8.) zu

$$\lambda x' + \mu x'', \quad \lambda y' + \mu y'', \quad \lambda z' + \mu z'', \quad \lambda w' + \mu w''$$

respective proportional sind; und wir erhalten durch Substitution dieser Werthe in die Gleichung der Fläche zur Bestimmung von $\mu : \lambda$ eine quadratische Gleichung

$$\lambda^2 U' + \lambda \mu P + \mu^2 U'' = 0.$$

In ihr werden die Coefficienten von μ^2 und λ^2, wie es durch die Bezeichnung angedeutet ist, leicht als die Resultate der Substitution der Coordinaten x'', y'', z'', w'' und x', y', z', w' in die Gleichung der Fläche erkannt; während der Coefficient von $\lambda\mu$ durch Taylor's Theorem oder in anderer Weise unter den Formen

$$x' U_1'' + y' U_2'' + z' U_3'' + w' U_4'',$$
$$x'' U_1' + y'' U_2' + z'' U_3' + w'' U_4'$$

erhalten wird. Wenn man aus dieser quadratischen Gleichung die Werthe von $\mu : \lambda$ bestimmt, welche ihr genügen, so liefert ihre Substitution in die Ausdrücke

$$\frac{\lambda x' + \mu x''}{\lambda + \mu}, \quad \frac{\lambda y' + \mu y''}{\lambda + \mu}, \text{ etc.}$$

die Coordinaten der Punkte, in denen die gegebene gerade Linie die Fläche durchschneidet.

76. Wenn der Punkt (x', y', z', w') der Fläche selbst angehört, so ist $U' = 0$ und eine der Wurzeln der betrachteten quadratischen Gleichung ist $\mu = 0$; sie entspricht dem Punkte (x', y', z', w'), wie natürlich. Die Bedingung, unter welcher auch die zweite Wurzel den Werth Null hat, ist $P = 0$. Wenn also die Verbindungslinie der Punkte

$$(x', y', z', w'), \quad (x'', y'', z'', w'')$$

die Fläche im ersteren Punkte berühren soll, so müssen die Coordinaten des letzteren Punktes die Gleichung

$$x U_1' + y U_2' + z U_3' + w U_4' = 0$$

erfüllen; und da (x'', y'', z'', w'') jeden Punkt in jeder durch (x', y', z', w') gehenden Tangente bezeichnen kann, so folgt, dass jede solche Tangente in der durch die eben geschriebene Gleichung repräsentierten Ebene liegt.

77. Wenn der Punkt (x', y', z', w') nicht in der Oberfläche liegt und die Relation $P = 0$ durch die Coordinaten erfüllt ist, so nimmt die quadratische Gleichung des Art. 75. die Form $\lambda^2 U' + \mu^2 U'' = 0$ an und liefert daher für $\mu : \lambda$ numerisch gleiche Werthe mit entgegengesetzten Vorzeichen. Die Verbindungslinie der gegebenen Punkte wird also (Art. 39, 4.) durch die Fläche äusserlich und innerlich in demselben Verhältniss, d. h. sie wird harmonisch getheilt; jene Punkte heissen dann **harmonische Pole der Fläche**. Somit ist der Ort der harmonischen Theilpunkte der durch (x', y', z', w') gehenden Radien vectoren der Fläche die Polarebene

$$xU_1' + yU_2' + zU_3' + wU_4' = 0.$$

78. Wenn allgemein die gerade Verbindungslinie der beiden Punkte die Fläche berühren soll, so muss die quadratische Gleichung des Art. 75. gleiche Wurzeln haben, und die Coordinaten der beiden Punkte müssen somit durch die Relation

$$4\,U\,U' = P^2$$

verbunden sein. Wenn der Punkt (x', y', z', w') als fest gedacht wird, so ist diese Relation erfüllt, sobald der Punkt in einer der Tangenten gelegen ist, welche von ihm aus an die Oberfläche gezogen werden können. Der durch alle diese Tangenten erzeugte Kegel hat in Folge dessen die Gleichung

$$4\,U\,U' = P^2, \text{ für } P: \quad xU_1' + yU_2' + zU_3' + wU_4'.$$

Beispiel. Man soll die Gleichung des dem Punkt (x', y', z') entsprechenden Tangentenkegels der Fläche

$$\frac{x^2}{a^2} + \frac{y^2}{b^2} + \frac{z^2}{c^2} = 1$$

finden.

Sie ist

$$\left(\frac{x'^2}{a^2} + \frac{y'^2}{b^2} + \frac{z'^2}{c^2} - 1\right)\left(\frac{x^2}{a^2} + \frac{y^2}{b^2} + \frac{z^2}{c^2} - 1\right) = \left(\frac{xx'}{a^2} + \frac{yy'}{b^2} + \frac{zz'}{c^2} - 1\right)^2.$$

79. Man soll die Bedingung ausdrücken, unter welcher die Ebene

$$\xi x + \eta y + \zeta z + \omega w = 0$$

die durch die allgemeine Gleichung zweiten Grades gegebene Fläche berührt.

Wenn x, y, z, w die Coordinaten des Berührungspunktes bezeichnen und k ein unbestimmter Factor ist, so gelten nach Art. 62. die Gleichungen

$$k\xi = a_{11}x + a_{12}y + a_{13}z + a_{14}w,$$
$$k\eta = a_{12}x + a_{22}y + a_{23}z + a_{21}w,$$
$$k\zeta = a_{13}x + a_{23}y + a_{33}z + a_{34}w,$$
$$k\omega = a_{14}x + a_{24}y + a_{34}z + a_{44}w.$$

und wir können zwischen ihnen und der Gleichung der Ebene

$$\xi x + \eta y + \zeta z + \omega w = 0$$

die Veränderlichen x, y, z, w eliminieren. Die Auflösung derselben für x, y, z, w giebt (vgl. „Vorlesungen" Art. 16., 23.)

$$\Delta x = k(A_{11}\xi + A_{12}\eta + A_{13}\zeta + A_{14}\omega),$$
$$\Delta y = k(A_{12}\xi + A_{22}\eta + A_{23}\zeta + A_{21}\omega),$$
$$\Delta z = k(A_{13}\xi + A_{23}\eta + A_{33}\zeta + A_{34}\omega),$$
$$\Delta w = k(A_{14}\xi + A_{24}\eta + A_{34}\zeta + A_{44}\omega).$$

mit den Bezeichnungen des Art. 67. Die Substitution dieser Werthe in die Gleichung

$$\xi x + \eta y + \zeta z + \omega w = 0$$

liefert dann die geforderte Relation in der Form

$$A_{11}\xi^2 + A_{22}\eta^2 + A_{33}\zeta^2 + A_{44}\omega^2 + 2A_{23}\eta\zeta + 2A_{13}\xi\zeta + 2A_{12}\xi\eta$$
$$+ 2A_{14}\xi\omega + 2A_{24}\eta\omega + 2A_{34}\zeta\omega = 0$$

oder für die Ebenencoordinaten ξ_i und die Punktcoordinaten x_i

$$A_{11}\xi_1^2 + \ldots + 2A_{23}\xi_2\xi_3 + \ldots 2A_{14}\xi_1\xi_4 + \ldots = 0.$$

Man kann sie auch in der Form schreiben

$$\begin{vmatrix} a_{11}, & a_{12}, & a_{13}, & a_{14}, & \xi_1 \\ a_{12}, & a_{22}, & a_{23}, & a_{24}, & \xi_2 \\ a_{13}, & a_{23}, & a_{33}, & a_{34}, & \xi_3 \\ a_{14}, & a_{24}, & a_{34}, & a_{44}, & \xi_4 \\ \xi_1, & \xi_2, & \xi_3, & \xi_4, & 0 \end{vmatrix} = 0.$$

80. Die Bedingung, unter welcher die Fläche von einer durch

$$\xi_1 x_1 + \xi_2 x_2 + \xi_3 x_3 + \xi_4 x_4 = 0, \quad \eta_1 x_1 + \eta_2 x_2 + \eta_3 x_3 + \eta_4 x_4 = 0$$

gegebenen Geraden berührt wird, oder die Gleichung der Fläche in den Strahlencoordinaten ($\xi_i\eta_k - \xi_k\eta_i$) des

Art. 51., können wir erhalten, indem wir zwei der Veränderlichen zwischen den Gleichungen der Linie und der Gleichung der Fläche eliminieren und die Bedingung bilden, für welche die resultierende quadratische Gleichung gleiche Wurzeln hat. Das Resultat enthält die Coefficienten der quadratischen Gleichung im zweiten Grade und ist zugleich eine quadratische Function der Determinanten $(\xi_1\eta_2 - \xi_2\eta_1)$, $(\xi_1\eta_3 - \xi_3\eta_1)$, etc., welche nach Art. 51. durch p_{12}, p_{13}, etc. vertreten werden. Das Resultat ist dann

$$\Sigma(a_{11}a_{22} - a_{12}^2)p_{31}^2 + 2\Sigma(a_{13}a_{12} - a_{11}a_{23})p_{21}p_{31}$$
$$+ 2\Sigma a_{12}a_{31}(p_{11}p_{23} - p_{13}p_{21}).$$

Man kann diese Bedingung auch in der Form schreiben

$$\begin{vmatrix} a_{11}, & a_{12}, & a_{13}, & a_{14}, & \xi_1, & \eta_1 \\ a_{12}, & a_{22}, & a_{23}, & a_{24}, & \xi_2, & \eta_2 \\ a_{13}, & a_{23}, & a_{33}, & a_{34}, & \xi_3, & \eta_3 \\ a_{14}, & a_{24}, & a_{34}, & a_{44}, & \xi_4, & \eta_4 \\ \xi_1, & \xi_2, & \xi_3, & \xi_4, & 0, & 0 \\ \eta_1, & \eta_2, & \eta_3, & \eta_4, & 0, & 0 \end{vmatrix} = 0.$$

Wenn in der Bedingung des letzten Artikels die Substitution $\xi_i + \lambda\eta_i$ für ξ_i vollzogen und dann die Bedingung gebildet wird, unter welcher die dadurch entspringende Gleichung in λ gleiche Wurzeln hat, so ist das Resultat identisch mit dem Producte der Discriminante in die Bedingung dieses Artikels. Denn die zwei Ebenen, welche durch eine gegebene Linie gehen und eine Fläche zweiten Grades berühren, fallen zusammen, ebensowohl wenn jene Linie eine Tangente der Fläche ist, als wenn die Fläche einen Doppelpunkt besitzt.

Die Fläche ist in diesem Sinne ein specieller Strahlencomplex zweiten Grades; wie denn die durch einen Punkt gehenden und die in einer Ebene liegenden Strahlen desselben respective einen Kegel und eine Curve zweiten Grades bilden. (Art. 53.)

Die Durchführung und Interpretation der Entwickelungen der Art. 75 f. für die quadratische Gleichung in den veränderlichen ξ_i also für die Fläche zweiter Klasse hat nach den Erörterungen der Art. 39., 51. keine Schwierigkeit; wir empfehlen sie dem Leser. (Vergl. Art. 122 f.)

V. Kapitel.

Classification der Flächen zweiten Grades.

---

81. Es ist die Aufgabe dieses Kapitels, die allgemeine Gleichung zweiten Grades auf die einfachste Form zu reduciren, deren sie fähig ist, und die verschiedenen Flächen zu unterscheiden, welche sie darstellen kann.

Wir beginnen die Untersuchung unter der Voraussetzung, dass die im Art. 67. durch A_{44} bezeichnete Grösse nicht gleich Null sei.

Indem wir die Gleichung zu parallelen Axen durch das Centrum transformieren, verschwinden die Coefficienten a_{14}, a_{24}, a_{34} und dieselbe erhält die Form

$$a_{11}x^2 + a_{22}y^2 + a_{33}z^2 + 2a_{23}yz + 2a_{13}xz + 2a_{12}xy + a_{44}' = 0,$$

wenn wir durch a_{44}' das Resultat der Substitution der Coordinaten des Centrums in die Gleichung der Fläche bezeichnen. Indem man erinnert, dass

$$2U = x'U_1' + y'U_2' + z'U_3' + w'U_4'$$

ist und dass die Coordinaten des Centrums die ersten drei Glieder U_1', U_2', U_3' verschwinden machen, berechnet man leicht, dass

$$a_{44}' = \frac{a_{11}A_{14} + a_{24}A_{24} + a_{34}A_{34} + a_{44}A_{44}}{A_{44}} = \frac{\Delta}{A_{44}}$$

ist, wieder in den Bezeichnungen des Art. 67.

82. Nachdem man durch Transformation zu parallelen Axen die Coefficienten von x, y, z auf Null reducirt hat, kann man durch eine Richtungsänderung der Axen unter Beibehaltung des Centrums als Anfangspunkt auch die

Coefficienten von yz, zx, xy zum Verschwinden bringen und so die Gleichung auf die Form reduciren

$$a_{11}'x^2 + a_{22}'y^2 + a_{33}'z^2 + a_{11}' = 0.$$

Es kann nach Art. 17. leicht nachgewiesen werden, dass zum Vollzug dieser Reduction über eine hinreichende Anzahl von Constanten verfügt wird; wir ziehen es aber vor, nach Analogie entsprechender Entwicklungen in der „Analytischen Geometrie der Kegelschnitte" zu zeigen, dass gewisse Functionen der Coefficienten beim Uebergang von einem rectangulären Axensystem zu einem andern unverändert bleiben und dass die neuen Coefficienten a_{11}', a_{22}', a_{33}' mittelst derselben ausgedrückt werden können.

Wenn wir voraussetzen, dass die allgemeinste Transformation, welche von der Form

$$x = \lambda x + \mu \underline{y} + \nu z, \quad y = \lambda' x + \mu' y + \nu' \underline{x},$$
$$z = \lambda'' x + \mu'' \underline{y} + \nu'' \underline{y}$$

ist, die Function

$$a_{11}x^2 + a_{22}y^2 + a_{33}z^2 + 2a_{23}yz + 2a_{13}zx + 2a_{12}xy$$

in

$$a_{11}'\overline{x}^2 + a_{22}'\overline{y}^2 + a_{33}'\overline{z}^2 + 2a_{23}'\overline{yz} + 2a_{13}'\overline{zx} + 2a_{12}'\overline{xy}$$

überführt, was wir durch $U = \overline{U}$ ausdrücken wollen, so haben wir unter der Voraussetzung, dass beide Systeme rectangulär sind,

$$x^2 + y^2 + z^2 = \overline{x}^2 + \overline{y}^2 + \overline{z}^2,$$

welches durch $S = \overline{S}$ dargestellt werden mag.

Für eine beliebige Constante k ist in Folge dessen

$$U + kS = \overline{U} + k\overline{S}.$$

und wenn die linke Seite dieser Identität in Factoren zerlegbar ist, so muss es auch die rechte Seite sein, d. h. die Discriminanten beider Polynome $U + kS$, $\overline{U} + k\overline{S}$ müssen für den nämlichen Werth der Constanten k verschwinden.

Nun ist die Discriminante von $(U + kS)$

$$k^3 - k^2(a_{11} + a_{22} + a_{33}) + k(a_{11}a_{22} + a_{22}a_{33} + a_{33}a_{11} - a_{23}^2 - a_{13}^2 - a_{12}^2)$$
$$- (a_{11}a_{22}a_{33} + 2a_{23}a_{13}a_{12} - a_{11}a_{23}^2 - a_{22}a_{13}^2 - a_{33}a_{12}^2),$$

und die Vergleichung der Coefficienten der verschiedenen Potenzen von k in diesem und dem Ausdruck der andern Discriminante liefert für die Ueberführung der Gleichung von einem

System rectangulärer Axen zu einem andern die Bedingungen

$$a_{11} + a_{22} + a_{33} = a_{11}' + a_{22}' + a_{33}'.$$

$$a_{22}a_{33} + a_{33}a_{11} + a_{11}a_{22} - a_{23}^2 - a_{13}^2 - a_{12}^2$$
$$= a_{22}'a_{33}' + a_{33}'a_{11}' + a_{11}'a_{22}' - a_{23}'^2 - a_{13}'^2 - a_{12}'^2,$$
$$a_{11}a_{22}a_{33} + 2a_{23}a_{13}a_{12} - a_{11}a_{23}^2 - a_{22}a_{13}^2 - a_{33}a_{12}^2$$
$$= a_{11}'a_{22}'a_{33}' + 2a_{23}'a_{13}'a_{12}' - a_{11}'a_{23}'^2 - a_{22}'a_{13}'^2 - a_{33}'a_{12}'^2 \, {}^*).$$

83. Diese drei Gleichungen gestatten sogleich die Bestimmung derjenigen Transformation, für welche die Coefficienten a_{23}, a_{13}, a_{12} verschwinden, denn sie bestimmen die Coefficienten der cubischen Gleichung, welche die neuen Werthe a_{11}, a_{22}, a_{33} zu ihren Wurzeln hat. Dieselbe ist daher

$$a_{11}'^3 - (a_{11} + a_{22} + a_{33})a_{11}'^2 + (a_{22}a_{33} + a_{33}a_{11} + a_{11}a_{22} - a_{23}^2 - a_{13}^2 - a_{12}^2)a_{11}'$$
$$- (a_{11}a_{22}a_{33} + 2a_{23}a_{13}a_{12} - a_{11}a_{23}^2 - a_{22}a_{13}^2 - a_{33}a_{12}^2) = 0 \, {}^{**})$$

oder in anderer Ausdrucksform

$$(a_{11}' - a_{11})(a_{11}' - a_{22})(a_{11}' - a_{33}) - a_{23}^2(a_{11}' - a_{11}) - a_{13}^2(a_{11}' - a_{22})$$
$$- a_{12}^2(a_{11}' - a_{33}) - 2a_{23}a_{13}a_{12} = 0.$$

Cauchy hat folgendermassen bewiesen, dass die sämmtlichen Wurzeln dieser Gleichung reell sind. Sie sei in der Form

$$(a_{11}' - a_{11})\{(a_{11}' - a_{22})(a_{11}' - a_{33}) - a_{23}^2\} - a_{13}^2(a_{11}' - a_{22})$$
$$- a_{12}^2(a_{11}' - a_{33}) - 2a_{23}a_{13}a_{12} = 0$$

geschrieben und α, β sollen die Werthe von a_{11}' bezeichnen, für welche $(a_{11}' - a_{22})(a_{11}' - a_{33}) - a_{23}^2 = 0$ wird; dann ist die grössere dieser Wurzeln α nothwendig grösser und die kleinere β nothwendig kleiner als jeder der Werthe a_{22} und a_{33}.***) Durch

---

*) Die Bildung der entsprechenden Gleichungen für schiefwinklige Coordinatensysteme hat keine Schwierigkeit. Nach Art. 19, substituiren wir dann für S

$$x^2 + y^2 + z^2 + 2yz \cos \lambda + 2zx \cos \mu + 2xy \cos \nu,$$

und indem wir genau so wie im Texte verfahren, erhalten wir eine in k cubische Gleichung, deren Coefücienten durch die Transformation ihr gegenseitiges Verhältniss nicht ändern.

**) Es ist dieselbe cubische Gleichung, die wir im Art. 72 erhalten haben.

***) Man erkennt dies entweder durch wirkliche Auflösung oder durch die successiven Substitutionen $a_{11}' = \infty$, $a_{11}' = a_{22}$, $a_{11}' = a_{33}$, $a_{11}' = -\infty$, als welche die Resultate $+, -, -, +$ geben, zum Beweise dass die eine der Wurzeln grösser als a_{22} und die andere kleiner als a_{33} ist.

die Substitution $a_{11}' = \alpha$ reduciert sich dann die gegebene cubische Gleichung auf

$$-\{(\alpha - a_{22}) a_{13}^2 + 2 a_{23} a_{13} a_{12} + (\alpha - a_{33}) a_{12}^2\},$$

in welcher Form die innerhalb der Klammern stehende Grösse ein vollständiges Quadrat ist, weil man hat

$$(\alpha - a_{22})(\alpha - a_{33}) = a_{23}^2;$$

d. h. das Resultat dieser Substitution ist wesentlich negativ. Für die Substitution $a_{11}' = \beta$ erhält man hingegen den Werth

$$(a_{22} - \beta) a_{13}^2 - 2 a_{23} a_{13} a_{12} + (a_{33} - \beta) a_{12}^2,$$

auch ein vollständiges Quadrat und somit wesentlich positiv. Da somit die Substitutionen $a_{11}' = \infty$, $a_{11}' = \alpha$, $a_{11}' = \beta$, $a_{11}' = -\infty$ abwechselnd positive und negative Resultate liefern, so hat die Gleichung drei reelle Wurzeln, welche zwischen den durch jene Substitutionen bezeichneten Grenzen liegen. Dieselben sind die Coefficienten von x^2, y^2, z^2 in der transformierten Gleichung, es ist aber willkürlich, welche von ihnen wir als den Coefficienten von x^2 oder y^2 nehmen, weil wir jede der Axen als Axe der x bezeichnen können.

Den Beweis eines allgemeineren Satzes, von welchem dieser als ein specieller Fall erscheint, findet man in den „Vorlesungen" XV.

84. **Die Flächen zweiten Grades werden nach den Vorzeichen der Wurzeln der vorbesprochenen cubischen Gleichung classificiert.**

1. Wenn alle ihre Wurzeln positiv sind, so kann die Gleichung in die Form

$$a_{11}' x^2 + a_{22}' y^2 + a_{33}' z^2 + a_{44}' = 0 ^*)$$

gebracht werden. Die Fläche bestimmt dann in jeder der drei Axen reelle Abschnitte und wenn man dieselben durch a, b, c respective bezeichnet, so kann die Gleichung in der Form

$$\frac{x^2}{a^2} + \frac{y^2}{b^2} + \frac{z^2}{c^2} = 1$$

geschrieben werden. Da es willkürlich ist, welche der Axen zur

---

*) Im Folgenden wird $a_{44}' \left(= -\dfrac{d}{A_{44}}, \text{Art. 81.}\right)$ negativ vorausgesetzt. Wäre es positiv, so ändern wir die Zeichen der Gleichung, wäre es Null, so stellt die Fläche einen Kegel dar. (Art. 67.)

Axe der x gewählt wird, so wollen wir voraussetzen, dass der Abschnitt a, welcher der Axe der x angehört, der längste und der Abschnitt c, welcher der Axe der z angehört, der kürzeste sei.

Durch Transformation zu Polarcoordinaten wird die Gleichung
$$\frac{1}{\varrho^2} = \frac{\cos^2\alpha}{a^2} + \frac{\cos^2\beta}{b^2} + \frac{\cos^2\gamma}{c^2},$$
und kann also, wegen $\cos^2\alpha + \cos^2\beta + \cos^2\gamma = 1$ in jede der Formen
$$\frac{1}{\varrho^2} = \frac{1}{a^2} + \left(\frac{1}{b^2} - \frac{1}{a^2}\right)\cos^2\beta + \left(\frac{1}{c^2} - \frac{1}{a^2}\right)\cos^2\gamma,$$
$$\frac{1}{\varrho^2} = \frac{1}{c^2} - \left(\frac{1}{c^2} - \frac{1}{a^2}\right)\cos^2\alpha - \left(\frac{1}{c^2} - \frac{1}{b^2}\right)\cos^2\beta$$
geschrieben werden, aus welchen sogleich erhellt, dass a der grösste und c der kleinste Werth des Radius vectors ist. Die Fläche ist demnach in jeder Richtung begrenzt und wird als **Ellipsoid** bezeichnet.

Jeder ebene Querschnitt derselben ist eine Ellipse. Der einer Ebene $z = k$ entsprechende Schnitt ist
$$\frac{x^2}{a^2} + \frac{y^2}{b^2} = 1 - \frac{k^2}{c^2},$$
und für alle $k > c$ existiert daher kein reeller Schnitt mehr, oder die Fläche liegt ganz zwischen den Ebenen $z = \pm c$. Aehnliches gilt für die andern Axen.

Wenn zwei der Coefficienten z. B. a und b einander gleich sind, so sind alle Schnitte durch Ebenen, die der xy-Ebene parallel sind, Kreise; die Fläche ist eine Umdrehungsfläche, erzeugt durch Umdrehung einer Ellipse um ihre grosse oder um ihre kleine Axe, je nachdem die gleichen Coefficienten die beiden grösseren oder die beiden kleineren sind. Man bezeichnet diese Flächen als das verlängerte und das abgeplattete Ellipsoid.

Wenn alle drei Coefficienten einander gleich sind, ist die dargestellte Fläche eine **Kugel**.

85. II. Sei eine der drei Wurzeln der cubischen Gleichung negativ.

Die Gleichung kann dann in der Form
$$\frac{x^2}{a^2} + \frac{y^2}{b^2} - \frac{z^2}{c^2} = 1$$

geschrieben werden, wo $a > b$ ist, und man sieht, dass die Axe der z die Fläche nicht in reellen Punkten schneidet. Die Polargleichung

$$\frac{1}{\varrho^2} = \frac{\cos^2\alpha}{a^2} + \frac{\cos^2\beta}{b^2} - \frac{\cos^2\gamma}{c^2}.$$

zeigt, dass der Radius vector die Fläche schneidet oder nicht schneidet, je nachdem die rechte Seite der Gleichung positiv oder negativ ist; und dass ferner für die Voraussetzung, dass sie gleich Null oder dass $\varrho = \infty$ sei, ein System von Radien vectoren erhalten wird, welches die Durchmesser, die die Fläche schneiden, von denen trennt, die sie nicht schneiden. Durch Rückgang zu den rechtwinkligen Coordinaten wird aus ihm die Gleichung des Asymptotenkegels erhalten

$$\frac{x^2}{a^2} + \frac{y^2}{b^2} - \frac{z^2}{c^2} = 0.$$

Die ebenen Schnitte der Fläche, welche der Ebene der xy parallel sind, sind elliptisch, diejenigen, welche den beiden andern Hauptebenen parallel sind, hyperbolisch. Da die Gleichung des elliptischen Schnittes für die Ebene $z = k$ durch

$$\frac{x^2}{a^2} + \frac{y^2}{b^2} = 1 + \frac{k^2}{c^2}$$

gegeben ist, so entspricht jedem Werthe von k ein reeller Durchschnitt und die Fläche ist daher ohne Unterbrechung. Man nennt sie ein einfaches Hyperboloid oder Hyperboloid mit einer Mantelfläche.

Für $a = b$ erhält man eine Umdrehungsfläche derselben Art.

86. III. Wenn zwei Wurzeln der cubischen Gleichung negativ sind, so kann die Gleichung in der Form

$$\frac{x^2}{a^2} - \frac{y^2}{b^2} - \frac{z^2}{c^2} = 1$$

geschrieben werden.

Die der Ebene yz parallelen Querschnitte sind Ellipsen, für $x = k$

$$\frac{y^2}{b^2} + \frac{z^2}{c^2} = \frac{k^2}{a^2} - 1;$$

die Schnitte, welche den beiden andern Hauptebenen parallel geführt werden, sind Hyperbeln. Jene Ellipse ist nicht reell, so lange die Constante k zwischen den Grenzen $+a$ und $-a$ liegt;

jede Ebene $z = k$, für welche k ausserhalb jener Grenzen liegt, schneidet aber die Fläche in einer reellen Curve, d. i. kein Theil der Fläche liegt zwischen den Ebenen $z = \pm a$, die Fläche besteht aus zwei getrennten Theilen, welche ausserhalb dieser begrenzenden Ebenen liegen. Man nennt sie das zweifache Hyperboloid oder das Hyperboloid mit zwei Mantelflächen. Für $b = c$ hat man die Umdrehungsfläche derselben Art.

Die Anschauung der Umdrehungsflächen bietet eine sehr einfache Unterscheidung zwischen beiden Arten von Hyperboloiden dar; denn wenn eine Hyperbel um ihre transversale Axe gedreht wird, so besteht die erzeugte Fläche nothwendig aus zwei getrennten Theilen; sie ist aber ein einfaches Hyperboloid, wenn die conjugierte Axe zur Drehungsaxe gewählt ward.

IV. Unter der Voraussetzung, dass alle drei Wurzeln der cubischen Gleichung negativ sind, nimmt die allgemeine Gleichung die Form an

$$\frac{x^2}{a^2} + \frac{y^2}{b^2} + \frac{z^2}{c^2} = -1,$$

der durch keine reellen Werthe der Coordinaten genügt wird.

V. Wenn das absolute Glied den Werth Null erhält, so haben wir den Grenzfall der Kegelfläche; die Formen I und IV geben die Gleichung

$$\frac{x^2}{a^2} + \frac{y^2}{b^2} + \frac{z^2}{c^2} = 0,$$

welcher keine andern reellen Werthe der Coordinaten Genüge leisten als $x = y = z = 0$. Den Formen II und III entspringt die Gleichung der Kegelfläche in der Form

$$\frac{x^2}{a^2} + \frac{y^2}{b^2} - \frac{z^2}{c^2} = 0.$$

In dieser Aufzählung sind alle diejenigen Arten von Flächen zweiten Grades enthalten, welche ein Centrum haben.

Beispiel 1. $7x^2 + 6y^2 + 5z^2 - 4yz - 4xy = 6.$

Die cubische Gleichung der Discriminante ist

$$a_{11}^{\prime 3} - 18\,a_{11}^{\prime 2} + 99\,a_{11}^{\prime} - 162 = 0;$$

die transformirte Gleichung zeigt ein Ellipsoid an,

$$x^2 + 2y^2 + 3z^2 = 2.$$

Beispiel 2. $11x^2 + 10y^2 + 6z^2 - 12xy - 8yz + 4zx = 12$.
Die cubische Gleichung der Discriminante ist

$$a'_{11}{}^3 - 27 a'_{11}{}^2 + 180 a'_{11} - 324 = 0,$$

die transformierte Gleichung $x^2 + 2y^2 + 6z^2 = 4$, also ein Ellipsoid.

Beispiel 3. $7x^2 - 13y^2 + 6z^2 + 24xy + 12yz - 12zx = \pm 84$.
Die cubische Gleichung der Discriminante ist

$$a'_{11}{}^3 - 344 a'_{11} - 2058 = 0,$$

die transformierte Gleichung

$$x^2 + 2y^2 - 3z^2 = \pm 12,$$

d. h. je nach dem Zeichen des letzten Gliedes ein einfaches oder ein zweifaches Hyperboloid.

Beispiel 4. $2x^2 + 3y^2 + 4z^2 + 6xy + 4yz + 8zx = 8$.
Die cubische Gleichung der Discriminante ist

$$a'_{11}{}^3 - 9 a'_{11}{}^2 - 3 a'_{11} + 20 = 0.$$

Die Regel der Vorzeichen von Descartes beweist, dass diese Gleichung zwei positive Wurzeln hat, indess die dritte negativ ist; die gegebene Gleichung repräsentiert daher ein einfaches Hyperboloid.

87. Wir geben nun zur Betrachtung des Falles über, in welchem $A_{44} = 0$ ist. Für demselben haben wir im Art. 69 gesehen, dass es dann unmöglich ist, durch Verlegung des Anfangspunktes die Coefficienten der Glieder vom ersten Grade zum Verschwinden zu bringen. Aber es ist offenbar gleichgültig, ob wir wie im Art. 69. mit der Transformation zu einem neuen Anfangspunkt beginnen, um die Coefficienten von x, y, z auf Null zu reducieren, oder ob wir zuerst, wie wir in diesem Kapitel gethan, zu neuen Axen mit demselben Anfangspunkt übergehen, um das von den Gliedern vom zweiten Grade gebildete Polynom auf die Form $a_{11}'x^2 + a_{22}'y^2 + a_{33}'z^2$ zu bringen; da für $A_{44} = 0$ die erste Transformation unmöglich ist, so beginnen wir mit der zweiten. Für diese Transformation zeigt der Umstand, dass das absolute Glied der cubischen Gleichung des Art. 83. gleich A_{44} ist, sofort, dass eine der drei Wurzeln derselben, d. i. eine der drei Grössen a_{11}', a_{22}', a_{33}' gleich Null sein muss, dass also die Glieder zweiten Grades auf die Form $a_{11}'x^2 + a_{22}'y^2$ reduciert werden können. Und zu demselben Schluss führt die Bemerkung, dass $A_{44} = 0$ die Bedingung ist, unter welcher das Polynom der Glieder zweiten Grades in zwei reelle oder imaginäre

Factoren zerlegbar ist, unter welcher es also auch als die Summe oder Differenz zweier Quadrate ausgedrückt werden kann.

Auf diesem Wege wird die allgemeine Gleichung in die Form
$$a_{11}'x^2 \pm a_{22}'y^2 + 2a_{11}'x + 2a_{21}'y + 2a_{31}'z + a_{44} = 0$$
gebracht und wir können dann durch Uebergang zu einem neuen Anfangspunkt der Coordinaten die Coefficienten von x und y mit Null identisch machen, nicht aber denjenigen von z, so dass die Gleichung auf
$$a_{11}'x^2 \pm a_{22}'y^2 + 2a_{31}'z + a_{44}' = 0$$
reduciert wird. Die Discussion dieser Form bietet folgende Fälle dar.

I. Sei $a_{31}' = 0$. Die Gleichung enthält dann z nicht und repräsentiert daher nach Art. 25 einen Cylinder, welcher elliptisch oder hyperbolisch ist, je nachdem a_{11}' und a_{22}' dieselben oder verschiedene Vorzeichen haben. Der Anfangspunkt der Coordinaten ist ein Centrum, weil die Glieder vom ersten Grade aus der Gleichung verschwunden sind, aber jeder Punkt in der Axe der z hat offenbar die nämlichen Eigenschaften und dieselbe wird daher als die Axe des Cylinders bezeichnet. Die Möglichkeit der Existenz einer geraden Linie, in der jeder Punkt ein Centrum der Fläche ist, wird dadurch angezeigt, dass Zähler und Nenner der Coordinaten des Centrums gleichzeitig identisch verschwinden. (Art. 69., Anmerkung.)

Wenn ausser a_{31}' auch a_{44}' gleich Null wird, so degeneriert die Fläche in zwei reelle oder imaginäre sich durchschneidende Ebenen.

II. Sei $a_{31}' \gtreqless 0$. Durch eine Veränderung des Anfangspunktes bringen wir das absolute Glied auf den Werth Null und reduciren also die Gleichung auf die Form
$$a_{11}'x^2 \pm a_{22}'y^2 + 2a_{31}'z = 0.$$

Wir setzen zuerst voraus, dass das positive Vorzeichen von a_{22}' gelte, und erkennen, dass die durch Ebenen, welche den Coordinatenebenen xz oder yz parallel sind, gebildeten Schnitte Parabeln, die Schnitte von zur Ebene der xy parallelen Ebenen aber Ellipsen sind. Man nennt daher die von ihr dargestellte Fläche das elliptische Paraboloid. Dasselbe ist offenbar nur nach dem einen Sinne der Axe z ausgedehnt, weil der der Ebene $z = k$ entsprechende Schnitt $a_{11}'x^2 + a_{22}'y^2 = -2ka_{31}'$ nur dann reell ist, wenn die rechte Seite seiner Gleichung positiv ist. Darnach müssen a_{31}' und k entgegengesetzte Vorzeichen haben, die Fläche liegt also bei positivem a_{31}' ganz auf der negativen Seite der xy Ebene und für negatives a_{31}' ganz auf der positiven Seite derselben.

III. Wenn in der Gleichungsform des vorigen Falles a_{77}' das negative Vorzeichen hat, so sind diejenigen Schnitte Hyperbeln, welche von den zu xy parallelen Ebenen gebildet werden; die Fläche wird als ein hyperbolisches Paraboloid bezeichnet und man findet wie vorher, dass sie in beiderlei Sinn unbegrenzt ist. Der durch die Ebene xy mit ihr bestimmte Schnitt ist ein Paar von geraden Linien, zu denen die Asymptoten der vorbezeichneten Hyperbeln parallel sind. Diesseits und jenseits dieser Ebene wechseln die hyperbolischen Schnitte die transversale und die conjugirte Axe. Die Form der Fläche erinnert an einen Sattel.

IV. $a_{22}' = 0$. Dann sind zwei Wurzeln der cubischen Gleichung der Discriminante gleich Null und die allgemeine Gleichung nimmt die Form

$$a_{11}'x^2 + 2a_{21}'y + 2a_{31}'z + a_{44} = 0$$

an; und indem man die Axen der y und z in ihrer eigenen Ebene verlegt, so dass die Ebene $a_{21}'y + a_{31}'z = 0$ und eine zu ihr normale durch die Axe der x zu Coordinatenebenen werden, reducirt sie sich weiter auf

$$a_{11}'x^2 + 2a_{21}'y + a_{44} = 0,$$

welche nach Art. 25. einen Cylinder mit parabolischer Basis darstellt.

V. Wenn auch $a_{21}' = 0$, $a_{31}' = 0$ sind, so wird die Gleichung $a_{11}'x^2 + a_{44} = 0$ in Factoren zerlegbar und bezeichnet ein Paar von parallelen Ebenen.

88. Die Ausführung der Reduction der Gleichung eines Paraboloids auf die Form

$$a_{11}'x^2 + a_{22}'y^2 + 2a_{31}'z = 0$$

wird durch die Bemerkung abgekürzt, dass die Discriminante eine Invariante ist, d. h. eine durch Transformation der Coordinaten nicht alterierte Function[*]), dass sie also wie die Discriminante der schon reducirten Form auch für

---
[*]) Vergl. „Vorlesungen" Artikel 72., 74.

die allgemeine Gleichung gleich $-a_{11}'\,a_{22}'\,a_{31}'^2$ sein muss. Da nun a_{11}' und a_{22}' als die beiden nicht verschwindenden Wurzeln der cubischen Gleichung bekannt sind, so ist auch a_{31}' bekannt.

Die Berechnung der Discriminante ferner wird in diesem Falle durch den Umstand erleichtert, dass sie ein vollkommenes Quadrat ist*).

Wir wählen ein Beispiel: für die Gleichung
$$5x^2 - y^2 + z^2 + 6zx + 4xy + 2x + 4y + 6z = 8$$
ist die cubische Gleichung der Discriminante $\lambda^3 - 5\lambda^2 - 14\lambda = 0$, ihre Wurzeln also sind $\lambda = 0,\ 7,\ -2$; man hat $a_{11}' = 7$, $a_{22}' = -2$.

Die Discriminante ist in diesem Falle $(a_{14} + 2a_{21} - 3a_{31})^2$, also für die hier geltenden speciellen Werthe $a_{14}=1,\ a_{21}=2,\ a_{31}=3$ gleich 16; daher ist $14 a'_{31}{}^2 = 16$, $a_{31}' = \dfrac{4}{\sqrt{14}}$ und die reducierte Gleichung $7x^2 - 2y^2 = \dfrac{8z}{\sqrt{14}}$.

Ohne die Eigenschaften der Discriminante anzuwenden, hätten wir nach dem Verfahren des Art. 72. die den Wurzeln der cubischen Gleichung $0,\ 7,\ -2$ entsprechenden Hauptebenen bestimmen müssen,
$$x + 2y - 3z = 0,\quad 4x + y + 2z = 0,$$
$$x - 2y - z = 0;$$
wir hätten, weil die neuen Coordinaten respective normal zu diesen Ebenen sind,
$$4x + y + 2z = X\sqrt{21},\quad x - 2y - z = Y\sqrt{6},$$
$$x + 2y - 3z = Z\sqrt{14}$$
zu setzen und $x,\ y,\ z$ durch die neuen Coordinaten auszudrücken, so dass die transformierte Gleichung die Gestalt
$$7x^2 - 2y^2 + \frac{24\,x}{\sqrt{21}} - 2y\sqrt{6} - \frac{8}{\sqrt{14}}z = 8$$
erhält; sie geht endlich durch Uebergang zu parallelen Axen durch einen neuen Anfangspunkt in die vorher angegebene einfachste Gestalt über.

---

*) Vergl. „Vorlesungen" Artikel 161 f.

Wenn in dem gewählten Beispiel die Werthe der Coefficienten a_{14}, a_{24}, a_{34} die Relation $a_{14} + 2a_{24} - 3a_{34} = 0$ erfüllt hätten, so verschwindet zwar die Discriminante identisch, aber die Reduction wird mit unverminderter Leichtigkeit durch die Bemerkung vollzogen, dass nun die Glieder in x, y, z in der Form

$$(4x + y + 2z) + \lambda (x - 2y - z)$$

ausgedrückt werden können; so dass z. B. für die Gleichung

$$5x^2 - y^2 + z^2 + 6zx + 4xy + 2x + 2y + 2z = 0$$

die Form

$$(4x + y + 2z)^2 - (x - 2y - z)^2 + 2(4x + y + 2z) \\ - 2(x - 2y - z) = 24$$

entspringt, welche durch die vorher angegebene Transformation in

$$21 x^2 - 6y^2 + 2x\sqrt{21} - 2y\sqrt{6} = 24$$

übergeht. Die letzte Reduction hat keine Schwierigkeit.

VI. Kapitel.

Ableitung von Eigenschaften der Flächen zweiten Grades aus speciellen Formen ihrer Gleichungen.

---

89. Wir werden nunmehr aus der Gleichung

$$\frac{x^2}{a^2} + \frac{y^2}{b^2} + \frac{z^2}{c^2} = 1$$

einige Eigenschaften der centralen Flächen zweiten Grades ableiten. Diese Ableitung umfasst sowohl Eigenschaften der Ellipsoide als der Hyperboloide, wenn wir die Vorzeichen von b^2 und c^2 als unbestimmt voraussetzen.

Die Gleichung der Polarebene des Punktes (x', y', z') oder die der Tangentenebene, wenn dieser Punkt der Fläche angehört, ist nach Art. 63.

$$\frac{xx'}{a^2} + \frac{yy'}{b^2} + \frac{zz'}{c^2} = 1.$$

Die Normale vom Anfangspunkt der Coordinaten auf die Tangentenebene in (oder die Polarebene von) (x', y', z') wird nach Art. 32. durch die Gleichung

$$\frac{1}{p^2} = \frac{x'^2}{a^4} + \frac{y'^2}{b^4} + \frac{z'^2}{c^4}$$

bestimmt, und die Winkel α, β, γ, welche sie mit den Axen bildet, sind durch

$$\cos\alpha = \frac{px'}{a^2}, \quad \cos\beta = \frac{py'}{b^2}, \quad \cos\gamma = \frac{pz'}{c^2}$$

gegeben, wie man durch Multiplication der Gleichung der Tangentenebene mit p und Vergleichung mit der Form der Gleichung der Ebene

$$x\cos\alpha + y\cos\beta + z\cos\gamma = p$$

am leichtesten erkennt.

Wir können aus den vorigen Gleichungen auch einen Ausdruck für die Länge der Normalen in Function der Winkel erhalten, welche sie mit den Axen bildet, nämlich

$$p^2 = a^2\cos^2\alpha + b^2\cos^2\beta + c^2\cos^2\gamma.$$

90. Man soll die Bedingung finden, unter welcher die Ebene

$$\xi x + \eta y + \zeta z + \omega = 0$$

die Fläche berührt.

Die Zusammenstellung dieser Gleichung mit der der Tangentialebene

$$\frac{xx'}{a^2} + \frac{yy'}{b^2} + \frac{zz'}{c^2} = 1$$

liefert die Relationen

$$\frac{x'}{a} = -\frac{a\xi}{\omega}, \quad \frac{y'}{b} = -\frac{b\eta}{\omega}, \quad \frac{z'}{c} = -\frac{c\zeta}{\omega}$$

und damit die geforderte Bedingung in der Form

$$a^2\xi^2 + b^2\eta^2 + c^2\zeta^2 = \omega^2.$$

Auf demselben Wege erhält man als die Bedingung, unter welcher die Ebene

$$\xi x + \eta y + \zeta z = 0$$

den Kegel

$$\frac{x^2}{a^2} + \frac{y^2}{b^2} - \frac{z^2}{c^2} = 0$$

berührt,

$$a^2\xi^2 + b^2\eta^2 - c^2\zeta^2 = 0;$$

wie auch als specieller Fall des Art. 79. hätte gefunden werden können.

91. Die Normale der Fläche ist eine im Berührungspunkte auf der Tangentenebene errichtete Perpendiculare. Ihre Gleichungen sind offenbar

$$\frac{a^2}{x'}(x - x') = \frac{b^2}{y'}(y - y') = \frac{c^2}{z'}(z - z').$$

Wenn wir den gemeinschaftlichen Werth dieser Ausdrücke durch R bezeichnen, so ist

$$x - x' = \frac{Rx'}{a^2}, \quad y - y' = \frac{Ry'}{b^2}, \quad z - z' = \frac{Rz'}{c^2}$$

und wir finden durch die Addition der Quadrate dieser Werthe, dass die Länge der Normale zwischen (x', y', z') und dem beliebigen Punkte (x, y, z) in ihr $= \pm \frac{R}{p}$ ist. Wählen wir den Punkt (x, y, z) als den Schnittpunkt der Normalen mit der Ebene xy, so ist $z = 0$ und die letzte der drei vorigen Gleichungen giebt $R^2 = -c^2$, so dass der zwischen dem Berührungspunkt und der Ebene xy gelegene Abschnitt der Normalen durch $\frac{c^2}{p}$ gemessen ist. Aehnliche Ausdrücke gelten für die bis zu den Ebenen yz, zx gemessenen Abschnitte.

92. Die Summe der Quadrate der reciproken Werthe von irgend drei zu einander rechtwinkligen Durchmessern ist constant.

Diess folgt unmittelbar aus der Addition der Gleichungen

$$\frac{1}{\varrho^2} = \frac{\cos^2\alpha}{a^2} + \frac{\cos^2\beta}{b^2} + \frac{\cos^2\gamma}{c^2},$$

$$\frac{1}{\varrho'^2} = \frac{\cos^2\alpha'}{a^2} + \frac{\cos^2\beta'}{b^2} + \frac{\cos^2\gamma'}{c^2},$$

$$\frac{1}{\varrho''^2} = \frac{\cos^2\alpha''}{a^2} + \frac{\cos^2\beta''}{b^2} + \frac{\cos^2\gamma''}{c^2};$$

denn wegen $\cos^2\alpha + \cos^2\alpha' + \cos^2\alpha'' = 1$, etc. erhält man

$$\frac{1}{\varrho^2} + \frac{1}{\varrho'^2} + \frac{1}{\varrho''^2} = \frac{1}{a^2} + \frac{1}{b^2} + \frac{1}{c^2}.$$

93. In gleicher Weise ist die Summe der Quadrate der Normalen, welche man vom Centrum auf drei zu einander rechtwinklige Tangentenebenen fällen kann, constant. Denn die Addition der Gleichungen

$$p^2 = a^2\cos^2\alpha + b^2\cos^2\beta + c^2\cos^2\gamma,$$
$$p'^2 = a^2\cos^2\alpha' + b^2\cos^2\beta' + c^2\cos^2\gamma',$$
$$p''^2 = a^2\cos^2\alpha'' + b^2\cos^2\beta'' + c^2\cos^2\gamma''$$

zeigt es. In Folge dessen ist der Ort des Durchschnittspunktes von drei zu einander rechtwinkligen Tangentenebenen eine Kugelfläche; denn das Quadrat seines Abstandes vom Centrum der Fläche ist der Summe der Quadrate der drei Normalen gleich, d. h. $= a^2 + b^2 + c^2$.

94. Die Gleichung der dem Durchmesser des Punk-

tes (x', y', z') der Fläche conjugierten Diametralebene ist

$$\frac{xx'}{a^2} + \frac{yy'}{b^2} + \frac{zz'}{c^2} = 0; \quad (\text{Art. } 72.)$$

sie ist also der Tangentenebene in diesem Punkte parallel.

Weil jeder in der Diametralebene gelegene Durchmesser dem Durchmesser des Punktes (x', y', z') conjugirt ist, so werden die Richtungscosinus zweier beliebigen conjugirten Durchmesser durch die Relation

$$\frac{\cos \alpha \cos \alpha'}{a^2} + \frac{\cos \beta \cos \beta'}{b^2} + \frac{\cos \gamma \cos \gamma'}{c^2} = 0$$

verbunden. Da diese Bedingung durch die Substitution von ka^2, kb^2, kc^2 für a^2, b^2, c^2 nicht gestört wird, so sind zwei gerade Linien, welche für eine Fläche

$$\frac{x^2}{a^2} + \frac{y^2}{b^2} + \frac{z^2}{c^2} = 1$$

conjugirte Durchmesser sind, auch solche für jede ähnliche Fläche

$$\frac{x^2}{a^2} + \frac{y^2}{b^2} + \frac{z^2}{c^2} = k.$$

Und für $k = 0$ erkennen wir, dass jede Fläche mit ihrem Asymptotenkegel gemeinschaftliche Systeme conjugirter Durchmesser hat.

Nach Analogie der in dem Falle der Kegelschnitte angewendeten Methoden können wir die Coordinaten irgend eines Punktes des Ellipsoids durch $a \cos \lambda$, $b \cos \mu$, $c \cos \nu$ bezeichnen, wo λ, μ, ν die Richtungswinkel einer geraden Linie d. h. durch die Relation $\cos^2 \lambda + \cos^2 \mu + \cos^2 \nu = 1$ verbunden sind. Dann sind die geraden Linien, welche zwei conjugirten Durchmessern entsprechen, rechtwinklig zu einander; denn für $\cos \alpha = a \cos \lambda$, $\cos \alpha' = a \cos \lambda'$, etc. wird die letztgeschriebene Relation

$$\cos \lambda \cos \lambda' + \cos \mu \cos \mu' + \cos \nu \cos \nu' = 0.$$

95. Die Summe der Quadrate von drei zu einander conjugirten Halbdurchmessern ist constant.

Denn das Quadrat der Länge eines Halbdurchmessers

$x'^2 + y'^2 + z'^2$ ist in Function von λ, μ, ν

$$a^2 \cos^2 \lambda + b^2 \cos^2 \mu + c^2 \cos^2 \nu$$

und die Addition dieses Ausdrucks mit den beiden analogen Werthen

$$a^2 \cos^2 \lambda' + b^2 \cos^2 \mu' + c^2 \cos^2 \nu',$$
$$a^2 \cos^2 \lambda'' + b^2 \cos^2 \mu'' + c^2 \cos^2 \nu''$$

giebt $a^2 + b^2 + c^2$, weil λ, μ, ν, etc. die Richtungswinkel von drei geraden Linien sind, deren jede auf den beiden andern rechtwinklig ist.

96. **Das Parallelepiped, dessen Kanten drei conjugirte Halbdurchmesser sind, hat ein constantes Volumen.**

Denn für x', y', z'; x'', y'', z''; x''', y''', z''' als die Coordinaten der Endpunkte der drei Durchmesser ist nach Art. 31. das Volumen des Parallelepipeds

$$= \begin{vmatrix} x', & y', & z' \\ x'', & y'', & z'' \\ x''', & y''', & z''' \end{vmatrix}$$

oder

$$= abc \begin{vmatrix} \cos \lambda, & \cos \mu, & \cos \nu \\ \cos \lambda', & \cos \mu', & \cos \nu' \\ \cos \lambda'', & \cos \mu'', & \cos \nu'' \end{vmatrix},$$

wo der Werth der letztgeschriebenen Determinante nach der Anmerkung des Art. 31. der Einheit gleich ist.

Wenn a', b' die Axen eines ebenen Centralschnittes sind und p die vom Anfangspunkt auf die zu ihm parallele Tangentenebene gefällte Normale bezeichnet, so ist $a'b'p = abc$; denn für c' als den Halbdurchmesser des Berührungspunktes und für θ als den von ihm mit der Normale gebildeten Winkel ist das Volumen des Parallelepipeds der drei conjugirten Durchmesser a', b', c' gleich $a'b'c' \cos \theta$, was wegen $c' \cos \theta = p$ in den gegebenen Werth übergeht.

97. **Die so eben gegebenen Sätze können mit Leichtigkeit auch aus den entsprechenden Sätzen für Kegelschnitte abgeleitet werden.**

Denn wenn wir irgend drei conjugirte Durchmesser a', b', c' betrachten und den Durchmesser, in welchem die Ebene $a'b'$ die Ebene xy schneidet, mit A, so wie den ihm conjugirten im

Schnitt $a'b'$ mit C bezeichnen, so ist $A^2 + C^2 = a'^2 + b'^2$, und daher $a'^2 + b'^2 + c'^2 = A^2 + C^2 + c^2$.

Da ferner A in der Ebene xy ist, so wird für B als den zu A conjugierten Durchmesser in dem durch diese Ebene gebildeten Schnitt die zu A conjugirte Ebene nothwendig die durch B und die Axe c gehende Ebene, und C, c' sind daher conjugirte Durchmesser desselben Schnittes wie B und c. Daher hat man

$$A^2 + C^2 + c^2 = A^2 + B^2 + c^2,$$

und da endlich $A^2 + B^2 = a^2 + b^2$ ist, so ist damit der Satz bewiesen. Ganz analoge Schlüsse beweisen das auf die Parallelepipede bezügliche Theorem des vorigen Artikels.

Wir können aber überdiess die bezeichneten Sätze auch dadurch beweisen, dass wir, wie in der Anmerkung des Art. 82. angedeutet ist, die Relationen entwickeln, welche für die Transformation des Ausdrucks

$$\frac{x^2}{a'^2} + \frac{y^2}{b'^2} + \frac{z^2}{c'^2}$$

in schiefwinkligen Coordinaten zu dem auf rechtwinklige Coordinaten bezüglichen neuen

$$\frac{x^2}{a^2} + \frac{y^2}{b^2} + \frac{z^2}{c^2}$$

stattfinden. Man findet dieselben wie folgt:

$$a^2 + b^2 + c^2 = a'^2 + b'^2 + c'^2,$$
$$b^2c^2 + c^2a^2 + a^2b^2 = b'^2c'^2 \sin^2 \lambda + c'^2a'^2 \sin^2 \mu + a'^2b'^2 \sin^2 \nu,$$
$$a^2b^2c^2 = a'^2b'^2c'^2 (1 - \cos^2 \lambda - \cos^2 \mu - \cos^2 \nu + 2\cos\lambda \cos\mu \cos\nu).$$

Die erste und letzte dieser Gleichungen geben die vorher erhaltenen Sätze, die zweite von ihnen drückt aus, dass die Summe der Quadrate der von drei conjugirten Durchmessern in Paaren gebildeten Parallelogramme constant ist; oder dass die Summe der reciproken Werthe der Normalen zu den Tangentialebenen in den Endpunkten von drei conjugirten Durchmessern constant ist.

98. **Die Summe der Quadrate der Projectionen von drei conjugirten Durchmessern auf eine beliebige gerade Linie ist constant.**

Wenn wir voraussetzen, dass die bezeichnete Gerade die Winkel α, β, γ mit den Axen bildet, so ist die Projection des

Conjugirte Durchmesser und Invarianten. Art. 99.   109

Im Punkte (x', y', z') endigenden Halbdurchmessers auf dieselbe
$$x' \cos \alpha + y' \cos \beta + z' \cos \gamma$$
oder nach Art. 94.
$$a \cos \lambda \cos \alpha + b \cos \mu \cos \beta + c \cos \nu \cos \gamma.$$

Auf dieselbe Weise erhält man die Projectionen der beiden andern Durchmesser in der Form
$$a \cos \lambda' \cos \alpha + b \cos \mu' \cos \beta + c \cos \nu' \cos \gamma,$$
$$a \cos \lambda'' \cos \alpha + b \cos \mu'' \cos \beta + c \cos \nu'' \cos \gamma,$$
und durch Quadrieren und Addieren dieser Ausdrücke entsteht
$$a^2 \cos^2 \alpha + b^2 \cos^2 \beta + c^2 \cos^2 \gamma,$$
zum Beweise des ausgesprochenen Satzes.

99. Die Summe der Quadrate der Projectionen von irgend drei conjugierten Durchmessern auf eine beliebige Ebene ist constant.

Sind d, d', d'' die drei betrachteten Durchmesser, θ, θ', θ'' die von ihnen mit der Normale der bezeichneten Ebene gebildeten Winkel, so ist die Summe der Quadrate ihrer Projectionen durch $d^2 \sin^2 \theta + d'^2 \sin^2 \theta' + d''^2 \sin^2 \theta''$ ausgedrückt, und sie ist constant, weil nach dem letzten Art. $d^2 \cos^2 \theta + d'^2 \cos^2 \theta' + d''^2 \cos^2 \theta''$ und nach Art. 95. $d^2 + d'^2 + d''^2$ constant ist.

100. Man soll den Ort des Durchschnittspunktes von drei Tangentenebenen bestimmen, welche die Endpunkte von drei conjugierten Durchmessern zu ihren Berührungspunkten haben.

Die Gleichungen der drei Tangentenebenen sind
$$\frac{x \cos \lambda}{a} + \frac{y \cos \mu}{b} + \frac{z \cos \nu}{c} = 1,$$
$$\frac{x \cos \lambda'}{a} + \frac{y \cos \mu'}{b} + \frac{z \cos \nu'}{c} = 1,$$
$$\frac{x \cos \lambda''}{a} + \frac{y \cos \mu''}{b} + \frac{z \cos \nu''}{c} = 1.$$

Die Addition ihrer Quadrate giebt die Gleichung des fraglichen Ortes in der Form
$$\frac{x^2}{a^2} + \frac{y^2}{b^2} + \frac{z^2}{c^2} = 3.$$

101. Die Längen der Axen eines durch das Centrum gehenden ebenen Querschnitts zu finden.

Man kann leicht die quadratische Gleichung bilden, deren Wurzeln die reciproken Werthe der Quadrate dieser Axen sind, wenn die Summe und das Product dieser Grössen gegeben sind. Sind nun α, β, γ die Winkel, welche die Normale der gegebenen Ebene mit den Axen bildet, und bezeichnet R den durch die Fläche des Ellipsoids in ihr bestimmten Abschnitt, so haben wir nach Art. 92.

$$\frac{1}{a'^2} + \frac{1}{b'^2} + \frac{1}{R^2} = \frac{1}{a^2} + \frac{1}{b^2} + \frac{1}{c^2},$$

also

$$\frac{1}{a'^2} + \frac{1}{b'^2} = \left(\frac{1}{a^2} + \frac{1}{b^2} + \frac{1}{c^2} - \frac{\cos^2\alpha}{a^2} - \frac{\cos^2\beta}{b^2} - \frac{\cos^2\gamma}{c^2}\right),$$

während nach Art. 96.

$$\frac{1}{a'^2 b'^2} = \frac{p^2}{a^2 b^2 c^2} = \frac{\cos^2\alpha}{b^2 c^2} + \frac{\cos^2\beta}{c^2 a^2} + \frac{\cos^2\gamma}{a^2 b^2}$$

ist. Die fragliche quadratische Gleichung ist daher

$$\frac{1}{r^4} - \frac{1}{r^2}\left(\frac{\sin^2\alpha}{a^2} + \frac{\sin^2\beta}{b^2} + \frac{\sin^2\gamma}{c^2}\right) + \frac{\cos^2\alpha}{b^2 c^2} + \frac{\cos^2\beta}{c^2 a^2} + \frac{\cos^2\gamma}{a^2 b^2} = 0$$

und sie kann, wie leicht erkannt wird, auch in der Form

$$\frac{a^2\cos^2\alpha}{a^2-r^2} + \frac{b^2\cos^2\beta}{b^2-r^2} + \frac{c^2\cos^2\gamma}{c^2-r^2} = 0$$

geschrieben werden. Man erhält dieselbe auch aus den im nächsten Artikel zu entwickelnden Grundsätzen.

102. Durch einen gegebenen Radius OR einer centralen Fläche zweiten Grades kann im Allgemeinen ein Schnitt gelegt werden, für welchen OR eine Axe ist.

Wir beschreiben mit OR als Halbmesser eine Kugelfläche und denken einen Kegel, der das Centrum zum Scheitel und den Durchschnitt der gegebenen Fläche und der Kugel zur Leitcurve hat. Eine durch den Radius OR gehende Tangentenebene dieses Kegels bestimmt mit der Fläche einen Querschnitt, welcher OR zur Axe hat. Denn in demselben ist OR dem nächstfolgenden Radius gleich, da beide Halbmesser der nämlichen Kugel sind, und ist somit ein Maximum oder Minimum unter den Halbmessern des Schnittes; während die Tangente des Schnittes im Punkte R zu

OR normal ist, weil sie auch der Tangentenebene der Kugel angehört. OR ist daher eine Axe der Schnittcurve.

Die Gleichung des Kegels kann gebildet werden, indem man die Gleichungen

$$\frac{x^2}{a^2} + \frac{y^2}{b^2} + \frac{z^2}{c^2} = 1, \quad \frac{x^2}{r^2} + \frac{y^2}{r^2} + \frac{z^2}{r^2} = 1$$

von einander subtrahiert; man erhält

$$x^2\left(\frac{1}{a^2} - \frac{1}{r^2}\right) + y^2\left(\frac{1}{b^2} - \frac{1}{r^2}\right) + z^2\left(\frac{1}{c^2} - \frac{1}{r^2}\right) = 0.$$

Wenn die Ebene

$$x \cos\alpha + y \cos\beta + z \cos\gamma = 0$$

eine Axe von der Länge r besitzt, so muss sie diesen Kegel berühren und die Bedingung, unter welcher diess stattfindet, ist nach Art. 90.

$$\frac{a^2 \cos^2\alpha}{a^2 - r^2} + \frac{b^2 \cos^2\beta}{b^2 - r^2} + \frac{c^2 \cos^2\gamma}{c^2 - r^2} = 0,$$

d. i. die im letzten Art. gefundene Gleichung.

Nach derselben Methode können die Axen eines beliebigen Schnittes der durch die allgemeinere Gleichung

$$a_{11}x^2 + a_{22}y^2 + a_{33}z^2 + 2a_{23}yz + 2a_{13}zx + 2a_{12}xy = 1$$

gegebenen Fläche bestimmt werden.

Der durch die Schnittcurve derselben mit der Kugel

$$\lambda(x^2 + y^2 + z^2) = 1$$

bestimmte Kegel ist

$$(a_{11}-\lambda)x^2+(a_{22}-\lambda)y^2+(a_{33}-\lambda)z^2+2a_{23}yz+2a_{13}zx+2a_{12}xy=0;$$

und wenn λ den reciproken Werth des Quadrats einer Axe des Schnittes repräsentirt, welchen die Ebene

$$x \cos\alpha + y \cos\beta + z \cos\gamma = 0$$

bestimmt, so muss diese Ebene den Kegel berühren, dessen Gleichung so eben geschrieben wurde. Nach Art. 79. kann die Bedingung, unter welcher diese Berührung stattfindet, in der Form

$$\begin{vmatrix} a_{11}-\lambda, & a_{12}, & a_{13}, & \cos\alpha \\ a_{12}, & a_{22}-\lambda, & a_{23}, & \cos\beta \\ a_{13}, & a_{23}, & a_{33}-\lambda, & \cos\gamma \\ \cos\alpha, & \cos\beta, & \cos\gamma, & 0 \end{vmatrix} = 0$$

geschrieben werden, welche durch Entwicklung die quadratische Gleichung

$$\lambda^2 - \lambda \{(a_{22}+a_{33})\cos^2\alpha + (a_{33}+a_{11})\cos^2\beta + (a_{11}+a_{22})\cos^2\gamma$$
$$- 2a_{23}\cos\beta\cos\gamma - 2a_{13}\cos\gamma\cos\alpha - 2a_{12}\cos\alpha\cos\beta\}$$
$$+ (a_{22}a_{33} - a_{23}^2)\cos^2\alpha + (a_{33}a_{11} - a_{13}^2)\cos^2\beta + (a_{12}a_{22} - a_{12}^2)\cos^2\gamma$$
$$+ 2(a_{13}a_{12} - a_{11}a_{23})\cos\beta\cos\gamma + 2(a_{12}a_{23} - a_{22}a_{13})\cos\gamma\cos\alpha$$
$$+ 2(a_{23}a_{13} - a_{33}a_{12})\cos\alpha\cos\beta = 0$$

ergiebt.

103. Wir gehen zur Untersuchung der Frage weiter, ob es möglich ist, eine Ebene zu bestimmen, welche ein gegebenes Ellipsoid in einem Kreise schneidet. Nach dem früher gegebenen Beweis der Aehnlichkeit aller parallelen Schnitte (Art. 73.) genügt es, Schnitte zu betrachten, deren E b e n e n d u r c h d a s C e n t r u m d e r F l ä c h e g e h e n.

Denken wir nun einen Centralschnitt, der ein Kreis vom Halbmesser r ist, und sei mit demselben Radius eine concentrische Kugel beschrieben, so ist nach dem Vorigen

$$x^2\left(\frac{1}{a^2} - \frac{1}{r^2}\right) + y^2\left(\frac{1}{b^2} - \frac{1}{r^2}\right) + z^2\left(\frac{1}{c^2} - \frac{1}{r^2}\right) = 0$$

die Gleichung eines Kegels, der das Centrum zum Scheitel hat und durch die Durchschnittscurve der Fläche mit der Kugel hindurchgeht. Haben aber beide Flächen einen ebenen Schnitt gemein, so muss diese Gleichung nothwendig zwei Ebenen repräsentieren und es muss also einer der Coefficienten von x^2, y^2 oder z^2 in der vorigen Gleichung identisch verschwinden. Der fragliche ebene Schnitt muss daher durch eine der drei Axen hindurchgehen. Für $r = b$ verschwindet z. B. der Coefficient von y^2 und man erhält

$$x^2\left(\frac{1}{a^2} - \frac{1}{b^2}\right) + z^2\left(\frac{1}{c^2} - \frac{1}{b^2}\right) = 0,$$

eine Gleichung, welche zwei Ebenen des kreisförmigen Schnittes repräsentiert, die durch die y Axe hindurchgehen.

Diese Ebenen werden leicht construiert, indem man in der Ebene der xz die beiden der Axe b gleichen Halbdurchmesser zieht; jeder derselben bestimmt mit der Axe der y eine jener Ebenen.

In derselben Weise können durch jede der andern beiden Axen zwei Ebenen dieser Art gelegt werden, aber in dem Falle des Ellipsoids sind diese Ebenen sämmtlich imaginär; denn in der Ebene xy kann kein der Axe c gleicher Halbdurchmesser bestimmt werden, weil der kleinste Halbdurchmesser ihres Schnittes $= b$ ist; und ebenso existiert in der Ebene yz kein Halbdurchmesser gleich a, weil der grösste der Halbdurchmesser ihres Schnittes nur $= b$ ist.

In dem Falle des Hyperboloids mit einer Mantelfläche ist c^2 negativ und die durch die Axe a gehenden Schnitte sind reell.

Für das Hyperboloid mit zwei Mantelflächen sind b^2 und c^2 negativ und für $r^2 = -c^2$ (vorausgesetzt, dass b^2 kleiner ist als c^2) erhalten wir die beiden reellen Schnitte

$$x^2\left(\frac{1}{a^2} + \frac{1}{c^2}\right) + y^2\left(\frac{1}{c^2} - \frac{1}{b^2}\right) = 0.$$

Diese beiden durch das Centrum gehenden reellen Ebenen schneiden die Fläche nicht, aber die zu ihnen parallelen Ebenen schneiden sie in Kreisen.

In jedem Falle erhalten wir nur zwei reelle durch das Centrum gehende Ebenen der Kreisschnitte und den Systemen der zu ihnen parallelen Ebenen entspringen zwei verschiedene Systeme von Kreisschnitten der Fläche.

104. Zwei Flächen, in deren Gleichungen die Coefficienten von x^2, y^2, z^2 nur um eine Constante differieren, haben die nämlichen Kreisschnitte.

Es erhellt diess für die Gleichungen

$$Ax^2 + By^2 + Cz^2 = 1$$
$$(A + H)x^2 + (B + H)y^2 + (C + H)z^2 = 1$$

unmittelbar aus der Formel des letzten Artikels.

Man erkennt es auch aus den Polargleichungen dieser Flächen

$$\frac{1}{\rho^2} = A\cos^2\alpha + B\cos^2\beta + C\cos^2\gamma,$$

$$\frac{1}{\varrho^2} = A\cos^2\alpha + B\cos^2\beta + C\cos^2\gamma + H;$$

aus denen sofort erhellt, dass die Differenz der Quadrate der reciproken Werthe entsprechender Radien vectores beider Flächen constant ist. Wenn daher in irgend einem Querschnitt der einen Fläche der Radius vector constant ist, so muss dies auch vom Radius vector der andern gelten.

Die nämliche Betrachtung zeigt auch, dass jede Ebene mit beiden Flächen Schnitte von denselben Axen bestimmt, weil der grösste und kleinste Werth des Radius vector in beiden Schnitten den nämlichen Werthen von α, β, γ entspricht.

Die Ebenen der Kreisschnitte eines Kegels sind daher die nämlichen wie die der allgemeinen Fläche zweiten Grades, für welche er asymptotisch ist.

105. Je zwei Kreisschnitte einer Fläche zweiter Ordnung, welche verschiedenen Systemen angehören, liegen auf derselben Kugelfläche.

Die beiden Ebenen der Schnitte sind den durch

$$x^2\left(\frac{1}{a^2} - \frac{1}{r^2}\right) + y^2\left(\frac{1}{b^2} - \frac{1}{r^2}\right) + z^2\left(\frac{1}{c^2} - \frac{1}{r^2}\right) = 0$$

repräsentierten Ebenen parallel. Da nun die Gleichung zweier Ebenen sich von der Gleichung zweier Parallelebenen nur in den Gliedern vom ersten Grade unterscheiden kann, so muss die Gleichung der Ebenen zweier beliebigen Kreisschnitte von der Form

$$x^2\left(\frac{1}{a^2} - \frac{1}{r^2}\right) + y^2\left(\frac{1}{b^2} - \frac{1}{r^2}\right) + z^2\left(\frac{1}{c^2} - \frac{1}{r^2}\right) + u_1 = 0$$

sein, wo
$$u_1 = 0$$

die Gleichung einer beliebigen Ebene ist. Die Subtraction dieser Gleichung von der Gleichung der Fläche, welcher jeder Punkt des Schnittes ebenfalls genügen muss, giebt aber

$$\frac{1}{r^2}(x^2 + y^2 + z^2) - u_1 = 0,$$

die Gleichung einer Kugelfläche.

106. Wir haben gesehen, dass alle parallelen Schnitte einer Fläche zweiten Grades ähnliche Curven sind. Wenn wir eine Reihe von Ebenen legen, welche den Kreisschnitten der Fläche parallel sind, so ist die äusserste derselben die Tangentenebene von gleicher Stellung und diese muss daher die Fläche in einem unendlich kleinen Kreise durchschneiden. Man nennt ihren Berührungspunkt einen Umbilicus, Nabel- oder Kreispunkt. Einige Eigenschaften solcher Punkte werden später erwähnt werden.

Die Coordinaten der reellen Kreispunkte können hier leicht bestimmt werden. Wir haben in den ebenen Schnitt, welcher die Axen a und c besitzt, einen der Axe b gleichen Halbdurchmesser einzutragen und die Coordinaten der Endpunkte des ihm conjugierten Durchmessers zu finden. Die für Kegelschnitte gültige Formel $b'^2 = a^2 - c^2 x^2$ giebt auf diesen Fall angewendet

$$b^2 = a^2 - \frac{a^2 - c^2}{a^2} x^2,$$

also $\quad \dfrac{x^2}{a^2} = \dfrac{a^2 - b^2}{a^2 - c^2}$; ebenso $\dfrac{z^2}{c^2} = \dfrac{b^2 - c^2}{a^2 - c^2}.$

Es existieren daher in dem Falle des Ellipsoids vier reelle Kreispunkte in der Ebene xz und vier imaginäre in jeder der andern Hauptebenen.

107. Es ist nützlich, an dieser Stelle anzugeben, wie man in derselben Art die Kreisschnitte des durch die Gleichung

$$\frac{x^2}{a^2} \pm \frac{y^2}{b^2} = \frac{2z}{c}$$

gegebenen Paraboloids bestimmen kann.

Wir denken einen durch den Anfangspunkt der Coordinaten gehenden Kreisschnitt vom Radius r und eine ihn enthaltende Kugel, die im Anfangspunkt der Coordinaten dieselbe Tangentialebene $z = 0$ hat, wie das Paraboloid, deren Gleichung daher nach Art. 61. die Form

$$x^2 + y^2 + z^2 = 2a_{31} z$$

haben muss. Der von ihr mit dem Paraboloid bestimmte Durchschnittskegel ist durch die Gleichung

$$x^2 \left(1 - \frac{ca_{31}}{a^2}\right) + y^2 \left(1 \mp \frac{ca_{31}}{b^2}\right) + z^2 = 0$$

dargestellt und diese repräsentiert zwei Ebenen, wenn eines ihrer Glieder verschwindet. Diese beiden Ebenen sind reell in dem Falle des elliptischen Paraboloids für $ca_{31} = a^2$, weil dann die Gleichung auf $b^2 z^2 = (a^2 - b^2) y^2$ reduciert wird. In dem Falle des hyperbolischen Paraboloids existiert hingegen kein reeller Kreisschnitt, denn die nämliche Substitution bringt die Gleichung der beiden Ebenen auf die Form von imaginären Factoren

$$b^2 z^2 + (a^2 + b^2) y^2 = 0.$$

Man kann aber überhaupt leicht zeigen, dass kein ebener Schnitt eines hyperbolischen Paraboloids eine geschlossene Curve sein kann; denn für seinen Durchschnitt mit der Ebene

$$z = lx + my + n$$

erhalten wir die Projection auf die Ebene der xy durch

$$\frac{x^2}{a^2} - \frac{y^2}{b^2} = \frac{2(lx + my + n)}{c}$$

dargestellt, und erkennen damit, dass dieselbe nothwendig eine Hyperbel ist.

108. Wir haben gesehen, dass für einen elliptischen Centralschnitt alle parallelen Schnitte ähnliche Ellipsen sind, und dass der Schnitt der Tangentenebene eine unendlich kleine ähnliche Ellipse ist. In gleicher Art müssen, wenn der Centralschnitt eine Hyperbel ist, die Schnitte aller parallelen Ebenen ähnliche Hyperbeln sein und der Schnitt der Tangentenebene muss sich auf ein Paar gerade Linien reduciren, welche den Asymptoten der Centralhyperbel parallel sind. Aus der auf ein beliebiges System conjugirter Durchmesser bezogenen Gleichung

$$\frac{x'^2}{a'^2} + \frac{y'^2}{b'^2} - \frac{z'^2}{c'^2} = 1$$

ergiebt sich für den durch eine der xz parallele Ebene $y = \beta$ bestimmten Schnitt die Gleichung

$$\frac{x'^2}{a'^2} - \frac{z'^2}{c'^2} = 1 - \frac{\beta^2}{b'^2};$$

dieser Schnitt reducirt sich also für den Werth $\beta = b'$ auf ein Paar von geraden Linien.

Solche gerade Linien können nur auf dem Hyperboloid mit einer Mantelfläche existiren, weil für die Gleichung

$$\frac{x^2}{a'^2} - \frac{y^2}{b'^2} = 1 + \frac{z^2}{c'^2}$$

die rechte Seite für keinen reellen Werth von z verschwinden kann. Es ist auch geometrisch evident, dass eine gerade Linie nicht auf einem Ellipsoid existiren kann, weil dasselbe eine geschlossene Fläche ist, und nicht auf einem Hyperboloid mit zwei Mantelflächen, als von welchem kein Theil in dem zwischen verschiedenen Systemen von zwei parallelen Ebenen enthaltenen Raume gelegen ist, während eine gerade Linie denselben doch durchsetzen muss.

109. Wenn wir die Gleichung des Hyperboloids mit einer Mantelfläche in die Form

$$\frac{x^2}{a^2} - \frac{z^2}{c^2} = 1 - \frac{y^2}{b^2}$$

bringen, so liegt offenbar der Durchschnitt der beiden Ebenen

$$\left(\frac{x}{a} - \frac{z}{c}\right) = \lambda\left(1 - \frac{y}{b}\right), \quad \lambda\left(\frac{x}{a} + \frac{z}{c}\right) = \left(1 + \frac{y}{b}\right)$$

ganz in der Fläche desselben und wir erhalten daraus für verschiedene Werthe von λ ein System gerader Linien in der Fläche; wir erhalten ein zweites System solcher Geraden, indem wir den Durchschnitt der Ebenen

$$\left(\frac{x}{a} - \frac{z}{c}\right) = \lambda\left(1 + \frac{y}{b}\right), \quad \lambda\left(\frac{x}{a} + \frac{z}{c}\right) = \left(1 - \frac{y}{b}\right)$$

betrachten.

Oder in allgemeinerer Form: Wenn $x_1 = 0$, $x_2 = 0$, $x_3 = 0$, $x_4 = 0$ vier Ebenen repräsentiren, so ist $x_1 x_3 = x_2 x_4$ die Gleichung eines Hyperboloids mit einer Mantelfläche, welches erzeugt werden kann als der Ort der Systeme von geraden Linien, die durch die Gleichungen

$$x_1 = \lambda x_2, \; \lambda x_3 = x_4; \quad x_1 = \lambda x_4, \; \lambda x_3 = x_2$$

repräsentirt sind. Wir merken an, dass die Ebenen, welche als ihres Durchschnitt die betrachteten Geraden erzeugen, entsprechende Ebenen zweier Büschel von gleichem Doppelverhältniss sind, deren jedem zwei von den vier Flächen des Fundamentaltetraeders und die nach dem Einheitpunkt E (Art. 38.) gehenden Ebenen als entsprechende Ebenen angehören; also $(A_3 A_4 . A_1 A_2 E)$ und $(A_1 A_2 . A_3 A_4 E)$ oder $(A_2 A_3 . A_4 A_1 E)$ und $(A_1 A_4 . A_3 A_2 E)$. Ein Hyperboloid mit einer Mantelfläche kann daher als der Ort der geraden Durchschnittslinien der entsprechenden Ebenen von zwei Büscheln von gleichem Doppelverhältniss angesehen werden. Wenn die Scheitelkanten beider Büschel sich durchschneiden, so degenerirt das Hyperboloid in einen Kegel, der jenen Punkt zum Scheitel hat.

In dem Falle der Gleichung

$$\frac{x^2}{a^2} + \frac{y^2}{b^2} - \frac{z^2}{c^2} = 1$$

können die geraden Linien der Fläche auch durch die Gleichungen

$$\frac{x}{a} = \frac{z}{c}\cos\theta \mp \sin\theta, \quad \frac{y}{b} = \frac{z}{c}\sin\theta \pm \cos\theta$$

repräsentiert werden.

110. Zwei beliebige gerade Linien des Hyperboloids, welche zu entgegengesetzten Systemen gehören, liegen in derselben Ebene.

Betrachten wir die beiden Linien
$x_1 - \lambda x_2 = 0, \lambda x_3 - x_4 = 0;\ x_1 - \lambda' x_4 = 0, \lambda' x_3 - x_2 = 0,$
so sind sie beide offenbar in der Ebene

$$x_1 - \lambda x_2 + \lambda\lambda' x_3 - \lambda' x_4 = 0$$

enthalten, weil diese Gleichung in jeder der Formen

$$(x_1 - \lambda x_2) + \lambda'(\lambda x_3 - x_4) = 0,$$
$$(x_1 - \lambda' x_4) + \lambda(\lambda' x_3 - x_2) = 0$$

geschrieben werden kann.

Es wird in derselben Weise erkannt, dass kein Paar von geraden Linien des Hyperboloids, welche demselben System angehören, in einer Ebene liegen könne; denn keine Gleichung einer Ebene von der Form

$$(x_1 - \lambda x_2) + k(\lambda x_3 - x_4) = 0$$

kann mit der andern Form

$$(x_1 - \lambda' x_2) + k'(\lambda' x_3 - x_4) = 0$$

für verschiedene Werthe von λ und λ' identisch werden.

Auf dem nämlichen Wege sehen wir, dass die beiden geraden Linien

$$\frac{x}{a} = \frac{z}{c}\cos\theta - \sin\theta, \quad \frac{y}{b} = \frac{z}{c}\sin\theta + \cos\theta,$$

$$\frac{x}{a} = \frac{z}{c}\cos\varphi + \sin\varphi, \quad \frac{y}{b} = \frac{z}{c}\sin\varphi - \cos\varphi,$$

welche zu verschiedenen Systemen gehören, in der Ebene

$$\frac{x}{a}\cos\tfrac{1}{2}(\theta+\varphi) + \frac{y}{b}\sin\tfrac{1}{2}(\theta+\varphi) = \frac{z}{c}\cos\tfrac{1}{2}(\theta-\varphi) - \sin\tfrac{1}{2}(\theta-\varphi)$$

enthalten sind. Diese Ebene ist parallel zu der zweiten Linie des ersten Systems

$$\frac{x}{a} = \frac{z}{c}\cos\varphi - \sin\varphi, \quad \frac{y}{b} = \frac{z}{c}\sin\varphi + \cos\varphi,$$

aber sie enthält sie nicht; vielmehr ist die Gleichung einer durch diese Linie gehenden und zur vorigen parallelen Ebene

$$\frac{x}{a}\cos\tfrac{1}{2}(\vartheta+\varphi) + \frac{y}{b}\sin\tfrac{1}{2}(\vartheta+\varphi) = \frac{z}{c}\cos\tfrac{1}{2}(\vartheta-\varphi) + \sin\tfrac{1}{2}(\vartheta-\varphi),$$

also im absoluten Gliede von jener verschieden.

111. Wir haben gesehen, dass jede Tangentenebene des Hyperboloids mit denselben zwei gerade Linien gemein hat, welche sich im Berührungspunkt durchschneiden, und dass sie die Fläche in keinem andern Punkte berührt. Wenn wir durch eine dieser Geraden eine beliebige andere Ebene legen, so schneidet diese die Fläche nothwendig in einer anderu geraden Linie und berührt sie in dem Punkte, in welchem diese Linie jene erste durchschneidet.

Umgekehrt enthält die Tangentenebene einer Fläche in jedem Punkt einer geraden Linie derselben nothwendig diese Gerade, aber es ist für jeden andern Punkt dieser Geraden eine andere Ebene. Wir erkennen diess aus der Betrachtung der Fläche $x\varphi - y\psi$, welche die Linie xy enthält und wo $\varphi = 0$, $\psi = 0$ Ebenen repräsentieren — obgleich der Beweis ebenso gültig bleibt, wenn φ, ψ Functionen von beliebigem höheren Grade sind. Wir bestimmen mittelst der allgemeinen Gleichung der Tangentenebene

$$(x-x')U_1' + (y-y')U_2' + (z-z')U_3' = 0$$

diejenige der Tangentenebene des Punktes $x = y = 0$, $z = z'$ und finden als ihre Gleichung $x\varphi' - y\psi'$, wenn φ' und ψ' die Resultate der Substitution dieser Coordinaten in die Polynome φ ψ bezeichnen. Offenbar variiert diese Ebene mit dem Werthe von z'.

In dem Falle des Kegels gestalten sich diese Verhältnisse anders. Jede Tangentenebene schneidet die Fläche in zwei zusammenfallenden geraden Linien und in Folge dessen ist für alle Punkte derselben geraden Linie die Tangentenebene die nämliche und berührt die Fläche längs der ganzen Erstreckung dieser Linie.

Und allgemeiner, wenn die Gleichung einer Fläche von der Form
$$x\varphi + y^2\psi = 0$$
ist, so ergiebt sich genau wie vorher, dass die Tangentenebene in jedem Punkte der Linie xy mit $x = 0$ zusammenfällt.

112. Es ward im Art. 108. gezeigt, dass die beiden geraden Linien, in welchen die Tangentenebene ein Hyperboloid schneidet, mit den Asymptoten des parallelen Centralschnittes von gleicher Richtung sind. Da aber diese Letzteren offenbar dem asymptotischen Kegel der Fläche angehören, so ist jede gerade Linie auf einem Hyperboloid zu einer der Erzeugenden seines Asymptotenkegels parallel. Man erkennt auch daraus, dass nicht irgend drei solcher Geraden zu derselben Ebene parallel sein können, weil unter dieser Voraussetzung eine parallele Ebene durch das Centrum den asymptotischen Kegel in drei Geraden schneiden müsste, während derselbe doch nur ein Kegel zweiten Grades ist.

113. Jede gerade Linie des ersten Systems schneidet, wie wir bewiesen haben, alle geraden Linien des zweiten Systems.

Daher kann umgekehrt die Fläche als durch die Bewegung einer geraden Linie erzeugt angesehen werden, welche eine gewisse Anzahl fester gerader Linien stets durchschneidet*).

Wir bemerken zuerst, dass die Bewegung einer geraden Linie durch **drei** Bedingungen regulirt sein muss, wenn durch dieselbe eine Fläche erzeugt werden soll. Denn da die Gleichung einer geraden Linie vier Constanten enthält, so würden vier Bedingungen die Lage derselben vollständig bestimmen. (Vergl. Art. 53., Beisp.) Durch eine Bedingung weniger ist die Lage der Linie nicht bestimmt, aber doch so begrenzt, dass die Linie stets auf einer gewissen Ortsfläche liegen muss, deren Gleichung man wie folgt bestimmen kann. Für
$$x = mz + p, \quad y = nz + q$$

---

*) Man nennt eine Fläche, die durch Bewegung einer geraden Linie erzeugt werden kann, eine geradlinige oder Regelfläche; dieselbe heisst insbesondere developpabel oder abwickelbar, wenn jede erzeugende Gerade durch die nächstfolgende geschnitten wird, und sie heisst windschief (Skew, gauche), wenn das aus nicht der Fall ist. Das Hyperboloid mit einer Mantelfläche gehört zur letzteren, der Kegel und der Cylinder gehören zur ersteren Klasse.

als die allgemeinen Gleichungen der geraden Linie begründen die Bedingungen der Aufgabe drei Relationen zwischen den Constanten m, n, p, q; zwischen diesen Relationen und den beiden Gleichungen der geraden Linie als fünf Gleichungen kann man die vier Grössen m, n, p, q eliminiren und die dadurch erhaltene Gleichung in x, y, z ist die Gleichung des gesuchten Ortes.

Oder wir schreiben die Gleichungen der geraden Linie in der Form

$$\frac{x-x'}{\cos\alpha} = \frac{y-y'}{\cos\beta} = \frac{z-z'}{\cos\gamma}$$

und erhalten aus den drei Bedingungen drei Relationen zwischen den Constanten $x', y', z', \alpha, \beta, \gamma$; eliminiren wir dann zwischen diesen die Grössen α, β, γ, so ist die resultirende Gleichung in x', y', z' die Gleichung des fraglichen Ortes, weil (x', y', z') einen beliebigen Punkt der geraden Linie bezeichnet.

Wir sehen daraus, dass die Aufgabe eine völlig bestimmte ist, welche verlangt, eine Fläche zu finden, die durch eine gerade längs dreier fester geraden Linien*) sich bewegende Gerade erzeugt wird. Denn indem wir nach Art. 42. die Bedingungen ausdrücken, unter welchen die bewegliche jede der festen Geraden schneidet, erhalten wir die drei nothwendigen Relationen zwischen m, n, p, q. Wir erkennen auch auf geometrischem Wege, dass die Bewegung der geraden Linie durch die gegebenen Bedingungen vollständig geregelt ist. Denn eine gerade Linie ist vollständig bestimmt, wenn sie durch einen gegebenen Punkt gehen und zwei feste gerade Linien schneiden soll, weil der feste Punkt mit jeder der beiden geraden Linien eine Ebene bestimmt und der Durchschnitt dieser Ebenen die fragliche Gerade ist. Wenn sich nun der Punkt, durch welchen die gerade Linie gehen soll, selbst längs einer dritten festen Geraden bewegt, so erhalten wir der stetigen Reihe seiner Lagen entsprechend eine stetige Reihe von geraden Linien, deren Vereinigung die Ortsfläche bildet.

114. Wir gehen hiernach an die Lösung der gestellten Aufgabe: Die durch eine bewegte von drei festen geraden Linien stets geschnittene Gerade erzeugte Fläche zu bestimmen.

Zur möglichsten Abkürzung der Arbeit untersuchen wir zuerst,

---

*) Oder auch Curven beliebiger Art.

welche Wahl der Coordinatenaxen am meisten geeignet ist, die Gleichungen der festen geraden Linien in der möglichst einfachsten Form zu geben. Wir erkennen sogleich, dass es am passendsten sein muss, die Axen respective parallel den drei gegebenen geraden Linien zu wählen — eine Wahl, die nur in dem beim Hyperboloid mit einer Mantelfläche nach Art. 112. nicht möglichen speciellen Falle nicht getroffen werden kann, wo die drei gegebenen Geraden einer und derselben Ebene parallel sind; wir wollen diesem Falle im nächsten Artikel eine besondere Untersuchung widmen. Dann kann nur noch die möglichst symmetrische Lage des Anfangspunktes der Coordinaten fraglich sein. Wir erhalten aber ein Parallelepiped, von welchem die gegebenen Linien Kanten sind, wenn wir durch jede der drei geraden Linien Ebenen legen, welche den jedesmaligen beiden andern parallel sind und erkennen im Centrum desselben jene möglichst symmetrische Lage des Anfangspunktes; die durch dasselbe gehenden Parallelen zu jenen Geraden sind die Coordinatenaxen. Wenn

$$x = \pm a, \quad y = \pm b, \quad z = \pm c$$

die Gleichungen jener drei Paare von Ebenen sind, so werden durch

$$y = b, z = -c; z = c, x = -a; x = a, y = -b$$

die drei festen Geraden repräsentiert. Die Gleichungen einer die beiden ersten von ihnen durchschneidenden geraden Linie sind

$$z + c = \lambda (y - b), z - c = \mu (x + a),$$

und dieselbe durchschneidet die dritte, wenn $c + \mu a + \lambda b = 0$ ist; die Einführung der Werthe von λ und μ aus den vorigen Gleichungen giebt

$$c (x + a)(y - b) + a (y - b)(z - c) + b (z + c)(x + a) = 0$$

oder durch Reduction

$$ayz + bzx + cxy + abc = 0.$$

Durch Anwendung der Kriterien des Art. 85. erkennen wir, dass diese Gleichung ein Hyperboloid mit einer Mantelfläche repräsentiert, wie auch schon daraus geschlossen werden kann, dass sie nach der Voraussetzung eine Regelfläche und nach ihrer Form eine Fläche zweiten Grades mit Centrum bezeichnet.

Die Auflösung der Aufgabe kann sodann auch in folgender Form gegeben werden.

Den Gleichungen der beweglichen Geraden

$$\frac{x-x'}{\cos\alpha} = \frac{y-y'}{\cos\beta} = \frac{z-z'}{\cos\gamma}$$

entsprechen als Bedingungen des Durchschnitts mit den festen geraden Leitlinien

$$\frac{y'-b}{\cos\beta} = \frac{z'+c}{\cos\gamma}, \quad \frac{z'-c}{\cos\gamma} = \frac{x'+a}{\cos\alpha}, \quad \frac{x'-a}{\cos\alpha} = \frac{y'+b}{\cos\beta}.$$

Durch die Multiplication der Gleichungen eliminieren wir α, β, γ und erhalten die Gleichung des Ortes in der Form

$$(x-a)(y-b)(z-c) = (x+a)(y+b)(z+c)$$

oder durch Reduction ganz wie vorher

$$ayz + bzx + cxy + abc = 0.$$

Eine andere allgemeine Lösung des Problems ist diese: Man denke die beiden ersten geraden Linien als Durchschnitte der Ebenenpaare

$$x_1 = 0, \quad x_2 = 0; \quad x_3 = 0, \quad x_4 = 0;$$

so können die Gleichungen der dritten in der Form

$$x_1 = Ax_3 + Bx_4, \quad x_2 = Cx_3 + Dx_4$$

dargestellt werden und die bewegliche Gerade hat als gemeinschaftliche Transversale für die ersten beiden Linien die Gleichungen

$$x_1 = \lambda x_2, \quad x_3 = \mu x_4.$$

Die Substitution dieser Werthe in die Gleichung der dritten liefert die Bedingung, unter welcher sie auch von dieser geschnitten wird, in der Form

$$A\mu + B = \lambda(C\mu + D),$$

und die Elimination von λ und μ zwischen dieser Gleichung und den Gleichungen der beweglichen Geraden giebt die Gleichung der Ortsfläche

$$x_2(Ax_3 + Bx_4) = x_1(Cx_3 + Dx_4).$$

Eine dritte allgemeine Lösung ist endlich folgende: Sind $p_\mu^{(1)}$, $p_\mu^{(2)}$, $p_\mu^{(3)}$ die je sechs Coordinaten der gegebenen Geraden respective und bezeichnen wir abkürzend mit (p_{12}, p_{23}, p_{31}) die Determinante $p_{12}^{(1)}[p_{23}^{(2)}p_{31}^{(3)} - p_{23}^{(3)}p_{31}^{(2)}] +$ etc., und analog in den andern Fällen, so erhält man als die Gleichung des durch die drei gegebenen Geraden bestimmten Hyperboloids

$$x_1^2 (p_{23}p_{24}p_{34}) + x_2^2(p_{31}p_{34}p_{14}) + x_3^2(p_{12}p_{14}p_{24}) + x_4^2(p_{23}p_{31}p_{12})$$
$$+ x_1 x_2 \{(p_{23}p_{31}p_{24}) - (p_{12}p_{23}p_{31})\} + x_2 x_3 \{(p_{31}p_{11}p_{24}) + (p_{12}p_{31}p_{14})\}$$
$$+ x_2 x_4 \{(p_{31}p_{12}p_{34}) - (p_{23}p_{31}p_{14})\} + x_3 x_4 \{(p_{12}p_{24}p_{34}) + (p_{23}p_{11}p_{21})\}$$
$$+ x_4 x_1 \{(p_{12}p_{23}p_{11}) - (p_{31}p_{12}p_{24})\} + x_1 x_3 \{(p_{23}p_{31}p_{14}) + (p_{31}p_{24}p_{31})\} = 0.$$

115. Aus der im Art. 109. auseinander gesetzten allgemeinen Theorie erhellt, dass das hyperboloidische Paraboloid auch gerade Linien enthält, die ganz in der Fläche liegen. Denn die Gleichung

$$\frac{x^2}{a^2} - \frac{y^2}{b^2} = \frac{z}{c} \quad \text{(Art. 97.)}$$

ist in der allgemeinen Form $x_1 x_2 = x_3 x_4$ enthalten und die Fläche enthält daher die beiden Systeme von geraden Linien

$$\frac{x}{a} \pm \frac{y}{b} = \lambda, \quad \lambda \left(\frac{x}{a} \mp \frac{y}{b} \right) = \frac{z}{c}.$$

Diese beiden Gleichungen zeigen, dass jede der geraden Linien in der Fläche parallel zu der einen oder der andern der beiden festen Ebenen

$$\frac{x}{a} \pm \frac{y}{b} = 0$$

sein muss, und diess bezeichnet eine wesentliche Verschiedenheit zwischen den geraden Linien des Paraboloids und denen des Hyperboloids. (Vergl. Art. 112.) Im Uebrigen wird, wie im Art. 110. bewiesen, dass jede gerade Linie des einen Systems jede des andern durchschneidet, während zwei gerade Linien des nämlichen Systems sich nicht durchschneiden.

Wir wenden uns hiernach zur Auflösung des umgekehrten Problems, d. h. zur Bestimmung derjenigen Fläche, welche durch eine längs dreier festen zur nämlichen Ebene parallelen Geraden fortbewegte gerade Linie erzeugt wird. Wir denken die Ebene xy als parallel den drei festen Geraden und die Axen x und y insbesondere als parallel den beiden ersten unter ihnen, so dass ihre Gleichungen sind

$$x = 0, \; z = a; \quad y = 0, \; z = b; \quad x = my, \; z = c.$$

Dann sind die Gleichungen einer die beiden ersten schneidenden geraden Linie

$$x = \lambda (z - a), \quad y = \mu (z - b),$$

und dieselbe durchschneidet zugleich die dritte, wenn

$$\lambda(c-a) = m\mu(c-b)$$

ist. Daraus entspringt als die Gleichung des Ortes

$$(a-c)x(z-b) = (b-c)y(z-a),$$

welche ein hyperbolisches Paraboloid repräsentirt, weil das von den Gliedern zweiten Grades gebildete Polynom in zwei reelle Factoren zerlegbar erscheint.

In derselben Art können wir die Fläche untersuchen, welche durch eine gerade Linie erzeugt wird, die bei ihrer Bewegung längs zweier fester Geraden einer festen Ebene stets parallel bleibt. Sind jene Linien durch

$$x=0, \; z=a; \quad y=0, \; z=-a$$

und ist die feste Ebene durch

$$x \cos\alpha + y \cos\beta + z \cos\gamma = p$$

dargestellt, so sind die Gleichungen einer gemeinschaftlichen Transversale jener beiden

$$x = \lambda(z-a), \quad y = \mu(z+a),$$

und die Bedingung ihres Parallelismus mit der festen Ebene ist

$$\cos\gamma + \lambda \cos\alpha + \mu \cos\beta = 0,$$

so dass die Gleichung des fraglichen Ortes in der Form

$$\cos\gamma (z^2 - a^2) + x \cos\alpha (z+a) + y \cos\beta (z-a) = 0$$

erhalten wird, welche ein hyperbolisches Paraboloid darstellt, weil das Polynom der Glieder vom zweiten Grade in zwei reelle Factoren zerfällt.

Ein hyperbolisches Paraboloid ist die Grenze eines Hyperboloids mit einer Mantelfläche, für welches die erzeugende Gerade in einer ihrer Lagen ganz in unendlicher Entfernung liegt, wie sich diess auch schon aus dem Parallelismus derselben zu einer festen Ebene ergiebt, als deren unendlich entfernte Gerade jene Lage betrachtet werden kann.

Wir sahen im Art. 108., dass eine Ebene eine Fläche zweiten Grades berührt, wenn sie sie in zwei reellen oder imaginären geraden Linien schneidet und im Art. 87., dass ein Paraboloid durch die unendlich entfernte Ebene in zwei reellen oder imaginären geraden Linien geschnitten wird; wir schliessen daraus, dass jedes Paraboloid durch die unendlich entfernte Ebene berührt wird.

116. Vier gerade Linien des einen Systems bestimmen in allen geraden Erzeugenden des andern Systems Punktreihen von gleichem Doppelverhältniss.

Denn durch jene vier Geraden und eine sie alle durchschneidende fünfte werden vier Ebenen bestimmt, welche ein Büschel bilden; daher wird jede andere jene vier durchschneidende Gerade in constantem Doppelschnittverhältniss getheilt. (Art. 37.)

Wenn umgekehrt zwei einander nicht durchschneidende gerade Linien in Reihen von Punkten projectivisch d. i. nach gleichem Doppelverhältniss (homographisch) getheilt werden, so sind die geraden Verbindungslinien entsprechender Punkte beider Reihen Erzeugende eines Hyperboloids mit einer Mantelfläche.

Wir stellen die beiden gegebenen Geraden durch $x_1 = 0$, $x_2 = 0$; $x_3 = 0$, $x_4 = 0$ dar und denken sie durch die feste Gerade $x_1 = l'x_2$, $x_3 = \mu' x_4$ geschnitten; dann muss, damit eine beliebige andere Linie $x_1 = \lambda x_2$, $x_3 = \mu x_4$ projectivische Theilungen in ihnen bestimme, nach Art. 57. der „Kegelschnitte" die Relation $l\mu' = l'\mu$ erfüllt sein. Aus der Elimination von λ zwischen den Gleichungen $x_1 = \lambda x_2$, $l'x_3 = \mu'x_4$ folgt aber als Gleichung des Ortes die Gleichung $l'x_2 x_3 = \mu' x_1 x_4$.

117. In dem Falle des hyperbolischen Paraboloids schneiden alle gerade Linien des einen Systems die des andern in einem constanten Verhältniss.

Denn da die Erzeugenden alle derselben Ebene parallel sind, so können wir durch irgend drei von ihnen Parallelen zu dieser Ebene legen und der Satz, den wir aussprechen, ergiebt sich aus der elementaren Wahrheit, dass alle geraden Linien, welche drei parallele Ebenen schneiden, von ihnen in constantem Verhältniss getheilt werden.

Man schliesst ihn auch aus der Existenz einer ganz in unendlicher Entfernung liegenden Erzeugenden in jedem der beiden Systeme; denn aus ihr ergiebt sich, dass in den projectivischen Theilungen, welche die Linien des neuen Systems auf denen des andern bestimmen, die unendlich entfernten Punkte einander entsprechen; nach der Natur des Doppelverhältnisses reducirt sich dasselbe dadurch auf ein einfaches Verhältniss.

Wenn umgekehrt zwei begrenzte einander nicht schneidende gerade Linien in gleiche Anzahlen gleicher Theile getheilt werden, so sind die geraden Verbindungslinien entsprechender Punkte beider Theilungen die Erzeugenden eines hyperbolischen Paraboloids. Man kann hiernach, wie auch in dem Falle des Hyperboloids mit einer Mantelfläche, die Form der Fläche leicht durch gespannte Fäden dem Auge anschaulich machen.

Um diess hinsichtlich des hyperbolischen Paraboloids direct zu beweisen, denken wir die gerade Linie, welche zwei entsprechende Endpunkte der Geraden verbindet, als Axe der x und die Axen der y und der z als eben diesen Geraden parallel, zugleich so, dass die Ebene xy die Entfernung zwischen ihnen halbiert. Sind dann die Längen der gegebenen Linien a und b, so sind die Coordinaten zweier entsprechender Punkte

$$z = c, \quad x = \mu a, \quad y = 0;$$
$$z = -c, \quad x = 0, \quad y = \mu b.$$

und die Gleichungen der diese Punkte verbindenden Geraden sind

$$\frac{x}{a} + \frac{y}{b} = \mu, \quad 2cx - \mu az = \mu ac,$$

so dass durch Elimination von μ zwischen ihnen die Gleichung der Ortsfläche in der Form

$$2cx = a(z+c)\left(\frac{x}{a} + \frac{y}{b}\right)$$

hervorgeht, die in der That ein hyperbolisches Paraboloid repräsentiert.

118. Man soll die Bedingungen finden, unter denen die allgemeine Gleichung eine Umdrehungsfläche darstellt.

In diesem Falle kann nach Art. 84., 85. die Gleichung der Fläche, sofern sie zu den Centralflächen gehört, auf die Form

$$\frac{x^2}{a^2} + \frac{y^2}{a^2} \pm \frac{z^2}{c^2} = \pm 1,$$

und wenn diess nicht der Fall ist, auf die Form

$$\frac{x^2}{n^2} + \frac{y^2}{n^2} = \frac{2z}{c}$$

gebracht werden; wenn also das Polynom der höchstpotenzierten Glieder auf die Summe der Quadrate von drei rectangulären Coordinaten reducirrt wird, so sind die Coefficienten von zweien derselben einander gleich. Es erhellt daraus, dass die geforderte Bedingung erhalten wird, indem man die Bedingung bildet, unter welcher die cubische Gleichung der Discriminante gleiche Wurzeln hat.

Da aber die Wurzeln der cubischen Gleichung der Discriminante immer positiv sind, so kann ihre Discriminante immer als eine Summe von Quadraten ausgedrückt werden („Vorlesungen" Art. 171.) und wird, so lange die Coefficienten der gegebenen Gleichung wesentlich reell sind, nur verschwinden, wenn zwei Bedingungen gleichzeitig erfüllt sind, die man durch das folgende Verfahren leichter bestimmt.

Es handelt sich um die Frage nach der Möglichkeit einer Transformation, durch welche die Identität

$$a_{11}x^2 + a_{22}y^2 + a_{33}z^2 + 2a_{23}yz + 2a_{13}zx + 2a_{12}xy = \lambda(X^2 + Y^2) + CZ^2$$

erfüllt wird. Wegen

$$x^2 + y^2 + z^2 = X^2 + Y^2 + Z^2 \text{ (Art. 19.)}$$

wird dann, für $\lambda = A$, die Grösse
$(a_{11}x^2 + a_{22}y^2 + a_{33}z^2 + 2a_{23}yz + 2a_{13}zx + 2a_{12}xy) - \lambda(x^2 + y^2 + z^2)$
ein vollkommenes Quadrat und man hat die Bedingungen aufzustellen, unter denen diess stattfindet.

Nun erkennt man leicht, dass für den Fall, wo

$$A_{11}x^2 + A_{22}y^2 + A_{33}z^2 + 2A_{23}yz + 2A_{13}zx + 2A_{12}xy$$

ein vollkommenes Quadrat ist, die sechs Bedingungen

$$A_{ii}A_{kk} = A_{ik}^2,$$
$$A_{ii}A_{kl} = A_{ij}A_{il}$$

erfüllt sind, sodass die Reciprokal-Gleichung identisch verschwindet.

Die letzten drei Gleichungen geben im gegenwärtigen Falle $(a_{11}-\lambda)a_{23} = a_{13}a_{12}$, $(a_{22}-\lambda)a_{13} = a_{12}a_{23}$, $(a_{33}-\lambda)a_{12} = a_{23}a_{13}$, und indem man aus jeder von diesen Gleichungen λ bestimmt, erkennt man, dass die Reduction nur dann möglich ist, wenn die Coefficienten der gegebenen Gleichung durch die Relationen

$$a_{11} - \frac{a_{12}a_{13}}{a_{23}} = a_{22} - \frac{a_{12}a_{23}}{a_{13}} = a_{33} - \frac{a_{23}a_{13}}{a_{12}}$$

verbunden sind.

Wenn sie erfüllt sind und wenn wir einen dieser gemeinschaftlichen Werthe für λ in die Form
$$(a_{11} - \lambda) x^2 + (a_{22} - \lambda) y^2 + (a_{33} - \lambda) z^2 + 2 a_{23} yz + 2 a_{13} zx + 2 a_{12} xy$$
substituieren, so wird sie in ein vollkommenes Quadrat, nämlich in
$$a_{23} a_{13} a_{12} \left(\frac{x}{a_{23}} + \frac{y}{a_{13}} + \frac{z}{a_{12}} \right)^2 = (C - \lambda) Z^2$$
verwandelt; und da die Ebene $Z = 0$ eine Normalebene zur Umdrehungsaxe der Fläche repräsentiert, so ist auch
$$\frac{x}{a_{23}} + \frac{y}{a_{13}} + \frac{z}{a_{12}} = 0$$
die Gleichung einer zu dieser Axe normalen Ebene.

In dem speciellen Falle, in welchem der so eben bestimmte gemeinschaftliche Werth von λ verschwindet, bildet die Vereinigung der höchsten Glieder in der gegebenen Gleichung ein vollständiges Quadrat und die Gleichung repräsentiert also entweder einen parabolischen Cylinder oder die Verbindung von zwei parallelen Ebenen. (Art. 87., IV und V.) Diese Flächen sind Grenzfälle der Umdrehungsflächen; jede Normale zu beiden Ebenen ist die Umdrehungsaxe im letztern Falle und der parabolische Cylinder ist die Grenze einer durch Umdrehung einer Ellipse um ihre kleine Axe erzeugten Fläche für die in das Unendliche wachsende Entfernung dieser Axe.

119. Wenn unter den drei Grössen a_{23}, a_{13}, a_{12} eine den Werth Null hat, so muss noch eine zweite von ihnen verschwinden, wenn die Fläche eine Umdrehungsfläche sein soll. Für $a_{23} = a_{13} = 0$ werden aber die vorigen Bedingungen
$$a_{11} - a_{12} \frac{a_{12}}{a_{23}} = a_{22} - a_{12} \frac{a_{23}}{a_{12}} = a_{33},$$
und man erhält durch Elimination von $\frac{a_{23}}{a_{13}}$ zwischen ihnen die Gleichung
$$(a_{11} - a_{33})(a_{22} - a_{33}) = a_{12}^2.$$

Man hätte diese Bedingung auch direct erhalten, indem man die Form
$$(a_{11} - \lambda) x^2 + (a_{22} - \lambda) y^2 + (a_{33} - \lambda) z^2 + 2 a_{12} xy$$

130   Sechstes Kapitel. Art. 120.

als ein vollkommenes Quadrat charakterisiert; denn diess giebt offenbar
$$\lambda = a_{33}, \quad (a_{11} - a_{33})(a_{22} - a_{33}) = a_{12}^2.$$

120. Die vorhergehende Theorie kann auch aus der Bemerkung abgeleitet werden, dass für eine Umdrehungsfläche das Problem der Bestimmung der Hauptebenen eine unbestimmte Aufgabe wird.

Denn da jeder zur Umdrehungsaxe normale Schnitt ein Kreis ist, so wird jedes System paralleler Sehnen desselben durch diejenige die Umdrehungsaxe enthaltende Ebene halbiert, welche den zu diesen Sehnen normalen Durchmesser enthält und daher zu ihnen selbst normal ist. Daher ist jede durch die Umdrehungsaxe gehende Ebene eine Hauptebene.

Nun sind die zu diesen Diametralebenen normalen Sehnen nach Art. 72. durch die Gleichungen
$$(a_{11} - \lambda)x + a_{12}y + a_{13}z = 0$$
$$a_{12}x + (a_{22} - \lambda)y + a_{23}z = 0,$$
$$a_{13}x + a_{23}y + (a_{33} - \lambda)z = 0$$
gegeben, welche für λ als eine der Wurzeln der cubischen Gleichung der Discriminante drei in einer der fraglichen geraden Linien sich schneidende Ebenen repräsentieren. Das Problem wird nur dann nicht unbestimmt, wenn sie alle die nämliche Ebene darstellen, d. h. wenn die Bedingungen
$$\frac{a_{11}-\lambda}{a_{12}} = \frac{a_{12}}{a_{22}-\lambda} = \frac{a_{13}}{a_{23}}, \quad \frac{a_{11}-\lambda}{a_{13}} = \frac{a_{12}}{a_{23}} = \frac{a_{13}}{a_{33}-\lambda}$$
erfüllt sind, welche entwickelt zu den vorigen Relationen zurückführen.

121. Wir schliessen diess Kapitel mit einer Reihe von Beispielen über die Anwendung der analytischen Geometrie zur Untersuchung geometrischer Oerter.

Beispiel 1. Welches ist der Ort eines Punktes, dessen kürzeste Abstände von zwei gegebenen einander nicht durchschneidenden Geraden gleich gross sind?

Die Auflösung dieses Problems ist in den Formeln des Art. 15 enthalten, wenn die Gleichungen der gegebenen Geraden in ihrer allgemeinen Form vorausgesetzt werden. Wir können aber das Resultat in einer sehr einfachen Form darstellen, indem wir den kürzesten Abstand beider Geraden zur Axe der z wählen und die beiden andern Axen durch den Mittelpunkt desselben so legen, dass sie die von den Projectionen der

Geraden auf ihre Ebene gebildeten Winkel halbieren. Dann sind ihre Gleichungen von der Form

$$z = c,\ y = mx;\quad z = -c,\ y = -mx,$$

die Bedingungen des Problems geben daher

$$(z-c)^2 + \frac{(y-mx)^2}{1+m^2} = (z+c)^2 + \frac{(y+mx)^2}{1+m^2}$$

oder $cz(1+m^2) + mxy = 0$; der Ort ist daher ein hyperbolisches Paraboloid.

Wenn die kürzesten Abstände zu einander in einem constanten Verhältniss sein sollen, so findet man

$$\{(1+\lambda)z + (1-\lambda)c\}\{(1-\lambda)z + (1+\lambda)c\}$$
$$+ \frac{1}{1+m^2}\{(1+\lambda)y + (1-\lambda)mx\}\{(1-\lambda)y + (1+\lambda)mx\} = 0$$

als die Gleichung des Ortes, und derselbe ist somit ein Hyperboloid mit einer Mantelfläche.

Beispiel 2. Der Ort eines Punktes, dessen Entfernung von einem festen Punkte zu derjenigen von einer festen Geraden in constantem Verhältniss steht, ist eine Umdrehungsfläche zweiten Grades.

Beispiel 3. Man soll den Ort der Mittelpunkte aller einer festen Ebene parallelen Geraden finden, welche durch zwei feste sich nicht durchschneidende Gerade begrenzt sind.

Wir nehmen die Ebene $x = 0$ als der festen Ebene parallel und die Ebene $y = 0$ wie im vorigen Beispiel parallel und äquidistant den beiden gegebenen Geraden, so dass die Gleichungen derselben

$$z = c,\ y = mx + n;\quad z = -c,\ y = m'x + n'$$

sind. Der fragliche Ort ist dann offenbar die gerade Linie, in welcher die Ebenen

$$z = 0,\ 2y = (m+m')x + (n+n')$$

sich schneiden.

Beispiel 4. Bestimme die Umdrehungsfläche, welche durch eine um eine feste sie nicht durchschneidende Axe sich drehende gerade Linie erzeugt wird.

Sei die feste Linie die Axe der z und eine bestimmte Lage der Erzeugenden durch $x = mz + n,\ y = m'z + n'$ ausgedrückt. Da nun jeder Punkt der sich drehenden Geraden einen Kreis beschreibt, dessen Ebene derjenigen der xy parallel ist, so ist für alle Punkte eines solchen ebenen Schnittes der Werth von $x^2 + y^2$ d. i. in Function von z

$$(mz+n)^2 + (m'z+n')^2$$

constant; die Gleichung der fraglichen Fläche ist daher

$$x^2 + y^2 = (mz+n)^2 + (m'z+n')^2,$$

und sie ist also ein Umdrehungshyperboloid mit einer Mantelfläche.

Beispiel 5. Zwei durch den Anfangspunkt der Coordinaten gehende Gerade bewegen sich in festen Ebenen so, dass sie stets rechtwinklig zu einander bleiben; welches ist die Gleichung der Kegelfläche, die von der gemeinschaftlichen Normalen dieser beiden Geraden im Anfangspunkte erzeugt wird?

Wir bezeichnen durch $a, b, c; a', b', c'$ die Richtungswinkel der Normalen der festen Ebenen und durch α, β, γ die der beweglichen Geraden; dann sind die Richtungscosinus der Durchschnittslinien der festen Ebenen mit einer zur beweglichen Geraden normalen Ebene (Art. 15) zu

$\cos\beta\cos c - \cos\gamma\cos b, \cos\gamma\cos a - \cos\alpha\cos c, \cos\alpha\cos b - \cos\beta\cos a$;
$\cos\beta\cos c' - \cos\gamma\cos b', \cos\gamma\cos a' - \cos\alpha\cos c', \cos\alpha\cos b' - \cos\beta\cos a'$

proportional und die Bedingung, unter welcher sie zu einander normal sind, ist daher

$(\cos\beta\cos c - \cos\gamma\cos b)(\cos\beta\cos c' - \cos\gamma\cos b')$
$+ (\cos\gamma\cos a - \cos\alpha\cos c)(\cos\gamma\cos a' - \cos\alpha\cos c')$
$+ (\cos\alpha\cos b - \cos\beta\cos a)(\cos\alpha\cos b' - \cos\beta\cos a') = 0$;

die bewegliche Gerade beschreibt daher eine Kegelfläche zweiten Grades.

Die beiden zu einander normalen Geraden in den festen Ebenen bestimmen mit einander eine Ebene, die ihrerseits einen Kegel zweiten Grades umhüllt, den Normalen-Kegel des Betrachteten.

Beispiel 6. Zwei zu einander normale Ebenen gehen jede durch eine feste gerade Linie; man soll die von ihrer Durchschnittslinie erzeugte Fläche bestimmen.

Wir wählen die Axen, wie im Beispiel 1.; dann sind

$\lambda(z-c) + y - mx = 0, \lambda'(z+c) + y + mx = 0$

die Gleichungen der Ebenen und die Bedingung ihrer Rechtwinkligkeit ist

$\lambda\lambda' + 1 - m^2 = 0$;

die Einführung der aus den vorigen Gleichungen entspringenden Werthe von λ, λ' in dieselbe giebt die Gleichung eines Hyperboloids mit einer Mantelfläche

$$y^2 - m^2 x^2 + (1 - m^2)(z^2 - c^2) = 0.$$

Wenn die festen Geraden sich durchschneiden, also für $c = 0$, so reducirt sich der Ort auf eine Kegelfläche zweiten Grades.

Beispiel 7. Eine Gerade bewegt sich über zwei anderen nicht in derselben Ebene gelegenen geraden Linien so, dass das zwischen denselben enthaltene Segment von einem bestimmten Punkte aus stets unter rechtem Winkel erscheint. Ihr Ort ist ein Hyperboloid mit einer Mantelfläche und speciell für die Rechtwinkligkeit der beiden gegebenen Geraden ein hyperbolisches Paraboloid.

Beispiel 8. Welches ist der Ort eines Punktes, von dem an die Fläche zweiten Grades

Untersuchung geometrischer Oerter. Art. 121.

$$\frac{x^2}{a^2} + \frac{y^2}{b^2} + \frac{z^2}{c^2} = 1$$

drei zu einander rechtwinklige Tangenten gelegt werden können?

Wenn wir uns die Gleichung der Fläche zu drei solchen Geraden als Axen transformiert denken, so erhalten wir nothwendig die Gleichung des dem neuen Anfangspunkt entsprechenden Tangentenkegels in der Form

$$A_{23}yz + A_{13}zx + A_{12}xy = 0,$$

weil die Axen selbst als Kanten des Kegels erscheinen. Nach dem Beispiel des Art. 78. ist aber die allgemeine Gleichung des Tangentenkegels vom Punkte (x', y', z')

$$\left(\frac{x'^2}{a^2} + \frac{y'^2}{b^2} + \frac{z'^2}{c^2} - 1\right)\left(\frac{x^2}{a^2} + \frac{y^2}{b^2} + \frac{z^2}{c^2} - 1\right)$$
$$= \left(\frac{xx'}{a^2} + \frac{yy'}{b^2} + \frac{zz'}{c^2} - 1\right)^2$$

und wir wissen aus Art. 82., dass die Summe der Coefficienten von x^2, y^2, z^2 beim Uebergang zu einem andern System rectangulärer Axen unverändert bleibt. Wir haben daher, um die Gleichung des Ortes zu erhalten, nur die Bedingung auszudrücken, unter welcher diese Coefficientensumme verschwindet; sie ist

$$\frac{x'^2}{a^2}\left(\frac{1}{b^2} + \frac{1}{c^2}\right) + \frac{y'^2}{b^2}\left(\frac{1}{c^2} + \frac{1}{a^2}\right) + \frac{z'^2}{c^2}\left(\frac{1}{a^2} + \frac{1}{b^2}\right) = \frac{1}{a^2} + \frac{1}{b^2} + \frac{1}{c^2}$$

Beispiel 9. Wenn drei zu einander rechtwinklige Sehnen durch einen Punkt eines Ellipsoids gezogen werden, so bestimmt die Ebene ihrer Endpunkte einen festen Punkt in der Normale ihres Anfangspunktes und der Ort dieses Punktes für alle Lagen des Letzteren auf dem Ellipsoid ist ein concentrisches coaxiales Ellipsoid.

Für

$$ax^2 + by^2 + cz^2 + 2lyz + 2mzx + 2nxy = 0$$

als Gleichung der Fläche ist der gedachte Punkt als Anfangspunkt, seine Tangentenebene als Ebene xy und seine Normale als Axe der z vorausgesetzt. Ist dann

$$a'x + b'y + c'z = d'$$

die Ebene der drei Punkte, so ist

$$d'(ax^2 + by^2 + cz^2 + 2lyz + 2mzx + 2nxy) - 2rz(a'x + b'y + c'z) = 0$$

die Gleichung einer durch die Schnittcurve derselben mit der Fläche aus dem Anfangspunkte beschriebenen Kegelfläche und die Bedingung, unter der sie drei zu einander normale Erzeugende besitzt,

$$d'(a + b + c) + 2rc' = 0$$

oder

$$\frac{d}{c'} = \frac{-2r}{a+b+c}$$

Für $x=0$, $y=0$ folgt aber aus der Gleichung der Ebene

$$\frac{d}{c'} = c,$$

somit

$$z = \frac{-2r}{a+b+c}$$

d. i. constant.

Für die Untersuchung des von diesem Punkte durchlaufenen Ortes darf sodann vorausgesetzt werden, dass die drei Geraden den Axen des Ellipsoids, welches nun durch

$$\frac{x^2}{a^2} + \frac{y^2}{b^2} + \frac{z^2}{c^2} = 1$$

dargestellt sei, parallel bleiben, so dass für den Punkt (x', y', z') als Anfangspunkt ihre Endpunkte durch

$$(-x', y', z'),\ (x', -y', z'),\ (x', y', -z')$$

und die Ebene derselben durch

$$\frac{x}{x'} + \frac{y}{y'} + \frac{z}{z'} = 1 \text{*})$$

gegeben sind. Da die Normale der Fläche in (x', y', z') die Gleichungen

$$a^2 \frac{x-x'}{x'} = b^2 \frac{y-y'}{y'} = c^2 \frac{z-z'}{z'}$$

besitzt, so liefert die Elimination von x', y', z' die Gleichung des Ortes in der Form

$$\left(\frac{x^2}{\frac{a^2}{a} - \frac{y}{a}r^2}\right)^2 + \left(\frac{y^2}{\frac{b^2}{b} - 2r^2}\right)^2 + \left(\frac{z^2}{\frac{c^2}{c} - 2r^2}\right)^2 = 1,$$

wo wir

$$\frac{1}{r^2} = \frac{1}{a^2} + \frac{1}{b^2} + \frac{1}{c^2}$$

gesetzt haben.

Beispiel 10. Die sechs Tangentenebenen des Ellipsoids in den Endpunkten der drei zu einander rechtwinkligen

---

*) Die durch die drei Projectionen des Punktes auf die Hauptebenen bestimmte Ebene ist

$$\frac{x}{x'} + \frac{y}{y'} + \frac{z}{z'} = 2.$$

Ihre Enveloppe bietet eine verwandte Aufgabe.

Sehnen bestimmen mit einander die acht Ecken eines Hexaeders, welche stets auf einem bestimmten zweiten Ellipsoid gelegen sind; die Verbindungslinien der Gegenecken desselben gehen durch den nämlichen Punkt.

Beispiel 11. Für das durch Drehung einer gleichseitigen Hyperbel entstehende Hyperboloid mit einer Mantelfläche sind die zweiten Kreisschnitte des aus einem Punkte der Fläche über dem Kehlkreis beschriebenen Kegels normal zur Ebene des Letzteren.

Die Gleichung des Hyperboloids ist

$$x^2 + y^2 - z^2 = a^2,$$

und für den Scheitel (x', y', z') ist eine Erzeugende des Kegels durch die Gleichungen

$$x - x' = \frac{x'-x_1}{z'}(z - z'), \quad y - y' = \frac{y'-y_1}{z'}(z - z')$$

dargestellt und ihr Durchschnittspunkt mit dem Kehlkreis durch

$$x_1 = \frac{x'z - xz'}{z - z'}, \quad y_1 = \frac{y'z - yz'}{z - z'}$$

bestimmt; die Substitution dieser Werthe in die Gleichung des Kehlkreises giebt für den Kegel

$$(x'z - xz')^2 + (y'z - yz')^2 = a^2(z - z')^2.$$

Für $x' = 0$ und $y' = 0$ oder den Scheitel des Kegels im Hauptschnitt der xz Ebene erhält man die Gleichung eines aus einem Punkte der Axe der z beschriebenen Kreises. Die Normalebenen zur Axe der z und die zur Axe der x sind daher die Ebenen der Kreisschnitte.

Beispiel 12. Die Gleichung des Kegels zu finden, welcher aus dem Scheitel (x', y', z') über dem in der Ebene xy gelegenen Kegelschnitt beschrieben wird

$$\frac{x^2}{a^2} + \frac{y^2}{b^2} = 1.$$

Die Gleichungen der geraden Verbindungslinie eines Punktes (α, β) der Basis mit dem Scheitel sind

$$\alpha(z' - z) = z'x - zx', \quad \beta(z' - z) = z'y - zy',$$

und die Substitution dieser Werthe in die Gleichung der Basis liefert als Gleichung des fraglichen Kegels

$$\frac{(z'x - zx')^2}{a^2} + \frac{(z'y - zy')^2}{b^2} = (z' - z)^2.$$

Soll derselbe speciell ein Umdrehungskegel sein, so zeigt die Bedingung des Art. 119., (da hier $a_{12} = 0$ ist) dass dann der Punkt (x', y', z') auf einer in der Ebene xz verzeichneten Hyperbel liegen muss, welche die Scheitel der gegebenen Ellipse zu Brennpunkten und ihre Brennpunkte zu Scheiteln hat.

Wir geben im Folgenden eine allgemeine Methode zur Bestimmung der Gleichung des Kegels, welcher den Punkt (x', y', z', w') zum Scheitel und die Durchschnittslinie zweier durch $U = 0$, $V = 0$ repräsentierten Flächen zur Leitcurve hat.

Wenn wir durch

$$U + \lambda \delta U + \frac{\lambda^2}{1\cdot 2}\delta^2 U + \text{etc.},$$
$$V + \lambda \delta V + \frac{\lambda^2}{1\cdot 2}\delta^2 V + \text{etc.}$$

die Resultate der Substitution von $x + \lambda x'$, $y + \lambda y'$, etc. für x, y, etc. in die Gleichungen der Flächen bezeichnen, so ist das Ergebniss der Elimination von λ zwischen diesen Formen die Gleichung des fraglichen Kegels. Denn die Punkte, in denen die gerade Verbindungslinie von (x', y', z', w') mit (x, y, z, w) die Fläche U schneidet, werden aus der Vergleichung des ersten dieser Substitutionsresultate mit Null erhalten und ebenso die Durchschnittspunkte derselben Linie mit der Fläche V aus dem zweiten; da aber die Resultante beider Gleichungen nur für eine gemeinschaftliche Wurzel derselben verschwindet, so liegt unter der Voraussetzung ihres Verschwindens der Punkt (x, y, z, w) in einer durch (x', y', z', w') gehenden und die Durchschnittscurve der Flächen schneidenden Geraden.

Beispiel 13. Die Kegel, welche über den durch die kleinste Axe eines Ellipsoides gehenden Hauptschnitten aus den Endpunkten der grossen und der mittlern Axe beschrieben werden, sind

$$\frac{(x-a)^2}{a^2} = \frac{y^2}{b^2} + \frac{z^2}{c^2}, \quad \frac{(y-b)^2}{b^2} = \frac{x^2}{a^2} + \frac{z^2}{c^2};$$

sie besitzen eine gemeinschaftliche Tangentenebene und einen gemeinschaftlichen parabolischen Schnitt; diese beiden Ebenen bestimmen mit dem Ellipsoid Querschnitte, deren Inhalt im Verhältniss 1 : 2 stehen.

Beispiel. 14. Die Gleichung des Kegels, der das Centrum eines Ellipsoids zum Scheitel hat und dessen Basis der durch die Polarebene eines Punktes (x', y', z') mit ihm bestimmte Schnitt ist, wird dargestellt durch

$$\frac{x^2}{a^2} + \frac{y^2}{b^2} + \frac{z^2}{c^2} = \left(\frac{xx'}{a^2} + \frac{yy'}{b^2} + \frac{zz'}{c^2}\right)^2.$$

Beispiel 15. Wenn eine Ebene um einen festen Punkt so bewegt wird, dass sie in jeder ihrer Lagen mit n festen Ebenen Winkel $\alpha_1, \alpha_2, \ldots, \alpha_n$ bildet, für welche

$$c_1 \cos \alpha_1 + c_2 \cos \alpha_2 + \ldots + c_n \cos \alpha_n = k$$

ist, wo $c_1, c_2, \ldots, c_n, k$ Constanten bezeichnen, so umhüllt sie einen Drehungskegel zweiten Grades von unveränderlicher Axe. Die Summe

$$\sum_1^n c_i \cos \alpha_i$$

hat ihren Minimalwerth, wenn derselbe sich auf eine Gerade, diese Axe selbst, und ihren Maximalwerth, wenn er sich auf eine zu dieser normale Ebene reducirt.

Wenn die festen Ebenen durch

$$A_i x + B_i y + C_i z = D_i, \quad (i = 1, 2, \ldots, n)$$

und die bewegliche Ebene E durch

$$\alpha x + \beta y + \gamma z = \delta$$

dargestellt sind, so geht

$$\sum_1^n c_i \cos \alpha_i = k$$

für $r = (\alpha^2 + \beta^2 + \gamma^2)^{\frac{1}{2}}$, $r_i = (A_i^2 + B_i^2 + C_i^2)^{\frac{1}{2}}$ in

$$\sum c_i \frac{\alpha A_i + \beta B_i + \gamma C_i}{r r_i} = k,$$

also für

$$a = \sum_1^n c_i \frac{A_i}{r_i}, \quad b = \sum_1^n c_i \frac{B_i}{r_i}, \quad c = \sum_1^n c_i \frac{C_i}{r_i}$$

in

$$\frac{a\alpha + b\beta + c\gamma}{r} = k$$

über. Sie ist identisch mit

$$\frac{\alpha \frac{a}{c} + \beta \frac{b}{c} + \gamma}{r \sqrt{\left(\frac{a^2}{c^2} + \frac{b^2}{c^2} + 1\right)}} = \frac{k}{\sqrt{a^2 + b^2 + c^2}}$$

oder

$$\sin (E, g) = \frac{k}{\sqrt{a^2 + b^2 + c^2}},$$

wenn g die durch

$$x = \frac{a}{c} z, \quad y = \frac{b}{c} z$$

dargestellte Gerade ist und (E, g) den von ihr mit der beweglichen Ebene eingeschlossenen Winkel bezeichnet. Diese Gerade ist die Axe des von der Letzteren umhüllten Rotationskegels, und die erhaltene Relation zeigt, dass k nicht grösser als

$$\sqrt{a^2 + b^2 + c^2}$$

138   Sechstes Kapitel. Art. 121.

sein kann und dass dann der Kegel in eine zu g normale Ebene übergeht. Für $k = 0$ wird der Kegel zum Cylinder von der Axe g.*)

Wenn die bewegliche Ebene statt durch den zum Anfangspunkt genommenen festen Punkt zu geben, eine constante Entfernung e von ihm behält, so ist

$$\alpha x + \beta y + \gamma z = er$$

ihre Gleichung und

$$a\alpha + b\beta + c\gamma - ke = 0$$

die Bedingung; man findet die Enveloppe in der Form

$$(ax + by + cz - ke)^2 = (x^2 + y^2 + z^2 - e^2)(a^2 + b^2 + c^2 - k^2).$$

Beispiel 16. Man soll den Ort derjenigen Punkte der Fläche zweiter Ordnung

$$\frac{x^2}{a^2} + \frac{y^2}{b^2} + \frac{z^2}{c^2} = 1$$

bestimmen, deren Normalen die dem Punkte (x', y', z') entsprechende Normale schneiden.

Die fraglichen Punkte bilden den Durchschnitt der Fläche mit dem Kegel

$$a^2(y'z - yz')(x - x') + b^2(z'x - zx')(y - y') + c^2(x'y - xy')(z - z') = 0.$$

Beispiel 17. Man soll den Ort der Pole der Tangentenebenen einer Fläche zweiter Ordnung in Bezug auf eine andere Fläche zweiter Ordnung bestimmen.

Wir haben zur Beantwortung des Problems die Bedingung auszudrücken, unter welcher die Polare von (x', y', z', w') in Bezug auf die zweite Fläche die erste berührt, d. h. wir haben in die im Art. 79. gegebene Bedingung für die Berührung einer Ebene mit einer Fläche zweiter Ordnung an Stelle der ξ, η, ζ, ω die Derivierten U_1, U_2, U_3, U_4 zu substituieren. Der fragliche Ort ist daher eine Fläche zweiter Ordnung.

Beispiel 18. Man soll den Kegel darstellen, welcher durch die im Scheitel eines gegebenen Kegels auf den Tangentenebenen desselben errichteten Normalen gebildet wird.

Sei $Lx^2 + My^2 + Nz^2 = 0$ der gegebene Kegel, so ist eine seiner Tangentenebenen $Lx'x + My'y + Nz'z = 0$ und ihre durch den Anfangspunkt gehende Normale somit

$$\frac{x}{Lx'} = \frac{y}{My'} = \frac{z}{Nz'}.$$

---

*) Sind die e_i die Flächenzahlen von Figuren in gegebenen Ebenen, so ist k die Summe ihrer Projectionen auf die bewegliche Ebene; die Tangentenebenen der erhaltenen Rotationskegel geben constante Summen, die Normalebene zu g die Maximalsumme derselben.

Untersuchung geometrischer Oerter. Art. 121.   139

Bezeichnen wir den gemeinschaftlichen Werth dieser Grössen durch ϱ, so ist

$$x' = \frac{x}{L\varrho}, \quad y' = \frac{y}{M\varrho}, \quad z' = \frac{z}{N\varrho},$$

und die Substitution in $Lx'^2 + My'^2 + Nz'^2 = 0$ giebt nach Division mit ϱ^2

$$\frac{x^2}{L} + \frac{y^2}{M} + \frac{z^2}{N} = 0$$

als die fragliche Gleichung. Ihre Form zeigt, dass die Relation zwischen beiden Kegelflächen eine reciproke ist und dass also die Kanten des ersten normal sind zu den Tangentenebenen des zweiten. Man erkennt leicht, wie dieses Problem einen speciellen Fall des vorhergehenden bildet.

Wenn die Gleichung des Kegels in der Form

$$a_{11}x^2 + a_{22}y^2 + a_{33}z^2 + 2a_{23}yz + 2a_{13}zx + 2a_{12}xy = 0$$

gegeben ist, so wird die des Reciprocalkegels in der Form

$$(a_{22}a_{33} - a_{23}^2)x^2 + (a_{33}a_{11} - a_{13}^2)y^2 + (a_{11}a_{22} - a_{12}^2)z^2$$
$$+ 2(a_{13}a_{12} - a_{11}a_{23})yz + 2(a_{12}a_{23} - a_{22}a_{13})zx + 2(a_{23}a_{13} - a_{33}a_{12})xy = 0$$

gefunden, übereinstimmend mit der der Reciprocalcurve der analytischen Planimetrie.

Beispiel 19. Eine gerade Linie bewegt sich so, dass drei feste Punkte in ihr in drei festen Ebenen bleiben: welches ist der von einem beliebigen Punkte dieser Linie durchlaufene Ort?

Wir denken die drei festen Ebenen als Coordinatenebenen und als von der geraden Linie in den Punkten A, B, C geschnitten und nennen die Coordinaten des betrachteten Punktes α, β, γ. Die Coordinaten von A sind alsdann

$$0, \quad \frac{AB}{PB}\beta, \quad \frac{AC}{PC}\gamma,$$

wo die Verhältnisse $AB : PB$ und $AC : PC$ bekannt sind. Indem wir dann nach Art. 10 die Unveränderlichkeit der Distanz PA ausdrücken, erkennen wir als die Ortsfläche ein Ellipsoid.

Wenn der Punkt P eine der Strecken AB, BC, CA halbiert, so ist der Ort speciell ein Rotationsellipsoid.

Es ist ein specieller Fall dieses Problems, wenn der eine Endpunkt der Geraden in einer festen Ebene, der andere in einer festen Geraden sich bewegen muss; die Letztere ist der Durchschnitt zweier Ebenen, und die zwischen beiden auf der bewegten Geraden gelegene Strecke ist Null. Der entsprechende Ort ist ein Rotationsellipsoid, wenn die feste Gerade zur festen Ebene normal ist, und insbesondere eine Kugel, wenn der Punkt P die Gerade halbiert.

Beispiel 20. Von zwei festen Punkten A und O ist der letztere auf einer Kugelfläche gelegen; die Verbindungslinie

DA eines beliebigen andern Punktes D der Kugelfläche mit A schneidet die Kugel ferner in dem Punkte D'; man soll den Ort des Punktes P auf OD bestimmen, für welchen $OP = AD'$ ist.

Wir haben $\overline{AD}^2 = AO^2 + OD^2 - 2AO.OD.\cos AOD$, und in dieser Gleichung ist AD dem Radius vector des Ortes umgekehrt proportional und OD ist durch die Gleichung der Kugel in Function der Winkel bestimmt, welche sie mit festen Axen bildet. Daraus erkennt man den Ort als eine Fläche zweiter Ordnung vom Centrum O.

Beispiel 21. Der Ort eines Punktes P, dessen Verbindungslinie mit einem gegebenen Punkte O in einer festen Ebene einen Punkt Q so bestimmt, dass die Relation

$$OP . OQ = k^2$$

stattfindet (k eine Constante), ist eine Kugelfläche.

Beispiel 22. Eine Ebene geht stets durch eine feste gerade Linie und ihre jedesmaligen Durchschnittslinien mit zwei festen Ebenen sind mit einem festen Punkte durch Ebenen verbunden; welches ist die durch die Durchschnittslinie der beiden letzteren Ebenen erzeugte Fläche?

Beispiel 23. Die vier Flächen eines Tetraeders gehen jede durch einen festen Punkt; man soll den Ort einer Ecke desselben bestimmen, wenn jede der drei nicht durch sie hindurchgehenden Kanten sich in einer festen Ebene bewegt.

Der Ort ist im Allgemeinen eine Fläche dritter Ordnung, die den Durchschnittspunkt der drei Ebenen zu einem Doppelpunkt hat. Sie reducirt sich auf einen Kegel zweiten Grades, wenn die vier festen Punkte in einer und derselben Ebene liegen.

Wir setzen

$$u = 0, \quad v = 0, \quad w = 0$$

als die Gleichungen der festen Ebenen voraus, in denen die Seiten der einen Tetraederfläche sich bewegen, und

$$(x_0, y_0, z_0), (x_1, y_1, z_1), (x_2, y_2, z_2), (x_3, y_3, z_3)$$

als die Coordinaten der Punkte, durch welche diese Fläche und die drei andern Flächen hindurchgehen, bezeichnen auch die Resultate der Substitution der Letzteren in die Polynome u, v, w durch u_1, v_2, w_3. Dann ist für

$$Ax + By + Cz + D = 0$$

als Gleichung der durch (x_0, y_0, z_0) gehenden Fläche, die Gleichung der durch den Punkt (x_1, y_1, z_1) gehenden von der Form

$$Ax + By + Cz + D + \lambda u = 0,$$

mit der Bedingung

also
$$Ax_1 + By_1 + Cz_1 + D + \lambda u_1 = 0,$$
$$A(ux_1 - u_1 x) + B(uy_1 - u_1 y) + C(uz_1 - u_1 z) + D(u - u_1) = 0;$$

ebenso die beiden andern. Die Elimination von A, B, C, D zwischen den vier so erhaltenen Gleichungen giebt

$$\begin{vmatrix} x_0, & y_0, & z_0, & 1 \\ ux_1 - u_1 x, & uy_1 - u_1 y, & uz_1 - u_1 z, & u - u_1 \\ vx_2 - v_2 x, & vy_2 - v_2 y, & vz_2 - v_2 z, & v - v_2 \\ wx_3 - w_3 x, & wy_3 - w_3 y, & wz_3 - w_3 z, & w - w_3 \end{vmatrix} = 0,$$

eine Gleichung dritten Grades, als die Gleichung des Ortes. Wenn man sie in die Form

$$\begin{vmatrix} 1, & x, & y, & z, & 1 \\ 0, & x_0, & y_0, & z_0, & 1 \\ u_1, & ux_1, & uy_1, & uz_1, & u \\ v_2, & vx_2, & vy_2, & vz_2, & v \\ w_3, & wx_3, & wy_3, & wz_3, & w \end{vmatrix} = 0$$

transformiert und für

$$\begin{vmatrix} x_0, & y_0, & z_0, & 1 \\ x_1, & y_1, & z_1, & 1 \\ x_2, & y_2, & z_2, & 1 \\ x_3, & y_3, & z_3, & 1 \end{vmatrix} = D$$

in

$$uvw\, D = u_1 vw\,(x_0 y_2 z_3 1) + v_2 uw\,(x_0 y_1 z_3 1) + w_3 uv\,(x_0 y_1 z_2 1)$$

entwickelt, wo $(x_0 y_2 z_3 1)$, etc. Determinanten bezeichnen, so erkennt man, dass für jede der festen Ebenen der Durchschnitt mit der Ortsfläche aus geraden Linien besteht, dass er für die Ebene der drei festen Punkte (x_0, y_0, z_0), (x_1, y_1, z_1), (x_2, y_2, z_2) ein Kegelschnitt ist, welcher durch die beiden letzten und die Durchschnitte der drei Spuren der festen Ebenen in dieser bestimmt ist; endlich, dass der Ort für die Lage der vier festen Punkte in einer Ebene

$$ax + by + cz + d = 0$$

in einen Kegel zweiten Grades und diese Ebene zerfällt, weil dann

$$D = 0, \text{ und } \frac{dD}{dx_i} : a = \frac{dD}{dy_i} : b = \frac{dD}{dz_i} : c = \frac{dD}{da_i} : d = h_i, (i = 1,2,3,4)$$

und a_1, a_2, a_3, a_4 als Stellvertreter der Einheiten in der letzten Verticalreihe der D, also die Gleichung des Ortes

$$(h_1 \frac{u_1}{u} + h_2 \frac{v_2}{v} + h_3 \frac{w_3}{w})(ax + by + cz + d) = 0$$

wird. Der Kegel ist der dreiseitigen Ecke der Ebenen

$$u = 0, \quad v = 0, \quad w = 0$$

umschrieben; ist die dritte derselben der Schnittlinie der beiden ersten parallel, so wird er zum Cylinder.

Beispiel 24. Man soll den Ort der einen Ecke eines Tetraeders bestimmen, wenn die drei in ihr zusammenstossenden Kanten und die gegenüberliegende Fläche je durch einen festen Punkt gehen, und die drei andern Ecken sich in festen Ebenen bewegen.

Beispiel 25. Eine Ebene geht durch einen festen Punkt und ihre Durchschnittspunkte mit drei festen geraden Linien bestimmen mit je einer von drei andern festen geraden Linien drei Ebenen; man soll den Ort ihres Durchschnittspunktes untersuchen.

Beispiel 26. Die Seiten eines Polygons im Raume gehen durch feste Punkte und seine Ecken bewegen sich alle bis auf eine in festen Ebenen; man soll die Ortscurve der letzten Ecke bestimmen.

Beispiel 27. Die Seiten eines Polygons im Raume gehen, eine einzige ausgenommen, durch feste Punkte, die Endpunkte dieser letzten Seite bewegen sich in festen geraden Linien, alle andern Ecken des Polygons aber in festen Ebenen; man soll die durch die freie Seite erzeugte Fläche untersuchen.

Beispiel 28. Die Ecken eines Dreiecks bewegen sich auf einer Fläche zweiten Grades, während zwei seiner Seiten durch feste Punkte gehen; die Enveloppe seiner freien Seite ist eine Fläche zweiten Grades, welche die gegebene doppelt berührt, wo die Verbindungslinie der beiden festen Punkte sie schneidet. Wenn die erste der beiden Flächen eine Kugel ist, so sind die Berührungspunkte die Kreispunkte der zweiten. (Vergl. „Analyt. Geom. d. Kegelschn." Art. 307, 5.)

VII. Kapitel.

Methoden der abgekürzten Bezeichnung.

122. Wir geben in diesem Kapitel einen Abriss einiger von denjenigen Eigenschaften der Flächen zweiter Ordnung, welche am einfachsten durch den Gebrauch abkürzender Symbole bewiesen werden, durch Methoden also, welche den in dem Kapitel XV. der „Kegelschnitte" auseinander gesetzten analog sind. Es ist jedoch zweckmässig, auch ohne die Coordinatenentwickelung der Art. 38., 39. zuerst noch einmal zu zeigen, dass alle die anzuwendenden Gleichungen eine zweifache Interpretation gestatten und dass daher jeder gefundene Satz einen andern ihm dualistisch entsprechenden Satz liefert. Es ist in der That unschwer zu erkennen, dass die Theorie der reciproken Polaren („Kegelschn." Art. 381 f.) ohne wesentliche Veränderung auf die Probleme der Geometrie des Raumes sich überträgt.

Wir denken die Polaren in Bezug auf irgend eine Fläche zweiter Ordnung (Σ) gebildet. Jedem Punkte entspricht eine Ebene und umgekehrt, und jeder geraden Linie als der Verbindung zweier Punkte entspricht eine gerade Linie als Durchschnitt zweier Ebenen. Einer Fläche S als einem Orte von Punkten entspricht daher im Allgemeinen eine Fläche S als Enveloppe von Ebenen.

Wenn wir in S einen Punkt betrachten, der einer gewissen Tangentialebene von S entspricht, so entspricht auch umgekehrt die Tangentialebene von S in diesem Punkte dem Berührungspunkt jener Tangentialebene von S. Denn die Tangentialebene von S enthält alle die Punkte der Fläche S, die dem angenommenen Punkte benachbart sind und es muss ihr also der Punkt correspondieren, in dem sich alle die der angenommenen benachbarten Tangentialebenen von S schneiden, d. h. der Berührungspunkt dieser Ebene mit der Fläche.

So entspricht überhaupt jedem mit einer Fläche verbundenen Punkte eine mit der reciproken Fläche verbundene Ebene und umgekehrt; einer Geraden als zwei Punkte verbindend entspricht eine Gerade als Durchschnitt von zwei Ebenen. In Folge dessen ist die Ordnung von S, als ausgedrückt durch die Zahl der Punkte, in denen eine Gerade diese Fläche schneidet, der Classe von S gleich, welche durch die Zahl der Tangentialebenen gegeben wird, die an S durch eine Gerade gehen. Die Reciprokalfläche einer Fläche zweiter Ordnung ist daher wieder eine Fläche zweiter Ordnung, weil nach Art. 60. zwei Tangentialebenen durch eine beliebige Gerade an sie gehen. (Vergl. Art. 65.)

123. Sehr einfache Vorstellungen aus der Theorie der Curven von doppelter Krümmung zeigen die allgemeinen Reciprocitätsverhältnisse dieser Letzteren. Eine jede nicht ebene Curve kann als eine Reihe von Punkten betrachtet werden, die nach einem gewissen Gesetze auf einander folgen; sie mögen durch 1, 2, 3, etc. bezeichnet sein. Aus der Verbindung jedes dieser Punkte mit dem nächstfolgenden entspringt eine Reihe von geraden Linien, welche durch 12, 23, 34, etc. zu bezeichnen sind; jede von ihnen ist eine Tangente der Curve. In ihrer Vereinigung bilden sie eine Fläche und zwar eine entwickelbare oder developpable Fläche (Anmerk. des Art. 113.), weil jede von ihnen (wie 12) die nächstfolgende (23) durchschneidet. Wenn wir endlich die Ebenen 123, 234, etc. betrachten, von denen jede drei auf einander folgende Punkte enthält, so bilden sie eine Reihe von Ebenen, welche als die osculirenden Ebenen der Curve benannt werden und die zugleich Tangentenebenen der durch ihre Tangenten erzeugten abwickelbaren Fläche sind.

Die Bildung des reciproken Systems giebt uns an Stelle der Reihen von Punkten, Linien und Ebenen entsprechende Reihen von Ebenen, Linien und Punkten; die Reciprokalform einer Reihe von Punkten, welche eine Curve im Raume bilden, ist daher eine Reihe von Ebenen, die eine developpable Fläche berühren.

Wenn die Curve jener Punkte ganz in einer Ebene enthalten ist, so gehen die Ebenen der Reciproken sämmtlich durch einen Punkt und bilden die Tangentenebenen einer Kegelfläche.

So bildet die Reihe der Punkte, welche zweien Oberflächen gemeinsam sind, eine Curve im Raume; reciprok wird von der Reihe der Tangentenebenen, welche zweien Oberflächen gemeinsam sind, eine abwickelbare Fläche berührt, welche beide Oberflächen umhüllt.

Der Schaar der durch einen Punkt gehenden Tangentenebenen einer Fläche entspricht die Reihe der in der correspondirenden Ebene liegenden Punkte der andern Fläche oder dem ebenen Schnitt der Fläche der Tangentenkegel ihrer Reciproken. Es ergiebt sich auch leicht, dass einem Punkt und seiner Polarebene in Bezug auf eine Fläche zweiter Ordnung eine Ebene und ihr Pol in Bezug auf die reciproke Fläche zweiter Ordnung entsprechen.

124. Die Reciproken werden oft in Bezug auf eine feste Kugel gebildet, deren Centrum dann der Ursprung der Reciprocität heisst, und wie in Art. 385. der „Kegelschn." erörtert, kann auch hier die Erwähnung der Kugel unterlassen und von den Reciprokalformen als in Bezug auf einen gewissen Ursprung gebildet gesprochen werden. Diesem Ursprung entspricht selbst die unendlich ferne Ebene und dem Querschnitt der einen Fläche in der letztern Ebene entspricht der Tangentenkegel, der vom Ursprung aus an die andere ihr reciproke geht. Wenn also der Ursprung ausserhalb einer Fläche zweiten Grades liegt, d. h. wenn von ihm aus an dieselbe reelle Tangentialebenen gehen, so hat die Reciprokalfläche reelle Punkte im Unendlichen oder sie ist ein Hyperboloid; wenn der Ursprung im Innern der Fläche liegt, so ist die Reciproke ein Ellipsoid; wenn er der Fläche selbst angehört, so wird die Reciprokalfläche von der unendlich fernen Ebene berührt, oder sie ist, wie wir alsbald sehen werden, ein Paraboloid.

Die Reciproke einer Regelfläche, d. i. einer durch Bewegung einer geraden Linie erzeugten Fläche, ist wieder eine Regelfläche, da einer geraden Linie eine gerade Linie und der durch Bewegung einer Geraden erzeugten Originalfläche die durch Bewegung der Reciprokallinie entstehende Fläche entspricht*). Dem einfachen Hyperboloid entspricht daher stets wieder ein einfaches Hyperboloid, so lange der Ursprung nicht in der Fläche liegt, und wenn diess der Fall ist, so ist die Reciprokalfläche ein hyperbolisches Paraboloid.

125. Wenn die Reciproken in Bezug auf eine Kugel gebildet werden, so ist jede Ebene zu der geraden Linie normal, die den ihr entsprechenden Punkt mit dem Ursprung verbindet. So entspricht jedem Kegel eine ebene Curve und der mit dem Ursprung als Spitze über dieser letzteren gebildete neue Kegel hat normal zu jeder Tangentialebene des ersten Kegels eine Erzeugende und umgekehrt. Man nennt im Allgemeinen zwei Kegel — gleichgültig ob von gemeinsamem Scheitel oder nicht — reciprokal, wenn jede Erzeugende des einen normal ist zu einer Tangentialebene des andern. (Vergl. Beisp. 18 des Art. 121.) Aus dem letzten Art. ergiebt sich beispielsweise, dass der Tangentenkegel einer Fläche aus dem Ursprung in diesem Sinne reciprok ist dem Asymptotenkegel der Reciprokalfläche.

Die Schnitte von zwei reciproken Kegeln von einerlei Scheitel mit einer Ebene sind polarreciprok in Bezug auf den Fusspunkt der Normalen vom gemeinschaftlichen Scheitel auf diese Ebene. Denn für P als den Schnittpunkt der Ebene mit einer Erzeugenden des Kegels und QR als ihre Schnittlinie mit der zu ihr normalen Tangentialebene des andern Kegels, sowie M als Fusspunkt der Normale vom Scheitel O der Kegel auf die Ebene ist offenbar PM normal zu QR und für S als Schnittpunkt von PM und QR ist POS ein bei O rechtwinkliges Dreieck und somit $PM \cdot MS$ dem constanten OM^2 gleich.

---

*) Cayley hat bemerkt, dass der Grad einer Regelfläche immer dem Grade ihrer Reciprokalfläche gleich sein muss. Der Grad der Reciprokalfläche ist der Zahl von Tangentenebenen gleich, welche durch eine willkürliche Gerade gehen. Nun werden wir später formell beweisen, es ist aber an sich hinreichend offenbar (vergl. auch Art. 111.), dass die Tangentenebene in einem beliebigen Punkt einer Regelfläche die erzeugende Gerade enthält, welche durch diesen Punkt geht. Daher ist der Grad der Reciprokalfläche der Zahl von Erzeugenden gleich, welche eine willkürliche Gerade schneiden. Und diess ist genau dieselbe Zahl, wie die der Punkte, in denen die Gerade die Fläche schneidet, weil jeder Punkt einer Erzeugenden der Fläche angehört.

Die Ortscurve von P ist daher identisch mit derjenigen, welche entsteht, wenn man in der von N auf die Tangente QR gefällten Normalen ein dem Reciproken ihrer Länge gleiches Stück abträgt.

Das Folgende erläutert die Anwendung des hiermit begründeten Princips: Durch den Scheitel jedes Kegels vom zweiten Grade gehen zwei als Focallinien benannte Gerade von der Eigenschaft, dass jeder Schnitt des Kegels durch eine Ebene, die zu einer derselben normal ist, den Fusspunkt dieser letztern zum Brennpunkt hat. Denn indem wir den Reciprokalkegel des gegebenen durch die Normale seiner Tangentialebenen aus der Spitze bilden, und die beiden Ebenen der Kreisschnitte betrachten, die derselbe nach Art. 104. besitzt, so erkennen wir nach dem gegenwärtigen Art., dass der Schnitt des gegebenen Kegels mit einer Ebene, die zu einer von diesen parallel ist, ein Kegelschnitt sein muss, der den Fusspunkt ihrer Normale aus dem Scheitel zum Brennpunkt hat. Das eben Bewiesene kann auch dahin ausgesprochen werden, dass die Focallinie eines Kegels zu den Kreisschnittebenen des Reciprokalkegels normal sind.

126. Die Reciprokalfläche einer Kugel in Bezug auf irgend einen Punkt ist eine Umdrehungsfläche, die durch Drehung eines Kegelschnitts um die transversale Axe erzeugt wird. Diess kann ähnlich wie das Entsprechende in Art. 385. der „Kegelschn." bewiesen werden.

Wenn wir zwei beliebige Punkte A, B betrachten, so sind ihre Entfernungen vom Ursprung in dem nämlichen Verhältniss wie die Normalen, welche von jedem auf die dem andern entsprechende Ebene gefällt werden. („Kegelschn." Art. 131.) Da nun die Entfernung des Centrums einer festen Kugel vom Ursprung und die vom Centrum auf die Tangentenebene derselben gefällte Normale beide constant sind, so muss für jeden Punkt der Reciprokalfläche die Entfernung vom Ursprung zu der von ihm auf eine feste nämlich die dem Centrum der Kugel entsprechende Ebene gefällten Normalen in einem constanten Verhältniss sein. Der Ort des Punktes ist aber offenbar eine Umdrehungsfläche, für welche der Ursprung ein Focalpunkt und die fragliche Ebene eine Directrix ist.

Durch die Methode der Reciprocität gelangen wir

daher von Eigenschaften der Kugel zu Eigenschaften von Umdrehungsflächen um die transversale Axe. Indem wir Beispiele dafür geben, stellen wir links Eigenschaften der Kugel, rechts die correspondierenden Eigenschaften der Umdrehungsflächen dar.

Beispiel 1. Eine Tangentenebene einer Kugelfläche ist normal zu der geraden Linie, die ihren Berührungspunkt mit dem Centrum verbindet.	Die gerade Verbindungslinie eines Focalpunktes mit irgend einem Punkte der Fläche ist normal zu der Ebene, welche durch den Focalpunkt und die Durchschnittslinie der entsprechenden Directrixebene mit der Tangentenebene des Punktes bestimmt ist.
Beispiel 2. Jeder Tangentenkegel einer Kugel ist ein gerader Kegel, dessen Tangentenebenen mit der Ebene der Berührungscurve gleiche Winkel bilden.	Der Kegel, dessen Scheitel ein Focalpunkt und dessen Basis ein ebener Schnitt einer Umdrehungsfläche ist, ist ein gerader Kegel, welcher die Verbindungslinie des Focalpunktes mit dem Pol der Schnittebene zur Axe hat.

Es ist ein specieller Fall dieses letzteren Satzes, dass jeder ebene Schnitt eines Umdrehungsparaboloids auf die Tangentenebene in seinem Scheitel sich als ein Kreis projiciert.

Beispiel 3. Jede Ebene ist normal zu der geraden Linie, welche das Centrum mit ihrem Pole verbindet.	Die gerade Verbindungslinie eines beliebigen Punktes mit einem Focalpunkte ist normal zu der Ebene, welche durch diesen Focalpunkt und die Durchschnittslinie der entsprechenden Directrixebene mit der Polarebene des Punktes bestimmt ist.
Beispiel 4. Jede Ebene durch das Centrum ist normal zu dem ihr conjugierten Durchmesser.	Jede Ebene durch einen Focalpunkt ist normal zu der geraden Linie, welche ihn mit ihrem Pol verbindet.
Beispiel 5. Jeder Kegel, der einen ebenen Schnitt der Kugel zur Basis hat, hat zur Ebene desselben parallele Kreisschnitte.	Die Focallinien eines Tangentenkegels der Umdrehungsfläche sind die geraden Linien, welche seinen Scheitel mit den beiden Focalpunkten verbinden.
Beispiel 6. Jeder Cylinder, welcher eine Kugel umhüllt, ist gerade.	Jeder durch einen Focalpunkt gehende ebene Schnitt hat diesen zu einem Brennpunkt.
Beispiel 7. Irgend zwei einander	Die Ebenen, welche von zwei

conjugierte oder polare (vergl. Art. 65) gerade Linien sind rechtwinklig zu einander.

Beispiel 9. Jede eine Kugel umhüllende Fläche zweiten Grades ist eine Umdrehungsfläche und ihr Asymptotenkegel daher ein gerader Kegel.

einander conjugierten geraden Linien mit einem Focalpunkt bestimmt werden, sind normal zu einander.

Wenn eine Fläche zweiten Grades eine Umdrehungsfläche umhüllt, so ist ein Tangentenkegel der ersteren, dessen Scheitel ein Focalpunkt der letzteren ist, ein Umdrehungskegel.

127. Die Reciproke einer centrischen Fläche zweiten Grades in Bezug auf einen beliebigen Punkt kann auch nach Analogie der für Kegelschnitte angewendeten Methode (vergl. „Kegelschn." Art. 308., 309.) ausgedrückt werden. Denn die Länge der von irgend einem Punkte auf die Tangentenebene gefällten Normalen ist nach Art. 89.

$$p = \frac{k^2}{\varrho} = \sqrt{(a^2\cos^2\alpha + b^2\cos^2\beta + c^2\cos^2\gamma)} - (x'\cos\alpha + y'\cos\beta + z'\cos\gamma)$$

und daher die Gleichung der Reciprokalfläche

$$(xx' + yy' + zz' + k^2)^2 = a^2x^2 + b^2y^2 + c^2z^2.$$

So hat die Reciprokalfläche in Bezug auf das Centrum die Gleichung

$$a^2x^2 + b^2y^2 + c^2z^2 = k^4,$$

d. h. sie ist eine Fläche zweiten Grades, deren Axen die Reciproken der Axen der gegebenen Fläche sind.

Wir haben im 17. Beisp. des Art. 121. die Methode angegeben, nach welcher die Gleichung der Reciproken einer Fläche zweiten Grades in Bezug auf eine andere allgemein gebildet wird. Und wir erhalten insbesondere die Reciprokalfläche in Bezug auf die Kugel $x^2 + y^2 + z^2 = k^2$ durch Substitution von $x, y, z, -k^2$ für $\xi_1, \xi_2, \xi_3, \xi_4$ in die Gleichung des Art. 70. In Ebenencoordinaten; oder mehr symmetrisch diese letztere Gleichung selbst kann als die Gleichung der Reciproken in Bezug auf die Fläche $x_1^2 + x_2^2 + x_3^2 + x_4^2 = 0$ betrachtet werden.

Die Reciproke von der Reciproken einer Fläche ist nothwendig diese Fläche selbst. So insbesondere für die Fläche zweiten Grades; wenn wir die Gleichung der Reciproken von der Reciproken einer Fläche zweiten Grades $a_{11}x_1^2 + \ldots = 0$ wirklich bilden in der Form $A_{11}x_1^2 + \ldots = 0$ als Reciproke von der Reciprokalfläche $A_{11}\xi_1^2 + A_{22}\xi_2^2 + \ldots = 0$, so finden wir

$A_{11} = A_{22}A_{33}A_{44} + 2A_{23}A_{24}A_{34} - A_{22}A_{34}^2 - A_{33}A_{24}^2 - A_{44}A_{23}^2$
und durch Einsetzung der Werthe der A_{ik} ferner $A_{11} = \Delta^2 a_{11}$. Und in gleicher Art allgemein $A_{ki} = \Delta^2 a_{ki}$, so dass die Gleichung der Reciproken von der Reciproken in der That das Product der gegebenen Gleichung in das Quadrat der Discriminante ist. (Vergl. „Vorles." Art. 17. und „Kegelschn." Art. 80.)

128. Das Princip der Dualität ist von der Methode der reciproken Polaren unabhängig in den Entwickelungen der Art. 38 f. begründet, aus welchen hervorgeht, dass alle unsere Gleichungen eine zweifache geometrische Interpretation gestatten und dass sie als Gleichungen in Ebenencoordinaten ξ_i interpretiert die reciproken Sätze zu denen liefern, welche nach der Interpretation in Punktcoordinaten x_i in ihnen enthalten sind.

Wenn die homogene Gleichung nten Grades in den x_i eine Fläche nter Ordnung deshalb darstellt, weil die Verbindung derselben mit den Gleichungen einer Geraden, d. h. mit zwei in den x_i linearen Gleichungen die Verhältnisse $x_1 : x_4$, $x_2 : x_4$, $x_3 : x_4$ zu berechnen erlaubt, indem sie für dieselben n Gruppen zusammengehöriger Werthe liefert, nach deren jeder eine Gruppe von drei Ebenen bestimmt ist, die durch die Kanten $A_2 A_3$, $A_3 A_1$, $A_1 A_2$ des Fundamentaltetraeders respective hindurchgehen und den Punkt enthalten, dem jene Werthgruppe angehört; so repräsentiert dualistisch entsprechend jede homogene Gleichung nten Grades in den ξ_i eine Fläche nter Classe, weil jede Ebene $\xi_1 x_1 + \xi_2 x_2 + \xi_3 x_3 + \xi_4 x_4 = 0$, deren Coordinaten ξ_i sie befriedigen, eine Tangentialebene derselben ist und durch jede Gerade n solche Ebenen gebrn, deren Coordinaten man nämlich erhält, indem man die Werthe der Verhältnisse $\xi_1 : \xi_4$, $\xi_2 : \xi_4$, $\xi_3 : \xi_4$ aus der Gleichung der Fläche und zwei linearen Gleichungen, den Gleichungen zweier Punkte jener Geraden bestimmt; oder indem man für η_i und ζ_i als die Coordinaten von zwei durch die Gerade gehenden und sie bestimmenden Ebenen die $\eta_i + k\zeta_i$ als Coordinaten der fraglichen Tangentialebenen mittelst Einsetzen in die Gleichung durch Berechnung der n ihr genügenden Werthe von k bestimmt, analog der Methode des Art. 75.

129. Für die allgemeine Gleichung zweiten Grades in Ebenencoordinaten
$$A_{11}\xi_1^2 + \ldots + 2A_{23}\xi_2\xi_3 + \ldots + 2A_{11}\xi_1\xi_1 + \ldots = 0$$
mag diess etwas weiter ausgeführt werden.

Gleichung zweiten Grades in Ebenencoordinaten. Art. 129. 151

Wenn wir $\xi_i' + k\xi_i''$ für ξ_i einführen, so entsteht eine in k quadratische Gleichung, welche in der Form $\Sigma' + 2k\,\Pi + k^2\Sigma'' = 0$ geschrieben werden mag. Berührt die Ebene ξ_i' die Fläche, so ist $\Sigma' = 0$ und eine der Wurzeln der letztern Gleichung ist $k=0$. Auch die zweite Wurzel wird Null, wenn $\Pi = 0$ ist; d. h. die Coordinaten jeder zur Tangentialebene ξ_i' unendlich nahe benachbarten Tangentialebene genügen der Bedingung

$$\xi_1 \frac{d\Sigma'}{d\xi_1'} + \xi_2 \frac{d\Sigma'}{d\xi_2'} + \xi_3 \frac{d\Sigma'}{d\xi_3'} + \xi_4 \frac{d\Sigma'}{d\xi_4'} = 0 \text{ oder } \xi_i \Sigma_i' + \ldots = 0,$$

welche als Gleichung ersten Grades einen Punkt repräsentiert, nämlich den Berührungspunkt der Ebene ξ_i', durch welchen jede folgende Tangentialebene gehen muss. Wir können aber ferner die eben erhaltene Relation als eine solche betrachten, die die Coordinaten einer Tangentialebene mit denen jeder andern durch ihren Berührungspunkt gehenden Ebene verbindet und schliessen dann aus der vollkommenen Symmetrie der Relation wie in Art. 63., dass für ξ_i' als Coordinaten irgend einer Ebene die Coordinaten der Tangentialebene der Fläche für jeden Punkt in dieser Ebene ξ_i' die Bedingung

$$\xi_1 \Sigma_1' + \xi_2 \Sigma_2' + \xi_3 \Sigma_3' + \xi_4 \Sigma_4' = 0$$

erfüllen müssen; diese stellt aber einen Punkt dar, durch welchen also alle jene Tangentialebenen gehen müssen, mit andern Worten, sie repräsentiert den Pol der gegebenen Ebene. Wir können dann nach der Methode des Art. 79. aus der allgemeinen Gleichung zweiten Grades in Ebenencoordinaten die entsprechende Gleichung ableiten, welcher die Punkte der durch sie dargestellten Fläche genügen müssen, d. i. ihre Gleichung in Punktcoordinaten. Ist die Gleichung eines Punktes der Fläche

$$x_1' \xi_1 + x_2' \xi_2 + x_3' \xi_3 + x_4' \xi_4 = 0,$$

und sind ξ_i die Coordinaten der entsprechenden Tangentialebene, so folgt aus den vorher erhaltenen Gleichungen, dass für λ als einen unbestimmten Multiplicator die Gleichungen bestehen müssen

$$\lambda x_1' = A_{11}\xi_1 + A_{12}\xi_2 + A_{13}\xi_3 + A_{14}\xi_4,$$
$$\lambda x_2' = A_{12}\xi_1 + A_{22}\xi_2 + A_{23}\xi_3 + A_{24}\xi_4,$$
$$\lambda x_3' = A_{13}\xi_1 + A_{23}\xi_2 + A_{33}\xi_3 + A_{34}\xi_4,$$
$$\lambda x_4' = A_{14}\xi_1 + A_{24}\xi_2 + A_{34}\xi_3 + A_{44}\xi_4;$$

die Auflösung derselben nach ξ_i giebt die Coordinaten der Polarebene eines beliebigen Punktes und indem wir ausdrücken, dass diese der gegebenen Gleichung des Punktes genügen, erhalten wir die durch die Coordinaten x_i eines Punktes der Fläche zu erfüllende Relation; sie weicht nur durch Vertauschung der ξ mit den x und der kleinen Buchstaben a_{ik} mit den entsprechenden grossen A_{ik} von der in Art. 79. gefundenen Gleichung ab.

Es erscheint unnöthig, weitere Beispiele dafür zu geben, wie alle die vorhergehenden Untersuchungen den entsprechenden Gleichungen in Ebenencoordinaten angepasst werden können. Wir haben aber in dem nun Folgenden unter den einzuführenden abkürzenden Symbolen überall nur Gleichungen in Ebenencoordinaten zu denken, um directe Beweise der Reciproken der entspringenden Sätze oder der nach dem Princip der Dualität ihnen entsprechenden Sätze zu erhalten.

130. Wenn wir durch $U = 0$, $V = 0$ zwei beliebige Flächen zweiten Grades darstellen, so ist
$$U + \lambda V = 0$$
die allgemeine Gleichung derjenigen Flächen zweiten Grades, welche durch alle gemeinschaftlichen Punkte jener beiden hindurchgehen; sie repräsentiert, wenn λ unbestimmt ist, eine Reihe von Flächen zweiten Grades, welche eine gemeinschaftliche Durchdringungscurve haben. Man kann die Vereinigung derselben als ein **Flächenbüschel zweiten Grades** bezeichnen.

Da nach Art. 58. neun Punkte eine Fläche zweiten Grades bestimmen, so ist $U + \lambda V = 0$ die allgemeinste Gleichung einer durch acht gegebene Punkte gehenden Fläche dieser Art. Wenn $U = 0$, $V = 0$ zwei Flächen zweiten Grades sind, deren jede durch diese acht Punkte hindurchgeht, so wird durch $U + \lambda V = 0$ eine Fläche derselben Art vorgestellt, die diese Punkte ebenfalls enthält, und die Constante λ kann so bestimmt werden, dass die Fläche durch einen beliebigen neunten Punkt geht, d. i. dass sie mit irgend einer beliebigen die acht Punkte*) enthaltenden Fläche zweiten Grades zusammenfällt.

---

*) Der allgemeinere Ausdruck Elemente, in welchem wir Punkte der Flächen und Tangentenebenen derselben zusammenfassen, kann hier überall dem eingeschränkteren substituiert werden. An Stelle der räumlichen Curve tritt die developpable Fläche, wenn man von Punkten zu Tangentenebenen übergeht.

Alle durch acht Punkte gehende Flächen zweiten Grades haben somit eine ganze Reihe gemeinschaftlicher Punkte, welche eine Durchdringungs- oder Durchschnittscurve bilden; und alle Flächen zweiten Grades, welche acht gegebene Ebenen berühren, haben eine ganze Reihe gemeinschaftlicher Tangentenebenen, welche eine bestimmte abwickelbare Fläche erzeugen, die die ganze Reihe von Flächen zweiten Grades umhüllt, denen die acht festen Ebenen als Tangentenebenen entsprechen.

Offenbar kann daher das Problem, eine Fläche zweiten Grades durch neun gegebene Punkte zu beschreiben, unbestimmt werden; denn wenn der neunte Punkt der durch die acht gegebenen Punkte bestimmten Raumcurve angehört, die der Durchschnitt von zwei durch sie gehenden Flächen zweiten Grades ist, so enthält jede durch die acht Punkte gehende Fläche zweiten Grades auch den neunten Punkt. Zur Bestimmung der Fläche muss daher ein neunter nicht in dieser Curve gelegener Punkt gegeben sein.

Denn wenn im Allgemeinen für $U = 0$, $V = 0$ als Gleichungen zweier durch acht bestimmte Punkte gehenden Flächen zweiten Grades durch die Substitution der Coordinaten eines neunten Punktes in $U + \lambda V = 0$ die Constante λ bestimmt wird, so geschieht dies in dem speciellen Falle nicht mehr, wo durch diese Coordinaten die Gleichungen $U = 0$, $V = 0$ identisch erfüllt sind, d. i. wenn der neunte Punkt der Durchnittscurve jener Flächen angehört.

131. **Wenn sieben Punkte (oder Tangentenebenen) als einer Reihe von Flächen zweiten Grades gemeinsam gegeben sind, so ist ein achter diesen Flächen gemeinsamer Punkt (eine achte gemeinschaftliche Tangentenebene) durch sie bestimmt.**

Denn wenn $U = 0$, $V = 0$, $W = 0$ drei durch jene sieben Punkte gehende Flächen zweiten Grades darstellen, so wird durch $U + \lambda V + \mu W = 0$ eine beliebige andere diese Punkte enthaltende Fläche zweiten Grades ausgedrückt, weil die Constanten λ und μ so bestimmt werden können, dass die dargestellte Fläche durch zwei beliebige andere Punkte hindurchgeht. Aber die Gleichung $U + \lambda V + \mu W = 0$ repräsentiert offenbar eine Fläche zweiten Grades, welche durch alle den drei Flächen $U = 0$, $V = 0$, $W = 0$ gemeinschaftlichen Punkte hindurchgeht; da sich dieselben nun in acht Punkten durchschneiden, so existirt ausser den sieben gegebenen Punkten ein bestimmter achter Punkt, welcher dem ganzen System von Flächen gemeinsam ist; wir nennen es ein Bündel oder Netz und diese acht Punkte seine **Grundpunkte**.

Obgleich also im Allgemeinen acht Punkte eine Curve von doppelter Krümmung bestimmen, welche der Durchschnitt zweier Flächen zweiten Grades ist, so ist es doch möglich, dass sie zur Bestimmung derselben nicht hinreichen; denn es giebt, wie wir eben gesehen haben, einen speciellen Fall, in welchem acht gegebene Punkte nur für sieben unabhängige Punkte zählen.

Wenn wir daher sagen, dass eine Fläche zweiten Grades durch neun Punkte und eine Durchschnittscurve von zwei solchen Flächen durch acht Punkte bestimmt ist, so setzen wir voraus, dass jene neun und diese acht Punkte in ihrer Lage vollkommen unbeschränkt sind.*)

132. Wenn ein System von Flächen zweiten Grades eine gemeinschaftliche Durchschnittscurve hat, d. i. wenn die Flächen desselben acht Punkte gemein haben, so gehen die Polarebenen eines festen Punktes in Bezug auf die Flächen des Systems durch eine feste gerade Linie; oder die Polaren eines Punktes in Bezug auf die Flächen eines Büschels zweiter Ordnung bilden ein Ebenenbüschel.

Wenn ein System von Flächen zweiten Grades derselben developpabeln Fläche eingeschrieben ist, d. i. wenn die Flächen desselben acht gemeinsame Tangentenebenen besitzen, so ist der Ort der Pole einer festen Ebene in Bezug auf die Flächen des Systems eine gerade Linie; oder die Pole einer Ebene in Bezug auf die Flächen eines Büschels zweiter Klasse bilden eine geradlinige Punktreihe.

---

*) Die Entwickelung der auf Flächen beliebigen Grades bezüglichen allgemeinen Theorie entspricht ganz der für höhere Curven gültigen.") (Salmon, „Höhere Curven" Art. 24—30.) Wenn eine Anzahl von Punkten gegeben ist, die um Eins kleiner ist als die Zahl der zur Bestimmung einer Fläche n^{ter} Ordnung nöthigen Punkte, so ist dadurch eine Curve bestimmt, durch welche die Fläche geht; und wenn die Zahl der gegebenen Punkte um zwei geringer ist, so sind durch sie eine gewisse Anzahl anderer Punkte der Fläche mitbestimmt, nämlich so viel, als an der Anzahl n^2 noch fehlen.

Denn wenn die Gleichungen $P = 0$, $Q = 0$ die Polarebenen eines festen Punktes in Bezug auf die Flächen zweiten Grades $U = 0$, $V = 0$ respective bezeichnen, so ist $P + \lambda Q = 0$ die Gleichung der Polarebene desselben Punktes in Bezug auf die Fläche $U + \lambda V = 0$.

Insbesondere ist der Ort der Centra aller derselben developpabeln Fläche eingeschriebenen oder acht Ebenen berührenden Flächen zweiten Grades eine gerade Linie.

133. Wenn ein System von Flächen zweiten Grades durch eine gemeinschaftliche Durchschnittscurve geht, (oder in eine gemeinschaftliche developpable Fläche eingeschrieben ist) so erzeugen die Polaren einer festen geraden Linie ein Hyperboloid mit einer Mantelfläche.

Denn wenn $P + \lambda Q = 0$, $P' + \lambda Q' = 0$ die Polaren zweier Punkte jener geraden Linie sind, so liegt ihre Durchschnittslinie nothwendig auf dem Hyperboloid $PQ' = P'Q$.

134. Wenn ein System von Flächen zweiten Grades eine gemeinschaftliche Durchschnittscurve hat, so ist der Ort des Pols einer festen Ebene eine Raumcurve dritter Ordnung.

Denn die Elimination von λ zwischen den Gleichungen

$$P + \lambda Q = 0, \quad P' + \lambda Q' = 0, \quad P'' + \lambda Q'' = 0$$

giebt das System der Determinanten

$$\begin{vmatrix} P, & P', & P'' \\ Q, & Q', & Q'' \end{vmatrix} = 0,$$

welches eine Curve dritter Ordnung repräsentirt. Denn die Flächen $PQ' = P'Q$, $PQ'' = P''Q$ bestimmen zwar eine Durchschnittscurve vierter Ordnung, aber dieselbe enthält die gerade Linie $P = 0$, $Q = 0$ als Theil, welche der Durchdringungscurve der Flächen $P'Q'' = P''Q'$, $PQ'' = P''Q$ nicht angehört. Die zu allen drei Flächen gemeinschaftlichen Punkte bilden daher nur eine Raumcurve dritter Ordnung.

Wenn (nach reciproker Interpretation) ein System von Flächen zweiten Grades einer gemeinschaftlichen developpabeln Fläche eingeschrieben ist, so umhüllt die Polarebene eines festen Punktes eine developpable Fläche, welche die Reciproke einer Raumcurve dritter Ordnung ist.

135. Die Polarebenen eines Punktes in Bezug auf alle die durch sieben gegebene Punkte gehenden Flächen zweiten Grades gehen durch einen bestimmten festen Punkt.

Die Pole einer festen Ebene in Bezug auf alle die Flächen zweiten Grades, welche dieselben sieben Tangentenebenen besitzen, liegen in einer festen Ebene.

Denn die Gleichung der Polare eines festen Punktes in Bezug auf eine der durch die allgemeine Gleichung $U + \lambda V + \mu W = 0$ dargestellten Flächen ist von der Form $P + \lambda Q + \mu R = 0$ und enthält daher den festen Punkt, in welchem die Ebenen $P = 0$, $Q = 0$, $R = 0$ sich schneiden.

Man kann auf Grund dieses Satzes zu einem Punkte P den harmonischen Pol P' in Bezug auf die Flächen des Systems construiren[14]), indem man für drei seiner einfachen Hyperboloide die Polarebenen ermittelt. Sind 1, 2, ... 7 die sieben Punkte, so gehen durch 5, 6, 7 drei Erzeugende eines solchen Hyperboloids, nämlich die Transversalen zu 12, 34; die zu 13, 24 bestimmen ein zweites und die zu 14, 23 das dritte. Die harmonisch conjugirten Punkte in den Transversalen zu zwei Erzeugenden desselben Hyperboloids sind Punkte der Polarebene.

Daraus ergiebt sich die Bestimmung der Polarebene von P in Bezug auf die durch neun Punkte 1, 2, ... 9 gegebene Oberfläche zweiter Ordnung; sie enthält die harmonischen Pole zu P in Bezug auf die Systeme durch die Punkte 1, 2 ... 7; 1, 2 ... 6, 8 und 1, 2 ... 6, 9. Damit ist aber die Fläche zweiter Ordnung selbst linear construirt[15]) und man ermittelt leicht ihr Centrum und ein System von drei einander conjugirten Durchmessern.

Dagegen ist der Ort des Pols einer Ebene in Bezug auf die Flächen des Systems eine Fläche dritter Ordnung. Aus Art. 134. erkennt man auch, dass der Ort der Spitzen der durch die sieben Punkte gehenden Kegelflächen zweiten Grades eine Curve sechster Ordnung ist, die auf der vorigen Fläche liegt. Sie ist auch der Ort solcher Pole, deren Polarebenen in Bezug auf die Flächen des Systems ein Büschel bilden.

136. Aus dem Umstande, dass die Discriminante in Bezug auf die Coefficienten der Gleichung vom vierten Grade ist, folgt, dass die Grösse λ aus einer biquadratischen Gleichung bestimmt werden muss, wenn die Gleichung $U + \lambda V = 0$, die allgemeine Gleichung der einem einfachen System angehörigen Flächen, einen Kegel darstellen soll. Daraus ergiebt sich, dass durch die **Durchschnittslinie zweier Flächen zweiten Grades vier Kegel zweiten Grades hindurchgehen.**

Wenn λ_i eine der vier Wurzeln dieser biquadratischen Gleichung bezeichnet, so bestimmen die vier Ebenen

$$U_1 + \lambda_i V_1 = 0, \quad U_2 + \lambda_i V_2 = 0, \quad U_3 + \lambda_i V_3 = 0, \quad U_4 + \lambda_i V_4 = 0$$

durch ihren Durchschnitt die Scheitel dieser vier Kegel; oder diese Punkte sind gegeben als die vier durch die Determinantenreihe

$$\begin{vmatrix} U_1, & U_2, & U_3, & U_4 \\ V_1, & V_2, & V_3, & V_4 \end{vmatrix} = 0$$

bestimmten Punkte.

Dieselben vier Punkte sind diejenigen, deren Polaren in Bezug auf alle die gemeinschaftliche Curve enthaltenden Flächen zweiter Ordnung in eine Ebene zusammenfallen.

Denn die Aufstellung der Bedingungen, unter welchen die Ebenen

$$x_1 U_1' + x_2 U_2' + x_3 U_3' + x_4 U_4' = 0,$$
$$x_1 V_1' + x_2 V_2' + x_3 V_3' + x_4 V_4' = 0$$

zusammenfallen, führt auf dieselbe Reihe von Determinanten.

Ebenso giebt es vier Ebenen, deren Pole in Bezug auf eine Reihe von Flächen zweiten Grades zusammenfallen, welche derselben developpabeln Fläche eingeschrieben sind.

Beispiel. Die Scheitelkante p des Büschels der Polarebenen eines Punktes in Bezug auf ein Flächenbüschel zweiten Grades (Art. 132.) bestimmt mit den Punkten des gemeinsamen Quadrupels harmonischer Pole der Flächen vier Ebenen von constantem Doppelverhältniss.

Für $U = 0$, $U' = 0$ als zwei Flächen des Büschels und $u = 0$, $u' = 0$ als die Gleichungen der Polarebenen von P in Bezug auf dieselben ist $\lambda u + u' = 0$ die Gleichung der Polarebene von P in Bezug auf die Fläche $\lambda U + U' = 0$ des Büschels. Sind dann

$$U = a_{11} x_1^2 + \ldots, \quad U' = a_{11}' x_1^2 + \ldots,$$

so gehen die Ebenen

$$\lambda_1 u + u' = 0, \quad \lambda_2 u + u' = 0, \quad \lambda_3 u + u' = 0, \quad \lambda_4 u + u' = 0$$

durch die Fundamentalpunkte A_1, A_2, A_3, A_4 respective, d. i. durch die Punkte des gemeinsamen Quadrupels für diejenigen λ_i, welche den Bedingungen

$$\lambda_1 a_{11} + a_{11}' = 0, \quad \lambda_2 a_{22} + a_{22}' = 0, \quad \lambda_3 a_{33} + a_{33}' = 0, \quad \lambda_4 a_{44} + a_{44}' = 0$$

genügen. Das Doppelverhältniss der vier Ebenen ist also von der Lage des Punktes P unabhängig. Wenn P in der gemeinsamen Curve der Flächen liegt, so ist p die entsprechende Tangente derselben.

Dieselben Formeln zeigen in den Variabeln ξ_i interpretirt, dass die Pole einer Ebene in Bezug auf alle die Flächen der derselben Devoloppabeln eingeschriebenen Schaar von Flächen zweiter Classe eine geradlinige Reihe bilden, in welcher die den vier Ebenen des gemeinsamen Quadrupels angehörigen Punkte eine Gruppe von unveränderlichem Doppelverhältniss liefern; so insbesondere für alle Erzeugenden der gemeinsamen Devoloppabeln.

Da die Gleichungen der beiden erstbetrachteten Flächen zweiten Grades in den ξ_i durch

$$a_{22} a_{33} a_{44} \xi_1^2 + \ldots = 0, \quad a_{22}' a_{33}' a_{44}' \xi_1^2 + \ldots = 0$$

ausgedrückt werden, so gelten für die Parameter der Schnittpunkte der Polreihen in den Fundamentalebenen die Gleichungen

$$\lambda_1 a_{22} a_{33} a_{44} + a_{22}' a_{33}' a_{44}' = 0, \text{ etc.}$$

und die Bildung des Doppelverhältnisses

$$\frac{\lambda_1 - \lambda_3}{\lambda_2 - \lambda_3} : \frac{\lambda_1 - \lambda_4}{\lambda_2 - \lambda_4}$$

zeigt, dass es in diesem Falle wie im vorigen den nämlichen Zahlenwerth hat, nämlich

$$\frac{a_1 a_3' - a_1' a_3}{a_2 a_3' - a_2' a_3} : \frac{a_1 a_4' - a_1' a_4}{a_2 a_4' - a_2' a_4}$$

Damit ist ein Complex zweiten Grades (Art. 53.) charakterisirt, zu dessen allgemeiner geometrischer Definition wir durch folgende Ueberlegung gelangen. Durch die Constructionen beider Sätze treten zum primitiven Punkt- oder Ebenensystem des Raumes die beiden ihm reciproken Ebenen- oder Punkt-Systeme, welche nach Art. 50, 3 die erste und zweite Fläche zweiten Grades erzeugen. Diese letztern Räume sind nothwendig collinear (a. a. O. 2.) und die Geraden des Complexes sind nichts anderes als die Verbindungslinien der entsprechenden Paare von Punkten und zugleich die Schnittlinien der entsprechenden Paare von Ebenen derselben.

Unsere Sätze aber sagen, dass diese Geraden mit den sich selbst entsprechenden Punkten und Ebenen der collinearen Räume Reihen und Büschel von constantem Doppelverhältniss bestimmen.[16])

Dass Gerade solcher Art einen Complex zweiten Grades bilden, folgt geometrisch aus dem Umstande, dass die in einer Ebene liegenden oder durch einen Punkt gehenden unter ihnen einen Kegelschnitt respective einen Kegel zweiten Grades bilden, der den Geraden in den Flächen eingeschrieben ist oder die Geraden nach den Ecken enthält. Man erkennt auch, dass alle die Geraden zum Complex gehören, welche in einer Fläche des Tetraeders liegen, oder durch eine Ecke desselben gehen, oder zwei Gegenkanten desselben schneiden.

Dasselbe ergiebt sich auch analytisch. Wenn wir die Coordinaten der Durchnittslinien der Ebenen 1 und 3, 2 und 4, 1 und 4, 2 und 3
π_{13}, π_{24}, π_{14}, π_{23} respective bezeichnen, so erhalten wir die Gleichung des Strahlencomplexes vom Doppelverhältniss der Schnittpunkte $(1234) = k$ in der Form

$$(p_{12}\pi_{12} + p_{23}\pi_{23} + p_{31}\pi_{31} + p_{14}\pi_{14} + \ldots)(p_{12}\pi_{12} + \ldots)$$
$$= k(p_{12}\pi_{13} + \ldots)(p_{12}\pi_{12} + \ldots),$$

welche durch Vertauschung der p_{ij} und π_{kl} zugleich die andere Erzeugungsweise des Complexes ausdrückt.

137. Wenn die Fläche $V = 0$ in zwei Ebenen $L = 0$ und $M = 0$ zerfällt, so geht die Gleichung $U + \lambda V = 0$ über in $U + \lambda LM = 0$, welcher Fall einer besondern Untersuchung bedarf, nachdem in Art. 109. der Fall schon untersucht ist, in welchem auch $U = 0$ in zwei Ebenen zerfällt. Im Allgemeinen ist die Durchdringung zweier Flächen zweiten Grades eine Curve vierter Ordnung; aber der Durchschnitt von $U = 0$ mit einer der Flächen $U + \lambda LM = 0$ reduciert sich offenbar auf die beiden Kegelschnitte, in welchen $U = 0$ die Ebenen $L = 0$, $M = 0$ schneidet.

Jeder Punkt der geraden Linie $L = 0$, $M = 0$ hat in Bezug auf alle Flächen des Systems $U + \lambda LM = 0$ dieselben Polarebenen. Denn wenn $P = 0$ die Polarebene eines Punktes in Bezug auf $U = 0$ ist, so ist seine Polarebene in Bezug auf $U + \lambda LM = 0$ durch $P + \lambda(L'M + LM') = 0$ ausgedrückt, was sich für $L = 0$, $M = 0$ auf $P = 0$ reduciert. So haben insbesondere in den beiden Durchschnittspunkten der Geraden $L = M = 0$ mit der Fläche $U = 0$ alle Flächen des Büschels dieselbe Tangentialebene. Und die Form $U + \lambda LM = 0$ kann also als Gleichung eines Systems von Flächen zweiten Grades bezeichnet werden, die mit einander eine doppelte Berührung haben.

Umgekehrt zerfällt die Durchdringungscurve von zwei sich doppelt berührenden Flächen zweiten Grades in zwei Kegelschnitte; denn jede durch die beiden Berührungspunkte und einen Punkt der Durchdringung gelegte Ebene schneidet beide Flächen in Kegelschnitten, welche drei Punkte und die Tangenten in zweien derselben, den Berührungspunkten nämlich, gemeinsam haben und daher identisch sein müssen.

Ausser den Punkten der Geraden $L = M = 0$ existieren noch zwei einzelne Punkte, welche in Bezug auf alle Flächen des Systems die nämliche Polarebene haben und deshalb nach Art. 136. die Scheitel von Kegeln zweiten Grades sind, die die beiden Schnittcurven enthalten. Für solche Punkte muss die Polarebene $P = 0$ in Bezug auf $U = 0$ mit der Ebene $L'M + LM' = 0$ der Polarebene in Bezug auf $LM = 0$ identisch sein. Weil dann die Polarebene des Punktes in Bezug auf $U = 0$ durch $L = 0$, $M = 0$ geht, so muss der Punkt selbst in der Polarlinie dieser Geraden, d. h. in der Durchschnittslinie der Tangentialebenen von $U = 0$ in den Schnittpunkten mit $L = M = 0$ liegen. Wenn diese Polarlinie die Fläche $U = 0$ in A, A' und $LM = 0$ in B, B' schneidet, so sind die fraglichen Punkte die Brennoder Doppelpunkte F, F' der durch AA', BB' bestimmten Involution; denn da FF' mit AA' sowohl wie mit BB' eine harmonische Gruppe bilden, so geht die Polarebene von F sowohl in Bezug auf $U = 0$ als in Bezug auf $LM = 0$ durch F', und umgekehrt.

In analoger Weise werden alle Flächen des Systems durch zwei Kegel zweiten Grades umhüllt. Denn für den Schnittpunkt der beiden gegebenen gemeinsamen Tangentialebenen mit irgend einer dritten gemeinschaftlichen Tangentialebene als Scheitel haben die Tangentenkegel aller Flächen des Systems drei Tangentialebenen und die Berührungserzeugenden in zweien derselben gemein und sind daher identisch. Die Reciproken von zwei sich doppelt berührenden Flächen zweiten Grades sind wieder zwei sich doppelt berührende Flächen zweiten Grades und den beiden Ebenen der Durchdringung des einen Paares entsprechen die beiden Spitzen der gemeinschaftlichen Tangentenkegel des andern Paares.

138. Wenn zwei Flächen zweiten Grades eine dritte Fläche dieser Art in der nämlichen ebenen Curve schneiden, so haben die Ebenen derjenigen Curven, in welchen sie dieselbe überdiess durchschneiden, mit der Ebene derjenigen Curve, welche sie selbst noch mit einander gemein haben, einerlei Durchschnittslinie.

Denn die Flächen $U + LM = 0$, $U + LN = 0$ bestimmen mit einander ebene Schnitte, welche durch die Ebenen
$$L = 0, \quad M - N = 0$$
gegeben sind.

139. Die ähnlichen Flächen zweiten Grades gehören zu der eben discutierten Klasse. Denn zwei Flächen zweiten Grades sind — die bei der Betrachtung ähnlicher Curven zweiten Grades gebrauchten Gründe beweisen es[*] — ähnlich und ähnlich gelegen, wenn die Glieder vom zweiten Grade in den Gleichungen derselben übereinstimmen. Der geometrische Sinn dieser Bedingungen ist in der Existenz des Aehnlichkeitscentrums, dem Parallelismus der Axen und ihrer Verhältnissgleichheit ausgesprochen. Ihre Gleichungen sind also von der Form $U=0$, $U+eL=0$ und wir sehen daraus, dass zwei solche Flächen zweiten Grades einander in einer ebenen Curve durchschneiden, während die Ebene der andern Durchschnittscurve in unendlicher Entfernung ist. Wenn wir drei ähnliche und ähnlich gelegene Flächen zweiten Grades betrachten, so gehen die drei Ebenen ihrer endlichen Durchschnittscurven durch dieselbe gerade Linie. Endlich besitzen die sechs Ebenen der Durchschnittscurven von vier solchen Flächen einen gemeinschaftlichen Punkt.

Alle Kugeln sind ähnliche und ähnlich gelegene Flächen

---

[*] Vergl. „Analyt. Geom. der Kegelschnitte" Art. 237.

zweiten Grades; es ist die Consequenz dieser ihrer Natur, dass sie einen gemeinschaftlichen Durchschnitt in unendlicher Entfernung haben, einen Durchschnitt, welcher offenbar ein imaginärer Kreis ist.

Ein ebener Querschnitt einer Fläche zweiten Grades ist ein Kreis, wenn diejenigen zwei Punkte, in welchen seine Ebene diesen unendlich entfernten imaginären Kreis schneidet, ihm angehören.

Wir können daraus direct die Zahl der Auflösungen erkennen, deren das Problem der Bestimmung der Kreisschnitte einer Fläche zweiten Grades fähig ist.

Denn die Schnittcurve der Fläche zweiten Grades mit der unendlich entfernten Ebene wird von der Schnittcurve einer Kugel mit derselben Ebene in vier Punkten geschnitten, welche durch sechs gerade Linien verbunden werden können; die durch irgend eine dieser Geraden gehenden Ebenen schneiden die Fläche zweiten Grades in Kreisen. Die sechs geraden Linien theilen sich in drei Paare, von denen jedes einen der drei Punkte als seinen Durchschnittspunkt bestimmt, welche in Bezug auf die Durchschnittscurve der Fläche zweiten Grades und die der Kugel dieselbe Polare haben. Diese drei Punkte bestimmen die Richtungen der Axen der Fläche zweiten Grades.

Ein Kreispunkt ist nach Art. 106. der Berührungspunkt einer Tangentialebene, welche durch eine dieser sechs Geraden geht; es giebt also in allem zwölf Kreispunkte, von denen nur vier reell sind. Und da die Erzeugenden in der Tangentialebene einer Fläche zweiten Grades, welche durch eine gegebene Gerade geht, nothwendig die beiden Punkte enthalten — eine eigen —, welche diese Gerade mit der Fläche gemein hat, so muss jeder der Kreispunkte in einer von den acht Erzeugenden liegen, die durch die vier in unendlicher Ferne gelegenen der Fläche zweiten Grades und einer Kugel gemeinsamen Punkte gehen; d. h. die zwölf Kreispunkte einer Fläche zweiten Grades liegen zu je drei in acht nicht reellen geraden Linien.[11]

Eine Umdrehungsfläche ist diejenige Fläche zweiten Grades, welche mit einer Kugel eine doppelte Berührung in unendlicher Entfernung hat. Denn eine Gleichung von der Form $x^2 + y^2 + az^2 = b$ kann in der Form

$$(x^2 + y^2 + z^2 - r^2) + \{(a - 1) z^2 - (b - r^2)\} = 0$$

geschrieben werden, deren letzter Theil die Verbindung zweier Ebenen repräsentiert. Es erhellt auch, wie in diesem Falle nur eine Stellung reeller Kreisschnitte vorhanden ist, welche bestimmt ist durch die Verbindungslinie der Berührungspunkte der unendlich entfernten Schnitte der Fläche zweiten Grades und der Kugel.

140. Wenn die Ebenen $L = 0$ und $M = 0$ zusammenfallen, so geht die Form $U + \lambda LM = 0$ über in $U + \lambda L^2 = 0$ welche einen Büschel von Flächen zweiten Grades darstellt, die mit der Fläche $U = 0$ in jedem Punkte ihres Durchschnitts mit der Ebene $L = 0$ eine Berührung haben.

Zwei Flächen zweiten Grades können sich nicht in drei Punkten berühren, ohne dass sie sich längs einer ganzen ebenen Curve berühren. Denn die Ebene der drei Punkte schneidet sie in Kegelschnitten, welche diese und die entsprechenden Tangenten gemein haben und daher identisch sind.

Die in dem Beispiel des Art. 78. gegebene Gleichung des Tangentenkegels einer Fläche ist ein specieller Fall der hier betrachteten Gleichungsform $U = L^2$.

Auch zwei concentrische und ähnliche Flächen zweiten Grades $U = 0$, $U - c^2 = 0$ sind als einander umhüllende zu betrachten, bei welchen die Ebene der Berührungspunkte ganz in unendlicher Entfernung ist.

Jede Ebene schneidet die beiden Flächen $U = 0$, $U - L^2 = 0$ nach Curven zweiten Grades, die eine doppelte Berührung haben, und wenn der Schnitt der einen auf einen punktförmigen, d. i. unendlich kleinen Kreis sich reduciert, so ist dieser Punkt offenbar der Brennpunkt des Schnittes der andern:

Wenn also eine Fläche zweiten Grades eine andere Fläche dieser Art umhüllt, so schneidet die Tangentenebene in einem Kreispunkte der einen die andere in einem Kegelschnitte, für welchen dieser Kreispunkt ein Brennpunkt ist. Und wenn die eine dieser Flächen eine Kugel ist, als für welche jede Ebene eine Kreisschnittebene und jeder Punkt ein Kreispunkt ist, so schneidet die Tangentenebene der Kugel die andere Fläche in einem Kegelschnitt, welcher ihren Berührungspunkt zum einen Brennpunkt hat.*)

Wenn man den Anfangspunkt der Coordinaten in den betrachteten Kreispunkt und die Ebene xy in die entsprechende Tangentenebene verlegt, so erhält man als den analytischen Ausdruck dieser Sätze das Ergebniss, dass für $z = 0$ die Grösse $U - L^2$ sich auf $x^2 + y^2 - l^2 = 0$ reducirt, so dass sie einen Kegelschnitt bezeichnet, welcher den Anfangspunkt zum Brennpunkt und die gerade Linie l, die Durchschnittslinie der Schnittebene mit der Ebene der Berührungscurve, zur Directrix hat.

Zwei Flächen zweiten Grades, welche von derselben dritten Fläche zweiten Grades umhüllt werden, schneiden einander in ebenen Curven. Denn offenbar haben die Flächen $U - L^2 = 0$, $U - M^2 = 0$ die Ebenen $L - M = 0$, $L + M = 0$ zu ihren Durchschnittsebenen. Dieselben bilden mit den Ebenen der Berührung ein harmonisches Büschel.

Man findet ferner: Wenn drei Flächen zweiten Grades durch dieselbe vierte umhüllt werden, so gehen die Ebenen ihrer Durchschnittscurven zu dreien durch gerade Linien aus dem Schnittpunkt ihrer Ebenen der Berührung.

Beispiel. Man specialisire den Satz für die umschriebenen Flächen als Kegel und bilde den dualistisch entsprechenden Satz für drei ebene Schnitte einer Fläche zweiten Grades.

141. Die Gleichung $aL^2 + bM^2 + cN^2 + dP^2 = 0$, in welcher L, M, N, P lineare Polynome, also $L = 0$, $M = 0$, $N = 0$, $P = 0$ Ebenen bezeichnen, ist die Gleichung einer Fläche zweiten Grades, für welche jede dieser vier Ebenen die Polare des Punktes ist, in welchem die drei andern sich schneiden. Denn $aL^2 + bM^2 + cN^2 = 0$ ist die Gleichung eines Kegels, der den Punkt $L = 0$, $M = 0$, $N = 0$ zum Scheitel hat und der Vergleich mit der Gleichung der Fläche zweiten Grades zeigt, dass derselbe die Letztere berührt und dass $P = 0$ die Berührungsebene darstellt.

---

*) Diess ist die allgemeinere Form, welche das Theorem von Dandelin über die Schnitte des Umdrehungskegels annimmt, aus dem man die Theorie der Kegelschnitte so leicht elementar entwickelt. („Kegelschnitte" Art. 413.)

Solche vier Ebenen bilden ein in Bezug auf die Fläche sich selbst conjugirtes Tetraeder, oder ein Quadrupel harmonischer Polarebenen der Fläche, analog den in der Theorie der Kegelschnitte betrachteten sich selbst conjugirten Dreiecken. (Vergl. „Kegelschnitte" Art. 303 f., 357 f.) Seine Ecken bezeichnen wir als ein Quadrupel harmonischer Pole der Fläche. Die drei Paare seiner gegenüberliegenden Kanten sind Paare reciproker Polaren in Bezug auf die Fläche. Aus einer von ihnen bestimmt sich die gegenüberliegende entweder als die Durchschnittslinie der Polarebenen zweier in ihr liegender Punkte oder als die Verbindungslinie der Pole zweier durch sie gehender Ebenen; speciell als die Durchschnittslinie der beiden Tangentenebenen der Fläche in den Punkten, wo die gegebene Gerade sie schneidet, oder als die Verbindungslinie der Berührungspunkte der Tangentenebenen der Fläche, welche durch sie hindurchgehen. Auf analoge Weise bestimmt sich, wenn eine Ecke des Tetraeders gegeben ist, die gegenüberliegende Seitenfläche desselben und umgekehrt. Denken wir uns dann eine Seitenfläche willkürlich gewählt, so ist zur Bestimmung eines sich selbst conjugirten Tetraeders, dem sie angehört, in ihr eine gerade Linie als Kante und in dieser ein Punkt als Ecke willkürlich festzusetzen und damit erst das Tetraeder bestimmt. Diess entspricht genau der Zahl von überzähligen Constanten, welche die allgemeine Gleichung $aL^2 + bW^2 + cN^2 + dP^2 = 0$ enthält; denn diese Zahl ist sechs, und es entsprechen drei von ihnen der Wahl der Ebene, zwei der geraden Linie in ihr, und eine, die Letzte, der Wahl des Eckpunktes in dieser.

Man sieht leicht in den Sätzen, wonach je zwei Eckpunkte eines Tetraeders mit den Durchschnittspunkten der sie verbindenden Kante in der Fläche eine Reihe harmonischer Punkte, und zwei Seitenebenen eines solchen Tetraeders mit den beiden durch ihre gemeinschaftliche Kante gehenden Tangentenebenen der Fläche ein harmonisches Büschel bilden, fernere Constructionsmittel für dieselbe Aufgabe.

Wir bemerken noch, wie die Theorie der conjugirten Durchmesser und Diametralebenen, der Asymptotenkegel etc. mit specialisierenden Bestimmungen dieser Theorie der sich selbst conjugirten Tetraeder zusammenhängen. Wenn eine der vier Flächen des Tetraeders mit der unendlich entfernten Ebene zusammenfällt, so reducirt sich ihr analytisches Symbol auf eine Constante und die allgemeine Gleichungsform der gegenwärtigen Betrachtung auf die einem System conjugirter Durchmesser und Diametralebenen entsprechenden der Art. 70., 81 f. Eine grosse Anzahl der an diese sich anschliessenden Sätze lassen sich hier als Specialfälle der allgemeinen Theorie erkennen.

Im Art. 136. ist bewiesen worden, dass für zwei gegebene Flächen zweiten Grades immer vier Ebenen existiren, welchen in Bezug auf beide die nämlichen Pole entsprechen. Wenn man diese Ebenen durch $L=0$, $M=0$, $N=0$, $P=0$ bezeichnet, so werden die Gleichungen beider Flächen in die Form

$$aL^2 + bM^2 + cN^2 + dP^2 = 0, \quad a'L^2 + b'M^2 + c'N^2 + d'P^2 = 0$$

transformiert. Die Möglichkeit dieser Transformation kann auch a priori aus der Zählung der Constanten erkannt werden, denn die Polynome L, M, N, P enthalten implicite je drei Constanten und die gedachten Formen der allgemeinen Gleichung enthalten ausserdem drei Constanten explicite; das System derselben schliesst somit achtzehn Constanten ein und ist daher hinreichend allgemein, um die Gleichungen von irgend zwei Flächen zweiten Grades zu ersetzen. Dass sich diese Transformation auf alle Flächen eines Büschels erstreckt, liegt in der Natur der Sache.

In derselben Art scheinen die Gleichungen von drei Flächen zweiten Grades in die Form

$$aL^2 + bM^2 + cN^2 + dP^2 + eQ^2 = 0, \quad a'L^2 + b'M^2 + c'N^2 + d'P^2 + e'Q^2 = 0,$$
$$a''L^2 + b''M^2 + c''N^2 + d''P^2 + e''Q^2 = 0$$

gebracht werden zu können, für L, M, N, P, Q als fünf Ebenen, deren Gleichungen die identische Relation $L + M + N + P + Q = 0$ erfüllen.

Denn jedes der fünf linearen Polynome enthält drei Constanten und jede der obigen drei Gleichungen überdiess deren vier, so dass die Gesammtzahl der Constanten des Systems sieben und zwanzig ist; dasselbe erscheint somit allgemein genug zum Ausdruck von drei beliebigen Flächen zweiten Grades.

Beispiel. In Art. 354. der „Kegelschnitte" ist gezeigt, dass die acht Berührungspunkte zweier Kegelschnitte derselben Ebene mit ihren gemeinsamen Tangenten in einem Kegelschnitt liegen, der der Ort der Scheitel harmonischer Tangentenbüschel jener beiden ist und mit ihnen dasselbe Tripel harmonischer Pole hat; sowie ferner, dass die acht Tangenten derselben in ihren gemeinsamen Punkten einen Kegelschnitt berühren, der die Enveloppe der Träger harmonischer Punktepaare jenes beiden und noch demselben Tripel conjugiert ist. Wenn man von den gegebenen Kegelschnitten eine Centralprojection macht, in welchen die eine Seite des gemeinsamen Tripels zur unendlich fernen Geraden wird, so sind die Bilder concentrische Kegelschnitte und die andern Seiten das gemeinsame Paar ihrer conjugierten Durchmesser. Die angeführten Sätze ergeben sich unmittelbar. Analoge Sätze gelten für drei Flächen zweiten Grades, welche ein gemeinsames Quadrupel harmonischer Pole besitzen und lassen sich ebenso einfach beweisen: Für drei solche Flächen berühren die 24 Tangentialebenen in ihren acht gemeinsamen Punkten eine Fläche zweiten Grades und die 24 Berührungspunkte ihrer acht gemeinsamen Tangentialebenen liegen in einer Fläche zweiten Grades, die 24 Tangenten ihrer gemeinsamen Curven in jener und die 24 Erzeugenden ihrer gemeinsamen Developpabeln in dieser berühren Flächen zweiten Grades, welche alle dasselbe Quadrupel haben und von deren letzteren die einen zugleich von allen Trägern harmonischer Schnittpunktpaare, die andern von allen Scheitelkanten harmonischer Tangentialebenenpaare berührt werden.[15])

Wir denken die Flächen auf das gemeinsame Quadrupel bezogen, also in den Gleichungen

$$a_1 x_1^2 + a_2 x_2^2 + a_3 x_3^2 + a_4 x_4^2 = 0, \quad b_1 x_1^2 + \ldots = 0, \quad c_1 x_1^2 + \ldots = 0$$

ausgedrückt und setzen y_i, z_i als zwei Punkte einer Geraden von den Coordinaten p_{ik} voraus, welche mit ihnen harmonische Paare von Schnittpunkten bestimmt; dann erkennt man leicht als die Bedingungsgleichungen (vergl. „Kegelschnitte" Art. 335, Aufg. 4.)

$$0 = (b_2 c_3 + b_3 c_2) p_{23}^2 + (b_1 c_1 + b_1 c_1) p_{14}^2 + (b_3 c_1 + b_1 c_3) p_{31}^2$$
$$+ (b_2 c_1 + b_1 c_2) p_{21}^2 + (b_1 c_2 + b_2 c_1) p_{12}^2 + (b_3 c_1 + b_1 c_3) p_{31}^2;$$
$$0 = (c_2 a_3 + c_3 a_2) p_{23}^2 + \ldots, \quad 0 = (a_2 b_3 + a_3 b_2) p_{23}^2 + \ldots$$

Die Gerade p_{ik} aber berührt die Fläche zweiter Ordnung

$$a_{i1} x_1^2 + a_{2i} x_2^2 + a_{3i} x_3^2 + a_{4i} x_4^2 = 0,$$

wenn die fernere Bedingung erfüllt ist

$$0 = a_{2i} a_{3i} p_{23}^2 + a_{1i} a_{4i} p_{14}^2 + a_{3i} a_{1i} p_{31}^2 + a_{2i} a_{4i} p_{24}^2$$
$$+ a_{1i} a_{2i} p_{12}^2 + a_{3i} a_{1i} p_{31}^2.$$

Man kann nun zwischen diesen vier Gleichungen drei der Quadrate der p_{ik} eliminieren und erhält drei Gleichungen zur Bestimmung der Verhältnisse von dreien der Coefficienten a_{ik} zum vierten; aber man erhält vier Gruppen von Werthen derselben und somit **vier Flächen zweiten Grades, welche der Bedingung entsprechen**. Dass die Tangenlen der paarweise gen. einsamen Curven in den gemeinschaftlichen Punkten und die Erzeugenden der paarweise gemeinsamen Developpabeln in den gemeinschaftlichen Tangentialebenen diese Flächen gleichfalls berühren, ist geometrisch evident.

142. Die geraden Verbindungslinien der Ecken eines Tetraeders mit den entsprechenden Ecken des ihm in Bezug auf eine Fläche zweiten Grades polaren Tetraeders gehören zu dem nämlichen System der Erzeugenden eines Hyperboloids mit einer Mantelfläche. Die Durchschnittslinien der entsprechenden Flächen beider Tetraeder besitzen die nämliche Eigenschaft.

Das Resultat der Substitution der Coordinaten irgend eines Punktes 1 in die Gleichung der Polare eines andern Punktes 2 ist identisch mit dem Resultat der Substitution der Coordinaten von 2 in die Gleichung der Polare von 1; sei dasselbe durch P_{12} bezeichnet, während die Polare von 1 durch $P_1 = 0$ dargestellt wird. Dann ist die gerade Linie, welche den Punkt 1 mit dem Durchschnittspunkt der Polaren P_2, P_3, P_4 verbindet, durch

$$\frac{P_2}{P_{12}} = \frac{P_3}{P_{13}} = \frac{P_4}{P_{11}}$$

ausgedrückt; denn diese Gleichungen bezeichnen eine gerade Linie, welche durch den Schnittpunkt von P_2, P_3, P_4 hindurchgeht und sie werden durch die Coordinaten von 1 befriedigt. Wir machen die Bezeichnung noch geschlossener, wenn wir die vier Polarebenen durch x_1, x_2, x_3, x_4 und die Grössen $P_{11}, P_{12}, P_{13}, P_{14}$ durch $a_{11}, a_{12}, a_{13}, a_{14}$ d. h. durch dieselben Buchstaben bezeichnen, durch welche wir die Coefficienten von $x_1^2, x_1x_2, x_1x_3, x_1x_4$ in der allgemeinen Gleichung der Flächen zweiten Grades ausgedrückt haben. Wenn wir diese Grundlagen der Bezeichnung auf die übrigen geraden Linien ausdehnen, so sind die Gleichungen der vier von dem Satze bezeichneten Geraden

$$\frac{x_2}{a_{12}} = \frac{x_3}{a_{13}} = \frac{x_4}{a_{14}}, \quad \frac{x_3}{a_{23}} = \frac{x_4}{a_{24}} = \frac{x_1}{a_{12}},$$

$$\frac{x_4}{a_{34}} = \frac{x_1}{a_{13}} = \frac{x_2}{a_{23}}, \quad \frac{x_1}{a_{11}} = \frac{x_2}{a_{21}} = \frac{x_3}{a_{31}}.$$

Die Bedingung nun, unter welcher eine beliebige Gerade

$$\xi_1 x_1 + \xi_2 x_2 + \xi_3 x_3 + \xi_4 x_4 = 0, \quad \xi_1' x_1 + \xi_2' x_2 + \xi_3' x_3 + \xi_4' x_4 = 0$$

die erste dieser Linien schneidet, wird erhalten, indem man x_1 zwischen den letzten beiden Gleichungen eliminiert und ist

$$a_{12}(\xi_1\xi_2' - \xi_1'\xi_2) + a_{13}(\xi_1\xi_3' - \xi_1'\xi_3) + a_{14}(\xi_1\xi_4' - \xi_1'\xi_4) = 0.$$

In derselben Art findet man die Bedingungen für das Durchschneiden dieser Geraden mit den drei andern geraden Linien wie folgt

$$a_{12}'(\xi_2\xi_1' - \xi_2'\xi_1) + a_{23}(\xi_2\xi_3' - \xi_2'\xi_3) + a_{24}(\xi_2\xi_4' - \xi_2'\xi_4) = 0$$
$$a_{13}(\xi_3\xi_1' - \xi_3'\xi_1) + a_{23}(\xi_3\xi_2' - \xi_3'\xi_2) + a_{34}(\xi_3\xi_4' - \xi_3'\xi_4) = 0$$
$$a_{14}(\xi_4\xi_1' - \xi_4'\xi_1) + a_{24}(\xi_4\xi_2' - \xi_4'\xi_2) + a_{34}(\xi_4\xi_3' - \xi_4'\xi_3) = 0;$$

da die Summe dieser vier Bedingungsgleichungen identisch verschwindet, so ist jede derselben eine Folge der drei andern, d. h. jede gerade Linie, welche drei der betrachteten Geraden schneidet, begegnet auch der vierten unter ihnen, welches die Behauptung enthält*).

Die Gleichung des Hyperboloids selbst wird nach den Methoden des Art. 114 in der Form

$$(a_{23}x_4 - a_{24}x_3)(a_{13}x_1 - a_{31}x_1)(a_{12}x_1 - a_{11}x_2)$$
$$= (a_{23}x_1 - a_{31}x_2)(a_{13}x_1 - a_{14}x_3)(a_{12}x_1 - a_{21}x_1)$$

oder in der andern erhalten

$$(a_{12}a_{34} - a_{21}a_{13})(a_{23}x_1x_1 + a_{11}x_2x_3) + (a_{13}a_{24} - a_1a_{23})(a_{12}x_1x_3 + \ldots)$$
$$(a_{14}a_{23} - a_{12}a_{31})(a_{13}x_1x_2 + a_{21}x_3x_1) = 0.$$

143. Der zweite Theil des Satzes entspricht dem ersten nach dem Gesetze der Dualität; wir geben aber als eine Uebung einen besondern Beweis desselben. Wenn die A_{ik} die Bedeutung des Art. 67. in Bezug auf die a_{ik} der vorigen Art. haben, so ist die Gleichung der durch die Punkte 1, 2, 3 bestimmten Ebene $A_{11}x_1 + A_{21}x_2 + A_{31}x_3 + A_{41}x_4 = 0$ und die Gleichungen der vier geraden Linien des Satzes sind

$$x_1 = 0, \quad A_{12}x_2 + A_{13}x_3 + A_{14}x_4 = 0;$$
$$x_2 = 0, \quad A_{12}x_1 + A_{23}x_3 + A_{24}x_4 = 0;$$
$$x_3 = 0, \quad A_{13}x_1 + A_{23}x_2 + A_{34}x_4 = 0;$$
$$x_4 = 0, \quad A_{14}x_1 + A_{24}x_2 + A_{34}x_3 = 0.$$

Eine beliebige gerade Linie

$$\xi_1x_1 + \xi_2x_2 + \xi_3x_3 + \xi_4x_4 = 0, \quad \xi_1'x_1 + \xi_2'x_2 + \xi_3'x_3 + \xi_4'x_4 = 0$$

---

*) Vergleiche „Analyt. Geometrie der Kegelschnitte" Art. 130., 861.

schneidet jede derselben, wenn die vier Bedingungen

$$A_{12}(\xi_3\xi_1' - \xi_3'\xi_1) + A_{13}(\xi_1\xi_2' - \xi_1'\xi_2) + A_{14}(\xi_2\xi_3' - \xi_2'\xi_3) = 0,$$
$$A_{12}(\xi_1\xi_3' - \xi_1'\xi_3) + A_{21}(\xi_3\xi_1' - \xi_3'\xi_1) + A_{23}(\xi_1\xi_1' - \xi_1'\xi_1) = 0,$$
$$A_{13}(\xi_2\xi_1' - \xi_2'\xi_1) + A_{23}(\xi_1\xi_1' - \xi_1'\xi_1) + A_{31}(\xi_1\xi_2' - \xi_1'\xi_2) = 0,$$
$$A_{11}(\xi_2'\xi_3 - \xi_2\xi_3') + A_{21}(\xi_1\xi_3' - \xi_1'\xi_3) + A_{31}(\xi_2\xi_1' - \xi_2'\xi_1) = 0$$

erfüllt. Das Theorem ist wie vorher durch das Factum bewiesen, dass die Summe dieser vier Bedingungsgleichungen identisch verschwindet. Die Gleichung des Hyperboloids ist in diesem Falle

$$x_1^2 A_{12}A_{13}A_{14} + x_2^2 A_{23}A_{12}A_{21} + x_3^2 A_{23}A_{13}A_{31} + x_1^2 A_{11}A_{21}A_{31}$$
$$+ (A_{23}x_2x_3 + A_{14}x_1x_1)(A_{13}A_{21} + A_{12}A_{31}) + (A_{13}x_1x_3 + A_{31}x_2x_1)(A_{12}A_{31} + A_{23}A_{11})$$
$$+ (A_{12}x_1x_2 + A_{34}x_3x_1)(A_{23}A_{11} + A_{13}A_{21}) = 0.$$

Es ist ein specieller Fall dieser Theoreme, dass die geraden Linien, welche die Ecken eines einer Fläche zweiten Grades umgeschriebenen Tetraeders mit den Berührungspunkten der Gegenflächen desselben verbinden, Erzeugende des nämlichen Hyperboloids sind; und ebenso die vier Geraden, in welchen die Flächen eines eingeschriebenen Tetraeders von den Tangentialebenen in den Gegenecken geschnitten werden.

144. Man kann den Pascal'schen Satz für Kegelschnitte in dieser Form aussprechen: Die Seiten eines Dreiecks durchschneiden einen Kegelschnitt in sechs Punkten, welche paarweise in drei geraden Linien liegen, die mit den Gegenseiten des Dreiecks drei in gerader Linie liegende Punkte bestimmen. Der analoge Ausdruck des Theorems von Brianchon ist leicht zu finden. Auf Grund dieses Ausdrucks hat Chasles das folgende als das dem Pascal'schen analoge Theorem in der Geometrie des Raumes ausgesprochen: Die Kanten eines Tetraeders durchschneiden eine Fläche zweiten Grades in zwölf Punkten, durch welche, durch je drei in den von derselben Ecke des Tetraeders ausgehenden Kanten eine, vier Ebenen bestimmt sind, deren Durchschnittslinien mit der jedesmaligen Gegenfläche des Tetraeders Erzeugende des nämlichen Systems eines gewissen Hyperboloids sind. Man bildet leicht das reciproke Theorem, welches keines besondern Beweises bedarf, wenn das eben Ausgesprochene bewiesen ist.

Sind dazu $x_1 = 0$, $x_2 = 0$, $x_3 = 0$, $x_4 = 0$ die Flächen des Tetraeders, und ist

$$x_1^2 + x_2^2 + x_3^2 + x_4^2$$
$$-\left(a_{23}+\frac{1}{a_{23}}\right)x_2 x_3 - \left(a_{13}+\frac{1}{a_{13}}\right)x_1 x_3 - \left(a_{12}+\frac{1}{a_{12}}\right)x_1 x_2$$
$$-\left(a_{14}+\frac{1}{a_{14}}\right)x_1 x_4 - \left(a_{24}+\frac{1}{a_{24}}\right)x_2 x_4 - \left(a_{34}+\frac{1}{a_{34}}\right)x_3 x_4 = 0$$

die Gleichung der Fläche zweiten Grades, so können die vier Ebenen in der Form

$$x_1 = a_{12}x_2 + a_{13}x_3 + a_{14}x_4, \quad x_2 = a_{12}x_1 + a_{23}x_3 + a_{24}x_4,$$
$$x_3 = a_{13}x_1 + a_{23}x_2 + a_{34}x_4, \quad x_4 = a_{14}x_1 + a_{24}x_2 + a_{34}x_3.$$

dargestellt werden, und ihre Durchschnittslinien mit den vier Ebenen $x_1 = 0$, $x_2 = 0$, $x_3 = 0$, $x_4 = 0$ wird ein System von geraden Linien, von dem im letzten Art. bewiesen ist, dass sie Erzeugende des nämlichen Systems eines Hyperboloids mit einer Mantelfläche sind. Die Interpretation derselben Gleichungen nach den Ebenencoordinaten ξ giebt einen dualistisch entsprechenden Satz.

VIII. Kapitel.

Focalpunkte und confocale Flächen zweiten Grades.

145. Wenn $U = 0$ eine Kugel repräsentiert, so drückt die Gleichung einer mit ihr sich doppelt berührenden Fläche zweiten Grades $U = LM$ (vergl. Kegelschnitte Art. 289.) aus, dass das Quadrat der von irgend einem Punkte der Fläche zweiten Grades an die Kugel zu legenden Tangente zu dem Rechteck der Entfernungen desselben Punktes von zwei festen Ebenen in einem constanten Verhältniss steht.

Die Ebenen $L = 0$, $M = 0$ sind Ebenen der Kreisschnitte der Fläche zweiten Grades, weil sie Ebenen ihres Durchschnitts mit einer Kugel sind; ihre Durchschnittslinie ist daher einer Axe der Fläche parallel. (Art. 103., 139.)

In der Theorie der Kegelschnitte ist gezeigt worden (Art. 290., 310.), dass der Brennpunkt eines Kegelschnitts als ein unendlich kleiner Kreis angesehen werden darf, welcher mit dem Kegelschnitt eine doppelte Berührung besitzt, und dass die Directrix die entsprechende Berührungssehne ist. In derselben Art können wir einen Focalpunkt (Focus, Brennpunkt) einer Fläche zweiten Grades als eine unendlich kleine Kugel definieren, welche mit der Fläche eine doppelte Berührung in den Punkten der entsprechenden Directrix hat, d. h. der Punkt (α, β, γ) ist ein Focalpunkt, wenn die Gleichung der Fläche zweiten Grades in der Form

$$(x - \alpha)^2 + (y - \beta)^2 + (z - \gamma)^2 = \Phi$$

dargestellt werden kann, in welcher Φ das Product der Gleichungen zweier Ebenen ist. Wir müssen aber die zwei

Fälle einzeln unterwerfen, in welchen diese Ebenen reell und in welchen sie imaginär sind, denn in dem einen ist die Gleichung von der Form $U = LM$, in dem andern von der Form $U = L^2 + M^2$.

In dem ersten Falle ist die Directrix $L = 0, M = 0$ derjenigen Axe der Fläche parallel, durch welche die reellen Ebenen der Kreisschnitte gelegt werden können; z. B. der mittleren Axe des Ellipsoids. In dem zweiten Falle ist dagegen diese Linie parallel zu einer der andern Axen der Fläche.

In jedem Falle ist die Schnittcurve der Fläche zweiten Grades mit einer durch einen Focalpunkt und die entsprechende Directrix gehenden Ebene ein Kegelschnitt, welcher diesen Punkt und diese Linie zum Focalpunkt und zur Directrix hat.

Wir können direct zeigen, dass die Gerade $L = M = 0$ einer Axe der Fläche parallel ist, indem wir die Coordinatenebenen x und y als zwei durch sie gehende, zu einander rechtwinklige Ebenen wählen. Dann sind L und M von der Form $\lambda x + \mu y$ und somit LM sowohl als $L^2 + M^2$ von der Form

$$a_{11}x^2 + 2a_{12}xy + a_{22}y^2$$

und man zeigt wie in der analytischen Geometrie der Ebene, dass durch Drehung der Coordinatenebenen x, y diese Grösse in die Form $Ax^2 \pm By^2$ übergeführt werden kann. Die Gleichungen $U = LM, U = L^2 + M^2$ sind also in entwickelter Form

$$(x - \alpha)^2 + (y - \beta)^2 + (z - \gamma)^2 = Ax^2 \pm By^2,$$

und da die Glieder yz, zx, xy derselben fehlen, so sind die Coordinatenaxen den Axen der Fläche parallel.

146. Ein Brennpunkt einer ebenen Curve ist ("Höhere Curven" Art. 139.) als der Durchschnittspunkt von zwei Tangenten definiert worden, deren jede durch einen der Kreispunkte im Unendlichen geht. Die soeben gegebene Definition für einen Focalpunkt einer Fläche zweiten Grades kann in analoger Weise ausgesprochen werden. Wenn der Anfangspunkt der Coordinaten ein Focalpunkt ist, sahen wir soeben, so lässt sich die Gleichung der Fläche in der Form $U = LM$ darstellen für U oder

$$(x - \alpha)^2 + (y - \beta)^2 + (z - \gamma)^2$$

als die linke Seite der Gleichung eines Kegels, der den Focalpunkt zum Scheitel hat und durch den Imaginären Kreis im Unendlichen geht. Die Form der Gleichung zeigt (Art. 137.), dass dieser Kegel mit der Fläche zweiten Grades eine doppelte Berührung in den Punkten hat, wo die Gerade $L = M = 0$ sie schneidet.

Die Tangentialebenen der Flächen in diesen Berührungspunkten sind so zugleich Tangentialebenen des Kegels und also des imaginären Kreises im Unendlichen, oder sie gehen je durch eine seiner Tangenten. Wir können also einen Focalpunkt als einen Punkt erklären, durch welchen zwei Gerade σ gehen, welche die Fläche berühren und den nicht reellen Kreis im Unendlichen schneiden, während zugleich die entsprechenden Tangentialebenen der Fläche je die entsprechende Tangente dieses Kreises enthalten. Diese Definition gilt für Flächen jeder Ordnung.

Von ihr ausgehend müssen wir, um die Focalpunkte einer Fläche zu finden, diejenigen Tangentialebenen der Fläche betrachten, welche durch die Tangenten des imaginären Kreises im Unendlichen gehen, Tangentialebenen, welche eine einfach unendliche Reihe bilden und daher eine developpable Fläche umhüllen. Die Durchschnittslinie solcher zwei benachbarten Tangentialebenen ist eine Gerade σ und eine Erzeugende der Developpabeln. Ein Focalpunkt als Durchschnittspunkt zweier Linien σ oder zweier Erzeugenden der developpabeln Fläche ist ein Doppelpunkt in derselben und eine developpable Fläche enthält im Allgemeinen eine Reihe von Doppelpunkten, die eine Doppelcurve oder eine Gruppe von Doppelcurven bilden. Die Focalpunkte einer Fläche sind daher im Allgemeinen nicht vereinzelte Punkte, sondern sie treten als Reihe in einer Curve oder in Curven auf. Wir werden im nächsten Art. direct zeigen, dass diess im Falle einer Fläche zweiten Grades der Fall ist.

Nach dieser Erklärung haben zwei Flächen dieselben Focalpunkte, wenn die besprochene developpable Fläche, welche der Fläche selbst und dem imaginären Kreis im Unendlichen gemeinsam umgeschrieben ist, beiden gemeinsam ist.

147. Wir untersuchen nun, ob eine gegebene Fläche zweiten Grades nothwendig einen Focalpunkt und ob sie mehr als einen Focalpunkt besitzt.

Zu grösserer Allgemeinheit nehmen wir die Directrix statt

zur Axe der z als eine Parallele derselben, so dass die Gleichung des letzten Art. wird

$$(x-\alpha)^2 + (y-\beta)^2 + (z-\gamma)^2 = A(x-\alpha')^2 + B(y-\beta')^2;$$

für entgegengesetzte Vorzeichen von A und B sind die Ebenen der Berührung zwischen dem Focalpunkt und der Fläche zweiten Grades reell und für gleiche Vorzeichen derselben Grössen sind sie imaginär.

Wir wünschen zu wissen, ob durch eine geeignete Wahl der Constanten α, β, γ, α', β', A, B die bezeichnete Form der Gleichung mit derjenigen einer gegebenen Fläche

$$\frac{x^2}{L} + \frac{y^2}{M} + \frac{z^2}{N} = 1$$

identisch gemacht werden kann.

Dazu muss nun zuerst, damit der Anfangspunkt mit dem Centrum der Fläche zusammenfalle, $\gamma = 0$, $\alpha = A\alpha'$, $\beta = B\beta'$ sein. Mit Hilfe dieser Relationen eliminieren wir die Grössen α' und β' aus der gegebenen Gleichung und erhalten als ihre neue Form

$$(1-A)x^2 + (1-B)y^2 + z^2 = \frac{1-A}{A}\alpha^2 + \frac{1-B}{B}\beta^2,$$

so dass die Identität stattfindet, wenn

$$1-A = \frac{N}{L}, \text{ d. i. } A = \frac{L-N}{L}, \quad 1-B = \frac{N}{M}, \text{ d. i. } B = \frac{M-N}{M},$$

und

$$\frac{1-A}{A}\alpha^2 + \frac{1-B}{B}\beta^2 = N$$

oder

$$\frac{\alpha^2}{L-N} + \frac{\beta^2}{M-N} = 1$$

ist. Für die gegebene Fläche sind somit die Constanten A und B bestimmt, der Focalpunkt ist aber irgend ein Punkt des Kegelschnitts

$$\frac{\alpha^2}{L-N} + \frac{\beta^2}{M-N} = 1,$$

den man deshalb als einen **Focalkegelschnitt** der Fläche benennt.

Wir haben weder über die Vorzeichen noch die relativen Grössen der L, M, N etwas bestimmt und müssen daraus schlie-

sen, dass in jeder der drei Hauptebenen ein Focalkegelschnitt existiert, sowie dass derselbe mit dem
entsprechenden Hauptschnitt der Fläche confocal ist;
denn die Kegelschnitte

$$\frac{\alpha^2}{L} + \frac{\beta^2}{M} = 1, \quad \frac{\alpha^2}{L-N} + \frac{\beta^2}{M-N} = 1$$

sind offenbar confocal.

Wenn irgend ein Punkt (α, β) eines Focalkegelschnitts als Focalpunkt betrachtet wird, so ist die entsprechende Directrix eine Normale zur Ebene des Kegelschnitts, welche durch den Punkt

$$\alpha' = \frac{\alpha}{A}, \quad \beta' = \frac{\beta}{B} \text{ oder } \alpha' = \frac{L\alpha}{L-N}, \quad \beta' = \frac{M\beta}{M-N}$$

geht. Die geometrische Interpretation dieser Werthe sagt aus, dass der Fusspunkt der Directrix der Pol der Tangente des Focalkegelschnitts im Punkte (α, β) in Bezug auf den Hauptschnitt der Fläche ist. Denn diese Tangente ist

$$\frac{\alpha x}{L-N} + \frac{\beta y}{M-N} = 1 \text{ oder } \frac{\alpha' x}{L} + \frac{\beta' y}{M} = 1,$$

d. i. offenbar die Polare von (α', β') in Bezug auf den Hauptschnitt

$$\frac{x^2}{L} + \frac{y^2}{M} = 1.$$

Nach der Theorie der confocalen Kegelschnitte in der analytischen Geometrie der Ebene folgt hieraus, dass die gerade Verbindungslinie des Focalpunkts mit dem Fusspunkt der entsprechenden Directrix eine Normale des Focalkegelschnitts ist.

Der Ort des Fusspunktes der Directrixen für einen gegebenen Focalkegelschnitt ist derjenige Kegelschnitt, welchen man als den Ort der Pole der Tangenten des Focalkegelschnitts in Bezug auf den Hauptschnitt der Fläche erhält, d. h. seine Gleichung ist

$$x^2 \frac{L-N}{L^2} + y^2 \frac{M-N}{M^2} = 1,$$

wie man findet, wenn man mittelst der Relationen zwischen den Grössen $\alpha, \beta, \alpha', \beta'$ die α, β aus der Gleichung des Focalkegelschnitts elimindert. Die Directricen selbst bilden einen geraden Cylinder, für welchen der so eben bestimmte Kegelschnitt die Basis ist.

148. Wir wollen nun die verschiedenen Arten der centrischen Flächen zweiten Grades einzeln untersuchen, um die Natur ihrer Focalkegelschnitte zu studieren und namentlich zu erkennen, zu welcher von den zwei verschiedenen Arten von Focalpunkten die Punkte derselben gehören.

Die Gleichung
$$\frac{a^2}{L-N} + \frac{\beta^2}{M-N} = 1$$
repräsentiert offenbar eine Ellipse, wenn N unter den drei Grössen L, M, N die algebraisch kleinste, eine Hyperbel, wenn es die mittlere, und eine imaginäre Curve, wenn es die grösste unter ihnen ist.

Von den drei Focalkegelschnitten einer centrischen Fläche zweiten Grades ist daher immer der eine eine Ellipse, der andere eine Hyperbel und der dritte ist imaginär. In dem Falle des Ellipsoids sind die Gleichungen der Focalellipse und der Focalhyperbel durch
$$\frac{x^2}{a^2-c^2} + \frac{y^2}{b^2-c^2} = 1, \quad \frac{x^2}{a^2-b^2} - \frac{z^2}{b^2-c^2} = 1$$
respective dargestellt; und man erhält aus ihnen die correspondierenden Gleichungen für das Hyperboloid mit einer Mantelfläche durch die Veränderung des Vorzeichens von c^2, und diejenigen für das Hyperboloid mit zwei Mantelflächen durch die gleichzeitige Veränderung der Zeichen von b^2 und c^2.

Wir haben gesehen, dass den Focalpunkten imaginäre oder reelle Berührungsebenen entsprechen, je nachdem A und B, d. i. $(L-N):L$ und $(M-N):M$ gleiche oder entgegengesetzte Vorzeichen haben.

Denken wir N als die kleinste der drei Grössen L, M, N, so sind die Zähler dieser Werthe gleichzeitig positiv, während ihre Nenner in den Fällen des Ellipsoids und des Hyperboloids mit einer Mantelfläche ebenfalls positiv sind, und in dem Falle des Hyperboloids mit zwei Mänteln einer derselben negativ ist. Sonach sind in den Fällen des Ellipsoids und des Hyperboloids mit einer Mantelfläche die Punkte der Focalellipse Focalpunkte von der Klasse derer, welchen imaginäre Berührungsebenen entsprechen; sie gehören aber zur Klasse der Focalpunkte mit reellen Berührungsebenen in dem Falle des Hyperboloids mit zwei Mantelflächen.

Ist sodann N die mittlere unter den drei Grössen L, M, N, so haben die Zähler der betrachteten Werthe von A und B entgegengesetzte Zeichen, während die Nenner in dem Falle des Ellipsoids gleiche, in den beiden Fällen der Hyperboloide aber entgegengesetzte Zeichen besitzen. Demnach gehören in dem Falle des Ellipsoids die Punkte der Focalhyperbel zur Klasse derjenigen Focalpunkte, deren Berührungsebenen reell sind und sie gehören zur entgegengesetzten Klasse in den Fällen der Hyperboloide. Wir bemerken zusammenfassend, dass für das Hyperboloid mit einer Mantelfläche alle Focalpunkte von der Klasse derer sind, welchen imaginäre Berührungsebenen entsprechen; dass dagegen die Focalkegelschnitte der beiden andern Flächen Focalpunkte von beiden Klassen enthalten, indem für das Ellipsoid die Focalellipse und für das Hyperboloid mit zwei Mantelflächen die Focalhyperbel diejenigen Focalpunkte enthalten, denen nur imaginäre Berührungsebenen entsprechen. Diess ist gleichbedeutend mit dem, was wir schon im Art. 145. erkannten, dass Focalpunkte mit reellen Berührungsebenen nur in den Normalebenen zu derjenigen Axe der Fläche liegen können, welche den reellen Ebenen der Kreisschnitte angehört.

149. Die Focalkegelschnitte mit reellen Berührungsebenen durchschneiden die Fläche reell, während die Focalkegelschnitte mit imaginären Berührungsebenen diess nicht thun.

Denn wenn die Gleichung der Fläche in die Form $U = L^2 + M^2$ gebracht werden kann, welche der imaginären Berührung entspricht, so entspricht dem Verschwinden des Werthes von U für die Coordinaten irgend eines Punktes der Fläche das gleichzeitige Verschwinden der Werthe von L und M, d. h. der Brennpunkt liegt in der Directrix. Diess findet aber nur in dem speciellen Falle statt, wo die Fläche eine Kegelfläche ist. Denn für den Brennpunkt als Anfangspunkt der Coordinaten enthält die Gleichung
$$x^2 + y^2 + z^2 = L^2 + M^2.$$

in welcher $L = 0$, $M = 0$ Ebenen repräsentieren, die den Anfangspunkt enthalten, nur Glieder, die in den Veränderlichen x, y, vom zweiten Grade sind, und bezeichnet daher eine Kegelfläche. (Art. 67.)

Derjenige Focalkegelschnitt, welchem die reellen Berührungsebenen entsprechen, geht dagegen durch die **Kreispunkte oder Umbilics der Fläche**. Denn wenn die Gleichung der Fläche in die Form $U = LM$ gebracht werden kann, so entspricht dem Verschwinden des Polynoms U für die Coordinaten irgend eines Punktes der Fläche das gleichzeitige Verschwinden eines der beiden linearen Polynome L oder M.

Weil aber die Fläche durch den Durchschnitt von $U=0$ und $L=0$ hindurchgeht, so schneidet die Ebene $L=0$, wenn jener Punkt $U=0$ in $L=0$ liegt, die Fläche in einem unendlich kleinen Kreise, d. h. sie ist die einem Kreispunkte entsprechende Tangentenebene. Nach dieser Eigenschaft sind die Focalkegelschnitte dieser Art von Mac-Cullagh als „umbilicar focal conics" bezeichnet worden; wir bezeichnen sie umschreibend als die Focalkegelschnitte, welche die Kreispunkte der Fläche enthalten.

150. Der Schnitt einer Fläche zweiten Grades mit einer durch einen Focalpunkt nach der entsprechenden Directrix gehenden Ebene ist ein Kegelschnitt, der jenen zum Brennpunkt und diese zur Directrix hat.

Denn für den Anfangspunkt als Brennpunkt ist die Gleichung der Fläche entweder
$$x^2 + y^2 + z^2 = LM \text{ oder } x^2 + y^2 + z^2 = L^2 + M^2.$$
Und wir erhalten für $z=0$ die Gleichung des Schnittes $x^2+y^2=lm$ oder $x^2 + y^2 = l^2 + m^2$, für $l=0$, $m=0$ als die Schnittlinie von $z=0$ mit den Ebenen $L=0$, $M=0$. Geht aber die Ebene durch $L = M = 0$ selbst, so fallen die letztern Geraden in eine Linie zusammen und die Gleichung wird $x^2 + y^2 = l^2$, d. h. der Schnitt ist ein Kegelschnitt, der den Anfangspunkt zum Brennpunkt und die Gerade $l = 0$ zur Directrix hat.

Da die Verbindungsebene von Focalpunkt und Directrix in jenem normal zum Focalkegelschnitt ist (Art. 147.), so kann man den bewiesenen Satz auch so aussprechen: Die Schnittcurve einer Fläche zweiten Grades in einer zu einem Focalkegelschnitt normalen Ebene hat den entsprechenden Fusspunkt in diesem zum Brennpunkt. (Art. 125.)

151. Wenn die gegebene Fläche zweiten Grades ein Kegel, ihre Gleichung also von der Form

$$\frac{x^2}{L} + \frac{y^2}{M} + \frac{z^2}{N} = 0$$

ist, so geschieht die Reduction derselben auf die Form $U = L^2 + M^2$ genau wie vorher und es ergiebt sich, dass die Coordinaten des Focalpunktes die Relation

$$\frac{\alpha^2}{L-N} + \frac{\beta^2}{M-N} = 0$$

erfüllen müssen, welche zwei gerade Linien oder eine unendlich kleine Ellipse repräsentiert, je nachdem $(L-N)$ und $(M-N)$ entgegengesetzte oder gleiche Vorzeichen haben. Oder mit andern Worten: Die Focalhyperbel degenerirt in zwei gerade Linien, die Focalellipse zieht sich in den Scheitel des Kegels zusammen. Für den durch

$$\frac{x^2}{a^2} + \frac{y^2}{b^2} - \frac{z^2}{c^2} = 0$$

dargestellten Kegel ist die Gleichung der Focallinien

$$\frac{x^2}{a^2 - b^2} - \frac{z^2}{b^2 + c^2} = 0.$$

Die Focallinien eines Kegels, welcher zu einem Hyperboloid asymptotisch ist, sind die Asymptoten der Focalhyperbel des Hyperboloids.

Die Focalpunkte in diesen Focallinien sind von der Klasse derjenigen, welchen imaginäre Berührungsebenen entsprechen. Nur der Scheitel, welcher überdiess in doppelter Weise Focalpunkt dieser Art ist, ist auch ein Focalpunkt der andern Art, denn die Gleichung des Kegels kann in jeder der drei Formen

$$x^2 + y^2 + z^2 = \frac{a^2 + c^2}{a^2} x^2 + \frac{b^2 + c^2}{b^2} y^2,$$

$$\text{oder} = \frac{a^2 - b^2}{a^2} x^2 + \frac{b^2 + c^2}{c^2} z^2, \text{ oder} = \frac{b^2 - a^2}{b^2} y^2 + \frac{a^2 + c^2}{c^2} z^2$$

geschrieben werden. Die Directrix, welche dem Scheitel als Focalpunkt zweiter Art entspricht, geht durch ihn selbst.

Die gerade Linie, welche einen Punkt der Focallinie mit dem

Fusspunkt der entsprechenden Directrix verbindet, ist zur Focallinie normal. Dies ergiebt sich als ein specieller Fall des vorher von den Focalcurven allgemein bewiesenen Gesetzes, lässt sich aber auch sehr einfach direct beweisen. Die Coordinaten des Fusspunkts der Directrix sind

$$\alpha' = \frac{L\alpha}{L-N}, \quad \beta' = \frac{M\beta}{M-N};$$

die Gleichung der Verbindungslinie desselben mit dem Focalpunkte (α, β) ist somit

$$\frac{\beta}{M-N} x - \frac{\alpha}{L-N} y = \alpha\beta \left(\frac{1}{M-N} - \frac{1}{L-N} \right)$$

und die Bedingung, unter welcher diese zur Focallinie $\beta x = \alpha y$ normal ist,

$$\frac{\alpha^2}{L-N} + \frac{\beta^2}{M-N} = 0;$$

diese Bedingung ist aber nach dem Vorhergehenden erfüllt.

Ebenso ergiebt sich als ein specieller Fall des Art. 150., dass der in der Kegelfläche durch eine Normalebene zu einer seiner Focallinien bestimmte Schnitt den Fusspunkt in dieser Letzteren zum Brennpunkt hat.

Die Focallinien dieser Art. sind somit identisch mit denen des Art. 125.

152. **Die Focallinien eines Kegels sind normal zu den Kreisschnitten des Reciprokalkegels.** (Vergl. Art. 125.)

Denn die Kreisschnitte des Kegels $Lx^2 + My^2 + Nz^2 = 0$ sind nach Art. 104. parallel zu den Ebenen

$$(L-N) x^2 + (M-N) y^2 = 0,$$

und die entsprechenden Focallinien des Reciprokalkegels

$$\frac{x^2}{L} + \frac{y^2}{M} + \frac{z^2}{N} = 0$$

sind, wie wir eben gesehen haben, durch

$$\frac{x^2}{L-N} + \frac{y^2}{M-N} = 0$$

dargestellt; die durch sie bestimmten Linien sind nothwendig normal zu den durch erstere Gleichung bestimmten Ebenen.

153. Die Untersuchung der Focalpunkte bei anderen Arten der Flächen zweiten Grades geschieht in der

nämlichen Weise. So für die in der Gleichung

$$\frac{x^2}{L} + \frac{y^2}{M} = 2z$$

enthaltenen Paraboloide, ausgehend von der Darstellbarkeit derselben in jeder der beiden Formen

$$(x-\alpha)^2 + y^2 + (z-\gamma)^2 = \frac{L-M}{L}(x - \frac{L}{L-M}\alpha)^2 + (z-\gamma+M)^2$$

mit

$$\frac{\alpha^2}{L-M} = 2\gamma - M$$

oder $x^2 + (y-\beta)^2 + (z-\gamma)^2 = \frac{M}{M} \cdot \frac{L}{L}(y - \frac{M}{M-L}\beta)^2 + (z-\gamma+L)^2,$

mit

$$\frac{\beta^2}{M-L} = 2\gamma - L.$$

Es erhellt daraus, dass ein Paraboloid zwei Focalparabeln besitzt, von denen jede mit dem entsprechenden Hauptschnitt confocal ist; sowie, dass der Focalpunkt zur einen oder zur andern der vorher discutierten Arten gehört, je nach dem Zeichen des Bruches

$$\frac{L-M}{L}.$$

In dem Falle des elliptischen Paraboloids, als in welchem L und M zugleich positiv sind, ist für L als die grössere der Grössen die Focalcurve in der Ebene xz von der Art derer, welchen imaginäre Berührungsebenen entsprechen, während die in der Ebene der xy der entgegengesetzten Art angehört.

Da für jeden Wechsel der Zeichen von L und M der Werth

$$\frac{L-M}{L}$$

positiv bleibt, so gehören alle Focalpunkte des hyperbolischen Paraboloids zu denen der ersteren Klasse; wir haben dies vorher als eine Eigenschaft des Hyperboloids mit einer Mantelfläche erkannt und mussten sie, da das hyperbolische Paraboloid als ein specieller Fall dieses Hyperboloids angesehen werden kann, hier wieder finden.

Es bleibt wahr, dass die Verbindungslinie eines Focalpunktes mit dem Fusspunkte der entsprechenden Directrix normal zur Focalcurve und dass der Fusspunkt der Directrix der Pol der Tangente des Focalkegelschnitts in Bezug auf den Hauptschnitt der Fläche ist. Der Fusspunkt der Directrix gehört einer Parabel an und die Directricen selbst erzeugen einen parabolischen Cylinder.

Zur Vervollständigung der Discussion bleibt übrig, die Focalpunkte der verschiedenen Arten von Cylindern zu bezeichnen; man findet ohne irgend eine Schwierigkeit, dass zwei Focallinien existieren, so lange die Basis des Cylinders eine Ellipse oder Hyperbel ist, Linien, welche durch die Focalpunkte der Basis parallel den Erzeugenden des Cylinders gehen; während wenn die Basis des Cylinders eine parabolische ist, nur eine durch den Focalpunkt dieser Parabel gehende Focallinie existiert.

151. Die geometrische Interpretation der Gleichung $U = LV$ ist schon gegeben worden. Sie drückt die folgende Eigenschaft der Focalpunkte mit reellen Berührungsebenen aus: Das Quadrat der Entfernung irgend eines Punktes einer Fläche zweiten Grades von einem solchen Brennpunkte ist in einem constanten Verhältniss zu dem Product der normalen Abstände desselben Punktes von zwei durch die entsprechende Directrix gehenden und den Ebenen der Kreisschnitte parallelen Ebenen.

Die entsprechende Eigenschaft der Focalpunkte der andern Art, welche weniger offen vorliegt, ward von MacCullagh entdeckt und ist in folgendem Satze ausgesprochen: Die Entfernung eines Punktes einer Fläche zweiten Grades von einem Focalpunkte dieser Art ist in einem constanten Verhältniss zu seiner Entfernung von der entsprechenden Directrix, vorausgesetzt, dass dieselbe parallel zu einer der Ebenen der Kreisschnitte gemessen wird.

In der That, setzen wir voraus, dass die Entfernung eines Punktes (x', y', z') von einer der Axe der z parallelen Directrix durch den Punkt zu bestimmen sei, dessen Coordinaten x und y die Werthe a', β' haben, gemessen überdiess parallel einer Ebene $z = mx$; so schneidet eine Parallelebene durch den Punkt (x', y', z'), d. i. $z - z' = m(x - x')$ die Directrix in einem Punkte, dessen

x und y jene Werthe α' und β' haben, während sein z durch die Gleichung $z - z' = m(\alpha' - x')$ bestimmt wird. Das Quadrat der fraglichen Entfernung ist daher

$$(x'-\alpha')^2 + (y'-\beta')^2 + m^2(x'-\alpha')^2 = (y'-\beta')^2 + (1+m^2)(x'-\alpha')^2.$$

In der Gleichung des Art. 147.

$$(x-\alpha)^2 + (y-\beta)^2 + z^2 = A(x-\alpha')^2 + B(y-\beta')^2,$$

in welcher A und B beide positiv und A grösser als B vorausgesetzt sind, bezeichnet somit die rechte Seite das Mache des Quadrats der Entfernung eines Punktes der Fläche zweiten Grades von der Directrix, gemessen parallel der Ebene $z = mx$ für $m^2 = (A - B) : B$.

Die im Art. 147. gegebenen Werthe von A und B beweisen, dass diese Ebene eine Ebene kreisförmigen Schnittes ist, wie solches auch geometrisch aus folgender Betrachtung sich ergiebt. Wir betrachten den Schnitt der Fläche zweiten Grades mit einer Ebene, die der bezeichneten parallel ist. Da die Entfernungen aller Punkte eines solchen Schnittes aus dem nämlichen Punkte der Directrix gemessen werden, so ist die Entfernung jedes Punktes desselben von diesem festen Punkte in einem constanten Verhältniss zu seiner Entfernung vom Focalpunkt. Wenn aber die Entfernungen eines veränderlichen Punktes von zwei festen Punkten ein constantes Verhältniss behalten, so ist der Ort desselben eine Kugel, d. h. der fragliche Schnitt ist ein Kreis.

Wir begegnen einer scheinbaren Ausnahme in dem einzigen Falle, wo die Entfernung vom Focalpunkt der Entfernung von der Directrix gleich ist. Weil der Ort eines Punktes, dessen Entfernungen von zwei festen Punkten einander gleich sind, eine Ebene ist, so müssen in diesem Falle die Schnitte der Fläche mit den der betrachteten Ebene parallelen Ebenen gerade Linien sein.

Die Erinnerung an die vorhergehenden Artikel zeigt aber (Art. 153.), dass das betrachtete Verhältniss nur in dem Falle des hyperbolischen Paraboloids den Werth Eins hat, ($B = 1$), d. i. in dem Falle einer Fläche, welche jene Ebene nicht in Kreisschnitten durchschneidet, weil sie solche gar nicht besitzt.

Mac-Cullagh hat das Verhältniss der Focaldistanz zur Entfernung von der Directrix den Modulus der

Fläche und die Focalpunkte mit imaginären Berührungsebenen Modular-Focalpunkte genannt.[21])

155. Es ist im Art. 137. bemerkt worden, dass alle Flächen zweiten Grades von der Form $U - LM = 0$ von zwei Kegeln umhüllt sind; wenn insbesondere $U = 0$ eine Kugel bezeichnet, so müssen diese Kegel Umdrehungskegel sein, wie alle eine Kugel umhüllenden Kegel; wenn sich diese Kugel endlich auf einen Punkt reduciert, so fallen beide Kegel nothwendig in einen einzigen zusammen, welcher jenen Punkt zum Scheitel hat. Somit ist ein eine Fläche zweiten Grades umhüllender Kegel ein Umdrehungskegel, wenn sein Scheitel ein Focalpunkt der Fläche ist.

Wegen der Wichtigkeit dieses Satzes geben wir einen directen algebraischen Beweis desselben. Wir bemerken zuerst, dass jede Gleichung von der Form

$$x^2 + y^2 + z^2 = (ax + by + cz)^2$$

einen geraden Kegel darstellt. Denn wenn die Axen, indem sie rectangulär bleiben, so transformiert werden, dass die durch

$$ax + by + cz = 0$$

dargestellte Ebene eine der Coordinatenebenen wird, so wird die Gleichung des Kegels in die Form

$$X^2 + Y^2 + Z^2 = LX^2$$

übergeführt, die wegen der Gleichheit der Coefficienten von Y^2 und Z^2 einen Umdrehungskegel bezeichnet.

Wenn wir aber nach der Regel des Art. 78. die Gleichung des Kegels bilden, der aus dem Anfangspunkt der Coordinaten der Fläche $x^2 + y^2 + z^2 - L^2 - M^2 = 0$ für

$$L = ax + by + cz + d, \quad M = a'x + b'y + c'z + d'$$

umschrieben ist, so erhalten wir

$$(d^2 + d'^2)(x^2 + y^2 + z^2 - L^2 - M^2) + (dL + d'M)^2 = 0$$

oder

$$(d^2 + d'^2)(x^2 + y^2 + z^2) - (d'L - dM)^2 = 0,$$

welche nach dem Vorigen die Gleichung eines geraden Kegels ist.

Zusatz. Wie bei der Bildung der Reciprokalfläche der der Originalfläche aus dem Anfangspunkt umschriebene Kegel dem Asymptotenkegel der Reciprokalfläche entspricht, so folgt aus diesem Art., dass die Reciproke einer Fläche zweiten Grades in Bezug auf einen Focalpunkt eine Umdrehungsfläche zweiten Grades ist.

Eine Reihe weiterer Eigenschaften der Focalpunkte, welche aus den vorgetragenen Grundsätzen leicht abgeleitet werden können, empfehlen wir dem Leser als Beispiele zur Uebung.

Beispiel 1. Die Polare einer Directrix ist die Tangente des Focalkegelschnitts im entsprechenden Focalpunkte.

Beispiel 2. Die Polarebene eines Punktes einer Directrix ist zu der Verbindungslinie dieses Punktes mit dem entsprechenden Focalpunkte normal.

Beispiel 3. Wenn eine durch den festen Punkt O gezogene gerade Linie irgend eine Directrix schneidet und in der Fläche zweiten Grades die Punkte A und B bestimmt, so ist für den entsprechenden Focalpunkt F

$$\tan \tfrac{1}{2} AFO \cdot \tan \tfrac{1}{2} BFO = \text{const.}$$

Man beweist diesen Satz ganz analog dem in der Theorie der Kegelschnitte gegebenen entsprechenden Theorem. (Vergl. „Kegelscho." Art. 234, 9.)

Beispiel 4. Die Constanz des bezeichneten Products bleibt bestehen, wenn der Punkt O sich auf einer Fläche zweiten Grades bewegt, die mit der gegebenen die Ebenen der Kreisschnitte, den Focalpunkt und die Directrix gemeinschaftlich hat.

Beispiel 5. Wenn zwei derartige Flächen zweiten Grades von einer durch die gemeinschaftliche Directrix gehenden Geraden geschnitten werden, so bestimmen die auf ihr in beiden Flächen begrenzten Sehnen am Focalpunkte gleiche Winkel.

Beispiel 6. Wenn eine gerade durch eine Directrix gehende Linie eine der beiden Flächen zweiten Grades berührt, so bestimmt die durch die andere begrenzte Sehne am Focalpunkt einen Winkel von constanter Grösse.[77])

156. Offenbar ist das Product der Normalen constant, die von den Focalpunkten einer Umdrehungsfläche um die transversale Axe auf irgend eine ihrer Tangentenebenen gefällt werden. Wenn wir nach der Methode des Art. 126. von dieser Eigenschaft zu ihrer reciproken übergehen, so erkennen wir, dass das Quadrat der Entfernung des Ursprungs von einem beliebigen Punkte

der Reciprokalfläche in einem constanten Verhältniss ist zu dem Product der Entfernungen des Punktes von zwei festen Ebenen. Aus Art. 126, 5. erhellt, dass diese Ebenen die Ebenen der Kreisschnitte für den Asymptotenkegel der Fläche, d. i. dass sie auch die Ebenen der Kreisschnitte der neuen Fläche selbst sind. Die Durchschnittslinie dieser Ebenen ist die reciproke Linie derjenigen Geraden, welche die beiden Focalpunkte verbindet, d. h. von der Axe der Umdrehungsfläche. Wir wissen aus Art. 154., dass die eben bewiesene Eigenschaft jedem Punkte des Focalkegelschnitts angehört, welcher durch die Kreispunkte der Fläche geht*) und erkennen nun, dass die Reciproke einer beliebigen Fläche zweiten Grades in Bezug auf einen Punkt des durch die Kreispunkte gehenden Focalkegelschnitts eine Umdrehungsfläche ist, welche die transversale Axe zur Drehungsaxe hat; dass sie aber in Bezug auf einen Punkt des andern Focalkegelschnitts, oder, wie man sagen kann, in Bezug auf einen modularen Focalpunkt eine Umdrehungsfläche ist, welche die conjugierte Axe zu ihrer Axe hat.

Man geht daher von Eigenschaften der Umdrehungsflächen nach den Gesetzen der Reciprocität zu entsprechenden Eigenschaften irgend einer Fläche zweiten Grades in Bezug auf einen Focalpunkt und die entsprechende Directrix über, und in jedem Falle ist die Axe der Umdrehungsfläche die Reciproke der dem gegebenen Focalpunkt entsprechenden Directrix und parallel zu der Tangente des Focalkegelschnitts in dem betrachteten Focalpunkt. (Vergl. Art. 147.)

In den folgenden Beispielen stehen links die Eigenschaften der Umdrehungsflächen, rechts die entsprechenden Eigenschaften der Flächen zweiten Grades im Allgemeinen.

Beispiel 1. Der Tangentenkegel | Jeder Kegel, der einen Focaleiner Umdrehungsfläche aus einem | punkt zum Scheitel und einen die Punkte der Axe ist ein gerader | entsprechende Directrix enthaltenden Kegel, dessen Tangentenebenen mit | ebenen Schnitt einer Fläche zweiten

---

*) Es geschah auf diesem Wege, dass zuerst diese Eigenschaft und die Unterscheidung der beiden Arten von Focalpunkten vom Verfasser gefunden wurde.

der zur Axe normalen Ebene der Berührungscurve gleiche Winkel bilden.

Beispiel 2. Jede Tangentenebene ist normal zu der durch ihren Berührungspunkt und die Axe bestimmten Ebene.

Beispiel 3. Die Polarebene eines Punktes ist zu der durch ihn mit der Axe bestimmten Ebene normal.

Beispiel 4. Die durch einen Focalpunkt mit irgend zwei conjugierten Geraden bestimmten Ebenen sind zu einander normal. (Art. 126, 7.)

Beispiel 5. Wenn ein Kegel einer Umdrehungsfläche umgeschrieben ist, so ist eine seiner Hauptebenen durch den Scheitel und die Axe bestimmt und eine andere ist der Ebene der Berührung parallel.

Beispiel 6. Jeder aus einem Focalpunkt über einem ebenen Schnitt der Umdrehungsfläche beschriebene Kegel ist gerade. (Art. 126, 2.)

Grades zur Basis hat, ist ein gerader Kegel, welcher die Verbindungslinie des Focalpunktes mit dem Pol der Schnittebene zur Axe hat; diese letztere Gerade ist normal zu der durch den Focalpunkt und die Directrix bestimmten Ebene.

Die Gerade, welche einen Focalpunkt mit einem beliebigen Punkte der Fläche verbindet, ist normal zu der Verbindungslinie des Focalpunktes mit dem Durchschnittspunkt der entsprechenden Tangentenebene und der Directrix.

Die gerade Linie, welche einen beliebigen Punkt mit einem Focalpunkt verbindet, ist normal zu der geraden Verbindungslinie des Focalpunktes mit dem Durchschnittspunkt seiner Directrix mit der Polarebene des Punktes.

Eine den Kreisschnitten parallele und durch eine Directrix gehende Ebene wird von zwei einander conjugierten Geraden in Punkten geschnitten, welche an dem entsprechenden Focalpunkt einen rechten Winkel bestimmen.

Der aus einem Focalpunkt über einem ebenen Schnitt einer Fläche zweiten Grades beschriebene Kegel hat zur einen Axe die gerade Verbindungslinie des Focalpunkts mit dem Pol der Schnittebene und zur andern die Verbindungslinie des Focalpunkts mit dem Durchschnittspunkte der entsprechenden Directrix und der Schnittebene.

Der aus einem Focalpunkt über der Durchschnittscurve einer durch die entsprechende Directrix gehenden und den Kreisschnitten parallelen Ebene mit einem beliebigen Tangentenkegel der Fläche beschriebene Kegel ist gerade.

Beispiel 7. Der Ort des Durchschnittspunktes von drei auf einander normalen Tangentenebenen eines Paraboloids ist eine Ebene; (vergl. Art. 93.) eines Ellipsoides eine Kugelfläche.

Wenn durch einen Punkt einer Fläche zweiten Grades drei zu einander normale Gerade gelegt sind, so geht die durch ihre andern Schnittpunkte in der Fläche bestimmte Ebene durch einen festen Punkt. Wenn jener Punkt nicht in der Fläche liegt, so umhüllt die Ebene eine Umdrehungsfläche.

Beispiel 8. Wenn eine Fläche zweiten Grades eine Umdrehungsfläche umhüllt, so ist die Axe dieser Letzteren parallel einer Hauptebene der Ersteren.

Wenn zwei Flächen zweiten Grades einander umhüllen, so hat ein aus einem Focalpunkt der einen beschriebenen Tangentenkegel der andern die Verbindungslinie des Focalpunktes mit dem Durchschnittspunkt der entsprechenden Directrix mit der Ebene der Berührung zur einen Axe.

Focalkegelschnitte und confocale Flächen.

157. Im vorhergehenden Abschnitt haben wir eine Uebersicht der Beziehungen gegeben, welche jeder Focalpunkt einer Fläche zweiten Grades für sich betrachtet zur Fläche hat. Im Folgenden wollen wir dagegen eine Uebersicht von den Eigenschaften der Kegelschnitte geben, welche die Reihen der Focalpunkte bilden[73]) und von den Eigenschaften der confocalen Flächen.

Wir nehmen dazu unsern Ausgang von einer von derjenigen der Art. 145 f. unabhängigen Methode, durch welche wir direct zur Betrachtung der Focalkegelschnitte gelangen.

Concentrische und coaxiale Kegelschnitte werden als confocal bezeichnet, wenn die Differenz der Quadrate ihrer Halbaxen die nämliche ist; d. h. die mit der Ellipse

$$\frac{x^2}{a^2} + \frac{y^2}{b^2} = 1$$

confocalen Kegelschnitte sind durch die Gleichung

$$\frac{x^2}{a^2 \pm \lambda^2} + \frac{y^2}{b^2 \pm \lambda^2} = 1$$

gegeben. So lange λ^2 das positive Zeichen erhält und so lange bei negativem Zeichen λ^2 numerisch kleiner als b^2 ist, ist der confocale Kegelschnitt eine Ellipse; wenn λ^2 negativ und zwischen

b^2 und a^2 enthalten ist, so ist der confocale Kegelschnitt eine Hyperbel und für $\lambda^2 > a^2$ ist sie imaginär.

Für $\lambda^2 = b^2$ reduciert sich die Gleichung auf $y^2 = 0$ d. h. die Axe der x ist die Grenze, welche die confocalen Ellipsen von den confocalen Hyperbeln trennt. Aber die beiden Brennpunkte gehören doch in einem besonderen Sinne zu ihr. Denn man kann durch einen gegebenen Punkt (x', y') im Allgemeinen zwei zu einem gegebenen confocale Kegelschnitte legen, weil man zur Bestimmung von λ^2 eine quadratische Gleichung

$$\frac{x'^2}{a^2 - \lambda^2} + \frac{y'^2}{b^2 - \lambda^2} = 1$$

erhält, d. i.

$$\lambda^4 - \lambda^2(a^2 + b^2 - x'^2 - y'^2) + a^2b^2 - b^2x'^2 - a^2y'^2 = 0.$$

Für $y' = 0$ wird sie auf $(\lambda^2 - b^2)(\lambda^2 - a^2 + x'^2) = 0$ reduciert, so dass $\lambda^2 = b^2$ eine ihrer Wurzeln ist, und für $x'^2 = a^2 - b^2$ auch die zweite Wurzel diesen Werth $\lambda^2 = b^2$ erhält, zur Bestätigung des speciellen Sinnes, in welchem die Brennpunkte dem Werthe $\lambda^2 = b^2$ entsprechen. Wenn wir in der Gleichung

$$\frac{x^2}{a^2 - \lambda^2} + \frac{y^2}{b^2 - \lambda^2} = 1,$$

$$\lambda^2 = b^2, \quad \frac{y^2}{b^2 - \lambda^2} = 0$$

machen, so erhalten wir die Gleichung der beiden Brennpunkte

$$\frac{x^2}{a^2 - b^2} = 1.$$

158. In derselben Art nennen wir zwei concentrische und coaxiale Flächen zweiten Grades confocal, wenn die Differenzen der Quadrate der Axen für beide Flächen dieselben sind; so dass für das Ellipsoid

$$\frac{x^2}{a^2} + \frac{y^2}{b^2} + \frac{z^2}{c^2} = 1$$

die allgemeine Gleichung

$$\frac{x^2}{a^2 \pm \lambda^2} + \frac{y^2}{b^2 \pm \lambda^2} + \frac{z^2}{c^2 \pm \lambda^2} = 1$$

alle confocalen Flächen repräsentiert.

Für das positive Zeichen von λ^2 und für negative Werthe desselben, welche kleiner sind als c^2, ist die Fläche ein Ellipsoid. Eine Kugel von unendlichem Halbmesser ist die Grenze der Ellipsoide des Systems, denn sie entspricht dem speciellen Werthe $\lambda^2 = \infty$..

Für negative Werthe von λ^2 zwischen den Grenzen c^2 und b^2 repräsentirt die Gleichung ein Hyperboloid mit einer Mantelfläche und für Werthe zwischen den Grenzen b^2 und a^2 ein Hyperboloid mit zwei Mantelflächen. Dem Grenzwerthe $\lambda^2 = c^2$ entspricht die Ebene $z = 0$ als Grenze zwischen den Ellipsoiden und den einfachen Hyperboloiden des Systems; wenn wir aber in der allgemeinen Gleichung die Substitutionen

$$\lambda^2 = c^2, \quad \frac{z^2}{\lambda^2 - c^2} = 0$$

vollziehen, so entsprechen die Punkte des so erhaltenen Kegelschnitts

$$\frac{x^2}{a^2 - c^2} + \frac{y^2}{b^2 - c^2} = 1$$

in einem speciellen Sinne jener Grenze zwischen den Ellipsoiden und Hyperboloiden, welcher wir eben gedacht haben. Denn durch einen Punkt (x', y', z') lassen sich im Allgemeinen drei einer gegebenen Fläche zweiten Grades confocale Flächen legen, weil für λ^2 als die unbekannte Grösse eine cubische Bedingungsgleichung

$$\frac{x'^2}{a^2 - \lambda^2} + \frac{y'^2}{b^2 - \lambda^2} + \frac{z'^2}{c^2 - \lambda^2} = 1$$

oder

$$x'^2 (b^2 - \lambda^2)(c^2 - \lambda^2) + y'^2 (c^2 - \lambda^2)(a^2 - \lambda^2) + z'^2 (a^2 - \lambda^2)(b^2 - \lambda^2)$$
$$= (a^2 - \lambda^2)(b^2 - \lambda^2)(c^2 - \lambda^2)$$

gefunden wird. Für $z' = 0$ ist eine der Wurzeln dieser Gleichung $\lambda^2 = c^2$ und die beiden andern bestimmen sich aus der reducirten Gleichung $x'^2 (b^2 - \lambda^2) + y'^2 (a^2 - \lambda^2) = (a^2 - \lambda^2)(b^2 - \lambda^2)$.
Wenn

$$\frac{x'^2}{a^2 - c^2} + \frac{y'^2}{b^2 - c^2} = 1$$

ist, so wird eine Wurzel dieser Gleichung $\lambda^2 = c^2$, und diese bezeichnet den speciellen Sinn, in welchem die Punkte der Focalellipse diesem Grenzwerthe entsprechen.

In analoger Weise trennt die Ebene $y = 0$ die Hyperboloide mit einer Mantelfläche von denen mit zwei Mantelflächen, und die Focalhyperbel in dieser Ebene

$$\frac{x^2}{a^2 - b^2} + \frac{z^2}{c^2 - b^2} = 1$$

ist diesem Grenzwerthe in der nämlichen speciellen Art verbunden. Der Focalkegelschnitt in der dritten Hauptebene, welchen die Gleichung

$$\frac{y^2}{b^2 - a^2} + \frac{z^2}{c^2 - a^2} = 1$$

bezeichnen würde, ist imaginär.*)

159. Die drei durch einen Punkt gehenden mit einer gegebenen Fläche zweiten Grades confocalen Flächen sind respective ein Ellipsoid, ein Hyperboloid mit einer Mantelfläche und ein Hyperboloid mit zwei Mantelflächen.

Denn wenn wir in die zur Bestimmung von λ^2 dienende cubische Gleichung des letzten Art. die successiven Substitutionen

$$\lambda^2 = a^2, \quad \lambda^2 = b^2, \quad \lambda^2 = c^2, \quad \lambda^2 = -\infty$$

vollziehen, so erhalten wir Resultate von den respectiven Vorzeichen $+$, $-$, $+$, $-$, welches beweist, dass diese Gleichung stets drei reelle Wurzeln hat, von denen eine kleiner als c^2, eine zweite zwischen c^2 und b^2, und eine dritte zwischen b^2 und a^2 enthalten ist. Wie im letzten Artikel erhellt daraus, dass die diesen Werthen entsprechenden Flächen respective ein Ellipsoid, ein einfaches und ein zweifaches Hyperboloid sind.

160. Ein anderer passender Weg zur Auflösung des Problems, durch einen gegebenen Punkt die zu einer gegebenen Fläche zweiten Grades confocalen Flächen zu beschreiben, besteht darin, die primäre Axe der gesuchten Fläche als unbekannte Grösse zu wählen. Weil dann $a'^2 - b'^2$ und $a'^2 - c'^2$ gegeben sind, welche wir durch h^2 und k^2 respective bezeichnen wollen, so haben wir die Gleichung

---

*) Dieselbe Sache spricht sich auch folgendermassen aus: In jedem Punkte einer Hauptebene treffen ausser dem Focalkegelschnitt derselben zwei confocale Flächen zusammen. Durch jeden Punkt einer Hauptaxe geht eine einzige confocale Fläche; die beiden in ihr sich schneidenden Focalkegelschnitte repräsentieren die andern. Im Centrum der Flächen schneiden sich die Ebenen der drei Focalkegelschnitte.

oder
$$\frac{x'^2}{a'^2} + \frac{y'^2}{a'^2 - k^2} + \frac{z'^2}{a'^2 - k'^2} = 1$$

$$a'^6 - a'^4 \{k^2 + k'^2 + x'^2 + y'^2 + z'^2\}$$
$$+ a'^2 \{k^2 k'^2 + x'^2 (k^2 + k'^2) + y'^2 k'^2 + z'^2 k^2\} - x'^2 k^2 k'^2 = 0.$$

Wir können auf Grund dieser Gleichung die Coordinaten des Durchschnittspunktes von drei confocalen Flächen in Function ihrer Axen bestimmen; denn wenn a'^2, a''^2, a'''^2 die Wurzeln der obigen Gleichung sind, so giebt ihr letztes Glied $x'^2 k^2 k'^2 = a'^2 a''^2 a'''^2$, d. h.

$$x'^2 = \frac{a'^2 a''^2 a'''^2}{(a^2 - b^2)(a^2 - c^2)}.$$

Und da wir ebenso wohl b^2 oder c^2 als unsere unbekannte Grösse ansehen konnten, so erhalten wir die entsprechenden Ausdrücke

$$y'^2 = \frac{b'^2 b''^2 b'''^2}{(b^2 - a^2)(b^2 - c^2)}, \quad z'^2 = \frac{c'^2 c''^2 c'''^2}{(c^2 - a^2)(c^2 - b^2)}. \text{ *)}$$

NB. Wir haben in dem Vorigen b'^2, b''^2, etc. als algebraische Grössen d. h. mit Einschluss ihrer Zeichen vorausgesetzt, so dass z. B. c'^2 als zu einem Hyperboloid mit einer Mantelfläche gehörend wesentlich negativ ist, wie auch b''^2 und c'''^2 es sind.

161. Dieselbe cubische Gleichung erlaubt uns auch, den Radius vector des Durchschnittspunktes confocaler Flächen in Function der Axen auszudrücken.

Denn das zweite Glied derselben giebt uns
$$x'^2 + y'^2 + z'^2 + (a^2 - b^2) + (a^2 - c^2) = a'^2 + a''^2 + a'''^2$$
oder
$$x'^2 + y'^2 + z'^2 = a'^2 + b'^2 + c'''^2.$$

Dieser Ausdruck hätte auch direct abgeleitet werden können, mittelst der für x'^2, y'^2, z'^2 im letzten Art. gegebenen Werthe; es geschieht durch ein Verfahren, welches auch zur Reduction

---

*) Diese Ausdrücke erlauben eine einfache Bestimmung der Coordinaten der Kreispunkte; denn diese sind die Durchschnittspunkte der Focalhyperbel mit der Fläche (Art. 149.); da nun für die Focalhyperbel
$$a'^2 = a'''^2 = 0$$
ist, so sind die Coordinaten der Kreispunkte
$$x^2 = a^2 \frac{a^2}{a^2 - c^2}, \quad y = 0, \quad z^2 = c^2 \frac{k^2 - c^2}{a^2 - b^2}.$$

anderer symmetrischer Functionen dieser Coordinaten angewendet werden kann. Denn indem man die vorigen Werthe substituirt und auf eine gemeinschaftliche Benennung reducirt, wird $x'^2 + y'^2 + z'^2$

$$a'^2 a''^2 a'''^2 (b^2 - c^2) + b'^2 b''^2 b'''^2 (c^2 - a^2) + c'^2 c''^2 c'''^2 (a^2 - b^2)$$
$$(b^2 - c^2)(c^2 - a^2)(a^2 - b^2)$$

Da der Zähler für jede der Voraussetzungen $b^2 = c^2$, $c^2 = a^2$, $a^2 = b^2$ mit Null identisch wird, so muss er durch den Nenner ohne Rest theilbar sein. Diese Division kann dann in folgender Weise vollzogen werden: Irgend ein Glied, z. B. $a'^2 a''^2 a'''^2 c^2$ giebt, durch $(a^2 - b^2)$ oder das diesem Gleiche $(a'^2 - b'^2)$ dividirt, einen Quotienten $a''^2 a'''^2 c^2$ und einen Rest $b'^2 a''^2 a'''^2 c^2$; dieser Rest giebt, durch $(a''^2 - b''^2)$ dividirt, einen Quotienten $b'^2 a'''^2 c^2$ und einen Rest $b'^2 b''^2 a'''^2 c^2$, welcher in derselben Weise durch $(a'''^2 - b'''^2)$ dividirt einen Quotient $b'^2 b''^2 c^2$ und einen Rest $b'^2 b''^2 b'''^2 c^2$ giebt, der durch ein anderes Glied des Dividenden aufgehoben wird. Indem man in dieser Weise fortfährt, erhält man das früher gegebene Resultat.

162. **Zwei confocale Flächen schneiden einander überall rechtwinklig.**

Wenn (x', y', z') ein gemeinschaftlicher Punkt beider Flächen ist und p' und p'' die Längen der Normalen bezeichnen, welche vom Centrum auf die Tangentenebenen beider in diesem Punkte gefällt werden, so sind nach Art. 89. die Richtungscosinus dieser zwei Normalen

$$\frac{p'x'}{a'^2}, \frac{p'y'}{b'^2}, \frac{p'z'}{c'^2}; \quad \frac{p''x'}{a''^2}, \frac{p''y'}{b''^2}, \frac{p''z'}{c''^2}.$$

Sie sind zu einander rechtwinklig, wenn die Bedingung (Art. 13.)

$$p'p'' \left\{ \frac{x'^2}{a'^2 a''^2} + \frac{y'^2}{b'^2 b''^2} + \frac{z'^2}{c'^2 c''^2} \right\} = 0$$

erfüllt ist. Da aber die Coordinaten x', y', z' den Gleichungen beider Flächen genügen müssen, so haben wir

$$\frac{x'^2}{a'^2} + \frac{y'^2}{b'^2} + \frac{z'^2}{c'^2} = 1, \quad \frac{x'^2}{a''^2} + \frac{y'^2}{b''^2} + \frac{z'^2}{c''^2} = 1$$

und erhalten durch Subtraction dieser Gleichungen und wegen $a''^2 - a'^2 = b''^2 - b'^2 = c''^2 - c'^2$ als Rest

$$(a''^2 - a'^2) \left\{ \frac{x'^2}{a'^2 a''^2} + \frac{y'^2}{b'^2 b''^2} + \frac{z'^2}{c'^2 c''^2} \right\} = 0,$$

welche die behauptete Rechtwinkligkeit bestätigt.

Im Durchschnittspunkt von drei confocalen Flächen schneidet daher jede Tangentenebene der einen die beiden Tangentenebenen der andern rechtwinklig oder die Tangentenebene der einen Fläche enthält die Normalen der beiden andern Flächen.

163. Wenn eine Ebene durch das Centrum zu einer Tangentenebene einer Fläche zweiten Grades parallel geht, so sind die Axen des von ihr gebildeten Schnittes den Normalen der beiden confocalen Flächen parallel, welche durch den Berührungspunkt gehen.

Da bereits bewiesen worden ist, dass die Parallelen zu den genannten Normalen rechtwinklig zu einander sind, so bleibt nur zu beweisen übrig, dass sie conjugierte Durchmesser ihrer Schnittcurve sind. Nun ist nach Art. 94. die Bedingung, unter welcher zwei Linien conjugierte Durchmesser sind, durch

$$\frac{\cos\alpha\cos\alpha'}{a'^2} + \frac{\cos\beta\cos\beta'}{b'^2} + \frac{\cos\gamma\cos\gamma'}{c'^2} = 0$$

dargestellt und wir haben also für die Richtungscosinus der Normalen

$$\frac{p''x'}{a''^2}, \frac{p''y'}{b''^2}, \frac{p''z'}{c''^2}; \frac{p'''x'}{a'''^2}, \frac{p'''y'}{b'''^2}, \frac{p'''z'}{c'''^2}$$

zu beweisen, dass

$$p''p''' \left\{ \frac{x'^2}{a''^2 a'''^2} + \frac{y'^2}{b''^2 b'''^2} + \frac{z'^2}{c''^2 c'''^2} \right\} = 0$$

ist. Aber die Wahrheit dieser Gleichung ergiebt sich ohne Weiteres aus der Subtraction der zwei Gleichungen des letzten Artikels

$$\frac{x'^2}{a'^2 a''^2} + \frac{y'^2}{b'^2 b''^2} + \frac{z'^2}{c'^2 c''^2} = 0,$$

$$\frac{x'^2}{a'^2 a'''^2} + \frac{y'^2}{b'^2 b'''^2} + \frac{z'^2}{c'^2 c'''^2} = 0.$$

164. Man soll die Längen der Axen des Centralschnittes einer Fläche zweiten Grades durch eine der Tangentenebene im Punkte (x', y', z') parallele Ebene bestimmen.

Aus der Gleichung der Fläche ergiebt sich die Länge eines centralen Radius vector von den Richtungscosinus α, β, γ durch die Gleichung

$$\frac{1}{\varrho'^2} = \frac{\cos^2\alpha}{a'^2} + \frac{\cos^2\beta}{b'^2} + \frac{\cos^2\gamma}{c'^2},$$

und mittelst der für α, β, γ im letzten Artikel gegebenen Werthe finden wir für die Länge einer dieser Axen

$$\frac{1}{\varrho^2} = p''^2 \left\{ \frac{x'^2}{a'^2 a''^4} + \frac{y'^2}{b'^2 b''^4} + \frac{z'^2}{c'^2 c''^4} \right\}.$$

Nun gelten die Gleichungen

$$\frac{x'^2}{a'^2 a''^2} + \frac{y'^2}{b'^2 b''^2} + \frac{z'^2}{c'^2 c''^2} = 0,$$

$$\frac{x'^2}{a'^4} + \frac{y'^2}{b'^4} + \frac{z'^2}{c'^4} = \frac{1}{p''^2}$$

und wir erhalten durch ihre Subtraction

$$\frac{x'^2}{a'^2 a''^4} + \frac{y'^2}{b'^2 b''^4} + \frac{z'^2}{c'^2 c''^4} = \frac{1}{p''^2 . (a'^2 - a''^2)}$$

und durch Substitution dieses Ausdrucks in den vorher für ϱ^2 bestimmten Werth $\varrho^2 = a'^2 - a''^2$. In derselben Art finden wir für das Quadrat der andern Halbaxe $\varrho^2 = a'^2 - a'''^2$.

Wenn also zwei confocale Flächen zweiten Grades sich durchschneiden, so ist ein Radius der einen, welcher der Normale der andern in einem Punkte ihrer Durchschnittscurve parallel ist, von constanter Länge. Diese Halbdurchmesser bilden daher auf der Fläche eine sphärische Curve, und beiden Systemen der Durchschnittslinien der Fläche mit den ihr confocalen Flächen entsprechen so Systeme von sphärischen Curven auf ihr.

165. Da das Product der Axen eines Centralschnittes mit der Normalen einer parallelen Tangentenebene dem Producte der Axen abc gleich ist (Art. 96.), so erhalten wir unmittelbar Ausdrücke für die Längen p', p'', p'''. Wir haben

$$p'^2 = \frac{a'^2 b'^2 c'^2}{(a'^2 - a''^2)(a'^2 - a'''^2)}, \quad p''^2 = \frac{a''^2 b''^2 c''^2}{(a''^2 - a'^2)(a''^2 - a'''^2)},$$

$$p'''^2 = \frac{a'''^2 b'''^2 c'''^2}{(a'''^2 - a'^2)(a'''^2 - a''^2)}.$$

Diese Werthe hätten auch durch Substitution der früher für x'^2, y'^2, z'^2 gegebenen Ausdrücke in die Gleichung

$$\frac{1}{p'^2} = \frac{x'^2}{a'^4} + \frac{y'^2}{b'^4} + \frac{z'^2}{c'^4}$$

erhalten werden können, indem man den erhaltenen Werth von p'^2 durch die Methode des Art. 161. reducirt.

Der Leser wird die Symmetrie bemerken, welche zwischen diesen Werthen von p'^2, p''^2 und p'''^2 und den für x'^2, y'^2, z'^2 gefundenen stattfindet.

Wenn wir die drei Tangentenebenen als Coordinatenebenen betrachten, so werden die Normalen p', p'', p''' die Coordinaten des Centrums der Fläche. Die Analogie zwischen den Werthen für p', p'', p''' und denen für x', y', z' kann daher folgendermassen ausgedrückt werden: Mit dem Punkte (x', y', z') als Centrum können drei confocale Flächen beschrieben werden, welche die drei Tangentenebenen zu Hauptebenen haben und sich in dem Centrum des Originalsystems durchschneiden. Die Axen des neuen Systems von Confocalen sind

$$a', a'', a'''; \quad b', b'', b'''; \quad c', c'', c'''.$$

Die drei Tangentenebenen des neuen Systems sind die drei Hauptebenen des Originalsystems.

Wenn ein Centralschnitt zu einer dieser Hauptebenen z. B. der Ebene yz parallel ist, so bestimmt er in der Fläche, zu welcher sie eine Tangentenebene ist, einen Kegelschnitt, für welchen nach Art. 164. die Quadrate der Axen sind a^2-b^2, a^2-c^2. Es ergiebt sich also, dass Richtungen und Grössen der Axen von der Lage des Punktes x', y', z' unabhängig sind. Die Quadrate der Axen sind gleich und entgegengesetzt den Quadraten der Axen des entsprechenden Focalkegelschnitts.

166. Wenn D die Länge des Durchmessers einer Fläche zweiten Grades bezeichnet, welcher der Tangente in einem Punkte ihres Durchschnitts mit einer confocalen Fläche, parallel ist und wenn p die Normale auf ihre Tangentenebene in diesem Punkte darstellt, so ist für alle Punkte der Durchnittscurve $pD = $ const.

Denn die Tangente in irgend einem Punkte der Durchschnittscurve zweier Flächen ist die Durchschnittslinie ihrer Tangentenebenen in diesem Punkte, und sie ist in diesem Falle normal zu der dritten durch denselben Punkt gehenden confocalen Fläche. (Art. 162.) Nach Art. 164. ist daher $D^2 = a'^2 - a'''^2$ und somit nach Art. 165.

$$p^2 D^2 = \frac{a'^2 b'^2 c'^2}{a'^2 - a'''^2}$$

welches für gegebene a', a'' eine Constante ist.

167. Man soll den Ort der Pole einer gegebenen Ebene in Bezug auf ein System confocaler Flächen bestimmen.

Sei $Ax + By + Cz = 1$ die betrachtete Ebene und (ξ, η, ζ) ihr Pol, so muss die Gleichung

$$\frac{x\xi}{a^2 - \lambda^2} + \frac{y\eta}{b^2 - \lambda^2} + \frac{z\zeta}{c^2 - \lambda^2} = 1$$

mit der ersteren identisch werden, d. h. man muss haben

$$\frac{\xi}{a^2 - \lambda^2} = A, \quad \frac{\eta}{b^2 - \lambda^2} = B, \quad \frac{\zeta}{c^2 - \lambda^2} = C.$$

Die Elimination von λ^2 zwischen diesen Gleichungen liefert für die Gleichungen des Ortes

$$\frac{x}{A} - a^2 = \frac{y}{B} - b^2 = \frac{z}{C} - c^2.$$

Der fragliche Ort ist daher eine zur gegebenen Ebene normale Gerade.

Diess Theorem enthält implicite die Auflösung der Aufgabe: Man soll eine Fläche zweiten Grades bestimmen, die einer gegebenen confocal ist und eine gegebene Ebene berührt; denn da der Pol der Tangentenebene einer Fläche der Berührungspunkt derselben ist, so erhellt zunächst, dass nur eine Fläche der verlangten Art existiert, und dass ihr Berührungspunkt mit der Ebene durch den Durchschnitt des gefundenen Ortes mit ihr bestimmt wird.

Man kann das Theorem dieses Art. auch so aussprechen: Der Ort des Pols der Tangentenebene einer Fläche zweiten Grades in Bezug auf eine zu ihr confocale Fläche ist die Normale der ersten Fläche.

168. Man soll die Entfernung zwischen dem Berührungspunkt einer Tangentenebene und ihrem in Bezug auf eine confocale Fläche genommenen Pol bestimmen.

Seien x', y', z' die Coordinaten des Berührungspunktes einer Tangentenebene der Fläche von den Axen a, b, c, und ξ, η, ζ die des Pols derselben Ebene in Bezug auf die confocale Fläche von den Axen a', b', c'; so gelten wie im letzten Artikel die Gleichungen

$$\frac{x'}{a^2} = \frac{\xi}{a'^2}, \quad \frac{y'}{b^2} = \frac{\eta}{b'^2}, \quad \frac{z'}{c^2} = \frac{\zeta}{c'^2}.$$

also
$$\xi - x' = \frac{a'^2 - a^2}{a^2}x', \; \eta - y' = \frac{b'^2 - b^2}{b^2}y', \; \zeta - z' = \frac{c'^2 - c^2}{c^2}z',$$

und durch Quadrieren und nachherige Addition erhält man

$$D^2 = (a'^2 - a^2)^2 \left(\frac{x'^2}{a^4} + \frac{y'^2}{b^4} + \frac{z'^2}{c^4} \right).$$

oder
$$D = \frac{a'^2 - a^2}{p},$$

wenn p die vom Centrum auf die Ebene gefällte Normale bezeichnet.

169. Die Axen des Tangentenkegels einer Fläche zweiten Grades sind die Normalen der drei confocalen Flächen, welche durch den Scheitel des Kegels hindurchgehen.

Betrachten wir die Tangentenebene einer von diesen durch den Scheitel (x', y', z') gehenden Fläche, so liegt der Pol dieser Ebene in Bezug auf die Originalfläche nach Art. 65. in der Polarebene von (x', y', z') und nach Art. 167. in der Normale der confocalen Fläche; es ist daher der Punkt, in welchem diese Normale die Polarebene von (x', y', z') d. h. die Ebene der Berührungscurve des Kegels durchschneidet.

Aus Art. 64. folgt dann, dass die drei Normalen die Ebene der Berührung in drei Punkten schneiden, von denen jeder der Pol der Verbindungslinie der beiden andern in Bezug auf die von ihrer Ebene bestimmte Schnittcurve ist; da dieselbe aber zugleich ein Schnitt des Kegels ist, so sind nach Art. 71. die bezeichneten Normalen ein System conjugierter Durchmesser der Kegelfläche, und insbesondere, weil jede von ihnen zu den beiden andern rechtwinklig ist, die Axen derselben.

170. Wenn durch eine beliebige Tangente einer Fläche zweiten Grades zwei Tangentenebenen an eine zu ihr confocale Fläche gelegt werden, so bilden dieselben mit der Tangentenebene der ersten Fläche in dem gegebenen Punkte gleiche Winkel.

Denn diese Tangentenebene ist nach dem letzten Artikel eine Hauptebene des Kegels, welcher den gegebenen Punkt zum Scheitel hat und die confocale Fläche berührt, während die beiden Tangentenebenen des Satzes Tangentenebenen dieses Kegels sind; und zwei Tangentenebenen eines Kegels, welche durch eine in einer Hauptebene enthaltene Gerade hindurchgehen, machen mit dieser Ebene gleiche Winkel.

Die Focalkegel, d. h. diejenigen Kegel, welche aus beliebigen Scheitelpunkten über den Focalkegelschnitten einer Fläche zweiten Grades beschrieben werden, sind die Grenzfälle von Kegeln, welche die confocalen Flächen umhüllen und die zwei Tangentenebenen eines Focalkegels, welche durch eine beliebige Tangente einer Fläche zweiten Grades gelegt werden können, machen daher gleiche Winkel mit der Tangentenebene der Fläche, welcher jene Tangente angehört.

Wenn die Fläche zweiten Grades selbst ein Kegel ist, so reduciert sich ihr Focalkegelschnitt auf zwei gerade Linien und das oben ausgesprochene Theorem lautet in diesem Falle dahin, dass jede Tangentenebene eines Kegels mit denjenigen Ebenen gleiche Winkel bildet, welche die Berührungsseite mit je einer der Focallinien bestimmt. Wir werden diesen Satz im X. Kapitel unabhängig beweisen.

171. Aus Art. 169. folgt, dass die Gleichung des Tangentenkegels einer Fläche zweiten Grades die Form

$$Ax^2 + By^2 + Cz^2 = 0$$

annehmen muss, wenn die Normalen der durch seinen Scheitel gehenden confocalen Flächen als Coordinatenaxen gewählt werden. Indem wir diess durch eine wirkliche Transformation bestätigen, erhalten wir zugleich einen unabhängigen Beweis des Satzes des Art. 169. und die Kenntniss der wirklichen Werthe von A, B, C, welche uns später mehrfach von Nutzen sein wird.

Die Art. 78. gegebene Gleichung des Tangentenkegels ist

$$\left(\frac{x'^2}{a^2} + \frac{y'^2}{b^2} + \frac{z'^2}{c^2} - 1\right)\left(\frac{x^2}{a^2} + \frac{y^2}{b^2} + \frac{z^2}{c^2} - 1\right)$$
$$= \left(\frac{xx'}{a^2} + \frac{yy'}{b^2} + \frac{zz'}{c^2} - 1\right)^2,$$

und sie wird, zu parallelen Axen durch den Scheitelpunkt des Kegels transformiert, in die Form

$$\left(\frac{x'^2}{a^2} + \frac{y'^2}{b^2} + \frac{z'^2}{c^2} - 1\right)\left(\frac{x^2}{a^2} + \frac{y^2}{b^2} + \frac{z^2}{c^2}\right)$$
$$= \left(\frac{xx'}{a^2} + \frac{yy'}{b^2} + \frac{zz'}{c^2}\right)^2$$

übergeführt. Um sie nun auf die drei bezeichneten Normalen als Axen zu beziehen, haben wir die Richtungscosinus dieser Linien in die Formeln des Art. 17. einzusetzen und erkennen, dass wir

$$\text{für } x \quad \frac{p'x'}{a'^2}x + \frac{p''x''}{a''^2}y + \frac{p'''x'''}{a'''^2}z,$$

$$\text{für } y \quad \frac{p'y'}{b'^2}x + \frac{p''y''}{b''^2}y + \frac{p'''y'''}{b'''^2}z,$$

$$\text{für } z \quad \frac{p'z'}{c'^2}x + \frac{p''z''}{c''^2}y + \frac{p'''z'''}{c'''^2}z$$

zu substituieren haben.

172. Um das Resultat dieser Substitution leichter zu erkennen, werden die folgenden Formeln nützlich sein. Ist

$$\frac{x'^2}{a^2} + \frac{y'^2}{b^2} + \frac{z'^2}{c^2} - 1 = S^*),$$

so haben wir wegen

$$\frac{x'^2}{a'^2} + \frac{y'^2}{b'^2} + \frac{z'^2}{c'^2} - 1 = 0$$

$$\frac{x'^2}{a^2 a'^2} + \frac{y'^2}{b^2 b'^2} + \frac{z'^2}{c^2 c'^2} = \frac{S}{a'^2 - a^2};$$

wir finden in gleicher Art

$$\frac{x'^2}{a^2 a''^2} + \frac{y'^2}{b^2 b''^2} + \frac{z'^2}{c^2 c''^2} = \frac{S}{a''^2 - a^2}$$

und aus beiden

$$\frac{x'^2}{a^2 a'^2 a''^2} + \frac{y'^2}{b^2 b'^2 b''^2} + \frac{z'^2}{c^2 c'^2 c''^2} = \frac{S}{(a'^2 - a^2)(a''^2 - a^2)}.$$

Ueberdiess erhalten wir aus

$$\frac{x'^2}{a'^4} + \frac{y'^2}{b'^4} + \frac{z'^2}{c'^4} = \frac{1}{p'^2}$$

und b^2

$$\frac{x'^2}{a'^2 a^2} + \frac{y'^2}{b'^2 b^2} + \frac{z'^2}{c'^2 c^2} = \frac{S}{a'^2 - a^2}$$

$$\frac{x'^2}{a'^4 a^2} + \frac{y'^2}{b'^4 b^2} + \frac{z'^2}{c'^4 c^2} = \frac{S}{a'^2 - a^2)^2} - \frac{1}{p'^2 (a'^2 - a^2)}.$$

---
*) Wir bemerken, dass

$$S = \frac{(a'^2 - a^2)(a''^2 - a^2)(a'''^2 - a^2)}{a^2 b^2 c^2}$$

ist, weil $a'^2 - a^2$, $a''^2 - a^2$, $a'''^2 - a^2$ die Wurzeln der cubischen Gleichung des Art. 159. sind, deren absolutes Glied $= a^2 b^2 c^2 S$ ist.

173. Wenn wir nun die verlangte Transformation ausführen, so erhalten wir auf der linken Seite der Gleichung des Art. 171. den Coefficienten von x'^2 in der Form

$$p'^2 s \left\{ \frac{x'^2}{a'^4 a^2} + \frac{y'^2}{b'^4 b^2} + \frac{z'^2}{c'^4 c^2} \right\}$$

und den Coefficienten von xy in der Form

$$2 p' p'' s \left\{ \frac{x'^2}{a^2 a'^2 a''^2} + \frac{y'^2}{b^2 b'^2 b''^2} + \frac{z'^2}{c^2 c'^2 c''^2} \right\};$$

die linke Seite der transformierten Gleichung wird daher

$$s \left(\frac{p' x}{a'^2 - a^2} + \frac{p'' y}{a''^2 - a^2} + \frac{p''' z}{a'''^2 - a^2} \right)^2$$
$$- s \left\{ \frac{x^2}{a'^2 - a^2} + \frac{y^2}{a''^2 - a^2} + \frac{z^2}{a'''^2 - a^2} \right\}.$$

Wenn wir dann die Grösse

$$\frac{x x'}{a^2} + \frac{y y'}{b^2} + \frac{z z'}{c^2}$$

in der nämlichen Weise behandeln, so erhalten wir

$$s \left(\frac{p' x}{a'^2 - a^2} + \frac{p'' y}{a''^2 - a^2} + \frac{p''' z}{a'''^2 - a^2} \right).$$

und erkennen, dass ihr Quadrat gegen die erste Gruppe der Glieder der linken Seite verschwindet, so dass die Gleichung des Kegels in der Form

$$\frac{x^2}{a'^2 - a^2} + \frac{y^2}{a''^2 - a^2} + \frac{z^2}{a'''^2 - a^2} = 0,$$

d. i. die erwartete transformierte Form, übergeht.

174. Als specielle Fälle des Vorigen ergeben sich die Gleichungen der Focalkegel (Art. 170.) d. h. der Kegel, welcher aus dem beliebigen Punkte (x', y', z') über der Focalellipse und der Focalhyperbel beschrieben werden. Sie entsprechen den Werthen $a^2 - c^2$, $a^2 - b^2$ für das Quadrat der primären Axe. Ihre Gleichungen sind daher

$$\frac{x^2}{c'^2} + \frac{y^2}{c''^2} + \frac{z^2}{c'''^2} = 0,$$

$$\frac{x^2}{b'^2} + \frac{y^2}{b''^2} + \frac{z^2}{b'''^2} = 0.$$

Wir hätten diese Gleichungen auch direct erhalten können,

wenn wir die Gleichungen der Focalkegel wie in Beisp. 12. des Art. 121. gebildet und sie dann wie in den letzten Art. transformiert hätten.

Man erkennt ohne Schwierigkeit, dass irgend eine Normale und die entsprechende Tangentenebene mit jeder der Hauptebenen einen Punkt und eine Gerade bestimmen, welche in Bezug auf den Focalkegelschnitt derselben Pol und Polare sind. Es ist ein specieller Fall des Art. 169.

Die in dem vorhergehenden Art. angewendeten Formeln erlauben auch die Transformation einiger andern Gleichungen zu denselben neuen Axen.

Beispiel 1. Man transformiere die Gleichung der Fläche zweiten Grades selbst zu den drei Normalen durch den Punkt x', y', z' als Axen.

Die zu parallelen Axen durch den Punkt (x', y', z') transformierte Gleichung ist

$$\frac{x^2}{a^2} + \frac{y^2}{b^2} + \frac{z^2}{c^2} + S + 2\left(\frac{xx'}{a^2} + \frac{yy'}{b^2} + \frac{zz'}{c^2}\right) = 0;$$

da nun die Transformation der Polynome

$$\frac{x^2}{a^2} + \frac{y^2}{b^2} + \frac{z^2}{c^2} \text{ und } \frac{xx'}{a^2} + \frac{yy'}{b^2} + \frac{zz'}{c^2}$$

zu den drei durch jenen Punkt gehenden Normalen der entsprechenden confocalen Flächen als Axen im Art. 173. gegeben worden ist, so wird die fragliche transformierte Gleichung sofort in der Form

$$S\left(\frac{p'x}{a^2 - a'^2} + \frac{p'y}{a^2 - a'^2} + \frac{p'z}{a^2 - a'^2} + 1\right)^2$$
$$= \frac{x^2}{a'^2 - a^2} + \frac{y^2}{a''^2 - a^2} + \frac{z^2}{a'''^2 - a^2}$$

gefunden. Die auf der linken Seite derselben zwischen den Klammern stehende Grösse giebt überdiess, gleich Null gesetzt, die transformierte Gleichung der Polarebene des Punktes.

Beispiel 2. Wenn der Punkt (x', y', z') in der Fläche selbst liegt, so erfährt diese Gleichung eine Veränderung, die wir angeben wollen. Die zu parallelen Axen transformierte Gleichung ist dann

$$\frac{x^2}{a^2} + \frac{y^2}{b^2} + \frac{z^2}{c^2} + 2\left(\frac{xx'}{a^2} + \frac{yy'}{b^2} + \frac{zz'}{c^2}\right) = 0$$

und bei der Transformation wird der Coefficient von x^2

$$p^2\left[\frac{x'^2}{a^4} + \frac{y'^2}{b^4} + \frac{z'^2}{c^4}\right]$$

— wir wollen ihn durch $\frac{1}{p^2}$ kurz bezeichnen — der von y^2

$$p'^2 \left(\frac{x'^2}{a'^2 a^2} + \frac{y'^2}{b'^2 b^2} + \frac{z'^2}{c'^2 c^2} \right) = \frac{1}{a^2} - \frac{1}{a'^2};$$

der von xy

$$2 pp' \left(\frac{x'^2}{a'^2 a^2} + \frac{y'^2}{b'^2 b^2} + \frac{z'^2}{c'^2 c^2} \right) = \frac{2 p'}{p(a'^2 - a^2)};$$

der Coefficient von yz verschwindet identisch und die Glieder vom ersten Grade reduciren sich auf $\frac{2x}{p}$; die transformirte Gleichung ist daher

$$\frac{x^2}{y^2} + \frac{y^2}{a'^2 - a^2} + \frac{z^2}{a'^2 - a''^2} - \frac{2 p' xy}{p(a'^2 - a^2)} - \frac{2 p'' xz}{p(a'^2 - a''^2)} + \frac{2x}{p} = 0.$$

Wir bemerken, dass p der zur Normale im Punkte $x'\ y'\ z'$ parallele Durchmesser ist und dass wir haben

$$\frac{1}{p^2} + \frac{1}{a'^2 - a^2} + \frac{1}{a'^2 - a''^2} = \frac{1}{a^2} + \frac{1}{b^2} + \frac{1}{c^2};$$

so dass die transformirte Gleichung überdiess in der Form geschrieben werden kann

$$\frac{(p'x - py)^2}{a^2 - a'^2} + \frac{(p''x - pz)^2}{a^2 - a''^2} + (x + p)^2 = p^2.$$

Beispiel 3. Wir geben endlich die Transformation der Gleichung der Reciprocalfläche in Bezug auf irgend einen Punkt für die drei Normalen des confocalen Systems durch diesen Punkt als Axen.

Die Gleichung der Reciprocalfläche ist nach Art. 127.

$$(xx' + yy' + zz' + k^2)^2 = a^2 x^2 + b^2 y^2 + c^2 z^2.$$

Durch Transformation geht nach den Formeln des Art. 179. die Grösse

$$(xx' + yy' + zz') \text{ in } (p'x + p''y + p'''z + k^2)$$

über; für die Transformation von

$$a^2 x^2 + b^2 y^2 + c^2 z^2$$

findet man den Coefficienten von x^2

$$p'^2 \left(\frac{a^2 x'^2}{a^2 a'^2} + \frac{b^2 y'^2}{b^2 b'^2} + \frac{c^2 z'^2}{c^2 c'^2} \right)$$

$$= (a^2 - a'^2) p'^2 \left(\frac{x'^2}{a^2 a'^2} + \frac{y'^2}{b^2 b'^2} + \frac{z'^2}{c^2 c'^2} \right) + p'^2 \left(\frac{x'^2}{a'^2} + \frac{y'^2}{b'^2} + \frac{z'^2}{c'^2} \right)$$

$$= a^2 - a'^2 + p'^2;$$

der Coefficient von xy ist

$$2 p' p'' \left\{ \frac{a^2 x'^2}{a^2 a'^2 a''^2} + \frac{b^2 y'^2}{b^2 b'^2 b''^2} + \frac{c^2 z'^2}{c^2 c'^2 c''^2} \right\}.$$

und weil

$$(a^2 - a'^2) \left\{ \frac{x'^2}{a'^2 a''_i} + \frac{y'^2}{b'^2 b''_i} + \frac{z'^2}{c'^2 c''_i} \right\} = 0$$

und

$$\frac{x'^2}{a''_i} + \frac{y'^2}{b''_i} + \frac{z'^2}{c''_i} = 1$$

ist, so haben wir

$$\frac{a^2 x'^2}{a'^2 a''_i} + \frac{b^2 y'^2}{b'^2 b''_i} + \frac{c^2 z'^2}{c'^2 c''_i} = 1$$

und die transformierte Gleichung erhält die Form

$$(a''^2 - a^2) x^2 + (a''^2 - a^2) y^2 + (a'''^2 - a^2) z^2 + 2 k^2 (p'x + p''y + p'''z) + k^4 = 0.$$

175. Wenn wir nun zu der im Art. 173. gegebenen Gleichung des Tangentenkegels zurückkehren, so beweist ihre Form, dass alle **concentrischen Kegel, welche einem System von confocalen Flächen umschrieben sind, coaxial und confocal sind.** Denn die drei Normalen, welche durch den gemeinschaftlichen Scheitel gehen, sind für jeden Kegel des Systems die Axen, und die Form der Gleichung zeigt, dass die Differenzen der Quadrate der Axen von a^2 unabhängig sind.

Die Gleichungen der gemeinschaftlichen Focallinien dieser Kegel sind nach Art. 147.

$$\frac{x^2}{a'^2 - a''^2} = \frac{z^2}{a''^2 - a'''^2}, \quad y^2 = 0.$$

Wenn nun im Art. 164. bewiesen wurde, dass der Centralschnitt des Hyperboloids mit einer Mantelfläche, welches durch (x', y', z') geht, durch

$$\frac{x^2}{a''^2 - a'^2} + \frac{z^2}{a''^2 - a'''^2} = 0$$

dargestellt wird, so folgt aus der Wahrheit, dass der Schnitt des Hyperboloids mit der Tangentenebene dem Centralschnitt ähnlich oder durch

$$\frac{x^2}{a'^2 - a''^2} - \frac{z^2}{a''^2 - a'''^2} = 0$$

gegeben ist, der Satz von Chasles und Jacobi:[*]) **Die Focallinien des Systems von Kegeln, welche aus einem beliebigen Punkte den Flächen eines confocalen Systems umgeschrieben sind, sind die Erzeugenden des Hyperboloids mit einer Mantelfläche unter ihnen, welches durch diesen Punkt geht.**

Man kann denselben auch so beweisen: Wenn man durch eine beliebige Seite eines unter diesen Kegeln die Tangentenebene desselben und Ebenen durch die erzeugenden Linien jenes Hyperboloids hindurchlegt, so sind diese Letzteren Tangentenebenen des Hyperboloids und bilden daher nach Art. 170. mit der Tangentenebene des Kegels gleiche Winkel. Diese zwei Erzeugenden haben also die Eigenschaft, dass die durch sie und eine beliebige Seite des Kegels gelegten Ebenen mit der entsprechenden Tangentenebene desselben gleiche Winkel einschliessen, eine Eigenschaft, welche nach Art. 170. den Focallinien angehört.

Zusatz 1. Die Reciproken eines Systems von confocalen Flächen in Bezug auf irgend einen Punkt haben die nämlichen Kreisschnitte. Denn die Reciprokalflächen der diesem Punkte entsprechenden Tangentenkegel haben nach Art. 149. dieselben Kreisschnitte, und sie sind die Asymptotenkegel der Reciprokalflächen.

Zusatz 2. Die Umrisse der orthogonalen Projectionen eines Systems von confocalen Flächen auf eine Ebene sind confocale Kegelschnitte. Diese Projectionen sind die Durchschnitte der gedachten Ebene mit den zu ihr normalen die Flächen des Systems umhüllenden Cylindern, und man kann diese Letzteren als ein System von Tangentenkegeln betrachten, welche den unendlich entfernten gemeinschaftlichen Punkt der Erzeugenden zum Scheitel haben.

176. Unter den Flächen eines confocalen Systems existiren im Allgemeinen zwei, welche eine gegebene gerade Linie berühren.

Sei (x', y', z') ein Punkt der betrachteten Linie und sind a', a'', a''' die Axen der drei Flächen des Systems, welche durch ihn hindurchgehen, α, β, γ die Winkel, welche diese Linie mit den drei Normalen bildet; so erhellt aus Art. 173., dass das a der gesuchten Fläche durch die quadratische Gleichung

$$\frac{\cos^2 \alpha}{a'^2 - a^2} + \frac{\cos^2 \beta}{a''^2 - a^2} + \frac{\cos^2 \gamma}{a'''^2 - a^2} = 0$$

bestimmt wird. Sind nun a, a' die Wurzeln dieser Gleichung, so haben die beiden Kegel

$$\frac{x^2}{a'^2 - a^2} + \frac{y^2}{a''^2 - a^2} + \frac{z^2}{a'''^2 - a^2} = 0$$

$$\frac{x^2}{a^2-a'^2} + \frac{y^2}{a''^2-a'^2} + \frac{z^2}{a'''^2-a'^2} = 0$$

die gegebene Gerade zur gemeinschaftlichen Seite und man beweist genau wie im Art. 162., dass die Tangentenebenen der Kegel, welche durch diese Linie gehen, zu einander rechtwinklig sind. Da aber die Tangentenebenen des Tangentenkegels einer Fläche auch Tangentenebenen dieser Letzteren sind, so ergiebt sich daraus, dass die durch eine gerade Linie gehenden Tangentenebenen der beiden sie berührenden Flächen eines confocalen Systems zu einander rechtwinklig sind.

Zuweilen findet man die Eigenschaft, dass die von einem Punkt ausgehenden Tangentenkegel von zwei sich durchschneidenden confocalen Flächen zweiten Grades einander rechtwinklig durchschneiden, dahin ausgesprochen, dass zwei confocale Flächen, von einem beliebigen Punkte aus gesehen, einander rechtwinklig zu durchschneiden scheinen.

177. Die Normalen der Flächen eines confocalen Systems, welche den durch eine gegebene gerade Linie gehenden Tangentenebenen derselben entsprechen, sind die Erzeugenden eines hyperbolischen Paraboloids.

Sie sind offenbar einer Ebene parallel, nämlich der zur gegebenen Linie normalen Ebene; und wenn wir irgend eine der confocalen Flächen betrachten, so enthält nach Art. 167. die Normale, welche irgend einer durch jene Gerade gehenden Ebene entspricht, den Pol dieser Ebene in Bezug auf die angenommene confocale Fläche, einen Punkt also, welcher ein Punkt der Polarlinie der gegebenen Geraden in Bezug auf diese confocale Fläche ist; in Folge dessen schneidet jede Normale die Polarlinie der gegebenen Geraden in Bezug auf irgend eine der confocalen Flächen und die durch die Normalen erzeugte Fläche ist daher ein hyperbolisches Paraboloid. (Art. 115.) Die Polarlinien der eben angestellten Erörterung sind für das nämliche Paraboloid die Erzeugenden des andern Systems.

Die beiden Punkte, in denen diess Paraboloid die gegebene gerade Linie schneidet, sind die zwei Punkte, wo dieselbe die beiden confocalen Flächen berührt.

Wenn die gegebene gerade Linie selbst für eine der Flächen des Systems (U) eine Normale ist, so erhalten wir einen bemerkenswerthen speciellen Fall. Die Normale welche irgend einer der durch sie gehenden Ebenen entspricht, wird nach Art. 167. gefunden, indem man von dem in Bezug auf jene Fläche U genommenen Pol dieser Ebene auf dieselbe eine Normale fällt; es ist aber offenbar, dass jener Pol und diese Normale in der Tangentenebene von U liegen müssen, zu welcher die gegebene Gerade normal ist. In diesem Falle liegen sowohl die Normalen in einer und derselben Ebene.

Aus dem Principe, dass das Doppelverhältniss von vier durch eine gerade Linie gehenden Ebenen mit dem Doppelverhältniss ihrer in Bezug auf irgend eine Fläche zweiten Grades genommenen Pole übereinstimmt, wird sogleich erkannt, dass irgend vier Normalen alle die der gegebenen Linie in Bezug auf die Flächen eines confocalen Systems entsprechenden Polarlinien projectivisch theilen; daher umhüllen in dem betrachteten speciellen Falle die sämmtlichen Normalen nothwendig einen Kegelschnitt, und zwar eine Parabel, weil die Normale in einer ihrer Lagen ganz in unendlicher Entfernung liegt, nämlich in dem Falle der unendlich grossen Kugel, welche dem System der confocalen Flächen nach Art. 158. angehört.

Der **Fusspunkt der gegebenen Linie in derjenigen Fläche des Systems, für welche sie eine Normale ist, liegt in der Directrix der Parabel.**

178. Wenn α, β, γ die auf die Normalen durch den Scheitel bezogenen Richtungswinkel der Normale zu einer Tangentenebene des Kegels der Art. 171., etc. bezeichnen, so müssen dieselben, weil die bezeichnete Normale dem reciproken Kegel angehört, die Relation

$$(a'^2 - a^2)\cos^2\alpha + (a''^2 - a^2)\cos^2\beta + (a'''^2 - a^2)\cos^2\gamma = 0$$
oder
$$a'^2 \cos^2\alpha + a''^2 \cos^2\beta + a'''^2 \cos^2\gamma = a^2$$

erfüllen. Dieselbe erlaubt uns, die Axe der Fläche des Systems zu bestimmen, welche irgend eine Ebene berührt; denn für einen beliebigen Punkt dieser Ebene wissen wir die ihm entsprechenden a', a'', a''', so wie die Winkel, welche die drei durch ihn gehenden Normalen mit der Ebene einschliessen, so dass die Grösse a^2 ebenfalls bekannt ist.

179. Wenn die Relation des letzten Art. unabhängig bewiesen wäre, so würde durch Umkehrung der Schlussordnung aus

für einen Beweis für die Gleichung des Tangentenkegels im Art. 173. ohne Transformation der Coordinaten hervorgehen.

Der folgende Beweis der Relation rührt von Chasles her: Die Grösse

$$a'^2 \cos^2\alpha + a''^2 \cos^2\beta + a'''^2 \cos^2\gamma$$

ist die Summe der Quadrate der Projectionen der Linien a', a'', a''' auf eine Normale zur gegebenen Ebene. Wir haben im Art. 165. gesehen, dass diese Linien die Axen einer durch das ursprüngliche Centrum gehenden Fläche sind, welche den Punkt (x', y', z') zu ihrem Centrum hat. Und es ist in demselben Art. bewiesen worden, dass der Radius vector vom Centrum nach (x', y', z') mit zwei Geraden, welche den Axen der Focalellipse parallel und gleich sind, ein System von drei conjugierten Durchmessern bildet. Wir wissen ferner aus Art. 98., dass die Summe der Quadrate der Projectionen von drei conjugierten Durchmessern einer Fläche zweiten Grades auf eine beliebige Gerade eine Constante, d. i. der Summe der Quadrate von drei andern conjugierten Durchmessern derselben Fläche gleich ist. Daraus folgt dann, dass die Grösse

$$a'^2 \cos^2\alpha + a''^2 \cos^2\beta + a'''^2 \cos^2\gamma$$

gleich ist der Summe der Quadrate der Projectionen des Radius vectors und zweier den Axen der Focalellipse paralleler und gleicher Linien auf die vom Centrum auf die gegebene Ebene gefällte Normale. Nun sind die beiden letzten Geraden nach Grösse und Richtung constant, also auch die bezeichneten Projectionen derselben, und die Projection des Radius vector ist, weil die Normale selbst, so lange constant, als der Punkt (x', y', z') der gegebenen Ebene angehört; also ist bewiesen, dass die betrachtete Grösse

$$a'^2 \cos^2\alpha + a''^2 \cos^2\beta + a'''^2 \cos^2\gamma$$

constant ist für alle Lagen des Punktes (x', y', z') in einer festen Ebene, und man erkennt, dass dieser constante Werth das a^2 der die Ebene berührenden Fläche des Systems ist, weil dieser Werth sich für $\cos\alpha = 1$, $\cos\beta = 0$, $\cos\gamma = 0$ ergiebt.

180. Der Ort des Durchschnittspunktes von drei zu einander rechtwinkligen Ebenen, von denen jede eine von drei confocalen Flächen tangiert, ist eine Kugel.

Man gelangt zum Beweise dieses Satzes ganz wie im Art. 93.; man addiert

$$p^2 = a^2 \cos^2\alpha + b^2 \cos^2\beta + c^2 \cos^2\gamma,$$
$$p'^2 = a'^2 \cos^2\alpha' + b'^2 \cos^2\beta' + c'^2 \cos^2\gamma',$$
$$p''^2 = a''^2 \cos^2\alpha'' + b''^2 \cos^2\beta'' + c''^2 \cos^2\gamma''$$

und erhält

$$\varrho^2 = a^2 + b^2 + c^2 + (a'^2 - a^2) + (a''^2 - a^2),$$

wenn ϱ die Entfernung des Centrums vom Durchschnittspunkt der Ebenen bezeichnet. Durch die Subtraction der beiden Gleichungen

$$p^2 = a^2 \cos^2\alpha + b^2 \cos^2\beta + c^2 \cos^2\gamma,$$
$$p'^2 = a'^2 \cos^2\alpha + b'^2 \cos^2\beta + c'^2 \cos^2\gamma$$

erkennen wir ferner, dass die Differenz der Quadrate der auf zwei parallele Tangentenebenen von zwei confocalen Flächen gefällten Normalen constant und gleich $a^2 - a'^2$ ist.

181. Zwei Kegel von gemeinschaftlichem Centrum umhüllen zwei confocale Flächen; man soll die Länge des Abschnittes bestimmen, der in einer ihrer gemeinschaftlichen Erzeugenden durch eine das Centrum enthaltende Ebene bestimmt wird, welche der Tangentenebene von einer der durch den Scheitel gehenden confocalen Flächen in diesem parallel ist.

Die in den vier gemeinschaftlichen Kanten gebildeten Abschnitte sind von gleicher Grösse, weil dieselben gegen die Schnittebene gleich geneigt sind, als welche einer gemeinschaftlichen Hauptebene beider Kegel parallel ist.

Für die Durchschnitte von zwei confocalen Kegeln

$$\frac{x^2}{a^2} + \frac{y^2}{\beta^2} + \frac{z^2}{\gamma^2} = 0, \quad \frac{x^2}{a'^2} + \frac{y^2}{\beta'^2} + \frac{z^2}{\gamma'^2} = 0$$

gelten die Gleichungen

$$\frac{x^2}{a^2 a'^2 (\beta^2 - \gamma^2)} = \frac{y^2}{\beta^2 \beta'^2 (\gamma^2 - a^2)} = \frac{z^2}{\gamma^2 \gamma'^2 (a^2 - \beta^2)},$$

und wenn wir den gemeinschaftlichen Werth dieser Quotienten durch λ^2 bezeichnen, so ist

$$x^2 + y^2 + z^2 = \lambda^2 (a^2 - \beta^2)(\beta^2 - \gamma^2)(\gamma^2 - a^2).$$

Indem wir dann die Werthe von a^2, β^2, γ^2 aus den Gleichungen der Tangentenkegel (Art. 176.) einsetzen und λ^2 durch die Gleichung des Art. 165. bestimmen

$$-\frac{a'^2 b'^2 c'^2}{(a''^2 - a'''^2)\, a'^2 - a'''^2)},$$

erhalten wir für das Quadrat des fraglichen Abschnitts den Werth

$$\frac{a'^2 b'^2 c'^2}{(a'^2 - a^2)\,(a'^2 - a'^2)}.$$

Wenn die Flächen sämmtlich von verschiedenen Arten sind, so zeigt dieser Werth, dass der bezeichnete Abschnitt der Normale gleich ist, welche vom Centrum auf die Tangentenebene in ihrem Durchschnittspunkt gefällt wird.

Wenn wir speciell voraussetzen, dass die betrachteten Kegel über der Focalellipse und der Focalhyperbel des Systems beschrieben sind, so ist

$$a'^2 = a^2 - c^2, \quad a'^2 = a^2 - b^2$$

und der Werth des Abschnitts reducirt sich auf a'; d. h. wenn durch irgend einen Punkt eines Ellipsoids eine Sehne gezogen wird, welche beide Focalkegelschnitte schneidet, so ist der in ihr durch eine der Tangentenebene des Punktes parallel durch das Centrum gehende Ebene bestimmte Abschnitt der grossen Axe der Fläche gleich.

Diess von Mac-Cullagh gefundene Theorem ist das Analogon des Satzes für ebene Curven, nach welchem eine durch das Centrum parallel zu einer Tangente einer Ellipse gezogene Parallele in den Focalstrahlen des Berührungspunktes Abschnitte bestimmt, welche der Hauptaxe gleich sind.

182. Auf Grund der eben entwickelten Principien hat Chasles die Lösung des Problems gegeben, die Grösse und Richtung der Axen einer centralen Fläche zweiten Grades aus einem gegebenen System conjugirter Durchmesser zu bestimmen.

Wenn wir die Ebene von zweien derselben betrachten, so können wir nach den Gesetzen der ebenen Geometrie die Grösse und Richtung der Axen des ihr entsprechenden Schnittes bestimmen. Seiner Ebene ist die dem Punkte P, dem Endpunkte des dritten Durchmessers, entsprechende Tangentenebene der Fläche parallel. Nun ward im Art. 165. bewiesen, dass das

Centrum der gegebenen Fläche zweiten Grades der Durchschnittspunkt von drei confocalen Flächen ist, die in P ihr Centrum haben. Wenn wir die Focalkegelschnitte dieses neuen Systems confocaler Flächen bestimmen, so schneiden sich die beiden aus dem Centrum der gegebenen Fläche über diesen beschriebenen Focalkegel in vier geraden Linien, welche mit einander sechs Ebenen bestimmen, deren Durchschnittslinien die Richtungen der fraglichen Axen bezeichnen, während nach Art. 181. die durch den Punkt gehenden Tangentenebenen in ihnen die der Länge der Axen gleichen Stücke abschneiden.

Die fraglichen Focalkegelschnitte werden aus der Kenntniss ihrer Ebenen und der Richtung ihrer Axen leicht construirt, da die Länge derselben überdiess durch

$$a^2 - a'^2,\ a'^2 - a''^2;\quad a^2 - a'^2,\ a'^2 - a''^2$$

ausgedrückt sind und die Axenlängen des gegebenen Schnittes $a^2 - a'^2$, $a^2 - a''^2$, (Art. 164.) welche bekannt sind, jene direct bestimmen.

183. Wenn durch einen Punkt P in einer Fläche zweiten Grades eine Sehne gezogen wird, welche wie im Art. 181. zwei confocale Flächen berührt, so können wir einen Ausdruck für die Länge derselben finden.

Wir ziehen einen ihr parallelen Halbdurchmesser durch das Centrum und bezeichnen seine Länge durch R; wenn wir dann durch P eine zu diesem Durchmesser conjugirte Ebene und eine Tangentenebene legen, so bestimmen beide in jenem Durchmesser, vom Centrum aus gemessen, Abschnitte, deren Product $= R^2$ ist. Nun ist aber der durch die conjugirte Ebene bestimmte Abschnitt die Hälfte der fraglichen Sehne und der der Tangentenebene entsprechende ist derselbe, dessen Werth wir im Art. 181. gefunden haben. Daher ist

$$C = \frac{2\,R^2\,\sqrt{\{(a'^2 - a^2)(a'^2 - b'^2)\}}}{a'b'c'}.$$

Wenn die betrachtete Sehne insbesondere diejenige ist, welche die beiden Focalkegelschnitte schneidet, so haben wir

$$a^2 - a'^2 = c'^2,\quad a'^2 - a^2 = b'^2 \text{ und } C = \frac{2\,R^2}{a'}.$$

184. Man soll den Ort der Scheitel aller der geraden Kegel bestimmen, welche eine gegebene Fläche zweiten Grades umhüllen.

Damit die Gleichung

$$\frac{x^2}{a^2-a'^2}+\frac{y^2}{a''^2-a'^2}+\frac{z^2}{a'''^2-a'^2}=0$$

einen geraden Kegel darstellt, müssen zwei ihrer Coefficienten einander gleich sein, d. h. man muss entweder $a''=a'$, oder $a''=a'''$ haben, oder in andern Worten, die Gleichung des Art. 159 muss für den fraglichen Punkt (x', y', z') zwei gleiche Wurzeln haben. Da nun nach der Untersuchung der Grenzen der Wurzeln gleiche Wurzeln nur unter der Voraussetzung möglich sind, dass λ einer der Hauptaxen gleich ist, so erkennen wir als den fraglichen Ort die Focalkegelschnitte der Fläche. Diess stimmt mit dem, was im Art. 155. bewiesen ist, überein.

Wir erkennen daraus, wie es schon bemerkt ist, dass die Reciproke einer Fläche zweiten Grades in Bezug auf einen ihrer Focalpunkte eine Umdrehungsfläche ist, und dass insbesondere als Reciprocalfläche in Bezug auf einen Kreispunkt ein Umdrehungsparaboloid erhalten wird. Denn ein Kreispunkt gehört zugleich einem Focalkegelschnitt (Art. 149.) und der Fläche selbst an, und aus dem letzteren Grunde bekanntlich ist die entsprechende Reciprokalfläche ein Paraboloid.

Als ein anderer specieller Fall unseres Satzes ergiebt sich, dass einer centralen Fläche zweiten Grades zwei gerade Cylinder umschrieben werden können, deren Erzeugende den Asymptoten der Focalhyperbel parallel sind. Endlich ergiebt sich, dass der über der Focalellipse stehende Kegel nur dann ein gerader Kegel ist, wenn sein Scheitel der Focalhyperbel angehört und umgekehrt; ein Ergebniss, welches ohne allen Bezug auf die confocalen Systeme dahin ausgesprochen werden kann, dass der Ort der Scheitel derjenigen geraden Kegel, welche über einem gegebenen Kegelschnitt stehen, ein zweiter Kegelschnitt ist, der die Brennpunkte des ersteren zu Scheiteln und seine Scheitel zu Brennpunkten hat und dessen Ebene normal zur Ebene des ersteren steht. (Vergl. Art. 121., 12.) Wenn

$$\frac{x^2}{a^2}+\frac{y^2}{b^2}=1$$

die Gleichung des einen Kegelschnitts ist, so erhält man die des andern in der Form

$$\frac{x^2}{a^2-b^2}-\frac{z^2}{b^2}=1.$$

Es ward im Art. 126., 8. bewiesen, dass der aus einem Focalpunkt einer Umdrehungsfläche an eine sie umhüllende Fläche zweiten Grades gehende Tangentenkegel ein Umdrehungskegel sei und im Zusammenhang dieses Artikels erkennen wir nun, dass die Focalkegelschnitte einer Fläche zweiten Grades den Ort der Focalpunkte aller der Umdrehungsflächen bezeichnen, welche derselben umgeschrieben werden können.

185. Aus dem vorher Gesagten geht hervor, dass die Focal-Ellipse und Hyperbel in zu einander rechtwinkligen Ebenen so liegen, dass die Scheitel der einen die Brennpunkte der andern bilden. Von zwei solchen Kegelschnitten bildet so zu sagen der eine den Ort der Focalpunkte des andern, so, dass jedes Paar fester Punkte F, G des einen Kegelschnitts als Brennpunkte des andern betrachtet werden können, insofern die Summe oder Differenz der Entfernungen FP, GP nach einem veränderlichen Punkte P des andern constant ist.

Wenn wir in die Gleichungen der Kegelschnitte

$$\frac{x^2}{a^2}+\frac{y^2}{b^2}=1, \quad \frac{x^2}{a^2-b^2}-\frac{z^2}{b^2}=1$$

die Parameter θ, φ wie im „Kegelschn." Art. 237. einführen, so können die Coordinaten eines Punktes in dem einen und andern Kegelschnitt durch

$$a\cos\theta,\ b\sin\theta,\ 0;\ \sec\varphi\sqrt{a^2-b^2},\ 0,\ b\tan\varphi$$

ausgedrückt werden und das Quadrat der Entfernung zwischen denselben ist

$$a^2\cos^2\theta-2a\cos\theta\sec\varphi\sqrt{a^2-b^2}+(a^2-b^2)\sec^2\varphi+b^2\sin^2\theta+b^2\tan^2\varphi,$$

oder

$$a^2\sec^2\varphi-2a\cos\theta\sec\varphi\sqrt{a^2-b^2}+(a^2-b^2)\cos^2\theta,$$
$$=\{a\sec\varphi-\cos\theta\sqrt{a^2-b^2}\}^2.$$

Daher ist die Summe oder Differenz der beiden Entfernungen

$$\pm\{a\sec\varphi-\cos\theta\sqrt{a^2-b^2}\},\ \pm\{a\sec\varphi-\cos\theta'\sqrt{a^2-b^2}\}$$

von φ unabhängig; und die der beiden andern

$\pm \{a \sec \varphi - \cos \theta \sqrt{(a^2 - b^2)}\}, \quad \pm \{a \sec \varphi' - \cos \theta \sqrt{(a^2 - b^2)}\}$

ebenso unabhängig von θ.

Mit Berücksichtigung der Zeichen lautet der Satz dahin, dass für zwei feste Punkte F, G der Ellipse die Differenz $FP - GP$ constant und wenn $= + a$ für P als einen Punkt in einem Ast der Hyperbel, so gleich $- a$ ist für P als einen Punkt im andern Ast derselben. Für F und G als Scheitel der Ellipse erhalten wir die bekannte Brennpunkts-Eigenschaft der Hyperbel.

Sind sodann F, G zwei Punkte in verschiedenen Aesten der Hyperbel, so ist die Summe $FP + GP$ constant und wenn sie die Scheitel der Hyperbel sind, so entsteht die elementare Brennpunkts-Eigenschaft der Ellipse. Liegen aber F, G endlich in demselben Hyperbelast, so ist die Differenz zwischen FP und GP constant und für das Zusammenfallen im betreffenden Scheitel entspringt einfach die Identität $FP - FP = 0$ und nicht eine neue planimetrische Eigenschaft der Ellipse.

186. Die folgenden Beispiele mögen zur ferneren Erläuterung der entwickelten Principien dienen.

Beispiel 1. Welches ist der Ort des Durchschnittspunktes derjenigen Erzeugenden eines Hyperboloids, welche sich rechtwinklig durchschneiden?

Da der Durchschnitt einer mit der Ebene solcher Erzeugenden — einer Tangentenebene — parallelen Ebene mit der Fläche eine gleichseitige Hyperbel ist, so gilt nach Art. 104. die Relation

$$(a''^2 - a'^2) + (a''^2 - a'''^2) = 0;$$

und da nach Art. 161. das Quadrat des Radius vector für den betrachteten Punkt durch

$$a'^2 + b'^2 + c'^2 - (a''^2 - a'^2) - (a'''^2 - a''^2)$$

ausgedrückt ist, so erkennen wir als den fraglichen Ort den Durchschnitt des Hyperboloids mit einer Kugel, für welche das Quadrat des Halbmessers gleich $a'^2 + b'^2 + c'^2$ ist.

Man sieht, die Frage kann allgemeiner aufgefasst werden als die Frage nach der Tangentenebenen, deren parallele Centralschnitte einem gegebenen Kegelschnitt ähnlich sind; sie überträgt sich damit auf alle Flächen zweiten Grades, während sie zunächst nur auf die geradlinigen sich zu beziehen scheint.

Dasselbe Resultat erhält man durch folgende Schlüsse: Wenn zwei Erzeugende rechtwinklig zu einander sind, so bildet ihre Ebene mit den beiden durch je eine von ihnen mit der ihrem Durchschnittspunkt entsprechenden Normale bestimmten Ebenen ein System von drei zu einander normalen Tangentenebenen der Fläche, und der Durchschnittspunkt derselben liegt daher nach Art. 93. auf der Kugel $r^2 = a'^2 + b'^2 + c'^2$.

Beispiel 2. Man soll den Ort des Durchschnitts von drei Tangenten einer Fläche zweiten Grades bestimmen, welche rechtwinklig zu einander sind. (Art. 121, 8.)

Wenn wir durch α, β, γ die von einer dieser Tangenten mit den Normalen des fraglichen Punktes gebildeten Winkel bezeichnen, so gelten, weil jede dieser Tangenten dem durch den Punkt gehenden Tangentenkegel angehört, die drei Gleichungen

$$\frac{\cos^2 \alpha}{a'^2 - a^2} + \frac{\cos^2 \beta}{a'^2 - b^2} + \frac{\cos^2 \gamma}{a'^2 - c^2} = 0,$$

$$\frac{\cos^2 \alpha'}{a''^2 - a^2} + \frac{\cos^2 \beta'}{a''^2 - b^2} + \frac{\cos^2 \gamma'}{a''^2 - c^2} = 0,$$

$$\frac{\cos^2 \alpha''}{a'''^2 - a^2} + \frac{\cos^2 \beta''}{a'''^2 - b^2} + \frac{\cos^2 \gamma''}{a'''^2 - c^2} = 0,$$

und wir finden durch Addition derselben

$$\frac{1}{a'^2 - a^2} + \frac{1}{a''^2 - b^2} + \frac{1}{a'''^2 - c^2} = 0.$$

Nun sind die Grössen $a'^2 - a^2, a''^2 - a^2, a'''^2 - a^2$ die drei Wurzeln der cubischen Gleichung des Art. 158., welche nach Potenzen von λ^2 geordnet die Form

$$\lambda^6 + \lambda^4 (x^2 + y^2 + z^2 - a^2 - b^2 - c^2)$$
$$- \lambda^2 \{(b^2 + c^2)x^2 + (c^2 + a^2)y^2 + (a^2 + b^2)z^2 - b^2c^2 - c^2a^2 - a^2b^2\}$$
$$+ b^2c^2x^2 + c^2a^2y^2 + a^2b^2z^2 - a^2b^2c^2 = 0$$

erhält. Die Bedingung für das Verschwinden der Summe der reciproken Werthe der Wurzeln dieser Gleichung ist das Verschwinden des Coefficienten von λ^2; somit ist durch ihn die Gleichung des fraglichen Ortes gegeben.

Beispiel 3. Der Schnitt eines Ellipsoids durch die Tangentenebene des Asymptotenkegels eines confocalen Hyperboloids ist von constanter Fläche.

Nach Art. 96. ist der Inhalt des Querschnitts umgekehrt proportional zu der auf die Tangentenebene gefällten Normalen p und wir haben

$$p^2 = a^2 \cos^2 \alpha + b^2 \cos^2 \beta + c^2 \cos^2 \gamma.$$

Da aber die Normale eine Seite des dem Asymptotenkegel des Hyperboloids reciproken Kegels ist, so gilt auch die Relation

$$0 = a'^2 \cos^2 \alpha + b'^2 \cos^2 \beta + c'^2 \cos^2 \gamma,$$

und es ergiebt sich also $p^2 = a^2 - a'^2$.

Beispiel 5. Man soll die Länge der vom Centrum auf die Polarebene des Punktes (x', y', z') gefällten Normalen in

Function der Axen der confocalen Flächen ausdrücken, welche durch diesen Punkt gehen.

Man findet für $a'^2 - a^2 = h^2$, $a''^2 - a^2 = k^2$, $a'''^2 - a^2 = l^2$

$$\frac{1}{p^2} = \frac{h^2 k^2 l^2}{a^2 b^2 c^2} \left\{ \frac{1}{a^2} + \frac{1}{b^2} + \frac{1}{c^2} + \frac{1}{h^2} + \frac{1}{k^2} + \frac{1}{l^2} \right\}.$$

187. Zwei Punkte, von denen je einer einem von zwei confocalen Ellipsoiden angehört, werden als correspondierende bezeichnet, wenn die Relationen

$$\frac{x}{a} = \frac{X}{A}, \quad \frac{y}{b} = \frac{Y}{B}, \quad \frac{z}{c} = \frac{Z}{C}$$

durch ihre Coordinaten erfüllt sind.

Da nach dem im Art. 160. gefundenen Werthe

$$x^2 = \frac{a^2 a'^2 a''^2}{(a^2 - b^2)(a^2 - c^2)}$$

die Grösse $x^2 : a^2$ constant bleibt, so lange a'^2, a''^2 unverändert sind, d. h. so lange der Punkt der Durchschnittslinie von zwei confocalen Hyperboloiden angehört, so erkennen wir, dass die Durchschnittscurve von zwei confocalen Hyperboloiden ein System von confocalen Ellipsoiden in correspondierenden Punkten schneidet.

Und da die Hauptebenen als Grenzen dem System der confocalen Flächen angehören, so entsprechen Punkte der Hauptebenen, welche durch Gleichungen von der Form

$$\frac{x'^2}{a'^2} = \frac{X^2}{a^2 - c^2}, \quad \frac{y'^2}{b'^2} = \frac{Y^2}{b^2 - c^2}, \quad Z = 0$$

bestimmt sind, einem Punkte (x', y', z') der Fläche, und wenn speciell dieser Punkt selbst einer Hauptebene angehört, ist der entsprechende Punkt ein Punkt des in ihr gelegenen Focalkegelschnitts.

188. Die Punkte der Ebene xy, welche den Durchschnitten eines Ellipsoids mit einer Reihe von confocalen Flächen entsprechen, bilden eine Reihe von confocalen Kegelschnitten, für welche die den Kreispunkten entsprechenden Punkte die gemeinschaftlichen Brennpunkte sind.

Wenn wir zwischen den Gleichungen

$$\frac{x^2}{a^2} + \frac{y^2}{b^2} + \frac{z^2}{c^2} = 1, \quad \frac{x^2}{a'^2} + \frac{y^2}{b'^2} + \frac{z^2}{c'^2} = 1$$

die Grösse z^2 eliminieren, so erhalten wir

$$\frac{(a^2-c^2)x^2}{a^2a'^2} + \frac{(b^2-c^2)y^2}{b^2b'^2} = 1,$$

so dass die correspondierenden Punkte durch die Relation

$$\frac{X^2}{a'^2} + \frac{Y^2}{b'^2} = 1$$

verbunden sind. Sie repräsentiert eine Ellipse für die Durchschnitte mit Hyperboloiden mit einer Mantelfläche und eine Hyperbel für die Durchschnitte mit Hyperboloiden mit zwei Mantelflächen.

Die Coordinaten der Kreispunkte sind

$$x^2 = a^2 \frac{a^2-b^2}{a^2-c^2}, \quad y^2 = 0,$$

und die der ihnen entsprechenden Punkte daher

$$X^2 = a^2 - b^2, \quad Y^2 = 0;$$

sie sind also die Brennpunkte des Systems confocaler Kegelschnitte.

Man repräsentiert zuweilen Curven, welche auf einem Ellipsoid verzeichnet sind, durch sogenannte elliptische Coordinaten, d. h. durch Gleichungen von der Form $\Phi(a', a'') = 0$, welche eine Relation zwischen den Axen der confocalen Hyperboloide ausdrücken, welche durch irgend einen Punkt der Curve hindurchgehen.

Da nun aus dem eben Entwickelten erkannt wird, dass a' die halbe Summe und a'' die halbe Differenz der Entfernungen der den Punkten des Ortes correspondierenden Punkte von denjenigen Punkten darstellen, welche den Kreispunkten correspondieren, so können wir aus der Gleichung $\Phi(a', a'') = 0$ eine Gleichung von der Form $\Phi(\varrho + \varrho', \varrho - \varrho') = 0$ bilden, und von ihr dann zu der Gleichung der Curve übergehen, welche in der Hauptebene dem gegebenen Orte auf der Fläche selbst entspricht.

189. Wenn der Durchschnitt einer Kugel und eines Ellipsoids durch projicierende Gerade, welche der kleinsten oder grössten Axe parallel sind, auf eine Ebene der Kreisschnitte projiciert wird, so ist die Projection ein Kreis.

Man erkennt diesen Satz leicht als eine Folge des allgemeinen Satzes: Wenn zwei Flächen zweiten Grades gemeinschaftliche Kreisschnitte haben, so hat jede durch ihre Schnittcurve gehende Fläche zweiten Grades dieselben Kreisschnitte. Und dieser Satz geht aus der einfachen Bemerkung hervor, dass das Resultat der Substitution $z=0$ in die Gleichung $U+kV=0$ einen Kreis repräsentieren muss, sobald dieselbe Substitution die beiden Gleichungen $U=0$, $V=0$ auf Kreisgleichungen reducirt.

Wir halten es aber für nützlich, den hier ausgesprochenen speciellen Satz direct zu beweisen. Wir wählen als Axen die Axe der y, welche eine Gerade in der Ebene des Kreisschnittes ist, und eine Normale zu ihr in dieser Ebene und behalten daher die y unverändert, während das neue x^2 gleich dem alten $x^2 + z^2$ wird. Aus der Gleichung der Ebene des Kreisschnittes

$$z^2 = \frac{c^2}{a^2} \cdot \frac{a^2 - b^2}{b^2 - c^2} \cdot x^2$$

folgt das neue x^2 gleich $\frac{b^2}{a^2} \cdot \frac{a^2 - c^2}{b^2 - c^2} x^2$.

Da nun für die Durchschnittspunkte der Flächen

$$\frac{x^2}{a^2} + \frac{y^2}{b^2} + \frac{z^2}{c^2} = 1, \quad x^2 + y^2 + z^2 = r^2$$

die Gleichung

$$\frac{a^2 - c^2}{a^2} x^2 + \frac{b^2 - c^2}{b^2} y^2 = r^2 - c^2$$

gilt, so folgt durch Substitution des Werthes von x^2

$$\frac{b^2 - c^2}{b^2} (x^2 + y^2) = r^2 - c^2,$$

was den Satz beweist.

Man wird bemerken, dass wir, um die Projection auf die Ebenen der Kreisschnitte zu erhalten, y unverändert gelassen und für x^2 den Werth $\frac{b^2 - c^2}{a^2 - c^2} \cdot \frac{a^2}{b^2} \cdot x^2$ substituirt haben.

Um aber wie im letzten Art. den irgend einem Punkte der Fläche entsprechenden Punkt zu finden, war die Substitution $\frac{a^2}{a^2 - c^2} x^2$, $\frac{b^2}{b^2 - c^2} y^2$ respective für x^2 und y^2 zu vollziehen. Man sieht aber, dass die Quadrate der ersteren Coordinaten zu

denen der letzteren das constante Verhältniss
$$\frac{b^2 - c^2}{b^2}$$
besitzen. Daher können wir aus den Ergebnissen des letzten Artikels unmittelbar schliessen, dass die Projection des Durchschnitts von zwei confocalen Flächen zweiten Grades auf eine Kreisschnittebene der einen von ihnen ein Kegelschnitt ist, der die entsprechenden Projectionen der Kreispunkte zu Brennpunkten hat; und ferner, dass für jede durch ihre Gleichung $\Phi(a', a'') = 0$ gegebene Curve auf dem Ellipsoid die algebraische Gleichung ihrer Projection auf die Ebene der Kreisschnitte abgeleitet werden kann.

190. **Die Entfernung zweier Punkte, von denen je einer auf einem von zwei confocalen Ellipsoiden liegt, ist der Entfernung der ihnen entsprechenden Punkte gleich.**

Wir haben
$$(x - X)^2 + (y - Y)^2 + (z - Z)^2$$
$$= x^2 + y^2 + z^2 + X^2 + Y^2 + Z^2 - 2(xX + yY + zZ),$$
und da nach Art. 161.
$$x^2 + y^2 + z^2 = a^2 + b'^2 + c'^2, \quad X^2 + Y^2 + Z^2 = A^2 + B'^2 + C'^2$$
und für die entsprechenden Punkte
$$X'^2 + Y'^2 + Z'^2 = A^2 + b'^2 + c'^2, \quad x'^2 + y'^2 + z'^2 = a^2 + B'^2 + C'^2$$
ist, so ist die Summe der Quadrate der Centralstrahlen nach beiden Punkten für die zwei entsprechenden Punkte dieselbe Grösse; und das Theorem ist bewiesen durch die weitere Bemerkung, dass die Grössen xX, yY, zZ respective gleich sind den andern $x'X'$, $y'Y'$, $z'Z'$, weil man hat $X' = \frac{Ax}{a}$, $x' = \frac{aX}{A}$, etc. Diess von J. Jvory herrührende Theorem ist von Wichtigkeit in der Theorie der Attractionen.

191. Um eine Eigenschaft der Flächen zweiten Grades zu erhalten, welche der Eigenschaft der Kegelschnitte analog wäre, nach der die Summe der Focaldistanzen constant ist, gab Jacobi[*] dieser letzteren Eigenschaft den folgenden Ausdruck: Wenn man die beiden Endpunkte C, C' der grossen Axe der Ellipse betrachtet, so vereinigt dieselbe

Relation $\varrho + \varrho' = 2a$, welche die Entfernungen von C und C' von irgend einem Punkte ihrer Verbindungslinie verknüpft, auch die Entfernungen der Brennpunkte von irgend einem Punkte der Ellipse.

Wenn wir nun in analoger Weise im Hauptschnitt des Ellipsoids die drei Punkte nehmen, welche in dem vorher (Art. 187.) auseinander gesetzten Sinne dreien Punkten der Focalellipse entsprechen, so vereinigt dieselbe Relation, welche zwischen den Entfernungen jener Punkte von einem beliebigen Punkte ihrer Ebene stattfindet, auch die Entfernungen der letztern Punkte von irgend einem Punkte der Fläche. In der That sind nach Art. 190. die Entfernungen der Punkte eines confocalen Kegelschnitts von einem Punkte der Fläche gleich den Entfernungen des diesem Letzteren entsprechenden Punktes der Hauptebene von den drei Punkten des Hauptschnittes*).

192. Wenn umgekehrt der Ort eines Punktes P zu bestimmen wäre, dessen Entfernungen von drei festen Punkten A', B', C' nur durch dieselbe Relation vereinigt sind, welche die Entfernungen der Eckpunkte A, B, C eines Dreiecks mit den Seiten a, b, c von irgend einem Punkte D seiner Ebene verbindet, so erhält man, wenn ϱ, ϱ', ϱ'' jene drei Entfernungen bezeichnen, nach Art. 54.

---

*) Durch geometrische Betrachtungen hat Townsend gezeigt"), dass diese Eigenschaft nur den Punkten der modularen Focalkegelschnitte angehört. In der That sind, wie aus der Formel des Artikel 189. erhellt, die Punkte der Ebene y, welche irgend einem Punkte (x', y', z') des Ellipsoids entsprechen, imaginär.

Townsend leitet Jacobi's Methode der Generation aus Mac-Cullagh's Modular-Eigenschaft ab. Denn wenn man durch irgend einen Punkt der Fläche eine an einem Kreisschnitt parallele Ebene legt, so schneidet dieselbe die den drei festen Focalpunkten entsprechenden Directricen in einem Dreieck von unveränderlicher Grösse und Gestalt, und die Entfernungen des Punktes der Fläche von den Brennpunkten sind in einem constanten Verhältniss zu seinen Entfernungen von den Ecken dieses Dreiecks. Und man kann ein ähnliches Dreieck bilden, dessen Seiten in bestimmtem Verhältniss verkleinert oder vergrössert sind, für welches die Entfernungen der Ecken vom Punkt (x', y', z') ihren Entfernungen von den Brennpunkten gleich sind.

$$a^2(\varrho^2-\varrho'^2)(\varrho^2-\varrho''^2)+b^2(\varrho'^2-\varrho^2)(\varrho'^2-\varrho''^2)+c^2(\varrho''^2-\varrho^2)(\varrho''^2-\varrho'^2)$$
$$-a^2(b^2+c^2-a^2)\varrho^2-b^2(c^2+a^2-b^2)\varrho'^2-c^2(a^2+b^2-c^2)\varrho''^2+a^2b^2c^2$$
$$=0;$$

und da $(\varrho^2-\varrho'^2)$, etc. als Functionen der Coordinaten nur vom ersten Grade sind, so ist der gesuchte Ort vom zweiten Grade.

Bildet man also eine Pyramide $P A' B' C'$ so, dass $PA'=DA$, $PB'=DB$, $PC'=DC$ ist, so beschreibt P eine Fläche zweiter Ordnung.

Indem man zeigt, dass diese Gleichung von der Form $U+LM=0$ ist, wo $U=0$ eine unendlich kleine Kugel bezeichnet, welche einen solchen Punkt zum Centrum hat, weist man nach, dass jene drei Punkte, von denen die Entfernungen gemessen werden, Focalpunkte der Fläche zweiten Grades sind. Jener Nachweis ist geführt, wenn das Resultat der Substitution $\varrho^2=0$ in die vorige Gleichung als in lineare Factoren zerfallend erkannt ist. Dasselbe ist

$$a^2(\varrho'^2-c^2)(\varrho''^2-b^2)+(b^2\varrho'^2-c^2\varrho''^2)(\varrho'^2-\varrho''^2+b^2-c^2)=0,$$

und wenn wir $\varrho'^2-\varrho^2-c^2=L$, $\varrho''^2-\varrho^2-b^2=M$ setzen, so geht es in die Gestalt

$$a^2LM+b^2L-c^2M)(L-M)=0$$

oder
$$b^2L^2-2bcLM\cos A+c^2M^2=0$$

über, wo A den Winkel des aus a, b, c gebildeten Dreiecks bezeichnet, welcher a gegenüberliegt. Diese Gleichung zerfällt in zwei imaginäre Factoren und beweist somit, dass der betrachtete Punkt zu den Focalpunkten der modularen Gattung gehört.

So wie die Normale des Kegelschnitts den Winkel der Radien vectoren halbirt, so bestimmt sich die Normale im Punkte P der Fläche im Anschluss an die vorige Erzeugung wie folgt: Wenn DA^0, DB^0, DC^0 die Repräsentanten dreier Gleichgewicht haltender Kräfte in der Ebene sind und in PA', PB', PC' die respectiven gleichen Kräfte wirken, so fällt die Normale in die Resultante derselben.[77])

193. **Der Ort der Berührungspunkte paralleler Tangentenebenen einer Reihe von confocalen Flächen zweiten Grades ist eine Hyperbel.**

Wir nehmen an, dass α, β, γ die Richtungswinkel der gemeinschaftlichen Normalen dieser Tangentenebenen bezeichnen und erkennen dann nach der Formel

$$\cos \alpha = \frac{p x'}{a^2} \quad (\text{Art. 80.})$$

durch Substitution von $r \cos \alpha'$ für x', etc. und Auflösung für $\cos \alpha'$, dass die Richtungscosinus des Radius vector irgend eines Berührungspunktes durch

$$\frac{a^2 \cos \alpha}{r p}, \quad \frac{b^2 \cos \beta}{r p}, \quad \frac{c^2 \cos \gamma}{r p}$$

dargestellt sind. Wenn wir dann nach Art. 15. die Richtungscosinus der Normale der Ebene des Radius vector und der Normale der Tangentenebene bilden, so erhalten wir für φ als den vom Radius vector mit dieser Normale gebildeten Winkel dieselben in der Form

$$\frac{(b^2 - c^2) \cos \beta \cos \gamma}{r p \sin \varphi}, \quad \frac{(c^2 - a^2) \cos \gamma \cos \alpha}{r p \sin \varphi}, \quad \frac{(a^2 - b^2) \cos \alpha \cos \beta}{r p \sin \varphi}.$$

Der gemeinschaftliche Nenner dieser Ausdrücke repräsentiert aber das Doppelte des Inhalts des Dreiecks, welches vom Radius vector und jener Normale bestimmt wird; die doppelten Inhalte der Projectionen dieses Dreiecks auf die Coordinatenebenen sind daher durch

$$(b^2 - c^2) \cos \beta \cos \gamma, \quad (c^2 - a^2) \cos \gamma \cos \alpha, \quad (a^2 - b^2) \cos \alpha \cos \beta$$

ausgedrückt, und da diese Projectionen für ein System von confocalen Flächen constant sind, so ist für ein solches System sowohl die Ebene dieses Dreiecks, als auch seine Grösse constant. Wenn also CM die Normale der betrachteten Reihe von Tangentenebenen und PM das auf diese Linie von einem Berührungspunkte P gefällte Perpendikel bezeichnen, so ist die Ebene und die Grösse des Dreiecks CMP unveränderlich und der Ort von P daher eine gleichseitige Hyperbel, für welche CM eine Asymptote ist.

194. Wir schliessen endlich diesen Theorien die auf die Lehre von der Krümmung der Flächen zweiten Grades bezüglichen Hauptsätze an, als welche mit dem Gegenstand dieses Kapitels in vielseitigem Zusammenhang stehen. Die weitere Untersuchung der Krümmung der Flächen behalten wir der allgemeinen Theorie der Flächen vor.

Der Krümmungsradius eines Normalschnittes in

Achtes Kapitel. Art. 194.

einem Punkte einer Fläche zweiten Grades ist durch $\frac{\beta^2}{p}$ ausgedrückt, wenn β den der Spur des Schnittes in der Tangentenebene parallelen Halbdurchmesser und p die Normale vom Centrum auf die Tangentenebene bezeichnet.

Der Beweis des Satzes lässt sich durch die Methode des unendlich Kleinen analog dem von dem entsprechenden Satze in der Theorie der Kegelschnitte führen. (Vergl. „Kegelschn." Art. 265.)

Seien P und Q zwei Punkte einer Fläche zweiten Grades und schneide eine durch Q gehende und der Tangentenebene in P parallele Ebene den Centralradius CP in R und die Normale in P in S, so ist der Radius eines durch P und Q gehenden Kreises, der sein Centrum in PS hat, gleich $\frac{\overline{PQ}^2}{2PS}$.

Wenn nun der Punkt Q sich dem Punkte P unbegrenzt nähert, so nähert sich QP der Grenze QR, und wenn wir CP und den zu QR parallelen Centralradius durch a' und β bezeichnen und P' der andere Endpunkt des Durchmessers CP ist, so wird nach Art. 74.

$$\beta^2 : a'^2 = \overline{QR}^2 : PR \cdot RP' \; (= 2a' \cdot PR),$$

also

$$QR^2 = \frac{2\beta^2 \cdot PR}{a'^2} \text{ und der Krümmungsradius} = \frac{\beta^2}{a'^2} \cdot \frac{PR}{PS}.$$

Wenn aber vom Centrum die Normale CM auf die Tangentenebene gefällt ist, so ist das rechtwinklige Dreieck CMP dem Dreieck PRS ähnlich und man hat $PR : PS = a' : p$; der Krümmungsradius ist also $= \frac{\beta^2}{a'^2} \cdot \frac{a'}{p} = \frac{\beta^2}{p}$, wie zu beweisen war.

Wenn der durch P und Q gehende Kreis sein Centrum nicht in PS, sondern in einer andern Linie PS' hat, welche mit PS einen Winkel θ bildet, so findet die einzige Veränderung statt, dass der Radius des Kreises gleich $\frac{\overline{PQ}^2}{2PS'}$ ist, wo S' noch der durch Q gehenden zur Tangentenebene in P parallelen Ebene angehört. Da nun $PS = PS' \cdot \cos \theta$ ist, so ist der Radius der Krümmung $= \frac{\overline{PQ}^2}{2PS} \cos \theta$, oder der Werth für den Krümmungsradius eines schiefen Schnittes ist das Product aus dem Krümmungsgradius des durch PQ gebenden Normalschnittes in den cosinus von θ.

195. Man kann diese Sätze auch analytisch leicht beweisen. Man weiss aus der Theorie der Kegelschnitte (Art. 249.), dass für den Kegelschnitt $a_{11}x^2 + 2a_{12}xy + a_{22}y^2 + 2a_{13}x = 0$ der Krümmungsradius im Anfangspunkt der Coordinaten $= \frac{a_{13}}{a_{22}}$ ist. Wenn daher für die Ebene xy als Tangentenebene die Gleichung einer Fläche zweiten Grades durch

$$a_{11}x^2 + 2a_{12}xy + a_{22}y^2 + 2a_{13}xz + 2a_{23}yz + a_{33}z^2 + 2a_{31}z = 0$$

gegeben ist, so sind die Krümmungsradien der den Ebenen $y=0, x=0$ entsprechenden Schnitte respective $= \frac{a_{31}}{a_{11}}$ und $= \frac{a_{31}}{a_{22}}$. Und wenn die Gleichung zu parallelen Axen durch das Centrum transformiert wird, wobei die Glieder vom höchsten Grade unverändert bleiben, so wird sie

$$a_{11}x^2 + 2a_{12}xy + a_{22}y^2 + 2a_{13}xz + 2a_{23}yz + a_{33}z^2 = A_{44}$$

und die Quadrate der in den Axen der x und y gebildeten Abschnitte sind $\frac{A_{44}}{a_{11}}, \frac{A_{44}}{a_{22}}$; die Krümmungsradien sind somit den Quadraten der parallelen Halbdurchmesser eines Centralschnittes proportional. Und da nach der Theorie der Kegelschnitte der Krümmungsradius dieses Schnittes, welcher die Normale der Tangentenebene enthält $= \frac{p^2}{p}$ ist, so ist diess auch die Form des Ausdrucks für den Krümmungsradius jedes andern Schnittes.

Man kann das nämliche Ergebniss aus der im Art. 174. gegebenen Gleichung der Fläche zweiten Grades ableiten, welche auf die Normale der Fläche und die Normalen der beiden durch den betrachteten Punkt gehenden confocalen Flächen bezogen ist, nämlich

$$\frac{x^2}{p^2} + \frac{y^2}{a^2-a'^2} + \frac{z^2}{a^2-a''^2} - \frac{2p'xy}{p(a^2-a'^2)} - \frac{2p''xz}{p(a^2-a''^2)} + \frac{2x}{p} = 0.$$

Die Krümmungsradien der den Ebenen $z=0, y=0$ respective entsprechenden Schnitte sind durch die Ausdrücke

$$\frac{a^2-a'^2}{p}, \quad \frac{a^2-a''^2}{p}$$

gegeben; Ihre Zähler sind die Quadrate der Halbaxen des Schnittes, den eine der Tangentenebene parallele Ebene bestimmt (Art. 164.).

Die Gleichung des Schnittes, welcher einer unter dem Winkel θ gegen die Ebene der y geneigten Ebene entspricht, wird gebildet, indem man der Drehung der Coordinatenaxen um den Winkel θ entsprechend für y und z respective $y \cos\theta - z \sin\theta$, $y \sin\theta + z \cos\theta$ substituiert, und dann $z = 0$ setzt. Man findet den Coefficienten $\dfrac{1}{\beta^2}$ von y^2 in der Form

$$\frac{\cos^2\theta}{a^2 - a'^2} + \frac{\sin^2\theta}{a^2 - a''^2}$$

und den Krümmungsradius also $\dfrac{\beta^2}{p}$ in der folgenden

$$\frac{1}{p}\left(\frac{\cos^2\theta}{a^2 - a'^2} + \frac{\sin^2\theta}{a^2 - a''^2}\right).$$

und kommt auf das vorige Ergebniss zurück durch die Bemerkung, dass jener Coefficient von y^2 das Quadrat des unter dem Winkel θ gegen die Axe der y geneigten Durchmessers des Centralschnittes ist.

196. Aus dem im Art. 194. ausgesprochenen Gesetze ergiebt sich, dass für jeden Punkt einer centralen Fläche zweiten Grades der Krümmungsradius eines Normalschnittes ein Maximum und ein Minimum seines Werthes für Richtungen des Schnittes erhält, welche der grossen und kleinen Axe des Centralschnittes parallel sind, den eine der Tangentenebene parallele Ebene bestimmt.

Man nennt diesen Maximal- und Minimalwerth die Hauptkrümmungsradien für diesen Punkt und die Schnitte, zu welchen sie gehören, die Hauptschnitte der Fläche in diesem Punkte.

Es ergiebt sich aus Art. 163., dass jeder der Hauptschnitte die Normale einer der beiden durch den Punkt gehenden confocalen Flächen enthält.

In Folge dessen ist der Durchschnitt einer Fläche zweiten Grades mit einer ihr confocalen Fläche eine Curve, für welche die Tangente immer eine der Hauptkrümmungsrichtungen der Fläche für den Berührungspunkt ist. Eine solche Curve nennt man eine Krümmungslinie der Fläche.

In dem Falle des Hyperboloids mit einer Mantelfläche ist der Centralschnitt eine Hyperbel und die Schnitte, deren Spuren in der Tangentenebene den Asymptoten dieser Hyperbel parallel sind, haben unendlich grosse Krümmungsradien, d. h. sie sind, wie wir schon wissen, gerade Linien. Beim Hindurchgehen durch einen dieser Schnitte wechselt der Krümmungsradius das Zeichen, d. h. die Richtung der Convexität von Schnitten auf der einen Seite von einer dieser Linien ist derjenigen der Schnitte auf der andern Seite entgegengesetzt.

197. Die zwei Hauptkrümmungscentra sind die Pole der Tangentenebene in Bezug auf die beiden durch den Berührungspunkt gehenden confocalen Flächen. (Vergl. „Kegelschn." Art. 265.)

Denn diese Pole liegen nach Art. 167. in der Normale der Ebene und ihre Entfernungen von derselben

$$\frac{a^2 - a'^2}{p} \text{ und } \frac{a^2 - a''^2}{p} \text{ (Art. 168.)}$$

sind die Längen der Hauptkrümmungsradien.

Nach Art. 168. ergeben sich daher auch die Coordinaten der Centra der beiden Hauptkrümmungskreise, nämlich

$$x = -\frac{a'^2 x'}{a^2}, \quad y = -\frac{b'^2 y'}{b^2}, \quad z = -\frac{c'^2 z'}{c^2};$$

$$x = -\frac{a''^2 x'}{a^2}, \quad y = -\frac{b''^2 y'}{b^2}, \quad z = -\frac{c''^2 z'}{c^2}.$$

198. Wenn man für jeden Punkt einer Fläche zweiten Grades die beiden Hauptkrümmungscentra bestimmt, so ist der Ort aller dieser Centra eine Fläche mit zwei Mänteln, welche wir als die Fläche der Centra bezeichnen wollen. Ihre Gleichung entwickeln wir im nächsten Kapitel.

Die Natur ihrer Durchschnitte mit den Hauptebenen ist a priori leicht zu erkennen. Denn der eine der Hauptkrümmungsradien in einem Punkte des Hauptschnitts einer Fläche zweiten Grades ist der Krümmungsradius des Schnittes selbst und der Ort der entsprechenden Centra ist offenbar die Evolute dieses Schnittes.

Der andere Krümmungsradius, welcher einem Punkte des Hauptschnittes der xy entspricht, ist, wie sich aus der Formel des Art. 194. ergiebt, $=\frac{c^2}{\mu}$, weil c in jedem durch die Axe der z gehenden Schnitte eine Axe ist. Dann sind nach den Formeln des Art. 197. die Coordinaten des entsprechenden Centrums

$$\frac{a^2-c^2}{a^2}x', \quad \frac{b^2-c^2}{b^2}y',$$

d. h. sie sind die Pole der Tangente des Hauptschnittes im Punkte x', y' in Bezug auf den entsprechenden Focalkegelschnitt der Fläche. Der Ort der entsprechenden Centra ist somit die Reciproke des Hauptschnittes in Bezug auf den Focalkegelschnitt, d. i.

$$\frac{a^2x^2}{(a^2-c^2)^2}+\frac{b^2y^2}{(b^2-c^2)^2}=1.$$

Und der Schnitt der Fläche durch eine Hauptebene, welcher nothwendig von der zwölften Ordnung ist, besteht daher aus der Evolute eines Kegelschnitts, welche vom sechsten Grade ist, und einem, wie wir finden werden, dreifach zu zählenden Kegelschnitt, welcher eine Cuspidallinie der Fläche ist. Der Schnitt, welcher der unendlich entfernten Ebene entspricht, ist von derselben Natur wie die Schnitte in den Hauptebenen.

Es mag hinzugefügt werden, dass der Kegelschnitt die Evolute in vier Punkten berührt und sie überdiess in vier Punkten schneidet; sowie dass jene ersteren reell sind in der Ebene der grössten und kleinsten Axe oder der Hauptebene der Kreispunkte.

199. **Die Reciproke der Fläche der Centra ist eine Fläche vierter Ordnung.**

Die allgemeine Theorie der Krümmung der Flächen lehrt, dass die Tangentenebene zu jeder der durch (x', y', z') gehenden confocalen Flächen auch eine Tangentenebene der Fläche der Centra ist. Die reciproken Werthe der von der Tangentenebene in den Axen bestimmten Abschnitte sind

$$\xi=\frac{x'}{a'^2}, \quad \eta=\frac{y'}{b'^2}, \quad \zeta=\frac{z'}{c'^2};$$

die Relation

$$\frac{x'^2}{a^2a'^2}+\frac{y'^2}{b^2b'^2}+\frac{z'^2}{c^2c'^2}=0$$

begründet dann zwischen ξ, η, ζ die Relation

$$(\xi^2 + \eta^2 + \zeta^2) = (a^2 - a'^2)\left(\frac{\xi^2}{a^2} + \frac{\eta^2}{b^2} + \frac{\zeta^2}{c^2}\right)$$

und die Relation

$$\frac{x'^2}{a'^2} + \frac{y'^2}{b'^2} + \frac{z'^2}{c'^2} = 0$$

giebt ebenso

$$(a^2\xi^2 + b^2\eta^2 + c^2\zeta^2 - 1) = (a^2 - a'^2)(\xi^2 + \eta^2 + \zeta^2);$$

man erhält somit durch die Elimination von $(a^2 - a'^2)$ die Gleichung [*])

$$(\xi^2 + \eta^2 + \zeta^2)^2 = \left(\frac{\xi^2}{a^2} + \frac{\eta^2}{b^2} + \frac{\zeta^2}{c^2}\right)(a^2\xi^2 + b^2\eta^2 + c^2\zeta^2 - 1),$$

welche die Behauptung bestätigt, indem man bemerkt, dass ξ, η, ζ als Coordinaten der Reciprokalfläche zu betrachten sind; denn wenn ξ, η, ζ die Coordinaten des in Bezug auf die Kugel

$$x^2 + y^2 + z^2 = 1$$

genommenen Pols der Tangentenebene bezeichnen, so ist

$$x\xi + y\eta + z\zeta = 1$$

identisch mit der Gleichung der Tangentenebene und ξ, η, ζ sind die reciproken Werthe der von der Tangentenebene in den Axen gebildeten Abschnitte.

200. Im Anschluss an die Betrachtung der Krümmungslinien lässt sich aus der Theorie der confocalen Flächen eine Gruppe von Sätzen ableiten, welche in anderer Weise als Jacobi's von uns schon angeführter Satz die Gesetze von der Summe und Differenz der Radien vectoren und verwandte aus der Theorie der Kegelschnitte auf die Flächen zweiten Grades übertragen[**]).

Die Beweise dieser Sätze bilden leichte Anwendungen zu den vorigen Entwickelungen; sie werden ohne solche hier geordnet angeführt.

Die beiden Hauptnormalebenen in einem beliebigen Punkte einer Fläche zweiten Grades bestimmen in den Axen der Fläche Punktepaare einer Involution, deren Doppelpunkte gleichweit vom Centrum und für alle Lagen jenes Punktes constant sind, und die Normalen der Fläche in ihren Kreispunkten gehen durch diese Letzleren. Sie werden Focalcentra der Fläche genannt und sind in der mittleren Axe imaginär, in der grossen und kleinen reell.

Man sieht, dass je zwei in einer Axe gelegene unter ihnen mit der Normale eines Punktes der Fläche zwei Ebenen bestimmen, welche mit den Hauptnormalebenen dieses Punktes ein harmonisches Büschel bilden. Bei den nicht centrischen Flächen geht die Ebene des zweiten Focalcentrums der Axe der Fläche parallel.

Da die Hauptnormalebenen eines Punktes auf einander senkrecht sind, so halbieren sie die von den beiden andern Ebenen des Büschels d. h. die von der Normale mit den Focalcentren bestimmten gebildeten Winkel.

Für alle Punkte einer Krümmungslinie ist das Product aus den Abständen einer Hauptnormalebene von zwei zusammengehörigen Focalcentren constant.

201. Die aus den Focalcentren beschriebenen Kugeln, welche durch die entsprechenden Kreispunkte der Fläche gehen und dieselbe in diesen berühren, werden als ihre Focalkugeln und speciell als conjugiert bezeichnet, wenn ihre Centra derselben Axe angehören. Sie sind für das Ellipsoid und für das zweifache Hyperboloid reell. Die Längen der Tangenten, die von einem beliebigen Punkte der Fläche an eine solche Kugel gezogen werden, hat man als die Focalstrahlen des bezüglichen Punktes benannt.

Jeder Focalstrahl eines Punktes einer Fläche zweiten Grades ist gleich der Summe oder Differenz der zugehörigen Halbaxen der Flächen, welche mit ihr confocal sind und jenen Punkt enthalten. Und weiter: Für alle Punkte einer Krümmungslinie einer centrischen Fläche zweiten Grades ist die Summe oder die Differenz der von ihnen an zwei conjugierte Focalkugeln der Fläche gehenden Focalstrahlen constant und der durch die Focalcentra gehenden Axe der Fläche gleich, welche die Krümmungslinie bestimmt, je nachdem sie dem einen oder andern System der Krümmungslinien angehört. Und zwar ist speciell für die Punkte der von einem Ellipsoid mit einem zweifachen Hyperboloid bestimmten Krümmungslinie die Differenz der zu den innern Focalkugeln des Ellipsoids gehörigen Focalstrahlen der reellen Axe des Hyperboloids,

die Summe der zu den äussern Focalkugeln des Ellipsoids gehörigen Focalstrahlen der grossen Imaginären Axe des Hyperboloids gleich.

und es ist die Summe der zu den innern Focalkugeln des Hyperboloids gehörigen Focalstrahlen gleich der grossen Axe des Ellipsoids,

und die Summe der zu den äussern Focalkugeln des Hyperboloids gehörigen Focalstrahlen gleich der mittlern Axe des Ellipsoids.

Ebenso ist für die vom einfachen Hyperboloid mit dem Ellipsoid bestimmte Krümmungslinie die Summe der zu den innern Focalkugeln des Ellipsoids gehörigen Focalstrahlen gleich der grossen reellen Axe des Hyperboloids; etc.

Nennen wir ferner die Polarebene eines Focalcentrums in Bezug auf die confocale Fläche, welche eine gegebene Krümmungslinie bestimmt, die Directorebene der Letzteren, und den Quotienten aus der Entfernung der Focalcentra vom Centrum durch die entsprechende Halbaxe der confocalen Fläche ihre Excentricität, so gilt der fernere Satz: **Die Focalstrahlen der Punkte einer Krümmungslinie stehen zu ihren Entfernungen von der zugehörigen Directorebene in einem constanten der Excentricität der Krümmungslinie gleichen Verhältniss.**

Kurz: **Je zwei sich schneidende Krümmungslinien einer Fläche zweiten Grades verhalten sich in Bezug auf drei Paare in den Axen symmetrisch gegen den Mittelpunkt gelegene reelle oder imaginäre Punkte ganz ähnlich, wie zwei sich schneidende confocale Kegelschnitte in Bezug auf ihre Brennpunkte.**

IX. Kapitel.

Von den Invarianten und Covarianten der Systeme zweiten Grades.

202. Nach Art. 40. wird der Uebergang von einem geometrischen System zu einem ihm projectivischen d. h. collinearen oder reciproken System durch die allgemeine lineare Substitution vollzogen, darum kann die Entdeckung projectivischer Eigenschaften der geometrischen Figuren d. h. solcher Eigenschaften, welche allen projectivischen Abbildern einer gegebenen Figur gemeinschaftlich sind, auf die Entdeckung solcher Functionen der Coefficienten und Veränderlichen ihrer Gleichungen gegründet werden, welche bei einer allgemeinen linearen Substitution unverändert bleiben oder doch nur durch das Hinzutreten eines constanten Factors verändert werden, d. h. auf die Theorie der Invarianten, Covarianten und Contravarianten im Sinne der neueren Algebra. Denken wir die Substitution als eine solche, welche einer Coordinatentransformation entspricht (Art. 40., Schluss), so liefern die bezüglichen Invarianten der Gleichung einer geometrischen Figur individuelle Eigenschaften derselben. Wird eine Fläche zweiten Grades als fest oder absolut angesehen, so liefern die invariabelen Beziehungen der Raumformen zu ihr die Theorie der räumlichen Maassbestimmungen. (Vergl. „Kegelschn." Art. 366 f.)[30])

Die projectivischen Eigenschaften der Flächen zweiten Grades, die Beziehungen der Tangentialebene und Tangente, der harmonischen Pole, Polarebenen und Polarlinien (Art. 72—76.; früher 59., 63.) fanden wir alle in ihrer analytischen Ausdrucksform auf eine Function bezogen, die wir Discriminante nannten und die gleich Null gesetzt die Bedingung dafür gab, dass die Fläche zweiter Ordnung ein Kegel wird, oder für die Gleichung in den

Variabelen ξ_i dafür, dass die Fläche zweiter Klasse in eine ebene Curve degeneriert. Es ist aus dieser ihrer Bedeutung evident, dass sie eine Invariante ist, man kann aber in Art. 345. der „Kegelschnitte" direct bewiesen finden, dass die Discriminante der transformierten Gleichung zweiten Grades aus der Discriminante der ursprünglichen erhalten wird, indem man sie mit dem Quadrate der Determinante der Substitution multiplicirt. An die nämliche Bedingung lässt sich die Entwickelung der Invarianten und Covarianten der Systeme von Flächen zweiten Grades knüpfen.

Für $\lambda U + U' = 0$ als Gleichung eines Büschels von Flächen zweiter Ordnung und mit

$$U = a_{11}x_1^2 + \ldots + 2a_{12}x_1x_2 + \ldots = 0,$$
$$\Delta \quad \Sigma \pm a_{11} a_{22} a_{33} a_{44}$$
$$U' = a_{11}'x_1^2 + \ldots + 2a_{12}'x_1x_2 + \ldots = 0,$$
$$\Delta' \quad \Sigma \pm a_{11}' a_{22}' a_{33}' a_{44}'$$

ist die Discriminante des Büschels

$$= \Sigma \pm (\lambda a_{11} + a_{11}')(\lambda a_{22} + a_{22}')(\lambda a_{33} + a_{33}')(\lambda a_{44} + a_{44}')$$
$$= \begin{vmatrix} \lambda a_{11} + a_{11}', & \lambda a_{12} + a_{12}', & \lambda a_{13} + a_{13}', & \lambda a_{14} + a_{14}' \\ \vdots \\ \lambda a_{41} + a_{41}', & \lambda a_{42} + a_{42}', & \lambda a_{43} + a_{43}', & \lambda a_{44} + a_{44}' \end{vmatrix}$$

mit $a_{ij} = a_{ji}$, $a_{ij}' = a_{ji}'$.

Ihr Verschwinden liefert eine in λ biquadratische Gleichung zur Bestimmung der vier Werthe von λ, denen die Kegelflächen des Büschels entsprechen, eine Gleichung, welche wir in der Form

$$\lambda^4 \Delta + \lambda^3 \Theta + \lambda^2 \Phi + \lambda \Theta' + \Delta' = 0$$

schreiben; durch Zerlegung der obigen Determinante findet man ausser den schon gegebenen Werthen von Δ, Δ'

$$\Theta = \Sigma \pm a_{11}a_{22}a_{33}a_{44}' + \Sigma \pm a_{11}'a_{22}a_{33}a_{44} + \Sigma \pm a_{11}a_{22}'a_{33}a_{44}$$
$$+ \Sigma \pm a_{11}a_{22}a_{33}'a_{44}$$

$$\Theta' = \Sigma \pm a_{11}'a_{22}'a_{33}'a_{44} + \Sigma \pm a_{11}'a_{22}'a_{33}a_{44}' + \Sigma \pm a_{11}'a_{22}a_{33}'a_{44}'$$
$$+ \Sigma \pm a_{11}a_{22}'a_{33}'a_{44}'$$

$$\Phi = \Sigma \pm a_{11}'a_{22}'a_{33}a_{44} + \Sigma \pm a_{11}'a_{22}a_{33}'a_{44} + \Sigma \pm a_{11}'a_{22}a_{33}a_{44}'$$
$$+ \Sigma \pm a_{11}a_{22}'a_{33}'a_{44} + \Sigma \pm a_{11}a_{22}'a_{33}a_{44}' + \Sigma \pm a_{11}a_{22}a_{33}'a_{44}'.$$

Da die Werthe von λ, welche die Gleichung $\lambda U + U' = 0$ zur Gleichung einer Kegelfläche machen, von dem Coordinatensystem unabhängig sind, auf welches U und U' sich beziehen und sich auch beim Uebergang zu einem projectivischen System nicht ändern, so sind diese Coefficienten der Gleichung in λ ebenso wie $\varDelta$, $\varDelta'$ Invarianten. Sie sind die simultanen Invarianten von U und U' oder die Invarianten des Büschels. Die folgenden Beispiele ihrer Berechnung schliessen einige der am häufigsten vorkommenden Fälle ein.

Beispiel 1. Nach einer Bemerkung des Art. 39. über die Verlegung des Einheitpunktes können die auf das gemeinschaftliche Polquadrupel zweier Flächen zweiten Grades bezogenen Gleichungen des Art. 146. in die Form

$$U = a_{11}x_1^2 + a_{22}x_2^2 + a_{33}x_3^2 + a_{44}x_4^2 = 0,$$
$$U' \quad x_1^2 + x_2^2 + x_3^2 + x_4^2 = 0$$

gebracht werden. Man erhält dann durch das Verschwinden aller a_{ij} und a_{ij}' für verschiedenes i und j und die Gleichheit der a_{ij}' mit Eins

$$\varDelta = a_{11}a_{22}a_{33}a_{44}, \quad \varDelta' = 1,$$
$$\Theta = a_{11}a_{22}a_{33} + a_{22}a_{33}a_{44} + a_{33}a_{11}a_{44} + a_{44}a_{11}a_{22},$$
$$\Theta' = a_{11} + a_{22} + a_{33} + a_{44},$$
$$\Phi = a_{11}a_{22} + a_{22}a_{33} + a_{33}a_{44} + a_{11}a_{33} + a_{11}a_{44} + a_{22}a_{44}.$$

Beispiel 2. Sei wie vorher $U' = x_1^2 + x_2^2 + x_3^2 + x_4^2$, $U = 0$ aber die allgemeine Gleichung, also

$$\varDelta' = 1, \quad \varDelta = \Sigma \pm a_{11}a_{22}a_{33}a_{44}.$$

Wenn dann $A_{11}, A_{22}, \ldots$ die den Elementen $a_{11}, a_{22}, \ldots$ der Determinante $\varDelta$ entsprechenden Minoren (vgl. Art. 67.) oder die Elemente des adjungirten Systems sind, so hat man $\Theta = A_{11} + A_{22} + A_{33} + A_{44}$, $\Theta' = a_{11} + a_{22} + a_{33} + a_{44}$.

Im allgemeinen Falle, wenn $A_{11}', A_{12}', \ldots$ die Elemente des adjungierten Systems von $\varDelta'$ sind, haben diese Invarianten die Werthe

$$\Theta = a_{11}'A_{11} + a_{22}'A_{22} + a_{33}'A_{33} + a_{44}'A_{44} + 2a_{12}'A_{12} + 2a_{13}'A_{13}$$
$$+ 2a_{14}'A_{14} + 2a_{23}'A_{23} + 2a_{24}'A_{24} + 2a_{34}'A_{34},$$
$$\Theta' = a_{11}A_{11}' + a_{22}A_{22}' + \ldots$$

In dem vorerwähnten Specialfall reduciren sich diese Ausdrücke wegen der Relationen $a_{ii}' = 1$, $a_{ij}' = 0$, $A_{ii}' = 1$, $A_{ij}' = 0$ in der angegebenen Art. Die Determinanten von Φ reduciren sich gleichfalls und geben

$$\Phi = (a_{33}a_{44} - a_{34}^2) + (a_{44}a_{11} - a_{14}^2) + (a_{11}a_{22} - a_{12}^2)$$
$$+ (a_{22}a_{33} - a_{23}^2) + (a_{11}a_{33} - a_{13}^2) + (a_{22}a_{44} - a_{24}^2).$$

Wäre $U = a_{11}x_1^2 + a_{22}x_2^2 + a_{33}x_3^2 + a_{44}x_4^2 = 0$ und $U' = 0$ die allgemeine Gleichung, so erfahren die vorigen Werthe nur durch Eintreten der gestrichenen Coefficienten an Stelle der ungestrichenen und durch

Hinzutreten der Factoren $a_{11}, \ldots$; $a_{11} a_{22}, \ldots$ etc. Veränderungen. Es ist

$$\varDelta = a_{11} a_{22} a_{33} a_{44}, \quad \varDelta' \;\; \Sigma \pm a_{11}' a_{22}' a_{33}' a_{44}',$$
$$\Theta = a_{11}' a_{22} a_{33} a_{44} + \ldots, \quad \Theta' \; a_{11} A_{11} + a_{22} A_{22}' + \ldots$$
$$\Phi = a_{11} a_{22} (a_{33} a_{44}' - a_{34}'^2) + \ldots$$

Beispiel 3. Sind $U = 0$ und $U' = 0$ die Gleichungen zweier Kugeln, also respective

$$x^2 + y^2 + z^2 - \varrho^2 = 0, \quad (x-\alpha)^2 + (y-\beta)^2 + (z-\gamma)^2 - \varrho'^2 = 0,$$

so erhält man für $D^2 = (\alpha^2 + \beta^2 + \gamma^2)$ als das Quadrat ihrer Centraldistanz

$$\varDelta = -\varrho^2, \quad \varDelta' = -\varrho'^2, \quad \Theta = D^2 - 3\varrho^2 - \varrho'^2, \quad \Theta' = D^2 - \varrho^2 - 3\varrho'^2,$$
$$\Phi = 2D^2 - 3\varrho^2 - 3\varrho'^2.$$

Die biquadratische Gleichung zur Bestimmung von λ erhält die specielle Form

$$(\lambda + 1)^2 \{-\varrho^2 \lambda^2 + (D^2 - \varrho^2 - \varrho'^2) \lambda - \varrho'^2\} = 0.$$

Beispiel 4. Für

$$U = \frac{x^2}{a^2} + \frac{y^2}{b^2} + \frac{z^2}{c^2} - 1, \quad U' = (x-\alpha)^2 + (y-\beta)^2 + (z-\gamma)^2 - \varrho^2$$

d. i. Ellipsoid und Kugel erhält man

$$\varDelta = -\frac{1}{a^2 b^2 c^2}, \quad \varDelta' = -\varrho^2, \quad \Theta = \frac{1}{a^2 b^2 c^2} \{\alpha^2 + \beta^2 + \gamma^2 - \varrho^2 - (a^2 + b^2 + c^2)\},$$
$$\Theta' = \frac{\alpha^2}{a^2} + \frac{\beta^2}{b^2} + \frac{\gamma^2}{c^2} - 1 - \varrho^2 \left(\frac{1}{a^2} + \frac{1}{b^2} + \frac{1}{c^2}\right),$$
$$\Phi = \frac{1}{b^2 c^2} (\beta^2 + \gamma^2 - \varrho^2) + \frac{1}{c^2 a^2} (\gamma^2 + \alpha^2 - \varrho^2) + \frac{1}{a^2 b^2} (\alpha^2 + \beta^2 - \varrho^2)$$
$$- \left(\frac{1}{a^2} + \frac{1}{b^2} + \frac{1}{c^2}\right).$$

Das Verschwinden der Discriminante von $\lambda U + U' = 0$ giebt eine biquadratische Gleichung, welche in der Form

$$\frac{\alpha^2}{a^2 + \lambda} + \frac{\beta^2}{b^2 + \lambda} + \frac{\gamma^2}{c^2 + \lambda} = 1 + \frac{\varrho^2}{\lambda}$$

darstellbar ist.

Beispiel 5. Für $U = 0$ als ein Paraboloid $a_{11} x^2 + a_{22} y^2 + 2 a_{34} z = 0$ und $U' = 0$ als die Kugel des vorigen Beispiels wird

$$\varDelta = -a_{11} a_{22} a_{34}^2, \quad \varDelta' = -\varrho^2, \quad \Theta = -a_{34}^2 (a_{11} + a_{22}) + 2 a_{11} a_{22} a_{34} \gamma,$$
$$\Theta' = a_{11} \alpha^2 + a_{22} \beta^2 + 2 a_{34} \gamma - (a_{11} + a_{22}) \varrho^2,$$
$$\Phi = a_{11} a_{22} (\alpha^2 + \beta^2 - \varrho^2) + 2 (a_{11} + a_{22}) a_{34} \gamma - a_{34}^2$$

und die biquadratische Gleichung erhält die Form

$$\frac{\lambda a_{11} \alpha^2}{\lambda a_{11} + 1} + \frac{\lambda a_{22} \beta^2}{\lambda a_{22} + 1} + 2 \lambda a_{34} \gamma = \lambda^2 a_{34}^2 + \varrho^2.$$

Beispiel 6. Im allgemeinen Falle ist der Werth von Φ der folgende:

$(a_{77}a_{33} - a_{73}^2)(a_{11}a_{11}' - a_{14}'^2) + (a_{33}a_{11} - a_{13}^2)(a_{77}a_{11}' - a_{71}'^2)$
$+ (a_{11}a_{77} - a_{17}^2)(a_{33}a_{11}' - a_{31}'^2) + (a_{11}a_{44} - a_{14}^2)(a_{77}a_{33}' - a_{73}'^2)$
$+ (a_{77}a_{44} - a_{71}^2)(a_{11}a_{33}' - a_{13}'^2) + (a_{33}a_{44} - a_{34}^2)(a_{11}a_{77}' - a_{17}'^2)$
$+ 2(a_{13}a_{31} - a_{12}a_{34})(a_{13}'a_{21}' - a_{12}a_{31}) + 2(a_{17}a_{34} - a_{33}a_{14})(a_{12}'a_{31}' - a_{17}a_{11}')$
$+ 2(a_{23}a_{11} - a_{13}a_{21})(a_{23}'a_{11}' - a_{13}a_{21}') + 2(a_{21}a_{17} - a_{11}a_{77})(a_{11}'a_{33} - a_{34}'a_{13}')$
$+ 2(a_{34}a_{23} - a_{24}a_{33})(a_{24}'a_{11}' - a_{14}'a_{12}') + 2(a_{14}a_{13} - a_{34}a_{11})(a_{34}'a_{77}' - a_{24}'a_{73}')$
$+ 2(a_{24}'a_{12}' - a_{34}'a_{22}')(a_{14}a_{33} - a_{34}a_{13}) + \ldots$
$+ 2(a_{77}a_{14} - a_{74}a_{34})(a_{13}'a_{12}' - a_{11}'a_{23}') + 2(a_{13}a_{44} - a_{34}a_{11})(a_{12}'a_{23}' - a_{77}'a_{13}')$
$+ 2(a_{17}a_{14} - a_{11}a_{74})(a_{73}'a_{13}' - a_{33}'a_{12}') + 2(a_{23}'a_{14}' - a_{24}'a_{34}')(a_{13}a_{13} - a_{11}a_{23})$
$+ \ldots$

Die Invariante Φ ist also eine Function derselben Grössen, die in Art. 80. in der Bedingung der Berührung einer Geraden mit einer Fläche zweiten Grades aufgetreten sind.

Diese Bedingung ist eine quadratische Function der sechs Coordinaten der Geraden und wenn wir die Coefficienten der Quadrate der Coordinaten in ihr durch $c_{11}, \ldots, c_{44}$ und die der Doppelproducte derselben durch $c_{12}, c_{13}, \ldots, c_{34}$ bezeichnen, und die entsprechenden Coefficienten in der analogen Bedingung für die Fläche $U' = 0$ durch Beifügung des Striches unterscheiden, so ist Φ gleich

$c_{11}c_{11}' + c_{11}'c_{11} + c_{77}c_{33}' + c_{77}'c_{33} + c_{33}'c_{44} + c_{33}'c_{44} + 2c_{14}c_{14}' + $ etc.

Man kann auch die Discriminante als Function derselben Grössen schreiben und erhält

$3\Delta = c_{11}c_{44} + c_{77}c_{33} + c_{33}c_{44} + c_{11}^2 + c_{73}^2 + c_{34}^2 + 2c_{17}c_{43}$
$+ 2c_{13}c_{21} + 2c_{13}c_{14} + 2c_{14}c_{34} + 2c_{23}c_{34} + 2c_{74}c_{34}\,{}^{31})$.

Beispiel 7. Die Wurzeln der biquadratischen Gleichung in λ entscheiden allgemein über die Natur und Realität der gemeinsamen Curve der Flächen $U = 0$, $U' = 0$. Hier eine Uebersicht der Fälle. Wenn die Wurzeln sämmtlich verschieden sind, so hat man, falls sie alle reell sind, entweder vier reelle oder nur zwei reelle Kegel und im letztern Falle natürlich keine reelle Curve; falls nur zwei von ihnen reell sind, eine reelle Curve mit zwei reellen doppeltprojicierenden Kegeln; falls keine reell ist, eine reelle Curve ohne reelle Kegel. Sind zwei der Wurzeln gleich und entspricht der Doppelwurzel ein eigentlicher Kegel, so hat die gemeinsame Curve der Flächen einen Doppelpunkt; entspricht ihr ein Ebenenpaar, so besteht die gemeinsame Curve aus zwei Kegelschnitten und zeigt zwei Doppelpunkte, deren Verbindungslinie den Flächen nicht angehört.

Bei drei gleichen Wurzeln und einem eigentlichen Kegel als der dreifachen Wurzel entsprechend, erhält man eine Curve vierter Ordnung mit stationärem Punkt (vergl. Art. 206.); entspricht ihr ein Ebenenpaar, so zerfällt sie in zwei ebene Curven, die sich in einem Punkte berühren; und fallen diese Ebenen zusammen, so sind die Flächen einander nach einem Kegelschnitt umschrieben.

Sind zwei Paare gleicher Wurzeln vorhanden und entsprechen denselben eigentliche Kegel, so zerfällt die Curve in eine Curve dritter Ordnung und eine Gerade; in den beiden Schnittpunkten derselben berühren sich die Flächen; ist einer jener Kegel ein Ebenenpaar, so zerfällt die Curve in zwei ebene Curven, deren eine aus zwei Geraden besteht; die Flächen berühren sich in drei Punkten; zerfallen beide Kegel, so besteht die Curve aus den vier Seiten eines windschiefen Vierecks.

Endlich entsprechen der Gleichheit aller vier Wurzeln folgende Specialitäten: Bei einem eigentlichen Kegel das Zerfallen in eine Curve dritter Ordnung und eine sie berührende Gerade; bei einem Ebenenpaar entweder in zwei Gerade und einen Kegelschnitt, welcher durch den Schnittpunkt derselben hindurchgeht, oder in drei Gerade, von denen zwei die dritte schneiden; bei einer Doppelebene in zwei Gerade, längs deren die Flächen sich berühren.

Die dem Auftreten der Werthe 0 und ∞ unter den Wurzeln entsprechenden Specialitäten erkennt man leicht, wenn man bemerkt, dass eine Wurzel 0 die erste Fläche und eine Wurzel ∞ die zweite Fläche als Kegel erfordert.[37])

203. Man soll die geometrische Bedeutung der Bedingung $\Theta = 0$ und die der Bedingung $\Phi = 0$ entwickeln.

Aus dem Beisp. 2. des vorigen Art. ergiebt sich, dass für die Beziehung auf das gemeinsame sich selbst conjugirte Tetraeder d. h. das Fundamentaltetraeder als ein in Bezug auf $U = 0$ sich selbst conjugirtes oder ein Quadrupel harmonischer Pole von U

$$\Theta = a_{77}a_{33}a_{44}a_{11}' + a_{33}a_{44}a_{11}a_{77}' + a_{44}a_{11}a_{77}a_{33}' + a_{11}a_{77}a_{33}a_{44}'$$

ist und diess verschwindet für das gleichzeitige Verschwinden der a_{ii}'; d. h.: Die Invariante Θ ist Null, wenn der Fläche $U = 0$ ein Tetraeder eingeschrieben werden kann, welches in Bezug auf $U = 0$ sich selbst conjugirt ist.

In gleicher Art erkennen wir, dass Θ' verschwindet, wenn die A_{ii} verschwinden, und da $A_{ii} = 0$ die Bedingung ist, unter welcher die Ebene $x_i = 0$ die Fläche $U = 0$ berührt, so verschwindet Θ', sobald der Fläche $U = 0$ ein Tetraeder umgeschrieben werden kann, welches in Bezug auf $U = 0$ sich selbst conjugirt ist. Nach dem Vorigen ist aber $\Theta' = 0$ zugleich die Bedingung, unter welcher der Fläche $U = 0$ ein in Bezug auf $U = 0$ sich selbst conjugirtes Tetraeder eingeschrieben werden kann; man erkennt also auch, dass aus der einen dieser Beziehungen die andere folgt.

Die Invariante Φ ist gleich Null, wenn die sämmtlichen Kanten eines Tetraeders, das in Bezug auf die eine Fläche sich selbst conjugiert ist, die andere Fläche berühren.

Beispiel 1. Die Ecken von zwei in Bezug auf dieselbe Fläche zweiten Grades sich selbst conjugierten Tetraedern bilden ein System von acht Punkten, durch dessen letzten jede Fläche zweiten Grades geht, die die sieben übrigen enthält.[32])

Denn für eine Fläche zweiten Grades durch die vier Ecken des einen Tetraeders und drei Ecken des zweiten, welches wir als Fundamentaltetraeder denken, ist nach Art. 202, 2. nothwendig $\Theta' = 0$ oder $a_{11} + a_{22} + a_{33} + a_{44} = 0$, weil die Fläche die Ecken des ersten Tetraeders enthält und da wegen der Lage von drei Ecken des zweiten in der Fläche $a_{11} = 0$, $a_{22} = 0$, $a_{33} = 0$ ist, so wird auch $a_{44} = 0$, d. h. die vierte Ecke des zweiten Tetraeders liegt auch in der Fläche.

Man beweist in derselben Art den reciproken Satz, dass eine Fläche zweiten Grades, welche sieben der Tetraederflächen zu Tangentialebenen hat, auch die achte Fläche berühren muss.

Beispiel 2. Für jede einem sich selbst conjugierten Tetraeder umgeschriebene Kugel ist die Länge der vom Mittelpunkt der Fläche an sie gehenden Tangente die gleiche. Denn nach Art. 202, 4. giebt die Bedingung $\Theta = 0$ für das Quadrat der fraglichen Tangente $\alpha^2 + \beta^2 + \gamma^2 - \rho^2$ den Werth $a^2 + b^2 + c^2$. (Vergl. „Kegelschn." Art. 351, 2.)

Nach diesem Werthe können wir den Satz auch so aussprechen: Alle durch Punktquadrupel harmonischer Pole einer Fläche zweiten Grades bestimmten Kugeln sind zu derjenigen Kugel orthogonal, von deren Punkten aus je drei zu einander rechtwinklige Tangentialebenen an die Fläche gehen. (Art. 93.)

Beispiel 3. Wenn für ein Hyperboloid $\frac{x^2}{a^2} + \frac{y^2}{b^2} + \frac{z^2}{c} = 1$ die Relation $\frac{1}{a} + \frac{1}{b} + \frac{1}{c} = 0$ erfüllt ist, so liegt das Centrum der von einem Quadrupel harmonischer Polarebenen berührten Kugel stets in der Fläche. Diess folgt aus der Bedingung $\Theta' = 0$ in Art. 202, 4.

Beispiel 4. Der Ort des Mittelpunktes der durch ein Quadrupel harmonischer Pole eines Paraboloids hindurchgehenden Kugel ist eine Ebene. (Art. 202, Beisp. 5.)

Beispiel 5. Wenn von zwei Kugeln die eine die Kanten eines Tetraeders sämmtlich berührt, welches in Bezug auf die andere sich selbst conjugiert ist, so ist die Summe der Quadrate ihrer Radien gleich zwei Drittel des Quadrats ihrer Centraldistanz. (Art. 202, Beisp. 3.)

204. **Man bestimme die Bedingung, unter welcher zwei Flächen zweiten Grades $U = 0$ und $U' = 0$ einander berühren.**

Wie im Fall der Kegelschnitte (vergl. „Kegelschn." Art. 348.) hat die durch das Verschwinden der Discriminante gebildete

Gleichung des Art. 202, im Falle der Berührung der Flächen zwei gleiche Wurzeln. Denn für den Anfangspunkt im Berührungspunkte und die Tangentialebene als Coordinatenebene $z = 0$ haben wir für beide Flächen zweiter Ordnung $a_{14} = 0$, $a_{14}' = 0$, $a_{74} = 0$; und weil durch Substitution dieser Werthe die Discriminante des Art. 67. sich auf $a_{34}^2 (a_{12}^2 - a_{11} a_{22})$ reducirt, so wird die erwähnte biquadratische Gleichung

$$(\lambda a_{34} + a_{34}')^2 \{(\lambda a_{12} + a_{12}')^2 - (\lambda a_{11} + a_{11}')(\lambda a_{22} + a_{22}')\} = 0;$$

eine Gleichung mit zwei gleichen Wurzeln. Die fragliche Bedingung wird daher gebildet, indem man die Discriminante der biquadratischen Gleichung des Art. 202. gleich Null setzt.

Beispiel 1. Die Bedingung der Berührung von zwei Kugeln zu finden. Die Gleichung des Art. 202, Beisp. 3. hat immer zwei gleiche Wurzeln $\lambda = -1$; sie zeigen den unendlich fernen gemeinsamen ebenen Querschnitt wieder an, in welchem nach Art. 137. eine doppelte Berührung stattfindet.

Die Bedingung für eine Berührung der beiden Kugeln im endlichen Raume liefert die Discriminante des zweiten quadratischen Factors der Gleichung in λ; sie ist

$$(D^2 - \varrho^2 - \varrho'^2)^2 = 4\varrho^2\varrho'^2 \text{ d. h. } D = \varrho \pm \varrho'.$$

Im Allgemeinen hat, wie schon bemerkt, die biquadratische Gleichung in λ zwei Paar gleiche Wurzeln, wenn beide Flächen eine gemeinsame Erzeugende besitzen; sie entsprechen den Doppelebenen der beiden projectivischen Ebenenbüschel, welche die Tangentialebenen der Flächen in den Punkten dieser Erzeugenden nach Art. 111., 116. bilden.

Beispiel 2. Man soll den Ort des Centrums für eine Kugel von constantem Radius bestimmen, welche eine Fläche zweiten Grades berührt.

Die durch Vergleichung der Discriminante der biquadratischen Gleichung des Art. 202, Beisp. 4. mit Null erhaltene Gleichung ist in x, y, z — wenn wir diese an Stelle der α, β, γ setzen — vom zwölften Grade. Wenn wir in ihr $\varrho = 0$ machen, so reducirt sie sich auf das Product aus dem Quadrat der Gleichung der Fläche in eine Gleichung vom achten Grade, deren Bedeutung wir weiterhin erkennen werden. (Vergl. Art. 221.)

Das hier betrachtete Problem ist mit dem von der Bestimmung der Gleichung der Parallelfläche zur Fläche zweiten Grades identisch, d. h. des Ortes von Punkten, die man durch Abtragen der constanten Länge ϱ auf alle Normalen der Fläche von ihren Fusspunkten aus erhält. (Vergl. „Kegelschnitte" Art. 348, 2.)

Betrachtet man die Gleichung des Problems als eine Gleichung sechsten Grades in ϱ^2, so giebt sie die Längen der sechs Normalen, welche vom Punkte x, y, z aus an die Fläche gehen.

Um die Gleichung des Querschnitts der Parallelfläche mit einer der

Hauptebenen zu finden, benutzen wir das Princip, wornach die Discriminante des algebraischen Ausdrucks von der Form $(\lambda - a)\,\varphi(\lambda)$ in Bezug auf λ die Form eines Products von $[\varphi(\lambda)]^2$ mit der Discriminante von $\varphi(\lambda)$ haben muss. (Vergl. „Vorlesungen" Art. 67.) Die biquadratische Gleichung mit $z = 0$ giebt dann als Discriminante von

$$(\lambda + c)\left\{\frac{x^2}{a+\lambda} + \frac{y^2}{b+\lambda} - 1 - \frac{\varrho^2}{\lambda}\right\}$$

den doppeltzählenden Kegelschnitt

$$\frac{x^2}{a-c} + \frac{y^2}{b-c} = 1 - \frac{\varrho^2}{c},$$

der also eine Doppelcurve der Fläche ist, verbunden mit der durch die Discriminante der innerhalb der Klammern stehenden Function dargestellten Curve, der Parallelcurve des bezüglichen Hauptschnittes der Fläche zweiten Grades, die von der achten Ordnung ist. Sie ist die Enveloppe eines Systems von Kegelschnitten, deren jeder sie in den vier Punkten berührt, wo sie den durch das Differential ihrer Gleichung in λ dargestellten Kegelschnitt

$$\frac{x^2}{(a+\lambda)^2} + \frac{y^2}{(b+\lambda)^2} - \frac{\varrho^2}{\lambda^2} = 0$$

schneidet; da jener Doppelkegelschnitt dem System für $\lambda = -c$ angehört, so berührt auch er die Curve achter Ordnung in vier Punkten. (Vergl. Bd. II, Art. 247.)

Beispiel 3. Die Gleichung der Parallelfläche eines Paraboloids wird in gleicher Weise gebildet, indem man die Discriminante der biquadratischen Gleichung in Art. 202, 5. gleich Null setzt. Das Resultat stellt eine Fläche zehnter Ordnung dar, welche sich für $\varrho = 0$ auf das zweifach zählende Paraboloid und einen Ort sechsten Grades reducirt. (Vergl. Art. 222.) Die Gleichung ist in ϱ^2 vom fünften Grade und zeigt also, dass nur fünf Normalen von einem Punkte in die Fläche gehen. Man zeigt wie vorhin, dass ihr Querschnitt mit jeder Hauptschnittebene aus der doppeltzählenden Hauptschnittparabel und der Parallelcurve derselben besteht.

205. Wenn zwei Flächen einander berühren, so ist der Berührungspunkt ein Doppelpunkt in ihrer Durchdringungscurve. Zwei Flächen von den Ordnungen m und n durchschneiden einander in einer Curve von der Ordnung mn, d. h. einer Curve, die von einer Ebene in mn Punkten geschnitten wird. In jedem Punkt dieser Curve giebt es eine einzige Tangente, nämlich die Durchschnittslinie der Tangentialebenen beider Flächen in diesem Punkt. Denn jede durch diese Gerade gehende Ebene schneidet beide Flächen in Curven, die einander in ihr berühren und geht daher durch zwei zusammenfallende Punkte der Durchdringungscurve.

Wenn aber die Flächen sich berühren, so schneidet jede durch den Berührungspunkt gehende Ebene die Flächen in zwei sich berührenden Curven und jede solche Ebene geht daher durch zwei zusammen fallende Punkte der Durchdringungscurve. Der Berührungspunkt ist somit ein Doppelpunkt in der Durchdringungscurve. Und es giebt wie für ebene Curven zwei Tangenten der Curve im Doppelpunkt; denn es giebt in der gemeinschaftlichen Tangentialebene der Flächen zwei Gerade durch den Berührungspunkt, so dass jede Ebene, welche eine derselben enthält, die Flächen in Curven schneidet, die mit einander drei zusammenfallende Punkte gemein haben.

Nehmen wir die Tangentialebene zur Ebene der xy und sind die Gleichungen der Flächen

$$z + a_{11} x^2 + 2a_{12} xy + a_{22} y^2 + \text{etc.} = 0,$$
$$z + a_{11}' x^2 + 2a_{12}' xy + a_{22}' y^2 + \text{etc.} = 0.$$

so schneidet eine Ebene $y = \mu x$ sie in Curven, die sich nach Art. 248. der „Kegelschn." osculieren, wenn

$$a_{11} + 2a_{12}\mu + a_{22}\mu^2 = a_{11}' + 2a_{12}'\mu + a_{22}'\mu^2$$

ist, so dass die beiden fraglichen Geraden durch die Gleichung

$$(a_{11} - a_{11}') x^2 + 2(a_{12} - a_{12}') xy + (a_{22} - a_{22}') y^2 = 0$$

bestimmt sind. Im 2. Bande dieses Werkes beweisen wir genau so wie in Art. 36., 37. der „Höh. Curven", dass für

$$u^{(1)} + u^{(2)} + u^{(3)} + \text{etc.} = 0$$

als die Gleichung der Fläche der Anfangspunkt der Fläche angehört und dass die Ebene $u^{(1)} = 0$ alle die Geraden enthält, die in ihm die Fläche in zwei auf einander folgenden Punkten schneiden; dass aber ferner, wenn $u^{(1)}$ identisch Null ist, die Fläche den Anfangspunkt zum Doppelpunkt hat, während die Kegelfläche $u^{(2)} = 0$ alle die Geraden enthält, welche die Fläche in drei auf einander folgenden Punkten schneiden.

Wenn wir in dem hier betrachteten Falle die Gleichung der einen von der Gleichung der andern Fläche abziehen, so erhalten wir die Gleichung einer durch die Schnittcurve beider gehenden Fläche

$$(a_{11} - a_{11}')x^2 + 2(a_{12} - a_{12}') xy + (a_{22} - a_{22}') y^2 + \text{etc.} = 0.$$

in der der Anfangspunkt ein Doppelpunkt ist und die von den beiden vorher gefundenen Geraden in drei aufeinanderfolgenden Punkten geschnitten wird.

206. Wenn diese Geraden zusammenfallen, so ist der Doppelpunkt insbesondere eine **Spitze** oder ein **stationärer Punkt** (vergl. „Höh. Curven" Art. 38., III) in der Durchdringungscurve und wir wollen die Berührung der Flächen in diesem Falle als **stationäre Berührung** bezeichnen. Die Bedingung, unter welcher dieselbe eintritt, ist bei der im vorigen Art. vorausgesetzten Lage der Coordinatenaxen

$$(a_{11} - a_{11}')(a_{22} - a_{22}') = (a_{12} - a_{12}')^2.$$

Wenn diese Bedingung aber erfüllt ist, so hat die biquadratische Gleichung für λ im Art. 202., für welche bei den hier vorausgesetzten Gleichungsformen überdiess $a_{31} = a_{31}'$ ist, drei ihrer Wurzeln gleich -1; d. h. drei der doppelt-projicirenden Kegel zweiten Grades der Durchdringungscurve sind vereinigt, analog der Vereinigung der drei Linienpaare im Kegelschnittbüschel im Falle der Osculation. („Kegelschnitte" Art. 246. f.) Die Bedingungen der stationären Berührung werden also gebildet als die Bedingungen, unter welchen die biquadratische Gleichung der Discriminante drei gleiche Wurzeln hat, d. h. sie sind $S = 0$, $T = 0$, für S und T als die beiden Invarianten einer biquadratischen Form. (Vergl. $J_{1,2}$ und $J_{1,3}$ in Art. 340. der „Kegelschn.")

Dadurch verbindet sich die Theorie der Hauptkrümmungsradien und der bezüglichen Centra für Flächen zweiten Grades mit diesen Untersuchungen. Eine Kugel aus einem Punkte der Flächennormale durch den Fusspunkt derselben berührt die Fläche immer, aber sie berührt dieselbe insbesondere stationär, wenn ihr Radius einem der beiden bezüglichen Hauptkrümmungshalbmesser gleich ist. Machen wir die Tangentenebene zur Ebene xy und die beiden Richtungen der grössten und der kleinsten Krümmung (Art. 196.) zu Axen x und y, so erscheint das Glied xy nicht in der Gleichung, da diese Richtungen die Richtungen der Axen der zu xy parallelen Schnitte sind; die Gleichung ist also von der Form $z + a_{11}x^2 + a_{22}y^2 + $ etc. $= 0$. Nach dem Vorhergehenden hat aber eine Kugel $z + \lambda(x^2 + y^2 + z^2) = 0$ eine stationäre Bezeichnung mit dieser Fläche wegen $a_{12} = a_{12}' = 0$, wenn $(\lambda - a_{11})(\lambda - a_{22}) = 0$, also entweder $\lambda = a_{11}$ oder $\lambda = a_{22}$ ist. Für $y = 0$ ist der Kreis $z + a_{11}(x^2 + z^2) = 0$ osculierend zu dem Schnitt $z + a_{11}x^2 + \ldots = 0$ und für $x = 0$ der Kreis $z + a_{22}(y^2 + z^2) = 0$ osculierend zu $z + a_{22}y^2 + \ldots = 0$.

207. Wenn man nun, um die Gleichung der Fläche

der Centra zu bilden, für die biquadratische Gleichung im Beispiel 4. des Art. 202. die Invariantengleichungen $S = 0$, $T = 0$ aufstellt, so verbinden diese die Coordinaten α, β, γ des Krümmungscentrums eines Hauptschnittes mit dem Krümmungsradius ϱ desselben; die eine dieser Gleichungen ist quadratisch, die andere cubisch in ϱ^2 und die Elimination von ϱ^2 zwischen beiden giebt die Gleichung des Ortes der Krümmungscentra aller Hauptschnitte. Das Problem kann auch so ausgedrückt werden: Für $U = 0$ und $U' = 0$ als zwei algebraische Gleichungen von gleichem Grade und k als einen veränderlichen Parameter kann dieser letztere immer so bestimmt werden, dass die Gleichung $U + kU' = 0$ zwei gleiche Wurzeln hat; es ist aber nicht möglich k so zu bestimmen, dass dieselbe Gleichung drei gleiche Wurzeln hat, so lange nicht eine gewisse invariable Relation zwischen den Coefficienten von U und denen von U' besteht. Das gegenwärtige Problem fordert die Bestimmung einer solchen invarianten Relation, denn es verlangt die Bedingung zu finden, unter welcher es möglich ist, k so zu bestimmen, dass die in λ biquadratische Gleichung

$$\frac{x^2}{a^2+\lambda} + \frac{y^2}{b^2+\lambda} + \frac{z^2}{c^2+\lambda} = 1 + \frac{k}{\lambda}$$

drei gleiche Wurzeln habe.

Im Folgenden sind die Hauptglieder des Resultats angegeben, aus denen alle andern durch Symmetrie hervorgehen, mit der Abkürzung $b^2 - c^2 = \alpha$, $c^2 - a^2 = \beta$, $a^2 - b^2 = \gamma$ und Ersetzung von ax, by, cz durch x, y, z respective:

$\alpha^6 x^{12} + 3(\alpha^4 + \beta^2)\alpha^4 x^{10}y^2 + 3(\alpha^4 + 3\alpha^2\beta^2 + \beta^4)\alpha^2 x^8 y^4$
$+ 3(2\alpha^4 + 3\alpha^2\beta^2 + 3\alpha^2\gamma^2 - 7\beta^2\gamma^2)\alpha^2 x^8 y^2 z^2 + (\alpha^4 + \beta^4 + 9\alpha^2\beta^2 + 9\alpha^2\beta^2)x^8 y^6$
$+ 3(\alpha^4 + 6\alpha^2\beta^2 + 3\alpha^2\gamma^2 + 3\alpha^2\beta^4 + \beta^4\gamma^2 - 21\alpha^2\beta^2\gamma^2)x^6 y^4 z^2$
$+ 9(\alpha^4\beta^2 + \beta^4\alpha^2 + \beta^4\gamma^2 + \beta^2\gamma^4 + \gamma^4\alpha^2 + \gamma^2\alpha^4 - 14\alpha^2\beta^2\gamma^2)x^4 y^4 z^4$
$- 3(\beta^2 + \gamma^2)\alpha^6 x^{10} - 3(2\beta^4 + 3\beta^2\gamma^2 + 3\beta^2\alpha^2 - 7\gamma^2\alpha^2)\alpha^4 x^8 y^2$
$- 3(\beta^4 + 6\beta^4\alpha^2 + 3\beta^4 y^2 + 3\beta^2\alpha^4 + \alpha^4\gamma^2 - 21\alpha^2\beta^2\gamma^2)\alpha^2 x^8 y^4$
$+ 3\{14(\alpha^4\beta^4 + \alpha^4\beta^4 + \beta^4\gamma^2 + \beta^2\gamma^4 + \gamma^4\alpha^2 + \gamma^2\alpha^4) + 20\alpha^2\beta^2\gamma^2\}\alpha^2 x^6 y^4 z^2$
$+ 3\{4\gamma^6 - 7\gamma^4(\alpha^2 + \beta^2) - 198\gamma^2\beta^2 + 68\alpha^2\beta^2\gamma^2(\alpha^2 + \beta^2) + 42\alpha^4\beta^4\}x^4 y^4 z^2$
$+ 3(\beta^4 + 3\beta^2\gamma^2 + \gamma^4)\alpha^6 x^8$
$+ 3(\beta^6 + 6\beta^4\gamma^2 + 3\beta^2\alpha^2 + 3\beta^2\gamma^4 + \alpha^2\gamma^4 - 21\alpha^2\beta^2\gamma^2)\alpha^4 x^6 y^2$
$+ 9(\alpha^4\beta^2 + \alpha^2\beta^4 + \beta^4\gamma^2 + \beta^2\gamma^4 + \gamma^4\alpha^2 + \gamma^2\alpha^4 - 14\alpha^2\beta^2\gamma^2)\alpha^2\beta^2 x^4 y^4$
$- 3\{4\alpha^6 - 7\alpha^4(\beta^2 + \gamma^2) - 198\alpha^2\beta^2\gamma^2 + 68\alpha^2\beta^2\gamma^2(\beta^2 + \gamma^2) + 42\beta^4\gamma^4\}\alpha^2 x^4 y^2 z^2$

$$\cdots \beta^6 + \gamma^6 + 9\beta^4\gamma^2 + 9\beta^2\gamma^4) a^6 x^6$$
$$-3(\gamma^6 + 6\gamma^4\beta^2 + 3\gamma^4 a^2 + 3\gamma^2\beta^4 + a^2\beta^4 - 21a^2\beta^2\gamma^2) a^4 \beta^2 x^4 y^2$$
$$+3\{14(a^4\beta^2 + a^2\beta^4 + \beta^4\gamma^2 + \beta^2\gamma^4 + \gamma^4 a^2 + \gamma^2 a^4) + 20 a^2\beta^2\gamma^2\} a^2 \beta^2 \gamma^2 x^2 y^2 z^2$$
$$+3\{\beta^4 + 3\beta^2\gamma^2 + \gamma^4)a^4\beta^2\gamma^2 x^4 + 3,2\gamma^4 + 3\gamma^2 a^2 + 3\gamma^2 \beta^2 - 7 a^2\beta^2)a^4\beta^4\gamma^2 x^2 y^4$$
$$-3(\beta^2 + \gamma^2) a^6 \beta^4 \gamma^4 x^2 + a^6\beta^6\gamma^6 = 0.$$

Für $z = 0$ wird diese Gleichung reduciert auf
$$(a^2 x^2 + \beta^2 y^2 - a^2\beta^2)^3 \{(x^2 + y^2 - \gamma^2)^3 + 27 x^2 y^2 \gamma^2\}.$$

(Vergl. Art. 198.) Der Schnitt der Fläche mit der unendlich entfernten Ebene ist den Schnitten mit den Hauptebenen gleichartig, da die höchsten Glieder der Gleichung den Ausdruck bilden
$$(x^2 + y^2 + z^2)^3 \{(a^2 x^2 + \beta^2 y^2 + \gamma^2 z^2)^3 - 27 a^2 \beta^2 \gamma^2 x^2 y^2 z^2\}.$$

Die Gleichung der Fläche der Centra für ein Paraboloid
$$a_{11} x^2 + a_{22} y^2 + 2 a_{34} z = 0$$

erhalten wir für $a_{11} - a_{22} = m$, $a_{11} + a_{22} = p$, $a_{11} a_{22} = q$, $a_{22} x^2 + a_{11} y^2 = V$, $x^2 + y^2 = \varrho^2$, $qz^2 + pa_{34} z + a_{34}^2 = W$ in der Form
$$8\{q^2 z V + q a_{34}(a_{22} x^2 + a_{11} y^2) + 2 m^2 a_{34} W\}^3 + 27 T = 0$$

mit
$$T = q^6 a_{34} V^4 - 16 m^2 q^4 a_{34} W x^2 y^2 + 6 m^2 q^4 a_{11}^2 z V^3 - 56 m^2 q^4 a_{34}^2 z V x^2 y^2$$
$$+ 6 m^4 q^3 a_{34}^3 x^2 y^2 W + 12 m^4 q^3 a_{34}^3 z^2 V^2 + 6 m^2 q^4 a_{34}^3 \varrho^2 V^2 - 162 m^2 q^4 a_{34}^3 x^2 y^2 \varrho^2$$
$$+ 48 m^4 p q^2 a_{34}^3 x^2 y^2 V + 8 m^4 q^3 a_{34}^3 z^2 V + 24 m^4 q^3 a_{34}^3 z \varrho^2 V + 24 m^4 q^3 a_{34}^4 \varrho^2 z^2$$
$$+ 12 m^4 q^3 a_{34}^3 \varrho^4 + 43 m^6 q^2 a_{34}^5 x^2 y^2 + 24 m_5 z a_{34}^5 y(a_{11} x^2 + a_{22} y^2)$$
$$+ 8 m^6 (a_{11}^2 x^2 + a_{22}^2 y^2) a_{34}^7.$$

Der Schnitt der Fläche mit der Ebene x oder y ist eine dreifach zählende Parabel und die Evolute derselben.

209. Man soll die Bedingung entwickeln, unter welcher zwei Flächen zweiten Grades so liegen, dass der einen von ihnen ein Tetraeder eingeschrieben werden kann, von welchem zwei Paare seiner Gegenkanten in der Fläche des andern enthalten sind.*) Wenn die bezeichnete Relation stattfindet, so lässt sich die Gleichung der einen Fläche in die Form $A_{23} x_2 x_3 + A_{14} x_1 x_4 = 0$ schreiben, indess in den andern die Coefficienten a_{ik} sämmtlich verschwinden. Dann ist

$$\Delta = A_{23}^2 A_{14}^2, \quad \Theta = 2 A_{23} A_{14}(A_{23} a_{14} + A_{14} a_{23}),$$
$$\Phi = (A_{23} a_{14} + A_{14} a_{23})^2 + 2 A_{23} A_{14}(a_{23} a_{14} - a_{13} a_{24} - a_{12} a_{34}),$$
$$\Theta' = 2(a_{23} a_{14} - a_{13} a_{24} - a_{12} a_{34})(A_{23} a_{14} + A_{14} a_{23}).$$

*) Das Problem und sein reciprokes entsprechen dem Problem der analytischen Planimetrie von dem dem einen Kugelschnitt eingeschriebenen und zugleich einem andern umgeschriebenen Dreieck.

Und die fragliche Bedingung ist also
$$4\Delta\Theta\Phi = \Theta'^2 + 8\Delta^2\Theta'.$$

Ebenso ist die Bedingung, unter welcher für zwei Flächen zweiten Grades ein Tetraeder existiert, welches ein Paar von Gegenkanten in der einen hat und der andern umschrieben ist,
$$4\Delta\Theta'\Phi = \Theta'^3 + 8\Delta^2\Theta.$$

Diess Letztere kann auch aus der im nächsten Art. untersuchten Gleichung geschlossen werden.

200. Man soll die allgemeine Form der Gleichung einer Fläche zweiten Grades finden, welche die Ebenen des Fundamentaltetraeders berührt.

Die Reciprokalfläche der gedachten geht durch die Ecken des Fundamentaltetraeders und hat daher die allgemeine Gleichung
$$2a_{23}x_2x_3 + 2a_{13}x_3x_1 + 2a_{12}x_1x_2 + 2a_{14}x_1x_4 + 2a_{24}x_2x_4$$
$$+ 2a_{34}x_3x_4 = 0.$$

Die Reciproke dieser Gleichung ist aber nach Art. 67., 79.
$$2a_{23}a_{14}a_{31}\xi_1^2 + 2a_{13}a_{34}a_{11}\xi_2^2 + 2a_{12}a_{14}a_{21}\xi_3^2 + 2a_{23}a_{13}a_{12}\xi_4^2$$
$$+ 2'(a_{23}a_{11} - a_{13}a_{21} - a_{12}a_{31})(a_{11}\xi_2\xi_3 + a_{23}\xi_1\xi_1)$$
$$+ 2(a_{13}a_{21} - a_{12}a_{31} - a_{23}a_{11})(a_{21}\xi_3\xi_1 + a_{13}\xi_2\xi_1)$$
$$+ 2(a_{12}a_{31} - a_{23}a_{11} - a_{13}a_{21})(a_{34}\xi_1\xi_2 + a_{12}\xi_3\xi_4) = 0.$$

Durch die Substitution von x_i für $\xi_i \sqrt{(a_{il}a_{im}a_{in})}$ wird diese Gleichung
$$x_1^2 + x_2^2 + x_3^2 + x_4^2 + \frac{a_{23}a_{11} - a_{13}a_{21} - a_{12}a_{31}}{\sqrt{(a_{13}a_{12}a_{21}a_{31})}}(x_2x_3 + x_1x_4)$$
$$+ \frac{a_{13}a_{21} - a_{12}a_{31} - a_{23}a_{11}}{\sqrt{(a_{12}a_{23}a_{31}a_{14})}}(x_3x_1 + x_2x_4)$$
$$+ \frac{a_{12}a_{31} - a_{23}a_{14} - a_{13}a_{21}}{\sqrt{(a_{23}a_{13}a_{11}a_{24})}}(x_1x_2 + x_3x_4) = 0.$$

Die drei Coefficienten dieser Gleichung sind aber nach den negativen zweifachen cosinus der Winkel eines ebenen Dreiecks von den Seiten $\sqrt{(a_{23}a_{14})}$, $\sqrt{(a_{13}a_{21})}$ und $\sqrt{(a_{12}a_{31})}$, und diese unterliegen der Bedingung, dass die Summe ihrer Quadrate und ihres doppelten Products der positiven Einheit gleich ist.

Die allgemeine Form der Gleichung einer dem Fundamentaltetraeder eingeschriebenen Fläche zweiten Grades ist also
$$x_1^2 + x_2^2 + x_3^2 + x_4^2 - 2p(x_2x_3 + x_1x_4) - 2q(x_1x_3 + x_2x_4)$$
$$- 2r(x_1x_2 + x_3x_4) = 0$$
mit der Bedingung $\quad 1 - 2pqr = p^2 + q^2 + r^2.$

Und man sieht leicht umgekehrt, dass die Fläche zweiten Grades, welche diese Gleichung darstellt, von den vier Fundamentalebenen berührt wird; denn die gefundene Bedingung ist auch die Bedingung für das Verschwinden der Discriminanten der Kegelschnitte, nach welchen die Fläche von den Fundamentalebenen geschnitten wird, und dieselben bestehen somit aus je zwei reellen oder nicht reellen Graden.

210. Wenn $U' = 0$ einen Kegel repräsentiert, so ist $\Delta' = 0$ und es bleibt die geometrische Bedeutung von Θ, Φ und Θ' in diesem Falle zu untersuchen. Wir nehmen den Scheitel des Kegels als Fundamentalpunkt, so dass a_{11}', a_{21}', a_{31}', a_{41}' z. B. sämmtlich gleich Null sind. Dann ist

$$\Theta' = a_{11}(a_{11}'a_{22}'a_{33}' + 2a_{23}'a_{13}'a_{12}' - a_{11}'a_{23}'^2 - a_{22}'a_{13}'^2 - a_{33}'a_{12}'^2),$$

d. h. es verschwindet nur, wenn der Kegel in zwei Ebenen degenerirt, oder wenn der Scheitel des Kegels in der Fläche $U = 0$ liegt.

Wenn wir sodann die Gleichung des aus der Spitze unseres Kegels der Fläche $U = 0$ umschriebenen Berührungskegels, nämlich

$$a_{44}(a_{11}x_1^2 + a_{22}x_2^2 + a_{33}x_3^2 + 2a_{23}x_2x_3 + 2a_{13}x_1x_3 + 2a_{12}x_1x_2) - (a_{11}x_1 + a_{21}x_2 + a_{31}x_3)^2 = 0$$

in der Form

$$a_{11}x_1^2 + a_{22}x_2^2 + a_{33}x_3^2 + 2a_{23}x_2x_3 + 2a_{13}x_1x_3 + 2a_{12}x_1x_2 = 0$$

schreiben, so erhalten wir für die Invariante Φ den Ausdruck

$$a_{11}(a_{22}'a_{33}' - a_{23}'^2) + a_{22}(a_{33}'a_{11}' - a_{13}'^2) + a_{33}(a_{11}'a_{22}' - a_{12}'^2)$$
$$+ 2a_{23}(a_{13}'a_{12}' - a_{11}'a_{23}') + 2a_{13}(a_{12}'a_{23}' - a_{22}'a_{13}') + 2a_{12}(a_{23}'a_{13}' - a_{33}'a_{12}');$$

und nach der Theorie der Invarianten der Kegelschnitte („Kegelschn." Art. 351.) drückt daher $\Phi = 0$ die Bedingung aus, unter welcher es möglich ist, vom Scheitel des Kegels $U' = 0$ aus an die Fläche $U = 0$ drei Tangenten zu legen, welche ein in Bezug auf jenen sich selbst conjugirtes System oder ein Tripel harmonischer Polarlinien desselben bilden. Ebenso finden wir

$$a_{11}\Theta = a_{11}'(a_{22}a_{33} - a_{23}^2) + a_{22}'(a_{33}a_{11} - a_{13}^2) + \text{etc.}$$

und erfahren daraus, dass Θ nur dann verschwindet, wenn durch den Scheitel des Kegels $U' = 0$ drei Tangentialebenen an die Fläche $U = 0$ gehen, welche ein Tripel harmonischer Polarebenen für $U' = 0$ bilden.

Die Discriminante der cubischen Gleichung in λ verschwindet, wenn der Kegel $U' = 0$ die Fläche $U = 0$ berührt.

Wenn $U' = 0$ zwei Ebenen darstellt, so verschwinden Δ und Θ'; und wenn wir diese Ebenen als $x_1 = 0$, $x_2 = 0$ wählen, so dass U' sich auf $2a_{12}'x_1x_2$ reducirt, so wird $\Phi = a_{12}'^2 (a_{31}^2 - a_{33}a_{11})$ und verschwindet also nur, wenn die Durchschnittslinie beider Ebenen die Fläche $U = 0$ berührt. Es ist ferner $\Theta = 2a_{12}'A_{12}$, und sein Verschwinden drückt daher die Bedingung aus, unter welcher die fraglichen Ebenen in Bezug auf $U = 0$ conjugirt sind oder der Pol der einen in Bezug auf diese Fläche in der andern liegt; denn die Coordinaten des Pols der Ebene $x_1 = 0$ sind zu $A_{11}, A_{12}, A_{13}, A_{14}$ proportional und dieser Pol liegt also in der Ebene $x_2 = 0$ für $A_{12} = 0$. Somit geben $\Theta = 0$ und $\Phi = 0$ zusammen die Bedingung, unter welcher die eine der Ebenen die Fläche $U = 0$ berührt und die andere durch ihren Berührungspunkt geht.

Die Bedingung $\Theta^2 = 4\Delta\Phi$ wird endlich erfüllt, wenn jede der beiden Ebenen die Fläche $U = 0$ berührt.

Für $U' = 0$ als eine zweifach zählende Ebene sind Δ, Θ' und Φ gleich Null und $\Theta = 0$ bedingt die Berührung der Ebene mit der Fläche. Wenn beide Flächen Kegel sind, so sind $\Delta = 0$, $\Delta' = 0$ und $\Theta' = 0$ bedingt, dass die Spitze des Kegels $U' = 0$ auf der Fläche von $U = 0$ liegt; für $\Phi = 0$ giebt es Tripel sich selbst conjugirter Geraden für $U' = 0$, welche den Kegel $U = 0$ berühren. Für das gleichzeitige Verschwinden von Θ' und Φ liegt die Spitze von U' in U und U wird von U' berührt; für das gleichzeitige Verschwinden von Θ und Θ' liegt die Spitze jedes Kegels auf dem Mantel des andern, d. h. beide haben eine Gerade gemein; endlich verschwinden Θ, Φ, Θ' nur dann gleichzeitig, wenn sich die Kegel längs einer Geraden berühren.

Wenn die eine Fläche $U = 0$ ein Kegel und die andere $U' = 0$ ein Ebenenpaar ist, so sind Δ, Δ', Θ' gleich Null. Für $\Theta = 0$ liegt die Spitze des Kegels in der einen Ebene, für $\Phi = 0$ berührt die Schnittlinie der Ebenen den Kegel; Θ und Φ sind gleichzeitig Null, wenn die eine der Ebenen selbst den Kegel berührt.

Wenn endlich beide Flächen in Ebenenpaare degeneriren, so sind Δ, Δ', Θ, Θ' alle gleich Null; Φ wird Null, wenn die vier Ebenen durch einen Punkt gehen.

Beispiel. Die erlangten geometrischen Deutungen für das Verschwinden der Invarianten können dienen, die Charaktere der Durchdringungscurve algebraisch zu bestimmen. Aus den Discriminanten des Systems $U = 0$, $U' = 0$, die durch $H = 0$ ausgedrückt sein mag, bilden wir die des Systems $\mu U + U' = 0$, $U' = 0$ und erhalten $\mathcal{J}_{\mu U+U'} = H(\mu)$, $\Theta_{\mu U+U'} \cdot \sigma = \frac{1}{4} \frac{dH(\mu)}{d\mu}$, $\Phi_{\mu U+U'} \cdot \sigma = \frac{1}{3 \cdot 4} \frac{d^2 H(\mu)}{d\mu^2}$, $\Theta'_{\mu U+U'} \cdot \sigma = \frac{1}{2 \cdot 3 \cdot 4} \frac{d^3 H(\mu)}{d\mu^3}$. Die Fläche $\mu U + U' = 0$ kann als einer der doppeltprojicirenden Kegel gedacht werden. Dann entspricht einer Doppelwurzel das Verschwinden von Θ, einer dreifachen das von Θ und Φ, und vier gleichen Wurzeln das von Θ, Φ und Θ'. Der der einfachen Wurzel entsprechende Kegel z. B. berührt die Fläche und schneidet sie in einer Geraden, welche die Curve dritter Ordnung berührt, die den Rest der Durchdringung bildet. Das gleichzeitige Verschwinden der ersten Unterdeterminanten von H bedingt die weitern Specialitäten. (Art. 202., 7.)[31])

211. Die unendlich entfernte Ebene schneidet jede Kugel in einem imaginären Kreis, welcher durch den aus dem Coordinatenanfang über ihm beschriebenen Kegel in der Gleichung

$$x^2 + y^2 + z^2 = 0$$

dargestellt wird. Da diese Gleichung auch eine unendlich kleine Kugel repräsentiert, so ist jeder Durchmesser derselben und desselben zu der ihm conjugirten Ebene normal. Bilden wir also die Invarianten von

$$x^2 + y^2 + z^2$$

und der allgemeinen Gleichung der Fläche zweiten Grades, so erhalten wir für $\Theta = 0$ den Ausdruck

$$A_{11} + A_{22} + A_{33} = 0$$

als die Bedingung, unter welcher der Anfangspunkt der Coordinaten ein Punkt von solcher Lage ist, dass von ihm drei zu einander rechtwinklige Tangentenebenen an die Fläche gelegt werden können, und $\Phi = 0$ oder

$$a_{11}a_{44} - a_{14}^2 + a_{22}a_{44} - a_{24}^2 + a_{33}a_{44} - a_{34}^2 = 0$$

als die Bedingung, unter welcher aus dem Coordinatenanfang drei zu einander rechtwinklige Tangenten an die Fläche gezogen werden können.

Wenn insbesondere der Coordinatenanfang das Centrum der Fläche ist, so dass a_{14}, a_{24}, a_{34} den Werth Null haben, während nicht auch zugleich $a_{44} = 0$ ist, so lange die Fläche keine Kegel-

Fläche ist, so wird die cubische Gleichung in λ dieselbe, welche in Art. 82. zur Bestimmung der Hauptaxen aufgestellt worden ist. Die Bedingung $\Phi = 0$ reducirt sich auf

$$a_{11} + a_{22} + a_{33} = 0,$$

als die Bedingung, unter der es möglich ist, Systeme von je drei zu einander rechtwinkligen asymptotischen Linien zur Fläche zu ziehen; und die Bedingung $\Theta = 0$ wird

$$a_{11}a_{22} + a_{22}a_{33} + a_{33}a_{11} - a_{12}^2 - a_{23}^2 - a_{13}^2 = 0,$$

die Bedingung, unter welcher Systeme von je drei zu einander rechtwinkligen asymptotischen Ebenen zur Fläche möglich sind.

Die beiden so bezeichneten Arten von Hyperboloiden entsprechen den gleichseitigen Hyperbeln in der Theorie der ebenen Curven. (Vgl. Art. 203., 3.)

Da jede Tangentenebene des Kegels $x^2 + y^2 + z^2 = 0$ dur eine Gleichung $xx' + yy' + zz' = 0$ ausdrückbar ist für $x'^2 + y'^2 + z'^2 = 0$ und da alle zu einander parallelen Ebenen durch dieselbe unendlich entfernte Gerade gehen, so ist offenbar $\xi^2 + \eta^2 + \zeta^2 = 0$ die Bedingung, unter welcher eine Ebene

$$\xi x + \eta y + \zeta z + \omega = 0$$

durch eine der Tangenten des imaginären Kreises im Unendlichen geht, den alle Kugelflächen enthalten.

In Folge dessen kann $\xi^2 + \eta^2 + \zeta^2 = 0$ als die Tangentialgleichung dieses Kreises angesehen werden.

Bildet man nun die Invarianten für diese Gleichung und die allgemeine Gleichung der Fläche in Ebenencoordinaten (Art. 79.), so erhält man

$$\Theta = \Delta^2 (a_{11} + a_{22} + a_{33}),$$
$$\Phi = \Delta (a_{22}a_{33} - a_{23}^2 + a_{33}a_{11} - a_{13}^2 + a_{11}a_{22} - a_{12}^2)$$

und die geometrische Bedeutung ihres Verschwindens ist oben bereits angegeben.

Da die Bedingung (Art. 24) $\xi\xi' + \eta\eta' + \zeta\zeta' = 0$, unter welcher zwei Ebenen

$$\xi x + \eta y + \zeta z + \omega = 0, \quad \xi' x + \eta' y + \zeta' z + \omega' = 0$$

zu einander rechtwinklig sind, offenbar identisch ist mit der Bedingung, unter welcher diese Ebenen in Bezug auf

$$\xi^2 + \eta^2 + \zeta^2 = 0$$

einander conjugiert sind, so erkennt man, dass zwei zu einander rechtwinklige Ebenen als in Bezug auf den imaginären Kreis im Unendlichen einander conjugiert anzusehen oder dass ihre Schnittlinien mit der unendlich fernen Ebene in Bezug auf diesen Kreis einander conjugiert sind.

Beisp. Jede durch drei feste Punkte gehende gleichseitige Hyperbel enthält überdiess bekanntlich einen vierten festen Punkt. Welches Gesetz entspricht dem in der Theorie der Flächen zweiten Grades?

Die Untersuchung des Theorems über die gleichseitige Hyperbel lehrt, dass seine Wahrheit von dem Factum abhängt, wonach die Bedingung, unter welcher die allgemeine Gleichung zweiten Grades eine gleichseitige Hyperbel repräsentiert, in den Coefficienten linear ist. In derselben Weise findet man für die gleichseitigen Hyperboloide der Gattung $a_{11} + a_{22} + a_{33} = 0$, welchen Systeme von je drei zu einander rechtwinkligen asymptotischen Linien entsprechen, den Satz, dass jede Fläche dieser Art, welche durch sieben Punkte geht, eine feste Curve und jede, welche durch sechs feste Punkte geht, zwei feste Punkte überdiess enthält.

Denn die Bedingungen, unter denen die Fläche durch sieben feste Punkte geht, in Verbindung mit der gegebenen Relation erlauben die Bestimmung aller Coefficienten der allgemeinen Gleichung bis auf einen; die Gleichung der Fläche enthält daher eine unbestimmte Grösse k und ist von der Form $U + kU' = 0$, welche die feste Curve ($U = 0$, $U' = 0$) enthält. Wenn aber sechs Punkte gegeben sind, so beweist die Unbestimmtheit von zwei Coefficienten, dass man die Gleichung auf die Form $U + kU' + lU'' $ bringen kann, welche Flächen darstellt, die durch acht feste Punkte gehen.

212. Allgemein drückt die Tangentialgleichung einer Curve im Raume die Bedingung aus, unter welcher eine Ebene durch eine der Tangenten der Curve hindurchgeht. Wenn z. B. in Art. 80. die Bedingung gegeben ist, unter welcher die Durchschnittslinie der Ebenen

$$\xi x + \eta y + \zeta z + \omega w = 0, \quad \xi' x + \eta' y + \zeta' z + \omega' w = 0$$

eine Fläche zweiten Grades berührt, so kann man dieselbe auch als die Tangentialgleichung des Kegelschnitts betrachten, in welchem diese Fläche durch die Ebene

$$\xi' x + \eta' y + \zeta' z + \omega' w = 0$$

geschnitten wird.

Nach Art. 123. ist die Reciproke einer ebenen Curve eine Kegelfläche und sowie eine Gleichung zweiten Grades in Punktcoordinaten einen Kegel darstellt, wenn ihre Discriminante verschwindet, so repräsentiert eine Tangentialgleichung zweiten Grades einen ebenen Kegelschnitt, wenn ihre Discriminante verschwindet. Nach der bekannten Bezeichnung der Minoren der Discriminante Δ oder der Elemente des adjungierten Systems A_{11}, etc. ist die allgemeine Tangentialgleichung zweiten Grades (Art. 127.) durch

$$A_{11}\xi_1^2 + A_{22}\xi_2^2 + \ldots + 2A_{12}\xi_1\xi_2 = 0$$

darstellbar. Aus einer solchen Tangentialgleichung können wir die gewöhnlichen Gleichungen der Curven ableiten, indem wir zuerst die Reciproke der Tangentialgleichung nach den gewöhnlichen Regeln bilden, d. i.

$$(A_{22}A_{33}A_{11} + \ldots) x_1^2 + \ldots = 0;$$

sie ist ein vollständiges Quadrat, nämlich das Quadrat der Gleichung der Ebene der Curve. Wir bestimmen sodann den Kegelschnitt selbst, indem wir diese Gleichung mit der Gleichung

$$x_1^2(A_{22}A_{33} - A_{23}^2) + x_2^2(A_{33}A_{11} - A_{13}^2) + x_3^2(A_{11}A_{22} - A_{12}^2)$$
$$+ 2x_2x_3(A_{13}A_{12} - A_{11}A_{23}) + 2x_3x_1(A_{12}A_{23} - A_{22}A_{13})$$
$$+ 2x_1x_2(A_{23}A_{13} - A_{33}A_{12}) = 0$$

combinieren, die den Kegel repräsentiert, der aus dem Punkte $x_1 = x_2 = x_3 = 0$ über ihm beschrieben wird.

213. Man soll die Gleichung des Kegels bestimmen, der eine Fläche zweiten Grades $U = 0$ in der Curve berührt, in der die Ebene

$$\xi_1 x_1 + \xi_2 x_2 + \xi_3 x_3 + \xi_4 x_4 = 0$$

sie schneidet.

Die Gleichung einer Fläche zweiten Grades, welche $U = 0$ in dieser Schnittcurve berührt, ist von der Form

$$kU + (\xi_1 x_1 + \xi_2 x_2 + \xi_3 x_3 + \xi_4 x_4)^2 = 0$$

und man hat hier k so zu bestimmen, dass diese Gleichung einen Kegel darstellt; man erhält aber in diesem Falle

$$\Phi = 0, \quad \Theta = 0, \quad \Delta = 0,$$

und wenn man

$$\sigma = A_{11}\xi_1^2 + A_{22}\xi_2^2 + A_{33}\xi_3^2 + \ldots \quad \text{(Art. 79.)}$$

setzt, d. h. durch σ die Grösse ausdrückt, deren Verschwinden die Berührung der Ebene mit der Fläche bedingt, so ist die vierte Wurzel der Bestimmungsgleichung für k zu den drei Wurzeln gleich Null, welche sie in diesem Falle hat, aus der Gleichung $kA + \sigma = 0$ zu entnehmen. Die Gleichung des fraglichen Kegels ist somit

$$\sigma U = A\,(\xi_1 x_1 + \xi_2 x_2 + \xi_3 x_3 + \xi_4 x_4)^2.$$

Berührt die betrachtete Ebene die Fläche, so ist (Art. 79.) $\sigma = 0$ und die Gleichung des Kegels reduciert sich auf die der doppelt zählenden Berührungsebene.

Unter dem hier behandelten Problem ist das von der Bestimmung der Gleichung des Asymptotenkegels der durch die allgemeine Gleichung gegebenen Fläche zweiten Grades mit eingeschlossen.

214. Die Bedingung $\sigma = 0$, unter welcher die Ebene

$$\xi_1 x_1 + \xi_2 x_2 + \xi_3 x_3 + \xi_4 x_4 = 0$$

die Fläche $U = 0$ berührt, ist eine Contravariante (vgl. „Kegelschn.", Art. 353. „Vorlesungen", Art. 92., 93.) vom Grade drei in den Coefficienten von U. Wenn für jeden Coefficienten a_{ik} die Summe $(a_{ik} + \lambda a_{ik}')$ substituiert wird, welche der Bildung der Systemsgleichung $U + \lambda U' = 0$ entspricht, so erhalten wir die Bedingung, unter welcher dieselbe Ebene eine Fläche dieses Systems berührt; sie ist von der Form

$$\sigma + \lambda \tau + \lambda^2 \tau' + \lambda^3 \sigma' = 0,$$

wie man hinsichtlich des ersten und letzten Gliedes durch die Zerlegung der Determinante

$$\begin{vmatrix} a_{11} + \lambda a_{11}', & a_{12} + \lambda a_{12}', & a_{13} + \lambda a_{13}', & a_{14} + \lambda a_{14}', & \xi_1 \\ a_{21} + \lambda a_{21}', & a_{22} + \lambda a_{22}', & a_{23} + \lambda a_{23}', & a_{24} + \lambda a_{24}', & \xi_2 \\ a_{31} + \lambda a_{31}', & a_{32} + \lambda a_{32}', & a_{33} + \lambda a_{33}', & a_{34} + \lambda a_{34}', & \xi_3 \\ a_{41} + \lambda a_{41}', & a_{42} + \lambda a_{42}', & a_{43} + \lambda a_{43}', & a_{44} + \lambda a_{44}', & \xi_4 \\ \xi_1, & \xi_2, & \xi_3, & \xi_4, & 0 \end{vmatrix}$$

nach ihren Summandendeterminanten leicht bestätigt, während man zugleich dadurch die entwickelten Formen von τ und τ' erhält.

Sie ist in λ vom dritten Grade, weil und zum Beweise dass unter den Flächen eines einfachen Systems mit gemeinschaftlicher Durchschnittscurve drei sind, die eine gegebene Ebene berühren. (Art. 130., f.)

Die Functionen σ, σ', τ, τ' enthalten die Grössen $\xi_1, \xi_2, \xi_3, \xi_4$ im zweiten Grade und die Coefficienten von U und U' im dritten Grade und vermittelst derselben kann die Bedingung ausgedrückt werden, unter welcher die Ebene

$$\xi_1 x_1 + \xi_2 x_2 + \xi_3 x_3 + \xi_4 x_4 = 0$$

irgend eine permanente Beziehung zu den beiden gegebenen Flächen $U = 0$, $U' = 0$ hat; z. B. dass sie dieselben in Curven $u = 0$, $u' = 0$ schneide, welche durch solche projectivische Relationen verbunden sind, die durch die Coefficienten der Discriminante von $u + \lambda u' = 0$, d. h. durch die Invarianten des Büschels von Kegelschnitten ausdrückbar sind. Wenn wir von

$$\sigma + \lambda \tau + \lambda^2 \tau' + \lambda^3 \sigma'$$

die Discriminante nach λ bilden, so erhalten wir in dieser Weise durch das Verschwinden derselben die Bedingung, unter welcher die Ebene $\xi_1 x_1 + \ldots = 0$ die beiden Flächen in Curven schneidet, welche sich berühren, oder mit andern Worten die Bedingung, unter welcher diese Ebene eine Tangente, der Schnittcurve von $U = 0$ und $U' = 0$ enthält. Sie ist („Vorlesungen", Art. 85., 136.)

$$4(3\sigma'\tau - \tau'^2)(3\sigma\tau' - \tau^2) = (9\sigma\sigma' - \tau\tau')^2,$$

also in den ξ vom achten und in den Coefficienten von jeder der beiden Gleichungen der Flächen vom sechsten Grade. Ebenso drückt $\tau = 0$ die Bedingung aus, unter welcher die Ebene die Flächen in zwei Curven schneidet, in deren eine ein Dreieck eingeschrieben werden kann, welche in Bezug auf die andere sich selbst conjugiert ist; etc.

Die Gleichung $\sigma = 0$ kann als die Tangentialgleichung der Fläche $U = 0$, d. h. als ihre Gleichung in tetraedrischen Plancoordinaten ξ_1, ξ_2, etc. angesehen werden; ebenso $\sigma' = 0$ als die Tangentialgleichung von $U' = 0$. In derselben Weise sind dann $\tau = 0$, $\tau' = 0$ die Tangentialgleichungen von Flächen zweiten Grades, die zu den Flächen $U = 0$, $U' = 0$ gewisse unveränderliche Relationen haben. So ist $\tau = 0$ die Enveloppe einer Ebene, welche die beiden Flächen stets in Curven schneidet, die zu einander in der eben angeführten Beziehung stehen, also die Tangentialgleichung einer Fläche zweiten Grades, die durch diese Relation charakterisiert ist. Die Discriminante von

$$\sigma + \lambda \tau + \lambda^2 \tau' + \lambda^3 \sigma' = 0$$

ist ebenso die Tangentialgleichung der Durchschnittscurve der Flächen $U = 0$, $U' = 0$.

Man kann endlich $\sigma = 0$ als die Gleichung der Reciprokalfläche von $U = 0$ in Bezug auf die Fläche (Art. 127.)

$$x_1^2 + x_2^2 + x_3^2 + x_4^2 = 0$$

ansehen und hat dann in derselben Art

$$\sigma + \lambda r + \lambda^2 r' + \lambda^3 \sigma' = 0$$

als die Gleichung der Reciprokalfläche von $U + \lambda U' = 0$ zu betrachten. Da bei Veränderung von λ die Gleichung $U + \lambda U' = 0$ ein System von Flächen zweiten Grades bezeichnet, welche durch eine gemeinschaftliche Schnittcurve gehen, so bezeichnet die Reciprokalgleichung ein System, welches einer gemeinschaftlichen developpabeln Fläche eingeschrieben ist, die die Reciprokalform der Curve $U = 0$, $U' = 0$ ist. Wie jenes ein Büschel, so wollen wir dieses System eine Schaar von Flächen zweiten Grades nennen. Die Discriminante von $\sigma + \lambda r + \lambda^2 r' + \lambda^3 \sigma' = 0$ kann daher ebensowohl als die Tangentialgleichung der Curve $U = 0$, $U' = 0$ wie als die Gleichung der zu ihr reciproken developpabeln Fläche angesehen werden; sie ist wie erwähnt vom achten Grade in den neuen Veränderlichen und vom sechsten in den Coefficienten jeder der Gleichungen der Flächen.

215. Wir können zu dem im letzten Artikel betrachteten Verfahren das reciprok entsprechende befolgen. Sind $\sigma = 0$, $\sigma' = 0$ die Gleichungen der beiden Flächen zweiten Grades in Ebenencoordinaten, so können wir die Gleichung in Punktcoordinaten bilden, welche der Systemsgleichung $\sigma + \lambda \sigma' = 0$ entspricht. Man eliminirt zwischen

$$(A_{11} + \lambda A_{11}') \xi_1^2 + \ldots + 2 (A_{34} + \lambda A_{34}') \xi_3 \xi_4 + \text{etc.} = 0$$

oder kürzer

$$A_{11} \xi_1^2 + \ldots + 2 A_{34} \xi_3 \xi_4 + \ldots = 0$$

und der Gleichung eines beliebigen Punktes

$$\xi_1 x_1 + \xi_2 x_2 + \xi_3 x_3 + \xi_4 x_4 = 0$$

die Grösse ξ_4, so dass man die Gleichung des Tangentenkegels der Fläche aus ihm erhält, und stellt die Bedingung auf, unter welcher dieser in ein Paar (zusammenfallender) Ebenen degeneriert; sie ist die gesuchte Gleichung in Punkt-Coordinaten, und man kann sie in der Form

$$\begin{vmatrix} 0, & x_1, & x_2, & x_3, & x_4 \\ x_1, & A_{11}, & A_{12}, & A_{13}, & A_{14} \\ x_2, & A_{21}, & A_{22}, & A_{23}, & A_{24} \\ x_3, & A_{31}, & A_{32}, & A_{33}, & A_{34} \\ x_4, & A_{41}, & A_{42}, & A_{43}, & A_{44} \end{vmatrix} = 0$$

darstellen. Setzt man endlich in ihr an Stelle der A_{ij} die Binome

$$(A_{ij} + \lambda A_{ij}'),$$

so entwickelt man diese Determinante durch Zerlegung in ihre Summanden nach Potenzen von λ in der Form

$$\Delta^2 U + \lambda \Delta T + \lambda^2 \Delta' T + \lambda^3 \Delta'^2 U' = 0$$

und hat in dieser die Gleichung einer Schaar von Flächen zweiten Grades in Punkt-Coordinaten; sie berühren sämmtlich eine gemeinschaftliche Developpable, deren Gleichung man durch das Verschwinden ihrer Discriminante ausdrückt. Dieselbe ist also mit Unterdrückung des Factors $\Delta^2 \Delta'^2$

$$4(3\Delta UT - T'^2)(3\Delta' UT - T^2) = (9\Delta\Delta' UU' - TT')^2$$

oder

$$27 \Delta^2 \Delta'^2 U^2 U'^2 + 4\Delta UT'^3 + 4\Delta' UT^3 = T^2 T'^2 + 18\Delta\Delta' UU' TT'.$$

Wir sprechen von ihr weiter, nachdem wir die Bildung der Discriminante des Systems

$$\Delta^2 U + \lambda \Delta T + \lambda^2 \Delta' T + \lambda^3 \Delta'^2 U' = 0$$

und die Bedeutung der in ihr auftretenden Grössen durch Betrachtung reducierter Gleichungsformen näher beleuchtet haben werden. Wenn beide Flächen $U = 0$, $U' = 0$ auf ein sich selbst conjugirtes Tetraeder bezogen sind, so dass die Coefficienten a_{ik} und a_{ik}' mit ungleichen Indices sämmtlich Null sind, so verschwinden die Minoren der Discriminanten mit Ausnahme der Hauptminoren („Vorlesungen", Art. 22.) und diese sind

$$A_{11} = a_{22}a_{33}a_{44}, \quad A_{22} = a_{33}a_{44}a_{11}, \quad A_{33} = a_{44}a_{11}a_{22},$$
$$A_{44} = a_{11}a_{22}a_{33}, \quad A_{11}' = a_{22}'a_{33}'a_{44}', \text{ etc.};$$

die Tangentialgleichungen der beiden Flächen sind

$$\sigma = A_{11}\xi_1^2 + A_{22}\xi_2^2 + A_{33}\xi_3^2 + A_{44}\xi_4^2 = 0,$$
$$\sigma' = A_{11}'\xi_1^2 + A_{22}'\xi_2^2 + A_{33}'\xi_3^2 + A_{44}'\xi_4^2 = 0$$

und die Reciprokalgleichung von

$$\sigma + \lambda\sigma' = 0$$

ist, da auch alle A_{ij} für ungleiche Indices verschwinden, durch

$$\begin{vmatrix} 0 & x_1 & x_2 & x_3 & x_4 \\ x_1 & A_{11}+\lambda A_{11}' & 0 & 0 & 0 \\ x_2 & 0 & A_{22}+\lambda A_{22}' & 0 & 0 \\ x_3 & 0 & 0 & A_{33}+\lambda A_{33}' & 0 \\ x_4 & 0 & 0 & 0 & A_{44}+\lambda A_{44}' \end{vmatrix} = 0,$$

d. h. mit Entwickelung nach Potenzen von λ in der Form

$$\begin{aligned} & \{A_{22}A_{33}A_{44}x_1^2 + A_{33}A_{44}A_{11}x_2^2 + A_{44}A_{11}A_{22}x_3^2 + A_{11}A_{22}A_{33}x_4^2\} \\ +\lambda & \{(A_{22}'A_{33}A_{44} + A_{33}'A_{44}A_{22} + A_{44}'A_{22}A_{33})x_1^2 + (A_{33}'A_{44}A_{11} + \ldots)x_2^2 + \text{etc.}\} \\ +\lambda^2 & \{(A_{22}'A_{33}'A_{44} + A_{33}'A_{11}'A_{22} + A_{44}'A_{22}'A_{33})x_1^2 + (A_{33}'A_{44}'A_{11} + \ldots)x_2^2 + \text{etc.}\} \\ +\lambda^3 & \{A_{22}'A_{33}'A_{44}'x_1^2 + \text{etc.}\} = 0 \end{aligned}$$

dargestellt. Die Substitution der oben für die A_{ik}, A_{ik}' entwickelten Werthe liefert aber für das absolute Glied der Gleichung

$$A_{22}A_{33}A_{44}x_1^2 + \text{etc.} = \varDelta^2 U$$

und für den Coefficienten von λ^3 ebenso

$$A_{22}'A_{33}'A_{44}'x_1^2 + \text{etc.} = \varDelta'^2 U';^*)$$

dagegen ist der Coefficient von λ

$$\varDelta\,\{a_{11}a_{11}'(a_{22}'a_{33}'a_{44} + a_{33}'a_{11}'a_{22} + a_{11}'a_{22}'a_{33})x_1^2 + \text{etc.}\}$$

und der von λ^2

$$\varDelta\,\{a_{11}a_{11}'(a_{22}a_{33}a_{44}' + a_{33}a_{11}a_{22}' + a_{11}a_{22}a_{33}')x_1^2 + \text{etc.}\}$$

So wie alle Contravarianten des Systems $(\sigma + \lambda\sigma') = 0$ in Function der zwei festen Contravarianten r, r' und von σ, σ'

---

*) Man hat allgemein für die Discriminante

$$\varDelta = \begin{vmatrix} a_{11} & a_{12} & \ldots & a_{1n} \\ a_{21} & a_{22} & \ldots & a_{2n} \\ \vdots & \vdots & & \vdots \\ a_{n1} & a_{n2} & \ldots & a_{nn} \end{vmatrix}$$

der quadratischen Form U von n Variabeln $x_1, \ldots x_n$ und ihre Minoren A_{11}, A_{12}, etc. die Gleichung

$$U = -\frac{1}{\varDelta^{n-2}} \begin{vmatrix} 0 & x_1 & x_2 & \ldots & x_n \\ x_1 & A_{11} & A_{12} & \ldots & A_{1n} \\ x_2 & A_{21} & A_{22} & \ldots & A_{2n} \\ \vdots & \vdots & \vdots & & \vdots \\ x_n & A_{n1} & A_{n2} & \ldots & A_{nn} \end{vmatrix};$$

denn die Entwickelung liefert die Producte zweiten Grades der Variabeln in die ersten Minoren der Reciprokaldeterminante der Discriminante; diese Letztern sind aber den Producten der entsprechenden Elemente der Discriminante in die $(n-2)^{te}$ Potenz dieser Discriminante gleich.

ausgedrückt werden können, lassen sich alle Covarianten des Systems $U + \lambda U' = 0$ in Function der beiden Covarianten T, T' verbunden mit U, U' und den Invarianten (Art. 202.) darstellen. Die reciproken Betrachtungen zu denen des letzten Artikels zeigen, dass die Fläche zweiten Grades $T = 0$ der Ort eines Punktes ist, für welchen die von ihm den Flächen $U = 0$, $U' = 0$ umgeschriebenen Kegel in solcher Beziehung zu einander stehen, dass drei Kanten des einen bestimmbar sind, welche ein in Bezug auf den andern sich selbst conjugirtes System bilden, und drei Tangentenebenen des zweiten, welche ein in Bezug auf den ersten sich selbst conjugirtes System bilden.

Man kann an Stelle der Covarianten $T = 0$, $T' = 0$ die beiden Flächen zweiten Grades $S = 0$, $S' = 0$ benutzen (Art. 121., 17), deren erste der Ort der in Bezug auf $U = 0$ genommenen Pole der Tangentenebenen von $U' = 0$ und die zweite der Ort der in Bezug auf $U' = 0$ genommenen Pole der Tangentenebenen von $U = 0$ ist. Mit Hilfe der kanonischen Form der Gleichungen können die einfachen zwischen S und S' mit T und T' bestehenden Relationen leicht nachgewiesen werden. Man hat

$$S = a_{22}a_{33}a_{44}a_{11}'^2 x_1^2 + a_{33}a_{44}a_{11}a_{22}'^2 x_2^2 + a_{44}a_{11}a_{22}a_{33}'^2 x_3^2 + a_{11}a_{22}a_{33}a_{44}'^2 x_4^2 = 0$$

und kann T nach dem oben gegebenen Werthe in der Form

$$(a_{22}a_{33}a_{44}a_{11}' + a_{33}a_{44}a_{11}a_{22}' + a_{44}a_{11}a_{22}a_{33}' + a_{11}a_{22}a_{33}a_{44}')$$
$$\times (a_{11}'x_1^2 + a_{22}'x_2^2 + \text{etc.}) - (a_{22}a_{33}a_{44}a_{11}'^2 x_1^2 + \text{etc.})$$

darstellen, d. i. man hat $T' = \Theta U - S$. Ebenso erhält man
$$T = \Theta' U' - S'.$$

Man erkennt daraus, dass die Flächen $U = 0$, $S' = 0$ und $T = 0$ eine gemeinschaftliche Durchschnittscurve besitzen, etc.

Beisp. 1. Die Gleichung von S zeigt, dass die Flächen $U = 0$, $U' = 0$ und $S = 0$ ein gemeinsames Quadrupel harmonischer Pole besitzen. Diess kann direct geometrisch erwiesen werden, indem wir die Durchschnittscurve von $U = 0$ und $U' = 0$ betrachten. Die Polarebenen ihrer Punkte sind die Tangentialebenen von $U' = 0$ in ihnen und zugleich Tangentialebenen von $S = 0$. Die Spitzen der Kegel zweiten Grades durch jene Curve bilden das gemeinsame Quadrupel von U und U', die Erzeugenden jener Kegel schneiden die Curve in Punkten, in denen die Ebenen zu U' sich in einer Geraden der Gegenfläche der Spitze im Quadrupel schneiden: d. h., es liegen in diesen Flächen unendlich viele Gerade, durch welche Paare gemeinsamer Tangentialebenen von S und U' gehen, oder dieselben enthalten die doppelt eingeschriebenen Kegelschnitte der gemeinsamen

Developpabeln dieser Letztern oder bilden das gemeinsame Quadrupel derselben.

Die Ebenen dieses Quadrupels schneiden die Flächen $U=0$, $S=0$ in Kegelschnitten, welche in Bezug auf den Schnitt mit $U'=0$ polarreciprok sind; seine Kanten schneiden dieselben Flächen in drei Punktepaaren von analoger Beziehung.

Nach Art. 384. der „Kegelschn." ergiebt sich daraus die Lösung des Problems, zu zwei Flächen zweiten Grades eine dritte zu bestimmen, in Bezug auf welche jene polarreciprok sind. Man erhält in den Ebenen des gemeinsamen Quadrupels der gegebenen Flächen je vier Kegelschnitte, welche der gesuchten Fläche angehören können, in jeder seiner Kanten zwei Punktepaare, durch welche sie gehen. Die über jenen Kegelschnitten stehenden Kegel aus der Gegenecke sind Berührungskegel der Flächen längs derselben, die aus jenen Punkten nach der Gegenkante gehenden Ebenen Tangentialebenen in denselben. Die Zahl der möglichen Flächen ist acht.[35])

Beispiel 2. Man soll den Ort eines Punktes bestimmen, dessen in Bezug auf die Fläche $U=0$ genommene Polarebene die Fläche $U+\lambda U'=0$ berührt.

Wir haben dann in $\sigma + \lambda r + \lambda^2 r' + \lambda^3 \sigma' = 0$ für $\xi_1, \xi_2, \xi_3, \xi_4$ die Differentiale U_1, U_2, U_3, U_4 zu substituiren, und können das Resultat mittelst der kanonischen Formen

$$U = x_1^2 + x_2^2 + x_3^2 + x_4^2, \quad U' = a_{11}x_1^2 + a_{22}x_2^2 + a_{33}x_3^2 + a_{44}x_4^2$$

in Function der Covarianten darstellen. Denn dasselbe ist

$$x_1^2 + \text{etc.} + \lambda \{(a_{22} + a_{33} + a_{44}) x_1^2 + \text{etc.}\}$$
$$+ \lambda^2 \{(a_{22}a_{33} + a_{33}a_{44} + a_{44}a_{22}) x_1^2 + \text{etc.}\}$$
$$+ \lambda^3 \{a_{22}a_{33}a_{44} x_1^2 + \text{etc.}\} = 0,$$

oder

$$\varDelta U + \lambda (\Theta U - \varDelta U') + \lambda^2 (\Phi U - T) + \lambda^3 (\Theta' U - T') = 0.$$

Ebenso ist der Ort eines Punktes, dessen Polarebenen in Bezug auf $U'=0$ die Fläche $U+\lambda U'=0$ berühren, dargestellt durch

$$\Theta U' - T' + \lambda (\Phi U' - T) + \lambda^2 (\Theta' U' - \varDelta U) + \lambda^3 \varDelta U' = 0.$$

Beispiel 3. Man soll den Ort eines Punktes finden, dessen Polarebenen in Bezug auf die Flächen $U=0$, $U'=0$ ein in Bezug auf $U+\lambda U'=0$ conjugirtes Paar bilden. In derselben Weise, in der die Bedingung

$$a_{11}x_1x_1' + a_{22}x_2x_2' + a_{33}x_3x_3' + a_{44}x_4x_4' = 0$$

die harmonisch conjugirte Lage zweier Punkte x, x' in Bezug auf die Fläche $U=0$ ausdrückt, ist die Bedingung der harmonisch conjugirten Lage zweier Ebenen in Bezug auf diese Fläche

$$A_{11}\xi_1\xi_1' + A_{22}\xi_2\xi_2' + A_{33}\xi_3\xi_3' + A_{44}\xi_4\xi_4' = 0.$$

Wenn man dies auf den hier vorliegenden Fall anwendet, so erhält man für die kanonische Form

$a_{11} x_1^2 +$ etc. $+ \lambda \{(a_{22} + a_{33} + a_{44}) a_{11} x_1^2 +$ etc. $\}$
$+ \lambda^2 \{(a_{22}a_{33} + a_{33}a_{44} + a_{44}a_{22}) a_{11} x_1^2 +$ etc.$\} + \lambda^3 \{a_{22}a_{33}a_{44} x_1^2 +$ etc.$\} = 0$,

oder $\quad \Delta U' + \lambda T' + \lambda^2 T + \lambda^3 \Delta U = 0$.

Beispiel 4. Man berechne die Discriminante von T.
Sie ist
$$\Delta\Delta'\{\Phi\Theta'^2 - \Delta'(\Theta\Theta' - \Delta\Delta')\}.$$

210. Die Gleichung der zweien Flächen $U = 0$, $U' = 0$ gemeinschaftlich umgeschriebenen developpabeln Fläche

$$27 \Delta^2 \Delta'^2 U^2 U'^2 + 4 \Delta' U T'^2 + 4 \Delta U T^2 = T^2 T'^2 + 18 \Delta \Delta' T T' U U'$$

ist vom achten Grade in den Veränderlichen und vom zehnten in den Coefficienten der Gleichung jeder Fläche. Indem man in ihr $U = 0$ setzt, erkennt man, dass die developpable Fläche sich mit $U = 0$ in der Curve $U = 0$, $T = 0$ berührt und dass sie diese Fläche überdiess schneidet in dem Durchschnitt von
$$U = 0 \text{ und } T^2 - 4\Delta U' T = 0.$$
Dass die Berührungscurve auf einer Fläche zweiten Grades $T = 0$ liegt, die mit $U = 0$, $U' = 0$ ein gemeinsames Quadrupel harmonischer Pole hat, lässt sich auch durch Uebergang zu einer Collinearfigur zeigen, in der die eine Ecke des Quadrupels zum gemeinsamen Centrum der Flächen gemacht ist. (Vergl. Art. 418., 14. der „Kegelschn.") Der letztere Ort repräsentirt, wie wir jetzt zeigen wollen, acht gerade Linien, reelle oder imaginäre Erzeugende der Fläche zweiten Grades $U = 0$.

Was die Berührungscurve der developpabeln Fläche mit $U = 0$ ist, erkennt man leicht; denn der Berührungspunkt von $U = 0$ mit einer gemeinschaftlichen Tangentenebene von $U = 0$, $U' = 0$ ist der in Bezug auf $U = 0$ genommene Pol einer Tangentenebene von $U' = 0$ und daher ein Punkt der Fläche $S = 0$, und wir haben im letzten Artikel bewiesen, dass die Curven $U = 0$, $S = 0$; $T = 0$, $U = 0$ identisch sind.

Der Schnitt der developpabeln Fläche mit einer der Hauptebenen $x_1 = 0$ wird am leichtesten gefunden, indem man den Entwickelungsprocess für die Gleichung derselben wiederholt. Die gemeinschaftlich umgeschriebene Developpable zu den Flächen

$$x_1^2 + x_2^2 + x_3^2 + x_4^2 = 0,$$
$$a_{11} x_1^2 + a_{22} x_2^2 + a_{33} x_3^2 + a_{44} x_4^2 = 0$$

wird als Discriminante von

$$\frac{a_{11}x_1^2}{\lambda+a_{11}} + \frac{a_{22}x_2^2}{\lambda+a_{22}} + \frac{a_{33}x_3^2}{\lambda+a_{33}} + \frac{a_{44}x_4^2}{\lambda+a_{44}} = 0$$

erhalten. Wenn man also $x_4 = 0$ macht, so ist wie in Art. 204., 2. die Discriminante das Product von

$$\left(\frac{a_{11}x_1^2}{a_{11}-a_{44}} + \frac{a_{22}x_2^2}{a_{22}-a_{44}} + \frac{a_{33}x_3^2}{a_{33}-a_{44}}\right)$$

in die Discriminante von

$$\frac{a_{11}x_1^2}{\lambda+a_{11}} + \frac{a_{22}x_2^2}{\lambda+a_{22}} + \frac{a_{33}x_3^2}{\lambda+a_{33}}.$$

Um die Letztere zu bilden, differentiiren wir in Bezug auf λ und erhalten

$$\frac{a_{11}x_1^2}{(\lambda+a_{11})^2} + \frac{a_{22}x_2^2}{(\lambda+a_{22})^2} + \frac{a_{33}x_3^2}{(\lambda+a_{33})^2} = 0.$$

$$\frac{a_{11}^2 x_1^2}{(\lambda+a_{11})^2} + \frac{a_{22}^2 x_2^2}{(\lambda+a_{22})^2} + \frac{a_{33}^2 x_3^2}{(\lambda+a_{33})^2} = 0,$$

also

$$\frac{a_{11}x_1^2}{(\lambda+a_{33})^2} = a_{22}-a_{33}, \quad \frac{a_{22}x_2^2}{(\lambda+a_{22})^2} = a_{33}-a_{11}, \quad \frac{a_{33}x_3^2}{(\lambda+a_{11})^2} = a_{11}-a_{22};$$

und durch Substitution in die gegebene Gleichung das Resultat

$$x_1\{a_{11}(a_{22}-a_{33})\}^{\frac{1}{2}} \pm x_2\{a_{22}(a_{33}-a_{11})\}^{\frac{1}{2}} \pm x_3\{a_{33}(a_{11}-a_{22})\}^{\frac{1}{2}} = 0.$$

Der fragliche Schnitt besteht daher aus einem zweifach zählenden Kegelschnitt und vier geraden Linien.

217. Man soll die Bedingung finden, unter der eine gegebene gerade Linie durch die Schnittcurve zweier Flächen zweiten Grades $U = 0$, $U' = 0$ hindurchgeht.

Angenommen, dass man wie in Art. 80. die Bedingung $\varrho = 0$ gebildet habe, unter welcher jene Gerade die Fläche $U = 0$ berührt, so wird durch die Substitution $a_{11} + \lambda a_{11}'$ für a_{11}, etc. dieselbe in

$$\varrho + \lambda\pi + \lambda^2\varrho' = 0$$

übergeführt. Wenn also die Gerade willkürlich gegeben ist, so bestimmt man durch Auflösung dieser quadratischen Gleichung für λ zwei Flächen, welche durch die Curve $U = 0$, $U' = 0$ gehen und diese Gerade berühren. Geht aber diese Letztere selbst durch die Curve, so müssen beide Flächen zusammenfallen, da die Linie im Allgemeinen nur in demjenigen Punkte durch

Die gemeinschaftliche Curve. Art. 218.

eine Fläche des Systems berührt werden kann, wo sie die Curve $U = 0$, $U' = 0$ schneidet. Die gesuchte Bedingung ist daher $\pi^2 - 4\varrho\varrho'$; sie ist von der zweiten Ordnung in den Coefficienten jeder der Flächen und von der vierten in den Coefficienten jeder der die gerade Linie bestimmenden Ebenen, und diese gehen in den Verbindungen $\xi_1\xi_2' - \xi_1'\xi_2$, etc. in sie ein; d. h. die Gleichung enthält im vierten Grade die sechs Coordinaten p_{ik} der Durchschnittslinie beider Ebenen.

Die Bedingung $\pi = 0$ wird erfüllt, wenn die gerade Linie durch beide Flächen in vier harmonischen Punkten geschnitten wird. Sie stellt also einen Complex zweiten Grades dar, wie geometrisch evident ist; weil die in einer Ebene gelegenen Geraden, welche beide Flächen in harmonischen Punktepaaren schneiden, einen Kegelschnitt umhüllen. („Kegelschn." Art. 356.) Wir können sie auch ableiten, indem wir für die x_i in die Gleichungen der Flächen $U = 0$, $U' = 0$ die Substitution $(my_i + nz_i)$ vollziehen und für die Substitutionsresultate (Art. 75.)

$$m^2 U_y + 2mn\, P_{yz} + n^2 U_z = 0, \quad m^2 U_y' + 2mn\, P_{yz}' + n^2 U_z' = 0$$

nach Art. 335. der „Kegelschnitte" die Bedingung der harmonischen Theilung bilden, nämlich

$$U_y U_z' + U_y' U_z = 2 P_{yz} P_{yz}'.$$

In dem Falle, in welchem beide Flächen durch Gleichungen von der Form

$$a_{11}x_1^2 + a_{22}x_2^2 + a_{33}x_3^2 + a_{44}x_4^2 = 0,$$
$$a_{11}'x_1^2 + a_{22}'x_2^2 + a_{33}'x_3^2 + a_{44}'x_4^2 = 0$$

gegeben sind, während die gerade Linie durch $\xi_1 x_1 + \ldots = 0$, $\xi_1' x_1 \ldots = 0$ dargestellt ist, ist nach Art. 80. $\varrho\; \Sigma a_{11} a_{22}(\xi_3\xi_4' - \xi_3'\xi_4)^2$. d. h. die Summe von sechs Gliedern von dieser Form, wie $a_{33}a_{44}(\xi_1\xi_2' - \xi_1'\xi_2)^2$, etc. Alsdann ist

$$\pi = \Sigma (a_{11}a_{22}' + a_{11}'a_{22})(\xi_3\xi_4' - \xi_3'\xi_4)^2$$

und man hat

$$\pi^2 - 4\varrho\varrho' = \Sigma (a_{11}a_{22}' - a_{11}'a_{22})^2 (\xi_3\xi_4' - \xi_3'\xi_4)^4$$
$$+ 2\Sigma\{(a_{11}a_{22}' - a_{11}'a_{22})(a_{11}a_{33}' - a_{11}'a_{33})(\xi_3\xi_4' - \xi_3'\xi_4)^2(\xi_2\xi_4' - \xi_1'\xi_4)^2$$
$$+ 2\{(a_{11}a_{44}' - a_{11}'a_{44})(a_{33}a_{22}' - a_{33}'a_{22})$$
$$+ (a_{11}a_{33}' - a_{11}'a_{33})(a_{11}a_{22}' - a_{11}'a_{22})\}(\xi_1\xi_2' - \xi_1'\xi_2)^2(\xi_3\xi_4' - \xi_3'\xi_4)^2.$$

218. Man soll die Gleichung der developpabeln Fläche finden, welche durch die Tangenten der Durchschnittscurve von $U = 0$, $U' = 0$ gebildet wird.

Wenn wir irgend einen Punkt in einer Tangente dieser Curve betrachten, so geht die Polarebene desselben in Bezug auf $U = 0$ oder $U' = 0$ nothwendig durch den Berührungspunkt der Tangente, in welcher er liegt; die Durchschnittslinie beider Polarebenen schneidet also die Curve $U = 0$, $U' = 0$. Wir erhalten daher die Gleichung der fraglichen Developpabeln, indem wir in die Bedingung des letztren Art. für ξ_1, ξ_2, etc., ξ_1', ξ_2', etc. die Differentialquotienten U_1, U_2, etc., U_1', U_2', etc. substituieren; sie ist vom achten Grade in den Variabeln und vom sechsten in den Coefficienten jeder Fläche. Unter Anwendung der kanonischen Form der Gleichungen der Flächen ergiebt sich das Endresultat, wie folgt:

$$\Sigma (a_{11}a_{22}' - a_{11}'a_{22})^2 (a_{33}a_{44} - a_{33}'a_{44})^4 x_3^4 x_4^4$$
$$+ 2\Sigma (a_{11}a_{22}' - a_{11}'a_{22})(a_{11}a_{33}' - a_{11}'a_{33})(a_{33}a_{44} - a_{33}'a_{44})(a_{22}'a_{44} - a_{22}'a_{44})x_2^2 x_3^2 x_4^2$$
$$+ \begin{cases} (a_{11}a_{22}' - a_{11}'a_{22})(a_{33}a_{44}' - a_{33}'a_{44}) - (a_{11}a_{44}' - a_{11}'a_{44})(a_{22}a_{33}' - a_{22}'a_{33}) \\ (a_{11}a_{44}' - a_{11}'a_{44})(a_{22}a_{33}' - a_{22}'a_{33}) - (a_{22}a_{44}' - a_{22}'a_{44})(a_{33}a_{11}' - a_{33}'a_{11}) \\ (a_{22}a_{44}' - a_{22}'a_{44})(a_{33}a_{11}' - a_{33}'a_{11}) - (a_{11}a_{22}' - a_{11}'a_{22})(a_{33}a_{44}' - a_{33}'a_{44}) \end{cases}$$
$$\times 2 x_1^2 x_2^2 x_3^2 x_4^2 = 0.$$

Setzen wir in dieser Gleichung $x_1 = 0$, so erhalten wir ein vollständiges Quadrat, d. h. jede der vier Ebenen

$$x_1 = 0, \quad x_2 = 0, \quad x_3 = 0, \quad x_4 = 0$$

schneidet die developpable Fläche in einer ebenen Curve vierter Ordnung, welche eine Doppellinie der Fläche ist.[34])

Dies ist a priori offenbar, weil die Symmetrie der Figur es bedingt, dass durch jeden Punkt in einer dieser vier Ebenen, welcher einer Tangente der Curve $U = 0$, $U' = 0$ angehört, auch eine zweite Tangente derselben gehen muss.

Man kann mit Hilfe der kanonischen Form das vorige Ergebniss in Function der Covarianten ausdrücken, und erhält als Gleichung der betrachteten Developpabeln

$$4(\Theta U U' - T'U - \Delta U'^2)(\Theta' U U' - TU' - \Delta' U^2)$$
$$= (\Phi U U' - TU - T'U')^2.$$

Die Curve $U = 0$, $U' = 0$ ist offenbar in dem durch diese Gleichung dargestellten Orte eine Doppellinie*), wie auch sonst

---

*) Man beweist wie in Art. 111. oder in Art. 61. der „Höh. Curv.", dass für $U^2\varphi + UV\psi + V^2\chi = 0$ als Gleichung einer Fläche die Curve $U = V = 0$ eine Doppelcurve in derselben ist und dass die beiden Tangentialebenen in einem Punkte derselben (für $u = 0$ und $v = 0$ als entsprechende

erkannt werden kann; und der Ort schneidet die Fläche $U = 0$ überdiess in der Linie achter Ordnung, welche die Flächen $U = 0$ und $T'^2 — 4 \varDelta T U = 0$ mit einander gemein haben. Es ist dieselbe Linie, die wir schon im Art. 216. fanden.

219. Wie es dort ausgesprochen ist, so kann leicht geometrisch bewiesen werden, dass eine Erzeugende der Fläche $U = 0$ in jedem der acht Durchschnitt-punkte der drei Flächen $U = 0$, $U' = 0$, $S' = 0$ oder $U = 0$, $U' = 0$, $T = 0$ auch eine Erzeugende der devoloppabeln Fläche ist und dass daher diese acht Linien den Ort von der achten Ordnung bilden, den die Gleichungen $U = 0$, $T'^2 — 4 \varDelta T U = 0$ darstellen. Denn da die Fläche $S' = 0$ der Ort der Pole der Tangentenebenen von $U' = 0$ in Bezug auf die Fläche $U = 0$ ist, so ist die Tangentenebene zu $U = 0$ in einem dieser acht Punkte auch eine Tangentenebene zu $U = 0$ und geht daher durch eine der Erzeugenden von $U = 0$ in diesem Punkte. Diese Erzeugende ist also die Durchschnittslinie der Tangentenebenen von $U = 0$, $U' = 0$ und daher auch eine Erzeugende der fraglichen developpabeln Fläche.

220. Die Berechnung des Art. 218. kann auch in folgender Weise ausgeführt werden: Wenn wir die Bedingung der Berührung einer geraden Linie mit der Fläche $U = 0$ (Art. 80.) mit der Discriminante $\varDelta$ multipliciren, so erhalten wir

$$(A_{11}\xi_i^2 + \text{etc.}) (A_{11}\xi_t'^2 + \text{etc.}) = (A_{11}\xi_i\xi_i' + \text{etc.})^2.$$

Wir bilden dann die entsprechende Formel für die Bedingung, unter welcher der Durchschnitt von zwei Polarebenen $U + \lambda U' = 0$ berührt, multiplicirt mit der Determinante dieser Fläche; dadurch finden wir nach den Beispielen 2 und 3 des Art. 215.

$$\{ \varDelta U + \lambda (\Theta U — \varDelta U') + \lambda^2 (\Phi U — T) + \lambda^3 (\Theta' U — T') \} \times$$
$$\{ (\Theta U' — T) + \lambda (\Phi U' — T) + \lambda^2 (\Theta' U' — \varDelta U) + \lambda^3 \varDelta U' \}$$
$$= (\varDelta U' + \lambda T + \lambda^2 T' + \lambda^3 \varDelta U)^2;$$

Tangentialebenen von $U = 0$ und $V = 0$ durch $x'\varphi' + x y \psi' + v'\chi' = 0$ gegeben werden, mit φ', ψ', χ' als den Resultaten der Substitution der Coordinaten des Punktes in φ, ψ, χ. Indem man diess auf die obige Gleichung anwendet, erkennt man, dass die beiden Tangentialebenen durch die Gleichung $(TU — T'U')^2 = 0$ ausgedrückt werden, wo in T, T' die Substitution der Coordinaten des Punktes vollzogen ist. Es fallen somit die beiden Tangentialebenen in jedem Punkte der Doppelcurve zusammen und dieselbe ist somit specieller das, was man als eine Cuspidalcurve der Fläche bezeichnet.

diess Resultat ist, wie es sein muss, durch
$$(\varDelta + \lambda \Theta + \lambda^2 \Phi + \lambda^3 \Theta' + \lambda^4 \varDelta')$$
theilbar und der Quotient ist
$$(\Theta UU' - T'U - \varDelta U'^2) + \lambda (\Phi UU' - TU - T'U') \\ + \lambda^2 (\Theta' UU' - TU' - \varDelta U^2) = 0.$$

So erkennen wir, dass $\Theta UU' - T'U + \varDelta U'^2$ die Bedingung ist, unter welcher die Durchschnittslinie der zwei Polarebenen die Fläche $U = 0$ berührt, während $\Phi UU' - TU + T'U'$ die Bedingung ist, unter welcher sie durch die Flächen $U = 0$, $U' = 0$ harmonisch getheilt wird. Endlich ist die Gleichung der developpabeln Fläche

$$4 (\Theta UU' - T'U - \varDelta U'^2)(\Theta' UU' - TU' - \varDelta U^2) \\ = (\Phi UU' - TU - T'U')^2.$$

221. Die Gleichung $ax^2 + by^2 + cz^2 + \lambda (x^2 + y^2 + z^2) = 1$ bezeichnet nach Art. 104. ein System von concentrischen Flächen zweiten Grades mit gemeinschaftlichen Ebenen der Kreisschnitte. Die Form der Gleichung zeigt, dass die Flächen des fraglichen Systems die imaginäre Curve gemeinschaftlich haben, in welcher die unendlich kleine Kugel $x^2 + y^2 + z^2 = 0$ irgend eine unter ihnen schneidet.

Da ferner die Gleichung eines Systems confocaler Flächen zweiten Grades
$$\frac{x^2}{a+\lambda} + \frac{y^2}{b+\lambda} + \frac{z^2}{c+\lambda} = 1$$
in Tangentialcoordinaten
$$a\xi^2 + b\eta^2 + c\zeta^2 + \lambda(\xi^2 + \eta^2 + \zeta^2) = 1$$
ist, so ergiebt sich reciprok, dass ein System von confocalen Flächen zweiten Grades durch eine gemeinschaftliche imaginäre Developpable umhüllt ist (Art. 146.); eine Developpable nämlich, welche durch die Tangentenebenen irgend einer Fläche des Systems gebildet wird, die je eine der Tangenten des imaginären Kreises im Unendlichen enthalten.

Wenn man die Discriminante der Gleichung des Flächensystems in Bezug auf λ bildet, so erhält man die Gleichung dieser developpabeln Fläche; sie ist für $b - c = f$, $c - a = g$, $a - b = h$ die folgende

$$(x^2+y^2+z^2)^2 (f^2x^4+g^2y^4+h^2z^4-2ghy^2z^2-2hfz^2x^2-2fgx^2y^2)$$
$$+2f^2(g-h)x^4+2g^2(h-f)y^4+2h^2(f-g)z^4+2f(fh-3g^2)x^2y^2$$
$$-2g(gh-3f^2)x^2y^4-2f(fg-3h^2)x^4z^2+2h(gh-3f^2)x^2z^4$$
$$+2g(gf-3h^2)y^4z^2-2h(hf-3g^2)y^2z^4+2(f-g)(g-h)(h-f)x^2y^2z^2$$
$$+(f^4-6f^2gh)x^4+(g^4-6g^2fh)y^4+(h^4-6h^2fg)z^4+2fg(fg-3h^2)x^2y^2$$
$$+2gh(gh-3f^2)y^2z^2+2hf(hf-3g^2)x^2z^2+2f^2gh(h-g)x^2$$
$$+2g^2fh(f-h)y^2+2h^2fg(g-f)z^2+f^2g^2h^2=0.$$

Aus dieser Gleichung oder auch wie in Art. 202. kann abgeleitet werden, dass die Focalkegelschnitte und der imaginäre Kreis in unendlicher Ferne Doppellinien in der Fläche sind.

222. Wenn $\sigma=0$ die allgemeine Gleichung einer Fläche zweiten Grades ist, so erhalten wir in derselben Art durch Bildung der Reciprokalform von $\sigma+\lambda(\xi^2+\eta^2+\zeta^2)$

$$\Delta^2 U+\lambda\Delta\big[\{a_{11}(a_{22}+a_{33})-a_{13}^2-a_{12}^2\}x^2+\ldots$$
$$+\{a_{44}(a_{11}+a_{22}+a_{33})-a_{11}^2-a_{21}^2-a_{34}^2\}+2yz(a_{11}a_{23}-a_{13}a_{12})$$
$$+2zx(a_{22}a_{13}-a_{12}a_{23})+2xy(a_{33}a_{12}-a_{11}a_{23})$$
$$+2x\{(a_{22}+a_{33})a_{11}-a_{11}a_{24}-a_{13}a_{34}\}$$
$$+2y\{(a_{33}+a_{11})a_{24}-a_{23}a_{31}-a_{12}a_{11}\}$$
$$+2z\{(a_{11}+a_{22})a_{34}-a_{13}a_{11}-a_{23}a_{21}\}\big]$$
$$+\lambda^2\{A_{44}(x^2+y^2+z^2)+A_{11}+A_{22}+A_{33}-2A_{11}x$$
$$-2A_{24}y-2A_{31}z\}+\lambda^3=0,$$

für $A_{11}, A_{22}, \ldots A_{34}$ als die Elemente des adjungierten Systems der Discriminante oder die Minoren derselben nach den Elementen $a_{11}, a_{22}, \ldots a_{34}$.

Diess ist die Gleichung einer Schaar von confocalen Flächen und ihre Discriminante in Bezug auf λ repräsentiert, gleich Null gesetzt, die im letzten Art. betrachtete Developpable.

Bezeichnen wir die Coefficienten von λ und λ^2 respective durch T und T', so ist $T=0$ der Ausdruck für den Ort der Punkte, von welchen aus drei zu einander rechtwinklige Tangenten an die gegebene Fläche zweiten Grades gezogen werden können, und $T'=0$ die Gleichung des Ortes von Punkten, von welchen aus drei zu einander rechtwinklige Tangentenebenen an dieselbe gehen. Jener Ort war die Directorkugel der Fläche. (Vergl. Art. 93.)

Wenn man die Gleichung des Paraboloids $\frac{x^2}{a}+\frac{y^2}{b}+2z=0$ in derselben Weise behandelt, so erhält man die Gleichung des

System der confocalen Flächen in der Form

$$(bx^2 + ay^2 + 2abz) + \lambda \{x^2 + y^2 + 2(a + b)z - ab\}$$
$$+ \lambda^2 \{2z - (a + b)\} - \lambda^3 = 0,$$

und die sie alle berührende Developpable ist für $a = b = h$ durch die Gleichung ausgedrückt

$4(x^2 + y^2)^2 (x^2 + y^2 + z^2) + 16h z (x^2 + y^2 + z^2)(x^2 - y^2)$
$+ 4z(x^2 + y^2)(ax^2 + by^2) + 16h^2 z^4 + 32h^2 z^2 (x^2 + y^2)$
$+ 24h (bx^2 + ay^2) z^2 + (ax^2 + by^2)^3 + 8h (b.x^2 + ay^2)(x^2 - y^2)$
$+ 12h^2 x^2 y^2 + 16 (a + b) h^2 z (x^2 + y^2 + z^2) - 12h^2 z (ax^2 + by^2)$
$+ 12habz (x^2 - y^2) + 4h^2 z^2 (a^2 + 4ab + b^2) + 4h^3 (b^2 x^2 + a^2 y^2)$
$+ 2abh (ax^2 - by^2) + 4h^2 ab (a + b) z + a^2 b^2 h^2 = 0.$

Der Ort des Durchschnittspunktes von drei zu einander rechtwinkligen Tangentenebenen des Paraboloids ist die Ebene $2z = a + b$, und der Ort des Schnittes von drei zu einander rechtwinkligen Tangenten desselben das Umdrehungsparaboloid

$$x^2 + y^2 + 2(a + b)z - ab = 0.$$

Beispiel. Die Function T, die linke Seite der Gleichung der Directorkugel ist in den Elementen des adjungirten Systems oder den Coefficienten der Tangentialgleichung der Fläche $\sigma = 0$ linear.

Für die Flächenschaar $\sigma + \lambda \sigma' = 0$ oder die Flächen zweiten Grades, welche acht gegebene Ebenen berühren (Art. 130.), für das System $\sigma + \lambda \sigma' + \mu \sigma'' = 0$ der Flächen zweiten Grades mit sieben (Art. 131.) und das System $\sigma + \lambda \sigma' + \mu \sigma'' + \nu \sigma''' = 0$ der Flächen mit sechs gemeinsamen Tangentialebenen wird daher die Function T erhalten durch lineare Zusammensetzung aus den Functionen T der einzelnen Flächen $\sigma, \sigma', \sigma'', \sigma'''$. Man erkennt daraus, dass die Directorkugeln aller Flächen einer Schaar ein Büschel bilden d. i. durch einen festen Kreis gehen oder eine gemeinsame Radicalebene haben; dass die Directorkugeln der von sieben festen Ebenen berührten Flächen durch zwei Punkte gehn, d. h. eine gemeinsame Radicalaxe haben oder dass ihre Radicalebenen ein Büschel bilden, dass endlich die Directorkugeln aller von sechs Ebenen berührten Flächen zweiten Grades ein gemeinsames Radicalcentrum und eine gemeinsame Orthogonalkugel besitzen. In der That folgt das erste geometrisch aus der Eigenschaft, dass das Büschel der Tangentialebenen der Flächen einer Schaar aus einer festen Geraden ein involutorisches Büschel ist und dass dasselbe bei zwei rechtwinkligen Paaren aus lauter rechtwinkligen Paaren bestehen muss — sobald man dies auf die Normale einer der gegebenen Ebenen durch ihren Schnittpunkt mit zweien der Directorkugeln anwendet.[37])

Der Satz von den Mittelpunkten der Flächen der Schaar in Art. 132. folgt daraus. Der Satz liefert aber viele Specialfälle; z. B. für das Paraboloid der Schaar, dass die Radicalebene der Directorkugeln seine Directorebene ist; für eine der acht Ebenen als unendlich fern, dass die Directorebenen der von sieben festen Ebenen berührten Paraboloide ein Büschel bilden; ferner, dass die Directorkugeln aller der Regelflächen zweiten Grades, welche eine respective zwei Erzeugende gemein haben und fünf respective zwei feste Ebenen berühren, ein Büschel bilden; dass die Directorkugeln aller der Regelflächen zweiten Grades, welche dasselbe windschiefe Viereck enthalten, mit den über den Diagonalen desselben als Durchmessern beschriebenen Kugeln denselben Kreis enthalten.

Aehnlich für den zweiten und dritten Satz; z. B. dass die Directorebenen der Paraboloide mit sechs gemeinsamen Tangentialebenen durch einen festen Punkt gehen; dass die Directorkugeln der Regelflächen zweiten Grades mit einer gemeinsamen Erzeugenden und vier gemeinsamen Tangentialebenen eine gemeinschaftliche Radicalaxe haben; und insbesondere, dass diess für die vier Kugeln gilt, welche über den Verbindungslinien der Ecken eines Tetraeders mit den Schnittpunkten der Gegenflächen mit einer Geraden als Durchmesser beschrieben werden; oder dass die Directorkugeln für alle Flächen zweiten Grades mit sechs gemeinsamen Tangentialebenen dasselbe Radicalcentrum haben mit denen der fünfzehn, welche die Schnittlinien der drei Paare dieser Ebenen bestimmen.

223. Verschiedene wichtige Eigenschaften von confocalen Flächen sind besondere Fälle der Eigenschaften von Flächen, welche in eine gemeinschaftliche Developpable eingeschrieben sind. Es ist zweckmässig, zuerst die reciproken Eigenschaften von Systemen auszusprechen, die eine gemeinschaftliche Schnittcurve besitzen.

Da die Bedingung, unter welcher eine Fläche zweiten Grades eine Ebene berührt (Art. 79.), die Coefficienten ihrer Gleichung im dritten Grade enthält, so folgt, dass es unter den Flächen eines solchen Systems mit gemeinschaftlicher Schnittcurve drei giebt, welche eine gegebene Ebene berühren, und reciprok daher, dass unter den Flächen eines derselben Developpabeln eingeschriebenen Systems stets drei durch einen gegebenen Punkt gehen. So wie in dem ersteren System durch jeden Punkt des Raumes eine Fläche, so geht im letzteren zu jeder Ebene des Raumes berührend eine Fläche. In beiden Systemen existieren stets zwei Flächen, welche eine gegebene Gerade berühren, da die Bedingung, unter welcher solche Berührung stattfindet (Art. 80.), die Coefficienten der Fläche im zweiten Grade enthält.

Es ist auch geometrisch evident, dass nur je drei unter den Flächen zweiten Grades mit gemeinsamer Durchdringungscurve von einer gegebenen Ebene berührt werden, weil diese Ebene die gemeinsame Curve in vier Punkten schneidet, durch welche alle ihre Querschnitte mit den Flächen des Systems gehen müssen, und durch diese nur drei Paare reeller oder nicht reeller grader Linien möglich sind, wie sie den berührten Flächen entsprechen. Da die Berührungspunkte als Schnittpunkte der Paare von geraden Linien ein Tripel harmonischer Pole in Bezug auf alle Kegelschnitte durch die vier Punkte bilden („Kegelsch." Art. 108, 1.), so sind die von der Spitze eines der vier Kegel des Systems nach ihnen gehenden Geraden conjugierte Durchmesser dieses Kegels. (Art. 71.)

224. Wenn ein System von Flächen zweiten Grades durch $S + \lambda (x^2 + y^2 + z^2) = 0$ dargestellt wird, so ist der Anfangspunkt der Coordinaten eine der Spitzen der vier Kegel des Systems, weil $x^2 + y^2 + z^2 = 0$ einen Kegel bezeichnet. Und da $x^2 + y^2 + z^2 = 0$ auch eine unendlich kleine Kugel darstellt, so sind je drei conjugierte Durchmesser zu einander rechtwinklig und wir erfahren, dass drei Flächen des Systems gefunden werden, die eine gegebene Ebene berühren, und dass die Verbindungslinien ihrer Berührungspunkte mit dem Anfangspunkte zu einander rechtwinklig sind. Weil aber ein System von concentrischen und confocalen Flächen reciprok ist zu einem solchen System von der Gleichungsform $S + \lambda (x^2 + y^2 + z^2) = 0$, so erkennen wir, dass drei confocale Flächen zweiten Grades durch einen Punkt gehen und sich in ihm rechtwinklig durchschneiden.

Ferner bilden nach Art. 132. die Polarebenen eines Punktes in Bezug auf ein System von der Gleichung $S + \lambda (x^2 + y^2 + z^2) = 0$ ein Büschel, dessen Scheitelkante mit dem Anfangspunkt eine Ebene bestimmt, die normal ist zu der Geraden, welche vom Anfangspunkt nach dem gegebenen Pol geht — wie dies offenbar ist für die besondere Fläche des Systems $x^2 + y^2 + z^2 = 0$. Daher ist reciprok der Ort der Pole einer gegebenen Ebene in Bezug auf die Flächen eines Systems von Confocalen eine zu dieser Ebene normale Gerade.

Beispiel. Wenn dem unendlich fernen imaginären Kugelkreis J in einem ersten collinearen Raum der Kegelschnitt J_1 und in einem zweiten collinearen Raum der Kegelschnitt J' entspricht, so entspricht auch der durch J und J_1 bestimmten developpabeln Fläche die durch J' und J bestimmte developpable Fläche und der jener ersten eingeschriebenen Schaar confocaler Flächen zweiten Grades die der letztern eingeschriebene Schaar solcher Flächen. Dadurch wird eine correspondierende Zerlegung der beiden collinearen Räume in rechtwinklige Elementar-Parallelepipeda angegeben.[34])

Wenn jene developpabeln Flächen in Paare von Kegeln zweiten Grades degenerieren, so lassen sich die collinearen Räume in centrische Lage überführen.

Wie lautet der entsprechende Satz für die Ebene?

225. Wir sahen, dass $\sigma + \lambda(\xi^2 + \eta^2 + \zeta^2) = 0$ die Tangentialgleichung eines Systems von confocalen Flächen ist; wenn die Discriminante dieser Gleichung verschwindet, so stellt dieselbe somit einen der Focalkegelschnitte jener Flächen dar. Man kann also die Tangentialgleichung der Focalkegelschnitte einer gegebenen Fläche zweiten Grades finden, indem man λ aus der Gleichung

$$A_{44}\lambda^3 + (a_{11}a_{22} + a_{22}a_{33} + a_{33}a_{11} - a_{23}^2 - a_{13}^2 - a_{12}^2)\Delta \lambda^2$$
$$+ (a_{11} + a_{22} + a_{33})\Delta^2\lambda + \Delta^3 = 0$$

bestimmt.

Sei

$$7x^2 + 6y^2 + 5z^2 - 4yz - 4xy + 10x + 4y + 6z + 4 = 0$$

die Gleichung der Fläche, so ist $\Delta = -972$ und die cubische Gleichung ist $102\lambda^3 + 99\lambda^2\Delta + 18\lambda\Delta^2 + \Delta^3 = 0$; ihre Factoren sind

$$3\lambda + \Delta, \quad 6\lambda + \Delta, \quad 9\lambda + \Delta,$$

d. h. $\lambda = 108, 162, 324$. Die durch 6 dividierte Tangentialgleichung der gegebenen Fläche ist

$$\xi^2 - 9\eta^2 - 11\zeta^2 + 27\omega^2 + 26\eta\zeta + 46\zeta\xi + 34\xi\eta - 54\xi\omega - 54\eta\omega - 54\zeta\omega = 0.$$

Man erhält somit die Tangentialgleichungen der drei Focalkegelschnitte der Fläche, indem man die ersten drei Glieder der letztgeschriebenen Gleichung verändert in

$$19\xi^2 + 10\eta^2 + 7\zeta^2, \quad 28\xi^2 + 19\zeta^2 + 16\eta^2, \quad 55\xi^2 + 46\eta^2 + 43\zeta^2$$

respective. Die Punktgleichungen derselben werden ebenso wie in Art. 212. gefunden als durch die Paare

$2x - 2y + z + w = 0, \quad 11x^2 + 44y^2 + 11z^2 - 32yz + 2zx - 40xy = 0;$
$x + 2y + 2z + 5w = 0, \quad 67x^2 + 68y^2 + 83z^2 - 24yz - 62zx - 32xy = 0;$
$2x + y - 2z + w = 0, \quad 6x^2 - 3y^2 + 9z^2 + 2yz - 16zx + 2xy = 0$

dargestellt.

226. Um in tetrametrischen Ebenencoordinaten die Gleichung der Confocalen zu einer gegebenen Fläche zu finden, ist es nothwendig, die der Gleichung $\xi^2 + \eta^2 + \zeta^2 = 0$ entsprechende

Gleichung in solchen tetraedrischen Ebenencoordinaten zu bilden, d. h. die Gleichung, welche ausdrückt, dass der normale Abstand eines Punktes von jeder der Bedingung genügenden Ebene unendlich gross ist.

Repräsentieren $x_1 = 0$, $x_2 = 0$, $x_3 = 0$, $x_4 = 0$ irgend vier nicht durch denselben Punkt gehende Ebenen, welchen bezogen auf ein System rectangulärer Axen die Gleichungen
$$X \cos A_1 + Y \cos B_1 + Z \cos C_1 = p_1, \text{ etc.}$$
entsprechen, so ist der Coefficient von X in
$$\xi_1 x_1 + \xi_2 x_2 + \xi_3 x_3 + \xi_4 x_4 = 0$$
gleich
$$\xi_1 \cos A_1 + \xi_2 \cos A_2 + \xi_3 \cos A_3 + \xi_4 \cos A_4$$
und die Summe der Quadrate der Coefficienten von X, Y, Z ist durch
$$\xi_1^2 + \xi_2^2 + \xi_3^2 + \xi_4^2 - 2\xi_2\xi_3\cos(x_2 x_3) - 2\xi_3\xi_1\cos(x_3 x_1) - 2\xi_1\xi_2\cos(x_1 x_2)$$
$$- 2\xi_1\xi_4\cos(x_1 x_4) - 2\xi_2\xi_4\cos(x_2 x_4) - 2\xi_3\xi_4\cos(x_3 x_4)$$
dargestellt, wann $(x_i x_k)$ den Winkel der Ebenen $x_i = 0$, $x_k = 0$ darstellt. Die Gleichsetzung dieses Ausdrucks mit Null repräsentiert daher die Tangentialgleichung des imaginären Kreises im Unendlichen. Wenn man also die in den letzten Art. entwickelten Operationen unter Ersetzung des Trinoms $(\xi^2 + \eta^2 + \zeta^2)$ durch diesen allgemeinen Ausdruck wiederholt, so erhält man zuerst ohne Schwierigkeit die Bedingungen, unter denen die allgemeine Gleichung zweiten Grades in tetraedrischen Plancoordinaten ein Paraboloid oder eines der beiden rectangulären Hyperboloide darstellt; ferner die Gleichungen der Orte von Punkten, von welchen aus Systeme von je drei zu einander rechtwinkligen Tangenten oder Tangentenebenen der Fläche möglich sind; die Gleichungen der Focalkegelschnitte, etc.

227. In Art. 211. ist bemerkt, dass die Bedingung, unter welcher für rechtwinklige Coordinaten zwei Ebenen
$$\xi x + \eta y + \zeta z = 0, \quad \xi' x + \eta' y + \zeta' z = 0$$
rechtwinklig zu einander sind, nämlich die Bedingung
$$\xi\xi' + \eta\eta' + \zeta\zeta' = 0,$$
identisch ist mit der Bedingung, unter welcher dieselben Ebenen in Bezug auf den unendlich entfernten imaginären Kreis zu einander harmonisch conjugiert sind. Daraus folgt, dass die Bedingung der Orthogonalität in tetraedrischen Coordinaten, abge-

leitet als Bedingung der harmonischen Relation zu dem durch die allgemeine Gleichung dargestellten imaginären Kreise, erhalten wird in der Form

$$\xi_1'\{+\xi_1 - \xi_2 \cos(x_1 x_2) - \xi_3 \cos(x_1 x_3) - \xi_4 \cos(x_1 x_4)\}$$
$$+ \xi_2'\{-\xi_1 \cos(x_1 x_2) + \xi_2 - \xi_3 \cos(x_2 x_3) - \xi_4 \cos(x_2 x_4)\}$$
$$+ \xi_3'\{-\xi_1 \cos(x_1 x_3) - \xi_2 \cos(x_2 x_3) + \xi_3 - \xi_4 \cos(x_3 x_4)\}$$
$$+ \xi_4'\{-\xi_1 \cos(x_1 x_4) - \xi_2 \cos(x_2 x_4) - \xi_3 \cos(x_3 x_4) + \xi_4\} = 0;$$

Sätze, welche sich auf orthogonale Ebenen beziehen, können daher projectivisch generalisiert werden, indem man an Stelle des imaginären unendlich fernen Kreises irgend einen festen Kegelschnitt substituiert; an Stelle einer Geraden und einer Ebene, die zu einander rechtwinklig sind, erhält man so eine Gerade und eine Ebene, welche die Ebene jenes festen Kegelschnitts in einem Punkte und einer Geraden schneiden, die harmonisch conjugiert sind in Bezug auf diesen Kegelschnitt, d. i. Pol und Polare in Bezug auf denselben. (Vergl. „Kegelschn.", Art. 379.) Man kann die erhaltenen Theoreme sodann noch weiter generalisieren, indem man an Stelle des festen Kegelschnitts eine Fläche zweiten Grades setzt; die Relation der Orthogonalität zwischen einer Geraden und einer Ebene geht dann in die Beziehung einer Linie und einer Ebene über, bei welcher jene durch den Pol von dieser in Bezug auf die feste Fläche zweiten Grades geht. Jedoch sind Theoreme, welche man so erhält, damit allein nicht bewiesen, sondern nur eben gebildet.

Beisp. Jede Tangentenebene einer Kugel ist normal zum Radius des Berührungspunktes.

Jeder ebene Schnitt einer Fläche zweiten Grades wird durch eine Tangentenebene derselben und durch die Gerade, welche den Berührungspunkt derselben mit dem Pol der Schnittebene in Bezug auf sie verbindet, in einer Geraden und einem Punkte geschnitten, welche in Bezug auf ihn Polare und Pol sind.

229. Die Tangentialgleichung einer Kugel für ein rechtwinkliges Coordinatensystem schreibt man am einfachsten als Ausdruck der Bedingung, unter welcher jede Tangentenebene vom Centrum constante Entfernung hat; also für r als den Halbmesser und x', y', z' als Coordinaten des Centrums in der Form

$$(\xi x' + \eta y' + \zeta z' + \omega)^2 = r^2 (\xi^2 + \eta^2 + \zeta^2).$$

Wenn dann x_1', x_2', x_3', x_4' die Coordinaten des Centrums einer Kugel sind, so muss die Tangentialgleichung der Kugel in tetraedrischen Coordinaten $\xi_1, \xi_2, \xi_3, \xi_4$ sein

$$(\xi_1 x_1' + \xi_2 x_2' + \xi_3 x_3' + \xi_4 x_4')^2$$
$$= r^2 \{\xi_1^2 + \xi_2^2 + \xi_3^2 + \xi_4^2 - 2\xi_1\xi_2 \cos(x_1 x_2') - \text{etc.}\}.$$

Wenn die Kugel insbesondere die vier Ebenen $x_1 = 0$, etc. berührt, so müssen die Coefficienten von $\xi_1^2, \xi_2^2, \xi_3^2, \xi_4^2$ verschwinden und die Tangentialgleichung einer solchen Kugel muss daher die Form haben

$$(\xi_1 \pm \xi_2 \pm \xi_3 \pm \xi_4)^2 = \xi_1^2 + \xi_2^2 + \xi_3^2 + \xi_4^2 - 2\xi_1\xi_2 \cos(x_1 x_2) - \text{etc.}$$

Es existieren daher acht Kugeln, welche die Flächen eines Tetraeders berühren. Indem man insbesondere alle Zeichen positiv nimmt, erhält man die Tangentialgleichung der eingeschriebenen Kugel

$$\xi_1\xi_2 \cos^2 \tfrac{1}{2}(x_1 x_2) + \xi_2\xi_3 \cos^2 \tfrac{1}{2}(x_2 x_3) + \xi_3\xi_1 \cos^2 \tfrac{1}{2}(x_3 x_1)$$
$$+ \xi_1\xi_4 \cos^2 \tfrac{1}{2}(x_1 x_4) + \xi_2\xi_4 \cos^2 \tfrac{1}{2}(x_2 x_4) + \xi_3\xi_4 \cos^2 \tfrac{1}{2}(x_3 x_4) = 0.$$

Wenn man zu ihr die Reciprokalgleichung bildet und die Coefficienten der Gleichung durch $a_{12}, a_{23}, a_{13}, a_{14}, a_{24}, a_{34}$ bezeichnet, so erhält man die entsprechende Punktgleichung in der Form (Art. 208.)

$$a_{12}a_{14}a_{32}x_1^2 + a_{23}a_{11}a_{34}x_2^2 + a_{12}a_{11}a_{24}x_3^2 + a_{12}a_{23}a_{13}x_4^2$$
$$+ (a_{12}a_{14} - a_{23}a_{21} - a_{13}a_{34})(a_{12}x_1x_4 + a_{14}x_2x_3)$$
$$+ (a_{23}a_{21} - a_{13}a_{34} - a_{12}a_{14})(a_{23}x_2x_4 + a_{24}x_1x_3)$$
$$+ (a_{13}a_{34} - a_{12}a_{14} - a_{23}a_{21})(a_{13}x_3x_4 + a_{34}x_1x_2) = 0.$$

229. Die Gleichung der einem Tetraeder umgeschriebenen Kugel kann am einfachsten in folgender Art erhalten werden: Seien h_1, h_2, h_3, h_4 die den vier Seitenflächen des Tetraeders $x_1 = 0, x_2 = 0, x_3 = 0, x_4 = 0$ entsprechenden Höhen desselben, und erinnern wir, dass für ein ebenes Dreieck $A_1 A_2 A_3$ mit den Höhen h_1, h_2, h_3 die Gleichung des umgeschriebenen Kreises in der Form geschrieben werden kann

$$\frac{(A_2 A_3)^2}{h_2 h_3} x_2 x_3 + \frac{\overline{A_3 A_1}^2}{h_3 h_1} x_3 x_1 + \frac{\overline{A_1 A_2}^2}{h_1 h_2} x_1 x_2 = 0,$$

sobald die x_i als die senkrechten Abstände von den Seiten aufgefasst werden. Offenbar ist aber für einen Punkt in der Fläche $x_1 = 0$ das Verhältniss $x_2 : p_2$ dasselbe, ob wir x_2 und p_2 als Normalen in der Ebene $x_1 = 0$ oder auf die Linie $x_1 = x_4 = 0$ betrachten. Wir sind also dazu geführt, die Gleichung der umgeschriebenen Kugel in der Form

$$\frac{A_2A_3^2}{h_2h_3}x_2x_3 + \frac{A_3A_1^2}{h_3h_1}x_3x_1 + \frac{A_1A_2^2}{h_1h_2}x_1x_2 + \frac{A_1A_1^2}{h_1h_1}x_1x_1 +$$
$$+ \frac{A_2A_1^2}{h_2h_1}x_2x_1 + \frac{A_3A_1^2}{h_3h_1}x_3x_1 = 0$$

zu schreiben, welche eine Fläche zweiten Grades bezeichnet, deren Schnitt mit jeder der Fundamentalebenen der dem entsprechenden Dreieck umschriebene Kreis ist.

Wenn man diese Gleichung in rechtwinklige Cartesische Coordinaten überführt, so ergeben sich die Coefficienten von x^2, y^2 und z^2 gleich der negativen Einheit. Wenn wir also die Coordinaten eines Punktes in dieselbe einsetzen, so erhalten wir das Quadrat der von ihm an die Kugel gehenden Tangente.

Zusatz. Das Quadrat der Entfernung zwischen den Mittelpunkten der eingeschriebenen und der umgeschriebenen Kugeln ist

$$D^2 = R^2 - r^2 \left\{ \frac{A_2A_3^2}{h_2h_3} + \frac{A_3A_1^2}{h_3h_1} + \frac{A_1A_2^2}{h_1h_2} + \frac{A_1A_1^2}{h_1h_1} + \frac{A_2A_1^2}{h_2h_1} + \frac{A_3A_1^2}{h_3h_1} \right\}.$$

Die Gleichung einer beliebigen Kugel kann von der Gleichung der dem Fundamentaltetraeder umschriebenen Kugel nur in den Gliedern vom ersten Grade abweichen, welche von der Form sein müssen

$$(\xi_1 x_1 + \xi_2 x_2 + \xi_3 x_3 + \xi_4 x_4)\left(\frac{x_1}{p_1} + \frac{x_2}{p_2} + \frac{x_3}{p_3} + \frac{x_4}{p_4}\right),$$

in welcher der zweite Factor gleich Null gesetzt die unendlich ferne Ebene repräsentiert. Wenn wir also zur Gleichung des letzten Art. das Product dieser beiden Factoren addieren und die Summe mit der allgemeinen Gleichung zweiten Grades identificieren, so erhalten wir durch Elimination der eingeführten Constanten die Bedingungen, unter denen die allgemeine Gleichung zweiten Grades $a_{11}x_1^2 +$ etc. $= 0$ in den x_i eine Kugel ausdrückt; nämlich

$$\frac{a_{22}h_2^2 + a_{33}h_3^2 - 2a_{23}h_2h_3}{A_2A_3^2} = \frac{a_{33}h_3^2 + a_{11}h_1^2 - 2a_{13}h_3h_1}{A_3A_1^2}$$

$$= \frac{a_{11}h_1^2 + a_{22}h_2^2 - 2a_{12}h_1h_2}{A_1A_2^2} = \frac{a_{11}h_1^2 + a_{44}h_4^2 - 2a_{14}h_1h_4}{A_1A_4^2}$$

$$= \frac{a_{22}h_2^2 + a_{44}h_4^2 - 2a_{24}h_2h_4}{A_2A_4^2} = \frac{a_{33}h_3^2 + a_{44}h_4^2 - 2a_{34}h_3h_4}{A_3A_4^2}.$$

230. Es ist im Art. 214. gezeigt worden, dass man in der Bedingung, unter welcher die Ebene $\xi_1 x_1 + \xi_2 x_2 + \xi_3 x_3 + \xi_4 x_4 = 0$ die Fläche $U + \lambda U' = 0$ berührt, eine Gleichung dritten Grades in λ erhält, deren Coefficienten die Invarianten Δ, Δ', Θ, Θ' der Schnitte jener Ebene mit den beiden Flächen $U = 0$ und $U' = 0$ sind. Wenn man nun für eine Curve zweiten Grades und das Paar der unendlich fernen imaginären Kreispunkte ihrer Ebene die Invarianten Θ und Θ' bildet, so ist $\Theta = 0$ die Bedingung, unter welcher der betrachtete Kegelschnitt eine Parabel und $\Theta' = 0$ die Bedingung, unter welcher er eine gleichseitige Hyperbel ist; es ist endlich $\Theta'^2 = 4\Theta$ die Bedingung, unter welcher der Kegelschnitt durch jeden von den imaginären Kreispunkten im Unendlichen geht, d. i. unter der er ein Kreis ist.

Wenn wir diese Principien auf die Gleichung einer Fläche zweiten Grades in rechtwinkligen Coordinaten und auf die Gleichung $\xi^2 + \eta^2 + \zeta^2 = 0$ des imaginären Kreises im Unendlichen anwenden, so erhalten wir als Bedingung $\Theta = 0$, unter welcher ein ebener Schnitt eine Parabel ist

$$(a_{22}a_{33} - a_{23}^2)\xi^2 + (a_{33}a_{11} - a_{13}^2)\eta^2 + (a_{11}a_{22} - a_{12}^2)\zeta^2$$
$$+ 2(a_{13}a_{12} - a_{11}a_{23})\eta\zeta + 2(a_{12}a_{23} - a_{22}a_{13})\zeta\xi$$
$$+ 2(a_{23}a_{13} - a_{33}a_{12})\xi\eta = 0;$$

und für die Bedingung $\Theta' = 0$, unter welcher derselbe eine gleichseitige Hyperbel ist,

$$(a_{22} + a_{33})\xi^2 + (a_{33} + a_{11})\eta^2 + (a_{11} + a_{22})\zeta^2$$
$$- 2a_{23}\eta\zeta - 2a_{13}\zeta\xi - 2a_{12}\xi\eta = 0;$$

während $\Theta'^2 = 4\Theta(\xi^2 + \eta^2 + \zeta^2)$ die Bedingung ist, unter welcher die Ebene durch einen der vier Punkte geht, die im Unendlichen einer Kugel mit der Fläche zweiten Grades gemeinsam sind.

231. Wir wissen aus der Theorie der Kegelschnitte, dass für $\sigma = 0$ als die Gleichung eines Kegelschnittes in Liniencoordinaten und $\sigma' = 0$ als die entsprechende Gleichung der Kreispunkte im Unendlichen seiner Ebene $\sigma + \lambda\sigma' = 0$ die Gleichung eines confocalen Kegelschnitts in Liniencoordinaten ist.

Nun ist die Tangentialgleichung des Punktepaares, in welchem der imaginäre Kreis $\xi^2 + \eta^2 + \zeta^2 = 0$ von der Ebene

$$\xi'x + \eta'y + \zeta'z + \omega'w = 0$$

geschnitten wird,
$$(\xi^2 + \eta'^2 + \zeta'^2)(\xi^2 + \eta^2 + \zeta^2) - (\xi\xi' + \eta\eta' + \zeta\zeta')^2 = 0,$$
und die Tangentialgleichung aller zu dem Schnitt von
$$\xi'x + \eta'y + \zeta'z + \omega'w = 0$$
mit der Fläche
$$a_{11}x^2 + a_{22}y^2 + a_{33}z^2 + a_{44}w^2 = 0$$
confocalen Kegelschnitte ist daher

$$\xi^2\{a_{33}a_{11}\eta'^2 + a_{11}a_{22}\zeta'^2 + a_{22}a_{33}\omega'^2 + \lambda(\eta'^2 + \zeta'^2)\}$$
$$+ \eta^2\{a_{33}a_{11}\xi'^2 + a_{11}a_{11}\zeta'^2 + a_{11}a_{33}\omega'^2 + \lambda(\xi'^2 + \zeta'^2)\}$$
$$+ \zeta^2\{a_{22}a_{11}\xi'^2 + a_{11}a_{11}\eta'^2 + a_{11}a_{22}\omega'^2 + \lambda(\xi'^2 + \eta'^2)\}$$
$$+ \omega^2\{a_{22}a_{33}\xi'^2 + a_{33}a_{11}\eta'^2 + a_{11}a_{22}\zeta'^2 - 2(a_{11}a_{11} + \lambda)\eta'\zeta'\eta\zeta$$
$$- 2(a_{22}a_{11} + \lambda)\xi'\zeta'\xi\zeta - 2(a_{33}a_{11} + \lambda)\xi'\eta'\xi\eta$$
$$- 2a_{22}a_{33}\xi'\omega'\xi\omega - 2a_{33}a_{11}\eta'\omega'\eta\omega - 2a_{11}a_{22}\zeta'\omega'\zeta\omega = 0.$$

Wenn man nach den gewöhnlichen Regeln die Reciproke dieser Gleichung bildet, so erhält man sie als das Product des Quadrats von $(\xi'x + \eta'y + \zeta'z + \omega'w)$ in
$$\{\sigma^2 + \lambda\omega\theta' + \lambda^2(\xi^2 + \eta^2 + \zeta^2)\theta\}.$$

wo $\sigma = 0$ die Bedingung ausdrückt, unter der die Ebene $(\xi', \eta', \zeta', \omega')$ die gegebene Fläche zweiten Grades berührt und θ', θ dieselbe Bedeutung haben, wie im letzten Artikel. Indem man den bezeichneten zweiten Factor gleich Null setzt, erhält man diejenigen zwei Werthe von λ, welche den Tangentialgleichungen der Brennpunkte des fraglichen ebenen Schnittes entsprechen.

Beispiel 1. Man soll die Brennpunkte des Schnittes von $1x^2 + y^2 - 4z^2 + 1 = 0$ mit $x + y + z = 0$ bestimmen.
Die Gleichung für λ wird gefunden als $3\lambda^2 + 2\lambda - 16$, so dass $\lambda = 2$ oder $= -\tfrac{8}{3}$ ist. Die Gleichung des Artikels für $\xi' = \eta' = \zeta' = 1$ und die gegebenen Werthe von $a_{11}, a_{22}, a_{33}, a_{44}$ ist
$$\xi^2(-3 + 2\lambda) + 2\lambda\eta^2 + (5 + 2\lambda)\zeta^2 - 16\omega^2 - 2(4 + \lambda)\eta\zeta$$
$$- 2(1 + \lambda)\xi\zeta + 2(4 - \lambda)\xi\eta = 0,$$
also für $\lambda = 2$ speciell $(\xi + 2\eta - 3\zeta)^2 - 16\omega^2 = 0$, d. h. die Coordinaten der Brennpunkte respective gleich $\pm\tfrac{1}{3}, \pm\tfrac{2}{3}, \mp\tfrac{3}{3}$. Der andere Werth von λ gibt die imaginären Brennpunkte.

Beispiel 2. Man soll den Ort der Brennpunkte aller Centralschnitte der Fläche zweiten Grades $ax^2 + by^2 + cz^2 + 1 = 0$ bestimmen. Indem man $\omega' = 0$ setzt, wird die Gleichung für λ gefunden wie folgt:
$$\frac{\xi'^2}{a + \lambda} + \frac{\eta'^2}{b + \lambda} + \frac{\zeta'^2}{c + \lambda} = 0.$$
Mit Hilfe dieser Relation wird die Tangentialgleichung der Brennpunkte auf
$$\left(\frac{\xi\xi'}{a + \lambda} + \frac{\eta\eta'}{b + \lambda} + \frac{\zeta\zeta'}{c + \lambda}\right)^2 - \frac{bc\xi'^2 + ca\eta'^2 + ab\zeta'^2}{(a + \lambda)(b + \lambda)(c + \lambda)}\delta^2 = 0$$

reduciert, und die Coordinaten des Brennpunktes sind daher

$$x = \frac{\xi'}{a+\lambda},\ y = \frac{\eta'}{a+\lambda},\ z = \frac{\zeta'}{c+\lambda},\ w^2 = \frac{bc\xi'^2 + ca\eta'^2 + ab\zeta'^2}{(a+\lambda)(b+\lambda)(c+\lambda)}.$$

Wenn man aus den ersten drei Gleichungen für ξ', η', ζ' auflöst und in die Gleichung für λ substituiert, so erhält man

$$(ax^2 + by^2 + cz^2) + \lambda (x^2 + y^2 + z^2) = 0;$$

die Auflösung der letzten Gleichung für λ und Substitution in den Ausdruck für w^2 giebt endlich die Gleichung des Ortes

$$(x^2+y^2+z^2)\left[bcx^2\{(a-b)y^2+(a-c)z^2\}^2 + \right.$$
$$ca y^2\{(b-c)z^2 + (b-a)x^2\}^2 + abz^2\{(c-a)x^2 + (c-b)y^2\}^2$$
$$= w^2\{(a-b)y^2+(a-c)z^2\}$$
$$\{(b-c)z^2+(b-a)x^2\}\{(c-a)x^2+(c-b)y^2\};$$

der Ort ist also eine Fläche achter Ordnung, die das Centrum der Fläche zweiten Grades zu einem vielfachen (6fachen) Punkte hat. Die linke Seite der Gleichung kann in der einfacheren Form

$$(x^2+y^2+z^2)(ax^2+by^2+cz^2)\{a(b-c)^2y^2z^2 + b(c-a)^2z^2x^2$$
$$+ c(a-b)^2 x^2y^2\}$$

geschrieben werden. Die Tangentenebenen im vielfachen Centralpunkt bilden 3 Paare, von denen eines, das der cyclischen Ebenen der Fläche zweiten Grades, allein reell ist. Die Axen der Fläche zweiten Grades sind doppelte und isolirte Gerade in der Fläche und sie enthält überdies noch eine andere imaginäre Gerade. Jede cyclische Ebene schneidet sie nach einer doppelten und zwei dreifachen geraden Linien. Die Fläche hat drei asymptotische Kegel, deren einen aus dem Centrum über dem imaginären unendlich entfernten Kreise, den zweiten als den Asymptotenkegel der Fläche zweiten Grades, und den dritten als einen Kegel vierten Grades, für welchen die Axen Doppelerzeugende sind, beide letzteren reell in dem Falle der Hyperboloide.[36)]

Beispiel 3. Man soll den Ort der Brennpunkte der zu einer Axe der Fläche parallelen Schnitte bestimmen (z. B. $\xi' = 0$).

Die Gleichung, welche in diesem Falle in Factoren zerfallen muss, ist

$$\xi^2\{(c+\lambda)\eta'^2+(b+\lambda)\zeta'^2+bc\omega'^2\}+\eta^2\{(a+\lambda)\zeta'^2+ac\omega'^2\}$$
$$+\zeta^2\{(a+\lambda)\eta'^2+ab\omega'^2\}+\omega^2 a(c\eta'^2+b\zeta'^2)-2(a+\lambda)\eta\zeta\eta'\zeta'$$
$$-2ca\eta'\omega'\eta\omega - 2ab\zeta'\omega'\zeta\omega = 0;$$

und die Bedingung der Zerlegbarkeit

$$(a+\lambda)(b\zeta'^2+c\eta'^2)+abc\omega'^2=0.$$

Dieser Bedingung unterworfen wird die Gleichung

$$\frac{x^2}{bc(a+\lambda)}\{(c+\lambda)\eta'^2+(b+\lambda)\zeta'^2+bc\omega'^2\} = \left[\frac{\eta\eta'}{b}+\frac{\zeta\zeta'}{c}+\frac{a\omega\omega'}{a+\lambda}\right]^2.$$

so dass $\eta' = b\eta$, $\zeta' = c z$, $a\omega' = (a + \lambda) \varpi$ ist und durch Substitution dieser Werthe in die Bedingungsgleichung $(a + \lambda) \varpi^2 + a c z^2 + a b y^2 = 0$ erhalten wird. Man erhält also endlich durch Substitution in

$$b c (a + \lambda) x^2 = (c + \lambda) \eta'^2 + (b + \lambda) \zeta'^2 + b c \omega'^2$$

die Gleichung des verlangten Ortes

$$(b y^2 + c z^2) \{b^2 (a - c) y^2 + c^2 (a - b) z^2 - a b c x^2\} =$$
$$\varpi^2 \{b^2 (a - c) y^2 + c^2 (a - b) z^2\}.$$

Offenbar können die Methoden dieser letzten Artikel direct auf Gleichungen in tetraedrischen Coordinaten angewendet werden.

232. Die in den Art. 366–373. der „Kegelschn." entwickelte Theorie der metrischen Relationen überträgt sich naturgemäss aus der Ebene und dem ihr entsprechenden Strahlenbündel in den Raum. Der absolute Kegelschnitt fordert eine absolute Fläche zweiten Grades. Jede Gerade als Punktreihe bestimmt mit ihr zwei Schnittpunkte und für irgend zwei Punkte in derselben, die von diesen verschieden sind, ist die Distanz durch das Doppelverhältniss bestimmt, welches sie mit jenen liefern (u. a. O. Art. 368); jede Gerade als Ebenenbüschel zwei Tangentenebenen, deren Doppelverhältniss mit irgend zwei Ebenen ihres Büschels die Distanz d. i. den Winkel dieser Letzteren liefert. Die Definition des Kreises u. a. O. (Art. 370.) giebt die Definition der Kugel als einer die absolute Fläche nach einem ebenen Querschnitt berührenden Fläche zweiten Grades; der Pol dieser Ebene in Bezug auf dieselbe ist das Centrum der Kugel.

Diejenigen linearen Transformationen des Raumes, durch welche die absolute Fläche so in sich selbst übergeht, dass die beiden Systeme ihrer Geraden umgeändert bleiben, entsprechen den sechsfach unendlich vielen Bewegungen des Raumes; sie lassen die Massverhältnisse ungeändert. Wenn die x_i durch neue Variable x_i' ersetzt werden, die in linearer Abhängigkeit von ihnen stehen, so kann nach Art. 40., 1. diese Abhängigkeit durch Beziehung auf das Tetraeder der sich selbst entsprechenden Punkte in die einfache Form $x_i' = a_i x_i$ gesetzt werden, und eine Fläche zweiten Grades $a_{11} x_1'^2 + \ldots + 2 a_{12} x_1' x_2' + \ldots = 0$ geht über in $a_{11} a_1^2 x_1^2 + \ldots + 2 a_{12} a_1 a_2 x_1 x_2 + \ldots = 0$ und beide sind identisch, wenn man hat $a_{ik} a_i a_k = p a_{ik}$, was mit unabhängigen a_i nur möglich ist für $a_{ii} = 0$; sollen dann etwa a_{13}, a_{24} nicht Null sein, so muss $a_1 a_3 = a_2 a_4$ sein und

$$a_{12} = a_{11} = a_{23} = a_{31} = 0,$$

oder die Fläche ist $2(a_{13}x_1x_3 + a_{21}x_2x_1) = 0$. Die Erzeugenden von $x_1x_3 + x_2x_1 = 0$ sind nach Art. 109. das eine System durch $x_1 + \lambda x_3 = 0$, $x_1 - \lambda x_3 = 0$ und das andere durch $x_1 + \lambda x_1 = 0$, $x_2 - \lambda x_3 = 0$ ausgedrückt; man sieht, dass sie bei der gewählten Transformation ungeändert bleiben. Für die Transformation $x_1' = a_1x_3$, $x_2' = a_2x_2$, $x_3' = a_3x_1$, $x_1' = a_1x_1$ geht dagegen das eine System derselben in das andere über. Die Determinante der Substitution ist im ersten Falle dem positiven, im andern Falle dem negativen Producte der a_i gleich. Die sechsfach unendliche Vielfachheit sehen wir in der Willkürlichkeit des Einheitpunktes und in der Sechszahl der windschiefen Vierecke aus den Kanten des Fundamental-Tetraeders ausgedrückt.

In Bezug auf die reellen Elemente des Raumes erhalten wir wesentliche Verschiedenheiten der Maassbestimmung, jenachdem wir die absolute Fläche als imaginär oder als reell und im letztern Falle jenachdem wir sie als Regelfläche oder als Nichtregelfläche voraussetzen. Die Maassbestimmung für die imaginäre absolute Fläche ist in Uebereinstimmung mit der der elliptischen Geometrie; die Winkelsumme jedes Büschels und die Länge jeder Geraden ist eine endliche Grösse; für eine reelle Nichtregelfläche erhält man im Innern derselben die Maassbestimmung der hyperbolischen Geometrie und das Aeussere ist durch Bewegungen unerreichbar. Die Geometrie des Maasses für eine reelle Regelfläche als absolut ist unentwickelt.

Wenn die absolute Fläche in einen imaginären Kegelschnitt degeneriert, so erhalten wir die Maassbestimmung der parabolischen oder Euklidischen Geometrie, endliche Winkelsumme im Büschel und ein unendlich ferner Punkt in der Geraden. Die vorbezeichneten linearen Transformationen gehen in die Bewegungen des Raumes im gewöhnlichen Sinne über, bei denen das Absolute, der imaginäre Kugelkreis der unendlich fernen Ebene ungeändert bleibt.[37]

233. Wenn vier Flächen zweiten Grades gegeben sind, so ist der Ort eines Punktes, dessen Polarebenen in Bezug auf dieselben sich in einem Punkte schneiden, eine Fläche, welche als die Jacobi'sche Fläche des Systems bezeichnet werden kann.

Denn man hat zur Bildung der Gleichung dieses Ortes zwischen den Gleichungen der vier Polarebenen in Bezug auf die Flächen,
$$U = 0, \ U' = 0, \ U'' = 0, \ U''' = 0 \text{ also zwischen}$$
$$U_1 x_1 + U_2 x_2 + U_3 x_3 + U_4 x_4 = 0,$$
$$U_1' x_1 + U_2' x_2 + U_3' x_3 + U_4' x_4 = 0, \text{ etc.}$$
die x_1, x_2, x_3, x_4 zu eliminieren und erhält als Ausdruck des Ortes das Verschwinden der Determinante $\Sigma \pm U_1 U_2' U_3'' U_4'''$, d. i. der Jacobi'schen Functionaldeterminante des Systems der Flächengleichungen. (Vergl. „Kegelschn." Art. 360.)

Der fragliche Ort ist also eine Fläche vierter Ordnung. Es ist offenbar, dass, wenn die Polaren eines beliebigen Punktes in Bezug auf die vier Flächen $U = 0, \ U' = 0, \ U'' = 0, \ U''' = 0$ sich in einem Punkte schneiden, die Polare in Bezug auf $\lambda U + \mu U' + \nu U'' + \pi U''' = 0$ durch denselben Punkt gehen wird. Die Jacobi'sche Fläche des Systems ist auch der Ort aller der Punkte, welche die Scheitel der Kegel zweiten Grades sind, die das System $\lambda U + \mu U' + \nu U'' + \pi U''' = 0$ enthält.

Deshalb ist der Ort der Scheitel aller Kegel zweiten Grades, welche durch sechs gegebene Punkte gehen, eine Fläche vierter Ordnung; denn für $U = 0, \ U' = 0, \ U'' = 0, \ U''' = 0$, als die Gleichungen von vier Flächen zweiten Grades, welche durch sie hindurchgehen, kann jede andere Fläche zweiten Grades, welche sie enthält, durch $\lambda U + \mu U' + \nu U'' + \pi U''' = 0$ dargestellt werden, als welche die drei unabhängigen Constanten enthält, die zur vollständigen Bestimmung der Fläche nothwendig sind. Es ist geometrisch evident, dass diese Fläche vierter Ordnung auch durch jede der fünfzehn geraden Verbindungslinien der gegebenen Punkte und durch jede der zehn Geraden geht, in welchen sich die durch je drei jener Punkte bestimmten Ebenen schneiden. Man zeigt auch leicht, dass die durch jene sechs Punkte bestimmte Curve dritter Ordnung in ihr liegt.

Wenn die Gleichung $\lambda U + \mu U' + \nu U'' + \pi U''' = 0$ zwei Ebenen darstellen kann, so liegt die Durchschnittslinie derselben in der Jacobi'schen Fläche.

Haben die vier gegebenen Flächen ein gemeinsames sich selbst conjugiertes Tetraeder, so reducirt sich die Jacobi'sche Fläche derselben auf die Gruppe von vier Ebenen, welche dasselbe bilden; denn dann sind die Gleichungen der vier Flächen von der Form

$$a_{11}x_1^2 + a_{22}x_2^2 + a_{33}x_3^2 + a_{44}x_4^2 = 0, \text{ etc.},$$

die Differentiale, $U_1 = a_{11}x_1$ etc. und die Jacobi'sche Determinante wird

$$= x_1 x_2 x_3 x_4 \cdot \Sigma \pm a_{11}a_{22}'a_{33}''a_{44}'''.$$

Wenn eine der Functionen U das vollständige Quadrat eines linearen Factors L wäre, so ist L ein Factor in den Differentialen derselben und somit besteht die Jacobi'sche Fläche aus einer Ebene und einer Fläche dritten Grades. Wenn die vier gegebenen Flächen vier Punkte in einer Ebene gemein haben, so ist geometrisch evident, dass diese Ebene ein Theil der Jacobi'schen Fläche ist. Haben sie aber sämmtlich eine ebene Schnittcurve gemein, so zählt die Ebene derselben doppelt in der Jacobi'schen Fläche und diese besteht aus ihr und einer Fläche zweiten Grades, welche jenen enthält. Darum ist die Jacobi'sche Fläche von vier Kugeln eine Kugel, welche die gegebenen überall rechtwinklig durchschneidet. (Vergl. „Kegelschn." Art. 355.)

Wenn eine Fläche des Systems $\lambda U + \mu U' + \nu U'' = 0$ die Fläche $U''' = 0$ berührt, so ist der Berührungspunkt nothwendig ein Punkt des hier betrachteten Ortes und kann daher nur in der Curve liegen, welche die Fläche $U''' = 0$ mit der Jacobi'schen Fläche des Systems gemeinsam hat. Wenn ferner eine Fläche des Systems $\lambda U + \mu U' = 0$ die Durchschnittscurve von $U'' = 0$ und $U''' = 0$ berührt, d. h. wenn in einem der Punkte, wo $\lambda U + \mu U' = 0$ die Curve $U'' = 0$, $U''' = 0$ schneidet, die Tangentenebene der ersten Fläche die Durchschnittslinie der Tangentenebenen der beiden letzten Flächen enthält, so ist der Berührungspunkt offenbar ein Punkt in der Jacobi'schen Fläche des Systems. Es existieren daher sechzehn Flächen vom System $\lambda U + \mu U' = 0$, welche die Curve $U'' = 0$, $U''' = 0$ berühren; denn die Jacobi'sche Fläche der vierten Ordnung schneidet die Schnittcurve zweier Flächen zweiter Ordnung in sechzehn Punkten. (Vergl. a. a. O. Art. 360.)

234. Wenn drei Flächen zweiten Grades gegeben sind, so ist der Ort eines Punktes, dessen Polarebenen in Bezug auf dieselben ein Büschel bilden, eine Curve

sechster Ordnung, welche die Jacobi'sche Curve derselben genannt wird.

Denn ein solcher Punkt muss durch seine Coordinaten gleichzeitig die vier Gleichungen befriedigen, welche aus dem System

$$\begin{Vmatrix} U_1, & U_2, & U_3, & U_4 \\ U_1', & U_2', & U_3', & U_4' \\ U_1'', & U_2'', & U_3'', & U_4'' \end{Vmatrix}$$

durch Gleichsetzung der Null mit einer der vier durch Unterdrückung einer Verticalreihe zu bildenden Determinanten entsteht; und ein solches System repräsentiert eine Curve sechster Ordnung, weil die beiden Flächen dritter Ordnung

$$\begin{vmatrix} U_1, & U_2, & U_3 \\ U_1', & U_2', & U_3' \\ U_1'', & U_2'', & U_3'' \end{vmatrix} = 0, \quad \begin{vmatrix} U_1, & U_2, & U_4 \\ U_1', & U_2', & U_4' \\ U_1'', & U_2'', & U_4'' \end{vmatrix} = 0.$$

die durch das System

$$\begin{vmatrix} U_1, & U_1', & U_1'' \\ U_2, & U_2', & U_2'' \end{vmatrix} = 0 \text{ (Art. 134.)}$$

ausgedrückte Curve dritter Ordnung gemein haben, die den übrigen Flächen dritter Ordnung nicht angehört, und daher mit diesen nur eine Curve sechster Ordnung gemein haben können.

Die Punkte dieser Curve behalten ihre Bedeutung für alle Flächen zweiten Grades, welche durch die Gleichung $U + \lambda U' + \mu U'' = 0$ ausdrückbar sind. (Art. 131.; 135.)

Sie ist auch der Ort der Spitzen der Kegel, welche diesem Bündel oder Netz von Flächen angehören; ein solcher Punkt hat für alle Flächen eines Büschels, zu welchem sein Kegel gehört, die Gegenebene des bezüglichen sich selbst conjugirten Tetraeders zur Polarebene und dieselbe erzeugt für alle solche Büschel das Polarebenenbüschel des Satzes.

Dieselbe Curve liegt auf allen den dreifach unendlich vielen Flächen dritter Ordnung, welche den Ebenen des Raumes als Orte der conjugiert harmonischen ihrer Punkte (Art. 135.) entsprechen. Die Jacobi'sche Determinante von vier von einander unabhängigen Flächen dieses Gebildes dritter Stufe drückt gleich Null gesetzt, eine Regelfläche achten Grades aus, welche von den Scheitelkanten aller solcher Polarebenenbüschel erfüllt wird[28]).

Setzt man $\Sigma + U_1 U_2' U_3'' \xi_1 \quad \xi_1 \overset{(1)}{F} + \xi_2 \overset{(2)}{F} + \xi_3 \overset{(3)}{F} + \xi_4 \overset{(4)}{F}$,
so findet man ihre Gleichung in der Form

$$\Sigma + \overset{(1)}{F_1} \overset{(2)}{F_2} \overset{(3)}{F_3} \overset{(4)}{F_4} = 0.$$

Die Ebenen der sich selbst conjugirten Tetraeder der im Netz enthaltenen Büschel von Flächen zweiten Grades sind die Tangentialebenen dieser Fläche.

235. Sowie die Betrachtungen der früheren Art. von der Invarianten-Natur der Coefficienten in der Discriminante von $U + \lambda U' = 0$ ausgingen, so kann eine andere Reihe von Entwickelungen an die Discriminante von $\lambda U + \mu U' + \nu U'' = 0$ geknüpft werden; die Coefficienten der verschiedenen Potenzen von λ, μ, ν sind Invarianten des Systems. Unter ihnen sind zwei, welche eine besondere Aufmerksamkeit verdienen, insofern sie auch Invarianten von irgend dreien unter den Flächen des Systems $\lambda U + \mu U' + \nu U'' = 0$ oder Combinanten sind. Wir wollen sie durch I und J bezeichnen.

Die Invariante I verschwindet immer, wenn vier von den Schnittpunkten der Flächen $U=0$, $U'=0$, $U''=0$ in einer Ebene liegen, oder in anderen Worten, wenn es möglich ist, Werthe von λ, μ, ν zu bestimmen, für welche $\lambda U + \mu U' + \nu U'' = 0$ der Ausdruck zweier Ebenen ist. Wenn wir, wie im Art. 141., die Gleichungen der Flächen in der Form

$$U = a_1 x_1^2 + a_2 x_2^2 + a_3 x_3^2 + a_4 x_4^2 + a_5 x_5^2,$$
$$U' = a_1' x_1^2 + a_2' x_2^2 + a_3' x_3^2 + a_4' x_4^2 + a_5' x_5^2,$$
$$U'' = a_1'' x_1^2 + a_2'' x_2^2 + a_3'' x_3^2 + a_4'' x_4^2 + a_5'' x_5^2$$

schreiben, wo $x_1 + x_2 + x_3 + x_4 + x_5 = 0$ ist, so ist zu zeigen, dass I das Product der zehn Determinanten $(a_1 a_2' a_3'')$, etc. ist. Denn es ist $(a_1 a_2' a_3'') x_1^2 + (a_1 a_2' a_3'') x_4^2 + (a_3 a_2' a_3'') x_3^2 = 0$ eine Fläche des Systems $\lambda U + \mu U' + \nu U'' = 0$, welche sich auf das System zweier Ebenen reducirt, sobald eine der Determinanten $(a_1 a_2' a_3'')$ verschwindet. Daher ist I von der zehnten Ordnung in den Coefficienten von jeder der Flächen. Eben diess kann auch in folgender Weise eingesehen werden: Sind $U = 0$, $U' = 0$, $U'' = 0$, $U''' = 0$, vier Flächen zweiten Grades, welche durch dieselben sechs Punkte gehen, so hat das Problem, λ, μ, ν so zu bestimmen, dass $U + \lambda U' + \mu U'' + \nu U''' = 0$ ein Paar von Ebenen darstelle, zehn Lösungen, da durch sechs Punkte zehn Paare von Ebenen gelegt werden können.

Man kann aber die Grösse λ auch bestimmen, indem man die Invariante I des Systems $U + \mu U_1 + \nu U_{11} = 0$ bildet und darnach für jeden Coefficienten a_i von U die Verbindung $a_i + \lambda a_i'$ substituiert. Das Substitutionsresultat muss λ im zehnten Grade enthalten, da dem Problem zehn verschiedene Werthe von λ als Lösungen entsprechen; also muss I die Coefficienten von U in diesem nämlichen Grade enthalten.

Die Invariante des Systems, welche wir J nennen wollen, verschwindet stets, wenn irgend zwei von den acht Durchschnittspunkten der Flächen $U = 0$, $U' = 0$, $U'' = 0$ zusammenfallen, d. i., wenn diese drei Flächen in einem ihnen gemeinschaftlichen Punkte Tangentenebenen haben, welche sich in einer Geraden durchschneiden, deren nächstfolgender Punkt zu allen drei Flächen gemein ist. Cayley hat diese Invariante die Berührungs- (Tact-) Invariante des Systems von drei Flächen genannt; die in Art. 202. betrachtete ist die Berührungs-Invariante für zwei Flächen. Jeder Punkt dieser Art ist der Scheitel eines Kegels, welcher dem System $\lambda U + \mu U' + \nu U'' = 0$ angehört. Denn wenn wir ihn als Anfangspunkt der Coordinaten und die bezüglichen Tangentenebenen als $x = 0$, $y = 0$, $ax + by = 0$ nehmen, so sind die Gleichungen der Flächen

$$x + u_2 = 0, \quad y + u_2' = 0, \quad ax + by + u_2'' = 0,$$

wenn u_2, u_2', u_2'' die Glieder zweiten Grades bezeichnen; alsdann ist aber $aU + bU' - U'' = 0$ ein Kegel zweiten Grades, welcher den Anfangspunkt der Coordinaten zum Scheitel hat.

Diese Invariante J ist vom sechzehnten Grade in den Coefficienten von jeder der Flächen. Denn wenn wir in dem Ausdruck J für jeden Coefficienten a von U das Binom $a + \lambda a^*$ substituieren, wo a^* der entsprechende Coefficient der Gleichung einer anderen Fläche $U^* = 0$ ist, so ist offenbar, dass der Grad des Resultats in λ mit der Zahl der Flächen des Systems $U + \lambda U^* = 0$ übereinstimmen muss, welche die Durchschnittscurve der Flächen $U' = 0$, $U'' = 0$ berühren; er muss also nach dem, was in Art. 233. gefunden ward, gleich sechzehn sein.

Wenn $a_1 x_1^2 + a_2 x_2^2 + a_3 x_3^2 + a_4 x_4^2 + a_5 x_5^2 = 0$ eine Kegelfläche darstellt, so genügen die Coordinaten des Scheitels den vier Gleichungen, welche durch Vergleichung der Differentiale nach $x_1, \ldots, x_4$ mit Null gebildet werden, d. h. wegen

$$x_1 + x_2 + x_3 + x_4 + x_5 = 0$$

den Gleichungen $a_1 x_1 = a_5 x_5$, $a_2 x_2 = a_5 x_5$, etc.

Man kann also durch $\dfrac{1}{a_1}, \dfrac{1}{a_2}, \dfrac{1}{a_3}, \dfrac{1}{a_4}, \dfrac{1}{a_5}$ die Coordinaten des Scheitels darstellen, und erhält durch Substitution derselben in die Relation, welcher die $x_1, \ldots, x_5$ stets genügen, die Discriminante der Fläche in der Form

$$\frac{1}{a_1} + \frac{1}{a_2} + \frac{1}{a_3} + \frac{1}{a_4} + \frac{1}{a_5} = 0.$$

Wenn wir also die Gleichungen $U = 0$, $U' = 0$, $U'' = 0$ in der hier gebrauchten Form schreiben, so ist die Discriminante von

$$\lambda U + \mu U' + \nu U'' = 0$$

$$\frac{1}{\lambda a_1 + \mu a_1' + \nu a_1''} + \frac{1}{\lambda a_2 + \mu a_2' + \nu a_2''} + \text{etc.} = 0.$$

Und wenn $\lambda U + \mu U' + \nu U'' = 0$ einen Kegel repräsentiert, so erhalten wir durch Substitution der Coordinaten des Scheitels in die Gleichungen von einer der Flächen

$$\frac{a_1}{(\lambda a_1 + \mu a_1' + \nu a_1'')^2} + \frac{a_2}{(\lambda a_2 + \mu a_2' + \nu a_2'')^2} + \text{etc.} = 0,$$

$$\frac{a_1'}{(\lambda a_1 + \mu a_1' + \nu a_1'')^2} + \frac{a_2'}{(\lambda a_2 + \mu a_2' + \nu a_2'')^2} + \text{etc.} = 0 \text{ etc.},$$

Gleichungen also, welche die Differentiale der Discriminante in in Bezug auf λ, μ, ν sind.

Wir erhalten also den Satz: Wenn man die Discriminante von $\lambda U + \mu U' + \nu U'' = 0$ und darnach die Discriminante derselben in Bezug auf λ, μ, ν bildet, so ist J ein Factor im Resultat. Man erkennt leicht, dass auch I ein Factor im Resultat sein muss, es ist in der That dasselbe gleich $I^2 J$.[*]

---

[*] Cayley hat ein entsprechendes Theorem für U und V als homogene Functionen zweier Veränderlichen vom Grade n gegeben. Wenn wir die Discriminante von $U + \lambda V$ und nachher die Discriminante

236. Für die zu Art. 234. ergänzende Untersuchung der Covarianten des Gebildes zweiter Stufe[59]) $\lambda U + \mu U' + \nu U'' = 0$ denken wir die U in allgemeiner Form gegeben, also

$$U \quad a_{11}x_1^2 + \ldots + 2a_{12}x_1x_2 + \ldots = 0,$$
$$U' \quad a_{11}'x_1^2 + \ldots + 2a_{12}'x_1x_2 + \ldots = 0,$$
$$U'' \quad a_{11}''x_1^2 \text{ etc.} = 0.$$

Eliminiert man zwischen ihnen und der Gleichung

$$\xi_1 x_1 + \xi_2 x_2 + \xi_3 x_3 + \xi_1 x_1 = 0$$

die Verhältnisse der x_i, indem man

$$\xi_1 x_1 = -(\xi_1 x_1 + \xi_2 x_2 + \xi_3 x_3) \text{ in } \xi_1^2 U, \xi_1^2 U', \xi_1^2 U''$$

einsetzt und zu den drei so entstehenden ternären quadratischen Formen u, u', u'' die Resultante bildet, so erhält man das mit ξ_1^8 multiplicierte Product der Gleichungen der acht Schnittpunkte der Flächen $U = 0$, $U' = 0$, $U'' = 0$ und aller Flächen des Netzes (Grundpunkte). Dieselbe ist vom Grade 8 in den Coefficienten und somit vom Grade 16 in den ξ_i, so dass die Gleichung der Grundpunkte $\Pi = 0$ die ξ_i im Grade 8 enthält. Nach Art. 361. der „Kegelschnitte" erhalten wir sie in der Form

$$\Pi \quad \Theta^2 - 64 \Sigma$$

und erkennen die geometrische Bedeutung des Verschwindens der derselben in Bezug auf λ bilden, so ist das Resultat gleich AB^2C^3, wenn A das Resultat der Elimination zwischen $U = 0$ und $V = 0$ ist; wenn B eine Function vom Grade 2 $(n - 2)(n - 3)$ in beiden Reihen von Coefficienten ist, welche verschwindet, sobald λ so bestimmt werden kann, dass $U + \lambda V$ zwei Paare von gleichen Factoren hat; und wenn C eine Function vom Grade 3 $(n - 2)$ ist, welche verschwindet, sobald $U + \lambda V = 0$ drei gleiche Factoren hat. Wenn U und V homogene Functionen von drei Variabeln sind, so ist die Discriminante nach λ von der Discriminante von $U + \lambda V$ stets gleich AB^2C^3, wenn A die Function vom Grade 3$n(n-1)$ in den beiderlei Coefficienten ist, welche die Bedingung der Berührung zwischen $U = 0$ und $V = 0$ giebt; wenn B stets verschwindet, sobald λ so bestimmt werden kann, dass $U + \lambda V = 0$ zwei Doppelpunkte hat, und C, sobald es so bestimmt werden kann, dass $U + \lambda V = 0$ eine Spitze habe. Wenn $U = 0$, $V = 0$, $W = 0$ die Gleichungen von drei Kegelschnitten sind, so ist die Discriminante der Discriminante von $\lambda U + \mu V + \nu W = 0$ in Bezug auf λ, μ, ν gleich AB^3, wenn $A = 0$ die Bedingung ist, unter welcher die Curven sich durchschneiden, und $B = 0$ diejenige, unter welcher $\lambda U + \mu V + \nu W = 0$ ein vollständiges Quadrat ist.

Contravarianten Σ und Θ in folgender Art. Die Ebene $\xi_i x_i + \ldots = 0$ schneidet das Flächenbündel $\lambda U + \mu U' + \nu U'' = 0$ in einem Netz von Kegelschnitten $\lambda u + \mu u' + \nu u'' = 0$, in welchem eine doppeltzählende Gerade erscheint für $\Sigma = 0$ (p. 297 a. a. O.). Die Fläche achter Classe $\Sigma = 0$ ist daher die Enveloppe der Kegel zweiten Grades, welche das Flächennetz enthält. Zu dem besagten Netze von Kegelschnitten gehört sodann eine Jacobi'sche Curve (a. a. O. p. 492) und eine Cayley'sche Curve (ibid. Art. 360., 6. n. „Höhere Curven" Art. 176.--178.) deren zweite Invarianten T (vergl. „Höhere Curven" Art. 222., speciell Art. 230. Schluss) respective sind $\Theta (\Sigma - 32\Theta^2)$ und $\Theta (\Sigma - 4\Theta^2)$ bis auf Zahlenfactoren und Potenzen von ξ_i; diese Curven sind also gleichzeitig harmonisch für $\Theta = 0$ oder: Alle Ebenen, deren zugehörige Jacobi'sche und Cayley'sche Curven gleichzeitig harmonisch sind, berühren die Fläche vierter Classe $\Theta = 0$.

Legt man von einem der acht Grundpunkte, etwa von P_i die Tangentialebenen an $\Theta = 0$, so berühren sie auch $\Sigma = 0$ in P_i denn für alle ξ_i und ξ_i' besteht die Identität

$$\sum_{i=1}^{i=4} \frac{d\Pi}{d\xi_i} \xi_i' = 2\Theta \sum_{i=1}^{i=4} \frac{d\Theta}{d\xi_i} \xi_i' - 64 \sum_{i=1}^{i=4} \frac{d\Sigma}{d\xi_i} \xi_i'$$

und für eine solche Tangentialebene ξ_i an $\Theta = 0$ fällt daher die Gleichung des Berührungspunktes auf $\Sigma = 0$

$$\frac{d\Sigma}{d\xi_i} \xi_i' + \ldots = 0 \text{ mit } \frac{d\Pi}{d\xi_i} \xi_i' + \ldots = 0,$$

der Gleichung des Punktes P_i zusammen. Also gilt der Satz: Die den Flächen $\Sigma = 0$ und $\Theta = 0$ gemeinschaftlich umschriebene developpable Fläche zerfällt in acht Kegel vierter Klasse, deren Scheitel die Grundpunkte P sind.

In Folge dessen sind die Grundpunkte acht vielfache Punkte in der Fläche $\Sigma = 0$. Um den Grad ihrer Vielfachheit zu bestimmen, stellen wir $\Sigma = 0$ in Punktcoordinaten x_i dar. Für $\lambda a_{ik} + \mu a_{ik}' + \nu a_{ik}'' = b_{ik}$ wird die Fläche zweiten Grades $\lambda U + \mu U' + \nu U'' = 0$ ein Kegel mit $\Sigma \pm b_{11} b_{22} b_{33} b_{44} = 0$ oder in entwickelter Form mit $A\lambda^4 + B\mu^4 + C\nu^4 + \ldots = 0$. Man erhält aber die Enveloppe aller Flächen des Netzes, die diese Bedingung befriedigen, indem man diese letztere als Gleichung einer Curve vierter Ordnung in Punktcoordinaten λ, μ, ν betrachtet, ihre Reciproke in den ξ, η, ζ bildet und in dieser die ξ, η, ζ durch U, U', U'' respective ersetzt. Somit ist die Gleichung von $\Sigma = 0$ in Punktcoordinaten (vergl. „Höhere Curven" Art. 92.) von der Form $S^3 - 27 T^2 = 0$ d. h. die Fläche $\Sigma = 0$ ist von der Ordnung 24, die acht Grundpunkte sind in ihr zwölffache Punkte und die gemeinschaftliche Curve der Flächen $S = 0$, $T = 0$ ist eine Cuspidalcurve in derselben.

237. Wir zeigen ferner, dass die Curve $S = 0$, $T = 0$ aus 24 Curven vierter Ordnung besteht. Je zwei Flächen des Netzes durchdringen sich in einer Curve vierter Ordnung, welche vier doppeltprojicierende Kegel zweiten Grades besitzt und die einen Doppelpunkt hat, wenn zwei und einen Rückkehrpunkt, wenn drei derselben zusammenfallen (vergl. Art. 206., 205.). Die Fragen nach dem Ort solcher Raumcurven vierter Ordnung mit Doppelpunkt und nach denen unter ihnen, die einen Rückkehrpunkt besitzen, lassen sich wie folgt beantworten. Die beiden Gleichungen

$$\eta U - \xi U' = 0, \quad \zeta U' - \eta U'' = 0$$

oder was dasselbe ist, die drei Gleichungen

$$\rho U = \xi, \quad \rho U' = \eta, \quad \rho U'' = \zeta$$

stellen für alle Werthe von ξ, η, ζ die sämmtlichen Curven vierter Ordnung dar, welche die Flächen des Bündels mit einander hervorbringen. Die vier einer solchen durch eine bestimmte Werthegruppe ξ, η, ζ bestimmten Curve entsprechenden Kegel des Netzes sind für $i = 1, 2, 3, 4$ durch die Gleichungen

$$\lambda_i U + \mu_i U' + \nu_i U'' = 0$$

ausgedrückt, wenn die Verhältnisse $\lambda_i : \mu_i : \nu_i$ aus den Gleichungen $\xi\lambda + \eta\mu + \zeta\nu = 0$ und $A\lambda^4 + B\mu^4 + C\nu^4 + \ldots = 0$ berechnet werden. Wenn die gerade Linie $\xi\lambda + \eta\mu + \zeta\nu = 0$ die Curve $A\lambda^4 + \ldots = 0$ einfach oder stationär berührt, so fallen zwei oder drei der vier Kegel zusammen und man erhält daher mit Rücksicht auf $U : U' : U'' = \xi : \eta : \zeta$ die Sätze: Die Fläche $S^3 - 27 T^2 = 0$ ist der geometrische Ort aller Curven vierter Ordnung mit einem Doppelpunkte, welche die Flächen des Netzes mit einander erzeugen. Und die vollständige Durchdringung von $S = 0$, $T = 0$

ist die Gesammtheit der Raumcurven vierter Ordnung mit einem Rückkehrpunkte. Solcher Curven giebt es also 24. Wenn man ferner eine Curve vierter Ordnung des Netzes harmonisch respective äquianharmonisch oder von gleichen Doppelverhältnissen nennt, wenn die aus irgend einem Punkte derselben an ihre vier doppeltprojicierenden Kegel gehenden Tangentialebenen (Art. 136., Beisp.) das Doppelverhältniss — 1 oder gleiche fundamentale Doppelverhältnisse haben (vergl. „Kegelschn." Art. 338., 1.; 340.), so hat man nach Art. 92. „Höhere Curven" die Sätze: Der Ort aller Curven vierter Ordnung von gleichen fundamentalen Doppelverhältnissen im Flächennetz zweiten Grades ist die Fläche achter Ordnung $S = 0$. Der Ort aller harmonischen Curven vierter Ordnung ist die Fläche zwölfter Ordnung $T = 0$.

Die geraden Linien auf den Flächen des Netzes werden jede von unendlich vielen Flächen oder ebenso vielen Curven vierter Ordnung desselben in je zwei Punkten einer Involution geschnitten und von zweien unter ihnen berührt, und die in einer Ebene liegenden unter ihnen bilden daher die dem Kegelschnittnetz in derselben zugehörige Cayley'sche Curve; ebenso liegen die durch einen Punkt gehenden auf einem allgemeinen Kegel dritter Ordnung oder die Gesammtheit dieser Geraden bildet einen **Complex dritter Ordnung und Klasse** (Art. 53.). Denkt man die durch einen beliebigen Punkt des Raumes T gehenden Flächen des Netzes und die Grundcurve des von ihnen gebildeten Büschels, so sind die von P nach den Punkten dieser Curve gehenden Geraden die Erzeugenden jenes Kegels. Der Ort aller dem Netze angehörenden Curven vierter Ordnung mit einem Doppelpunkt ist daher zugleich der Ort der Spitzen aller derjenigen Complexkegel, welche eine Doppelerzeugende besitzen. Die Flächen $S = 0$, $T = 0$ sind daher die geometrischen Oerter der Spitzen aller der Complexkegel, welche von gleichen fundamentalen Doppelverhältnissen oder welche harmonisch sind; ihre gemeinsame Curve ist der Ort der Spitzen der Complexkegel mit Rückkehrkante. Betrachten wir aber die von den Linien des Complexes in einer Ebene umhüllte Curve, so hat sie als Cayley'sche Curve des Kegelschnittnetzes $\lambda u + \mu u' + \nu u'' = 0$ dieser Ebene eine Doppeltangente nur bei verschwindender Discriminante derselben, d. h. bis auf einen Zahlenfactor und eine Potenz von ξ_1 bei $(\Theta^2 - 64\Sigma)^2 \Sigma = 0$; man erkennt daraus, dass die doppelt gezählten acht Grundpunkte und die Fläche $\Sigma = 0$ die Enveloppe der Ebenen bilden, deren Complexcurven eine Doppeltangente besitzen. Man nennt die Fläche $\Sigma = 0$ oder $S^3 - 27 T^2 = 0$ aus beiderlei Ursachen die Singularitätenfläche des Complexes.

Man sieht, wie alle diese Fragen in die Untersuchung der Flächen höherer Ordnungen und Classen hinübergreifen.

238. Man soll die Gleichungen zweier Flächen zweiten Grades $U = 0$, $U' = 0$ auf die einfachste Form
$$x_1^2 + x_2^2 + x_3^2 + x_4^2 = 0, \ a_{11}x_1^2 + a_{22}x_2^2 + a_{33}x_3^2 + a_{44}x_4^2 = 0$$
reduciren.

Die Werthe der Constanten a_{11}, a_{22}, a_{33}, a_{44} sind Beisp. 1. des Art. 202. als die Wurzeln der biquadratischen Gleichung
$$\Delta \lambda^4 - \Theta \lambda^3 + \Phi \lambda^2 - \Theta'\lambda + \Delta' = 0$$
gegeben. Man findet sodann durch Auflösung der vier Gleichungen
$$x_1^2 + x_2^2 + x_3^2 + x_4^2 = U, \ a_{11}(a_{22}a_{33} + a_{33}a_{44} + a_{44}a_{22})x_1^2 + \text{etc.} = T,$$
$$a_{11}(a_{22} + a_{33} + a_{44})x_1^2 + \text{etc.} = T', \ a_{11}x_1^2 + \text{etc.} = U'$$
die Werthe von x_1^2, x_2^2, x_3^2, x_4^2 in Gliedern der bekannten Functionen U, U', T, T'. Genau gesprochen müsste man zuerst U und U' durch die vierte Wurzel von Δ dividiren, um sie auf eine Form zu reduciren, in welcher die Discriminante von U gleich Eins ist, es kommt aber auf dasselbe Resultat hinaus, bei unverändertem U und U' die T und T' als aus ihren Coefficienten berechnet durch Δ zu dividiren.

Beispiel 1. Man soll die Gleichungen:
$$5x_1^2 - 11x_2^2 - 11x_3^2 - 6x_4^2 + 24x_2x_3 + 22x_3x_4 - 20x_4x_2$$
$$+ 8x_2x_1 + 4x_3x_1 = 0,$$
$$25x_1^2 - 10x_2^2 - 15x_3^2 - 5x_4^2 + 38x_2x_3 + 46x_3x_4 - 30x_4x_2$$
$$- 10x_2x_1 + 10x_3x_1 + 18x_4x_1 = 0$$
auf die Normalform reduciren.

Die Reciproken dieser Gleichungen sind
$$550\xi_1^2 + 1036\xi_2^2 + 850\xi_3^2 - 324\xi_4^2 + 2120\xi_2\xi_3 + 500\xi_3\xi_4$$
$$- 620\xi_4\xi_2 - 180\xi_2\xi_1 + 2088\xi_3\xi_1 + 1980\xi_4\xi_1 = 0,$$
$$3950\xi_1^2 + 800\xi_2^2 + 2750\xi_3^2 - 9720\xi_4^2 + 11200\xi_2\xi_3 + 4900\xi_3\xi_4$$
$$- 4160\xi_4\xi_2 + 25920\xi_2\xi_1 + 10200\xi_3\xi_1 = 0.$$

Neuntes Kapitel. Art. 238.

Die biquadratische Gleichung zur Bestimmung von λ ist

$$8100 \{\lambda^4 - 10\lambda^3 + 35\lambda^2 - 50\lambda + 24\} = 0;$$

es sind also a_{11}, a_{22}, a_{33}, a_{44} respective gleich 1, 2, 3, 4.

Darnach sind T und T' zu berechnen nach den Formeln

$$T = x_1^2 \{A_{22}'(a_{11}a_{22}-a_{12}^2) + A_{33}'(a_{11}a_{33}-a_{13}^2) + A_{44}'(a_{11}a_{44}-a_{14}^2)$$
$$+ 2A_{23}'(a_{11}a_{23}-a_{12}a_{13}) + 2A_{24}'(a_{11}a_{24}-a_{12}a_{14}) + 2A_{34}'(a_{11}a_{34}$$
$$-a_{13}a_{14})\} + \text{etc.} + 2x_1x_2\{A_{11}'(a_{11}a_{23}-a_{12}a_{13}) + A_{44}'(a_{44}a_{23}-a_{24}a_{34})$$
$$+ A_{24}'(a_{21}a_{23}-a_{22}a_{34}) + A_{34}'(a_{24}a_{23}-a_{33}a_{24})$$
$$+ A_{13}'(a_{22}a_{13}-a_{23}a_{12}) + A_{12}'(a_{23}a_{12}-a_{22}a_{13}) + A_{23}'(a_{22}^2-a_{22}a_{33})$$
$$+ A_{14}'(2a_{14}a_{23}-a_{12}a_{34}-a_{13}a_{24})\} + \text{etc.},$$
$$T' = x_1^2 \{A_{22}'(a_{11}'a_{22}'-a_{12}'^2) + \text{etc.}$$

und man erhält durch Division der so berechneten Werthe mit $\Delta(=8100)$ die Bestimmungsgleichungen für X_1^2, X_2^2, X_3^2, X_4^2 wie folgt:

$$X_1^2 + X_2^2 + X_3^2 + X_4^2 = 5x_1^2 - 11x_2^2 - 11x_3^2 - 6x_4^2 + 24x_2x_3$$
$$+ 22x_3x_1 - 20x_1x_2 + 8x_2x_4 + 4x_3x_4.$$
$$X_1^2 + 2X_2^2 + 3X_3^2 + 4X_4^2 = 25x_1^2 - 10x_2^2 - 15x_3^2 - 5x_4^2 + 38x_2x_3$$
$$+ 46x_3x_1 - 30x_1x_2 - 10x_1x_4 + 10x_2x_4 + 18x_3x_4.$$
$$9X_1^2 + 16X_2^2 + 21X_3^2 + 24X_4^2 = 161x_1^2 - 100x_2^2 - 135x_3^2 - 55x_4^2$$
$$+ 306x_2x_3 + 342x_3x_1 - 250x_1x_2 - 70x_1x_4 + 70x_2x_4 + 126x_3x_4,$$
$$26X_1^2 + 38X_2^2 + 42X_3^2 + 44X_4^2 = 280x_1^2 - 300x_2^2 - 360x_3^2 - 170x_4^2$$
$$+ 772x_2x_3 + 776x_3x_1 - 628x_1x_2 - 108x_1x_4 + 180x_2x_4 + 252x_3x_4.$$

Dann ergiebt sich aus $24U - U' + T' - T$ der Werth

$$6X_1^2 = -6(2x_1 + 3x_2 - 2x_3 - 2x_4)^2.$$

Und in analoger Weise

$$X_2^2 = -(x_1 + 2x_2 - 3x_3 + 2x_4)^2, \quad X_3^2 = (3x_1 - x_2 + x_3 - x_4)^2.$$
$$X_4^2 = (x_1 + x_2 + x_3 + x_4)^2.$$

Beispiel 2. Schreiben wir die Gleichung des Systems in der Form $U - \lambda U' = 0$, und seine Discriminante

$$= \Delta - 4\lambda\Theta + 6\lambda^2\Phi - 4\lambda^3\Theta' + \lambda^4\Delta' = f(\lambda),$$

so ergiebt sich für B als Determinante der Substitution die Discriminante des transformierten Systems

$$B^2 \cdot f(\lambda) = (\lambda_1 - \lambda)(\lambda_2 - \lambda)(\lambda_3 - \lambda)(\lambda_4 - \lambda);$$

d. h. die Wurzeln der biquadratischen Gleichung $f(\lambda) = 0$ sind die Werthe der Coefficienten $a_{11}, \ldots$ in der transformierten Form.

Setzen wir sodann

$$\varphi(\lambda) = \begin{vmatrix} 0, & \xi_1, & \xi_2, & \xi_3, & \xi_4 \\ \xi_1, & a_{11}-\lambda a_{11}', & a_{12}-\lambda a_{12}', & a_{13}-\lambda a_{13}', & a_{14}-\lambda a_{14}' \\ \xi_2, & a_{12}-\lambda a_{12}', & a_{22}-\lambda a_{22}', & a_{23}-\lambda a_{23}', & a_{24}-\lambda a_{24}' \\ \xi_3, & a_{13}-\lambda a_{13}', & a_{23}-\lambda a_{23}', & a_{33}-\lambda a_{33}', & a_{34}-\lambda a_{34}' \\ \xi_4, & a_{14}-\lambda a_{14}', & a_{24}-\lambda a_{24}', & a_{34}-\lambda a_{34}', & a_{44}-\lambda a_{44}' \end{vmatrix}$$

so erhalten wir durch die transponierte Substitution daraus

$$B^2 \cdot \varphi(\lambda) = \begin{vmatrix} 0, & \eta_1, & \eta_2, & \eta_3, & \eta_4 \\ \eta_1, & \lambda_1-\lambda, & 0, & 0, & 0 \\ \eta_2, & 0, & \lambda_2-\lambda, & 0, & 0 \\ \eta_3, & 0, & 0, & \lambda_3-\lambda, & 0 \\ \eta_4, & 0, & 0, & 0, & \lambda_4-\lambda \end{vmatrix}$$

$$= -(\lambda_1-\lambda)(\lambda_2-\lambda)(\lambda_3-\lambda)(\lambda_4-\lambda)\left\{\frac{\eta_1^2}{\lambda_1-\lambda}+\frac{\eta_2^2}{\lambda_2-\lambda}+\frac{\eta_3^2}{\lambda_3-\lambda}+\frac{\eta_4^2}{\lambda_4-\lambda}\right\}$$

und durch Substitution der Werthe von $\lambda = \lambda_1$, etc. nach der Gleichung $f(\lambda) = 0$

$$B^2 \cdot \varphi(\lambda_1) = -(\lambda_2-\lambda_1)(\lambda_3-\lambda_1)(\lambda_4-\lambda_1)\,\eta_1^2,$$
$$B^2 \cdot \varphi(\lambda_2) = -(\lambda_1-\lambda_2)(\lambda_3-\lambda_2)(\lambda_4-\lambda_2)\,\eta_2^2 \text{ etc.},$$

woraus sich die η_i bestimmen, weil nach den beiden Ausdrücken von $f(\lambda)$ durch die Relation $\Delta B^2 = 1$ das Quadrat der Determinante der Substitution gegeben ist.

Sind endlich

$$x_i = \beta_{i1}y_1 + \beta_{i2}y_2 + \beta_{i3}y_3 + \beta_{i4}y_4, \quad \eta_i = \beta_{1i}\xi_1 + \beta_{2i}\xi_2 + \beta_{3i}\xi_3 + \beta_{4i}\xi_4$$

die Substitutionen, welche den Uebergang in die Normalform bewirken, so werden die vorigen Gleichungen

$$\frac{\varphi(\lambda_1)}{\Delta} = -(\lambda_2-\lambda)(\lambda_3-\lambda)(\lambda_4-\lambda)\{\beta_{11}\xi_1 + \beta_{21}\xi_2 + \beta_{31}\xi_3 + \beta_{41}\xi_4\}. \text{ etc.}$$

und diese geben (vergl. „Kegelschnitte" Art. 357.) über in

$$-\frac{\varphi(\lambda_1)}{f'(\lambda_1)} = (\beta_{11}\xi_1 + \beta_{21}\xi_2 + \beta_{31}\xi_3 + \beta_{41}\xi_4)^2. \text{ etc.}$$

Gleichungen, aus denen durch die Vergleichung der Coefficienten gleicher Potenzen von ξ auf ihren beiden Seiten die zur Bestimmung der β_{ik} nöthigen Bedingungen hervorgehen.

In dieser Form gilt die Entwickelung für quadratische Formen in beliebig vielen Variabeln.

Beispiel 3. Nachdem gezeigt worden ist, dass die Grössen x_1^2, x_2^2, x_3^2, x_4^2 in Function der Ausdrücke U, U', T, T' ausdrückbar sind, so folgt, dass das Quadrat der Jacobi'schen Determinante des Flächensystems ebenfalls aus jenen mit Hilfe der Invarianten bestimmt werden kann. Das Resultat der Berechnung ist

$$J^2 = \Delta T^4 - \Theta T^3 T + \Phi T^2 T'^2 - \Theta' T T'^3 - \Delta' T'^4$$
$$+ U \{(\Theta^2 - 2\Delta\Phi) T^3 + (\Theta\Phi - 3\Theta'\Delta) T^2 T' + (\Theta\Theta' - 4\Delta\Delta') T T'^2$$
$$\qquad - \Delta'\Theta T'^3\}$$
$$+ U'\{(\Theta'^2 - 2\Delta'\Phi) T'^3 + (\Theta'\Phi - 3\Theta\Delta') T'^2 T + (\Theta\Theta' - 4\Delta\Delta') T'T^2$$
$$\qquad - \Delta\Theta'T^3\}$$
$$+ \Delta U^2 \{(\Phi^2 - 2\Theta\Theta' + 2\Delta\Delta') T^2 - (\Theta'\Phi - 3\Theta\Delta') T T' + \Phi\Delta T'^2\}$$
$$+ \Delta' U'^2 \{(\Phi^2 - 2\Theta\Theta' + 2\Delta\Delta') T'^2 - (\Theta\Phi - 3\Theta'\Delta) T'T + \Phi\Delta' T^2\}$$
$$+ T \{(\Theta^2 - 2\Delta\Phi) U'^2\Delta'^2 - (\Theta'\Phi - 2\Theta\Theta'^2 + 5\Theta'\Delta\Delta' - \Theta\Phi \, \Gamma) U'^2 U\Delta$$
$$\qquad + (\Theta^2\Phi - 2\Theta^2\Delta' - \Theta\Theta'\Delta + 4\Delta\Delta'^2) \Delta'U'U^2 - \Delta\Delta'^2\Theta U^3\}$$
$$+ T' \{(\Theta'^2 - 2\Delta'\Phi) U^2\Delta^2 - (\Theta\Phi^2 - 2\Theta'\Theta^2 + 5\Theta\Delta\Delta' - \Theta'\Phi\Delta') U'U^2\Delta'$$
$$\qquad + (\Theta'^2\Phi - 2\Theta'^2\Delta - \Theta\Theta'\Delta' + 4\Delta\Delta'^2) \Delta U U'^2 - \Delta^2\Delta'\Theta' U'^3\}$$
$$+ \Delta'^2\Delta^2 U'^4 + \Delta^2\Delta'^2 U^4 - U U'^2\Delta' \{\Theta'^3 - 3\Theta'\Phi\Delta' + 3\Theta\Delta'^2\}$$
$$\qquad - U^3 U'\Delta^2 \{\Theta^3 - 3\Theta\Phi\Delta + 3\Theta'\Delta^2\}$$
$$+ \Delta\Delta' U^2 U'^2 \{\Phi^3 - 3\Phi\Delta\Delta' + 3\Theta^2\Delta' + 3\Theta'^2\Delta - 3\Theta\Theta'\Phi\}.$$

239. Die Reduction auf die Form einer Summe von Quadraten, welche nach dem Vorigen für zwei quadratische Functionen von n Variabeln im Allgemeinen möglich ist, kann auch auf die Gleichung eines Strahlencomplexes vom zweiten Grade und die die Coordinaten p_{ik} oder q_{ik} verbindende Relation zweiten Grades angewendet werden; es ist der Fall $n = 6$ in specieller Form. Wir wollen die sechs neuen Variabeln durch $x_1, x_2, \ldots, x_6$ bezeichnen, so dass die constante Relation in die Form
$$x_1^2 + x_2^2 + x_3^2 + x_4^2 + x_5^2 + x_6^2 = 0$$
übergeht, während die Gleichung des Complexes vom zweiten Grade in
$$k_1 x_1^2 + k_2 x_2^2 + \ldots + k_6 x_6^2 = 0$$
übergeführt werde. Es ist zunächst die geometrische Bedeutung der neuen Variabeln klar zu stellen. Die x_i als lineare homogene Functionen der p_{ik} respective q_{ik} stellen gleich Null gesetzt lineare Complexe dar, welche wir als die **sechs Fundamental-Complexe** bezeichnen wollen. Damit ist die Bedeutung der x_i als Bestimmungsmittel der Geraden durch Art. 51. gegeben. Die näheren Beziehungen der Fundamentalcomplexe erkennt man aber in folgender Weise. Ist jede der Gleichungen
$$a_1 x_1 + \ldots + a_6 x_6 = 0, \quad b_1 x_1 + \ldots + b_6 x_6 = 0$$
die Gleichung für einen linearen Complex, so liefert die Substitution ihrer Coefficienten a_i respective b_i in die constante Relation der Strahlencoordinaten je einen Ausdruck

$$a_1^2 + \ldots + a_n^2, \quad b_1^2 + \ldots + b_n^2,$$

den man die Invariante des Complexes nennen kann, und dessen Verschwinden aussagen würde, dass der Complex aus allen den Strahlen bestünde, die eine gegebene gerade Linie schneiden. (Vergl. Art. 52.) Betrachtet man aber die constante Relation als eine bilineare Function der x_i und ersetzt in derselben die einen x_i durch die a_i, die andern durch die b_i, so erhält man den Ausdruck

$$a_1 b_1 + a_2 b_2 + \ldots + a_n b_n,$$

die simultane Invariante der Complexe. Für unsere Fundamentalcomplexe sind die Invarianten sämmtlich der positiven Einheit gleich, die simultane Invariante je zweier derselben ist aber gleich Null. Dies drückt nun eine besondere Beziehung der Fundamentalcomplexe zu einander aus, die als **Involution** bezeichnet worden ist. Denken wir nämlich die beiden Directricen der durch die beiden Complexe bestimmten Congruenz oder des gemeinsamen Strahlensystems erster Ordnung und Classe, so bilden die beiden Punkte, welche in den Complexen einer bestimmten Ebene entsprechen, im Falle ihrer Involution mit den Schnittpunkten derselben mit seinen Directricen eine harmonische Gruppe. Dreht sich eine Ebene um eine Gerade der gemeinschaftlichen Congruenz, so bilden die ihr in den verschiedenen Lagen entsprechenden Punktepaare eine involutorische Reihe in dieser Geraden. Einem jeden der beiden Punkte, welche durch die zwei Complexe in einer beliebigen Ebene bestimmt werden, entspricht in demselben noch eine zweite Ebene; diese Ebene ist für beide Punkte dieselbe, d. h. die Ebenen und die Punkte des Raumes ordnen sich mit Bezug auf zwei lineare Complexe in Involution in Gruppen von zwei Ebenen und zwei auf der Durchschnittslinie derselben liegenden Punkten.

Liegen aber drei lineare Complexe gegenseitig in Involution, so ordnen sich die Ebenen und Punkte des Raumes zu Tetraedern zusammen, welche sich in Bezug auf die durch die drei linearen Complexe bestimmte Fläche zweiten Grades conjugirt sind. Die drei in einer Seitenfläche eines solchen Tetraeders liegenden Ecken desselben sind die dieser Ebene in den drei Complexen entsprechenden Punkte und die drei in einer Ecke zusammenstossenden Flächen eines solchen Tetraeders die jenem Eckpunkte respective

entsprechenden Ebenen. Die Directricen der Congruenz der beiden Fundamentalcomplexe $x_1 = 0$, $x_2 = 0$ haben die Coordinaten
$$\varrho x_1 = 1, \; \varrho x_2 = \pm i, \; \varrho x_3 = 0, \; \varrho x_4 = 0, \; \varrho x_5 = 0, \; \varrho x_6 = 0,$$
d. h. die Directricen der Congruenz zweier Fundamentalcomplexe gehören den vier übrigen Fundamentalcomplexen an.

Die Gleichung $x_1^2 + x_2^2 = 0$ oder die gleichgeltende $x_3^2 + x_4^2 + x_5^2 + x_6^2 = 0$ stellt somit die Gesammtheit der geraden Linien dar, welche eine der beiden Directricen schneiden; denkt man also die fünfzehn $= \tfrac{1}{2}.6.5$ linearen Congruenzen, welche die sechs Fundamentalcomplexe erzeugen und ihre dreissig Directricen, so werden je zwei zusammengehörige der Letzteren von zwölf der übrigen geschnitten; insbesondere werden für die drei Congruenzen, welche von allen sechs Fundamentalcomplexen abhängen, die Directricen jeder von denen der andern geschnitten, oder dieselben bilden die sechs Kanten eines Tetraeders. In der That geht $x_1^2 + \ldots + x_6^2 = 0$ für $y_1 = x_1 + ix_2$, $y_2 = x_1 - ix_2$; $y_3 = x_3 + ix_4$, $y_4 = x_3 - ix_4$; $y_5 = x_5 + ix_6$, $y_6 = x_5 - ix_6$ in $y_1 y_2 + y_3 y_4 + y_5 y_6 = 0$ über. Da sich sechs Elemente in fünfzehn Arten in drei Paare theilen lassen, so bilden die dreissig Directricen die Kanten von fünfzehn Fundamentaltetraedern, deren Flächen und Ecken sämmtlich von einander verschieden sind.

Je zwei zusammengehörige Directricen gehören als Gegenkanten dreien dieser Tetraeder an, die übrigen 3.4 Kanten dieser Tetraeder sind die zwölf Directricen, welche sie schneiden. Je zwei der drei Paare von Punkten, welche diese in einer der beiden Directricen bestimmen, bilden eine harmonische Gruppe, sie sind also nie alle drei reell; dasselbe gilt für die bezüglichen Seitenflächenpaare der Tetraeder.

Die 1770 Schnittlinien der 60 Tetraederflächen oder Verbindungslinien der 60 Tetraederecken werden gebildet von den 30 durch je 6 Flächen und je 6 Ecken bestimmten also 15fach zählenden Directricen, von 320 geraden Linien, auf welchen je 3 der Ecken liegen und durch die je 3 der Flächen gehen (die also dreifach zählen), und von 360 geraden Linien, welche je zwei dieser Ecken oder Flächen bestimmen.

Je drei der sechs Fundamentalcomplexe, z. B. $x_1 = 0$, $x_2 = 0$, $x_3 = 0$ oder 1, 2, 3 bestimmen eine Fläche zweiten Grades, nämlich ihre eine Regelschaar; die andern drei bestimmen offenbar dieselbe Fläche durch ihre zweite Regelschaar. Da sich die sechs Complexe auf $\frac{1}{1} \cdot \frac{6}{2} \cdot \frac{5}{3} \cdot \frac{4}{3}$ oder 10 Arten in zwei Gruppen von drei theilen lassen, so werden durch die Fundamentalcomplexe 10 Fundamentalflächen zweiten Grades definirt. Je zwei zusammengehörige der 30 Directricen gehören vieren derselben an; sechs derselben enthalten je vier der Kanten eines Fundamentaltetraeders, in Bezug auf die vier übrigen ist das Tetraeder sich selbst conjugirt. Die Fundamentalfläche $(1, 2, 3) \equiv (4, 5, 6)$ wird dargestellt, indem man ausdrückt, dass eine gerade Linie die Fläche berührt, d. h. durch $x_1^2 + x_2^2 + x_3^2 = 0$ oder $x_4^2 + x_5^2 + x_6^2 = 0$; denn für $f_1 = 0, f_2 = 0, f_3 = 0$ als drei lineare Complexe, A_{11}, A_{22}, A_{33} ihre Invarianten und $A_{12}, \ldots$ als ihre simultanen Invarianten ist die Complexgleichung des durch sie bestimmten Hyperboloids

$$0 = \begin{vmatrix} 0, & f_1, & f_2, & f_3 \\ f_1, & A_{11}, & A_{12}, & A_{13} \\ f_2, & A_{21}, & A_{22}, & A_{23} \\ f_3, & A_{31}, & A_{32}, & A_{33} \end{vmatrix}$$

240. Die geraden Linien, die Ebenen und Punkte des Raumes gruppiren sich in Bezug auf die sechs Fundamentalcomplexe zu geschlossenen Systemen.

Sind $a_1, \ldots a_6$ die Coordinaten einer Geraden, so ist $a_1^2 + \ldots + a_6^2 = 0$; eine Relation, welche durch Zeichenwechsel der Coordinaten nicht gestört wird, und also für jede der $2^5 = 32$ Zeichencombinationen $\pm a_1, \pm a_2, \ldots$ eine gerade Linie giebt. Die geraden Linien des Raumes gruppiren sich zu 32, die in gegenseitiger Beziehung stehen. Indem man sich aus dem Schema

$$\begin{array}{cccccc} x_1 & x_2 & x_3 & x_4 & x_5 & x_6 \\ \pm a_1 & \pm a_2 & \pm a_3 & \pm a_4 & \pm a_5 & \pm a_6 \end{array}$$

die zweigliedrigen Determinanten gebildet und gleich Null gesetzt denkt, erkennt man, dass von den 32 Linien

2 . 15 mal 16 einem Complex,
4 . 20 „   8 einer Congruenz,
8 . 15 „   4 einer Fläche zweiten Grades

angehören, wo jede der 32 Geraden auf 15 der ersten, 20 der zweiten und 15 der letzten liegt.

Die 32 Geraden theilen sich in zwei Gruppen von 16, je nachdem von ihren Coordinaten eine gerade oder ungerade Zahl gleiches Zeichen besitzt; wenn von einer Geraden aus einer der beiden Gruppen eine ebene Curve erzeugt wird, so bewegen sich die 15 übrigen Linien derselben Gruppe gleichfalls um ebene Curven, indess die 16 Linien der andern Gruppe sich um feste Punkte drehen und also Kegelflächen erzeugen. Gegen eine Linie der einen Gruppe sondern sich die der andern Gruppe in solche, welche ihr in Bezug auf die sechs Fundamentalcomplexe, und solche, welche ihr in Bezug auf die zehn Fundamentalflächen conjugirt sind; die Coordinaten jener ersten unterscheiden sich von denen der angenommenen Geraden durch einen Zeichenwechsel, die der letzten durch drei derselben.

Sei die Gleichung des Strahles, der vom Fundamentalpunkt A_4 nach dem einer gegebenen Ebene in Bezug auf den Complex $x_1 = 0$ entsprechenden Punkte derselben geht, also auch die seines Durchstosspunktes in der Ebene $A_1 A_2 A_3$,

$$a_{11}\xi_1 + a_{12}\xi_2 + a_{13}\xi_3 = 0,$$

so verschwindet wegen

$$x_1^2 + x_2^2 + \ldots + x_6^2 = 0$$

der Ausdruck

$$\Sigma (a_{11}\xi_1 + a_{12}\xi_2 + a_{13}\xi_3)^2,$$

d. h. (vergl. Art. 58., Beisp.) es liegen die sechs Punkte, die einer beliebigen Ebene in Bezug auf die sechs Fundamentalcomplexe entsprechen, in einer Curve zweiter Ordnung.

Ebenso sind die sechs einem beliebigen Punkte entsprechenden Ebenen Tangentialebenen desselben Kegels zweiter Classe.

Die besonderen Ebenen charakterisieren besondere Lagen dieser Punkte; für eine eine Fundamentalfläche berührende Ebene vertheilen sie sich auf die beiden Erzeugenden der Fundamentalfläche, welche die Ebene enthält.

Die sechs Punkte, welche einer gegebenen Ebene in Bezug auf die sechs Fundamentalcomplexe entsprechen, seien 1, 2, 3, 4, 5, 6; einem jeden derselben entsprechen ausser der gegebenen fünf weitere Ebenen, und da die Ebene, welche 1 in x_2 entspricht, mit der Ebene zusammenfällt, welche 2 in x_1 entspricht, so giebt diess im Ganzen 15 neue Ebenen, welche die gegebene in den Verbindungslinien der sechs Punkte schneiden. Die drei Ebenen (2, 3), (3, 1), (1. 2) schneiden sich in dem Pol der gegebenen Ebene in Bezug auf die Fundamentalfläche (1, 2, 3) und da diese mit der Fläche (4. 5, 6) identisch ist, so schneiden sich die Ebenen (5, 6), (6. 4), (4. 5) in demselben Punkte. Die sechs Ebenen, welche diesen Punkte in den Fundamentalcomplexen $x_1 = 0$, $x_2 = 0$, ..., $x_6 = 0$ entsprechen, fallen mit den Ebenen (2, 3), (3, 1), (1. 2), (5. 6), (6. 4), (4. 5) zusammen und bilden also einen Kegel zweiter Classe, wie diess auch aus der Betrachtung des Sechsecks 123456 hervorgeht.

Mit Bezug auf die Fundamentalcomplexe gruppieren sich die Ebenen und Punkte des Raumes zu in sich geschlossenen Systemen von 16 Ebenen und 16 Punkten. In jeder der ersten liegen sechs der 16 Punkte, durch jeden der letztern gehen sechs der 16 Ebenen; jene auf einer Curve, diese auf einem Kegel zweiten Grades. Wenn eine der 16 Ebenen gegeben ist, so findet man die 16 Punkte, indem man die ihr in den sechs Fundamentalcomplexen entsprechenden Punkte und ihre in Bezug auf die zehn Fundamentalflächen genommenen Pole bestimmt.

Die 16 Ebenen eines solchen Systems schneiden sich in 120 Geraden, welche auch die Verbindungslinien der 16 Punkte sind; sie sondern sich in 15 Gruppen zu 8, die je denselben beiden Fundamentalcomplexen angehören und für welche also die Directricen derselben gemeinschaftliche Transversalen sind.

Wenn eine der 16 Ebenen durch einen der 60 Eckpunkte der Fundamentaltetraeder geht, so gehen die 16 Ebenen zu vier durch die Ecken des fraglichen Tetraeders und die 19 Punkte liegen zu vier in den Seitenflächen desselben.

Wird der Complex zweiten Grades auf eines der 15 Fundamentaltetraeder bezogen, so geht nach der Substitution
$$y_1 = x_1 + ix_2, \text{ etc.}$$
in Art. 299. seine Gleichung in die Form über, welche ausser den Quadraten der Strahlencoordinaten — schreiben wir r_{ik} als Vertreter sowohl der p_{ik} als der q_{ik} — nur die Doppelproducte von solchen enthält, die sich auf gegenüberliegende Kanten des Tetraeders beziehen; nämlich

$$a_{12}r_{12}^2 + a_{23}r_{23}^2 + \ldots + a_{34}r_{34}^2 + 2Ar_{01}r_{34} + 2Br_{31}r_{24} + 2Cr_{12}r_{34} = 0.$$

In diese Form lässt sich die Gleichung eines Complexes vom zweiten Grade durch Transformation der Coordinaten stets überführen; die constante Relation der Strahlencoordinaten wird durch dieselben Substitutionen in sich selbst transformiert. Sie zeigt, dass die gegenüberstehenden Kanten des Tetraeders einander als Polaren in Bezug auf den gegebenen Complex vertauschbar entsprechen. Diess gilt also von allen zusammengehörigen der 30 Kanten solcher Fundamentaltetraeder.

Von den 60 Eckpunkten und 60 Seitenflächen der Fundamentaltetraeder entsprechen sich die zusammengehörigen gegenseitig als Pol und Polarebene in Bezug auf den Complex[44]).

Die Singularitätenfläche des Complexes vom zweiten Grade kann erst im zweiten Bande besprochen werden. (Vergl. Art. 237.)

X. Kapitel.

Kegel und sphärische Kegelschnitte.

241. Wenn ein Kegel — gleichviel von welchem Grade — von einer Kugel durchschnitten wird, welche seinen Scheitel zum Centrum hat, so wird offenbar der von irgend zwei Seiten des Kegels gebildete Winkel von dem die entsprechenden Punkte der Kugel verbindenden Bogen eines grössten Kugelkreises gemessen. Ist der Kegel vom zweiten Grade, so wird die Durchschnittscurve als ein **sphärischer Kegelschnitt** bezeichnet. Die Analogie vieler Eigenschaften der Kegel zweiten Grades mit entsprechenden Eigenschaften der Kegelschnitte tritt dadurch deutlicher hervor, dass man jene als Eigenschaften sphärischer Kegelschnitte auffasst.[1])

Genau gesprochen ist die Durchschnittslinie eines Kegels n^{ter} Ordnung mit einer Kugel eine Curve $2n^{\text{ter}}$ Ordnung, aber wenn der Kegel mit der Kugel concentrisch ist, so kann diese Curve auf unendlich vielen Wegen in zwei symmetrische und gleiche Theile zerlegt werden, von denen jeder als einer Curve n^{ter} Ordnung analog betrachtet werden kann.

Denn jedem in einer Halbkugel liegenden Punkte der Durchschnittscurve entspricht ein diametral entgegengesetzter Durchschnittspunkt in der andern Halbkugel und somit jedem Currenzweig in der einen ein vollkommen symmetrischer in der andern.

Dieser mehrfachen Möglichkeit der Theilung entspricht es, dass wir einen **sphärischen Kegelschnitt** ebensowohl als ein Analogon einer Ellipse als einer

Hyperbel betrachten können. Der Kegel zweiten Grades schneidet die concentrische Kugel in zwei gleichen einander diametral entgegengesetzten geschlossenen Curven. Eine der Hauptebenen des Kegels schneidet keine von beiden Curven und die Betrachtung der Halbkugeln, in welche durch sie die Kugel zerfällt, zeigt uns die Curve als eine geschlossene und der Ellipse analog. Für die Halbkugeln, welche den die Curve schneidenden Hauptebenen des Kegels entsprechen, liegt je eine Hälfte der zwei entgegengesetzten Curven in einer und insbesondere bildet die die Focallinien des Kegels nicht enthaltende Hauptebene (Art. 151) Halbkugeln, deren jede eine aus zwei entgegengesetzten Zweigen bestehende einer Hyperbel analoge Curve enthält.

Die Durchschnittscurve einer beliebigen Fläche zweiten Grades mit einer concentrischen Kugel ist offenbar ein sphärischer Kegelschnitt.

242. Man hat die sphärischen Curven vermittelst sphärischer Coordinatensysteme untersucht, welche nach Analogie des Systems von Cartesius gebildet sind. Man wählte zwei sich rechtwinklig durchschneidende grösste Kreise OX und OY als Coordinatenaxen und fällte von einem beliebigen Punkte der Kugel P Normalen PM, PN auf dieselben; da diese Normalen nicht, wie bei Cartesischen Coordinaten in der Ebene, den ihnen gegenüberliegenden Seiten des Vierecks $OMPN$ gleich sind, so ist es von unterscheidendem Einflusse in der Ausführung des sphärischen Coordinatensystems, ob wir die Normalen PM, PN selbst oder die von ihnen in den Axen gebildeten Abschnitte OM, ON als Coordinaten ansehen.

Gudermann hat in seiner Abhandlung über die Sphärik[2]) die Tangenten der Abschnitte OM, ON als Coordinaten gewählt.

Wenn man die Tangentenebene der Kugel im Punkte O betrachtet und die Schnittpunkte N_1, N_1, P_1 der geraden Verbindungslinien des Centrums und der Punkte M, N, P mit dieser Ebene bestimmt, so sind OM_1, ON_1 die Cartesischen Coordinaten des Punktes P_1 und zugleich die Tangenten der Bogen OM, ON. Daher ist die Gleichung einer sphärischen Curve in dem Coordinatensystem von Gudermann in der That nur die Gleichung der ebenen Curve nach Cartesischen Coordinaten, in welcher der aus dem Centrum der Kugel über der sphärischen Curve beschriebene Kegel von der Tangentenebene des Anfangspunktes O geschnitten wird.

Und wenn wir die sinus der Normalen PM, PN als Coordinaten wählen, so erhellt in derselben Art, dass die Gleichung einer sphärischen Curve in solchen Coordinaten mit der Gleichung der Orthogonalprojection dieser Curve auf eine der Tangentenebene im Punkte O parallele Ebene übereinstimmt.

Uns scheint es jedoch, dass die Eigenschaften sphärischer Curven einfacher und directer als aus den Gleichungen irgend welcher ebener Curven, in die sie projiciert werden können, aus den Gleichungen der Kegel hervorgehen, welche sie mit dem Centrum verbinden.

243. Wenn die Coordinaten irgend eines Punktes P der Kugel in die Gleichung einer durch das als Anfangspunkt der Coordinaten gedachte Centrum gehenden Ebene substituiert werden, welche die Kugel in einem grössten Kreise AB schneidet, so bezeichnet das Resultat dieser Substitution die Länge der von P auf diese Ebene gefällten Normalen oder den sinus des sphärischen Bogens, der durch P normal zu dem grössten Kreise AB gelegt ist.

Mit Hilfe dieses Princips können die Gleichungen von Kegeln in einer Art, welche genau der Interpretationsmethode für die Gleichungen ebener Curven entspricht, als Ausdrucksformen für Eigenschaften sphärischer Curven interpretiert werden.

Wenn nämlich nun $\alpha = 0$, $\beta = 0$ die Gleichungen zweier durch das Centrum gehenden Ebenen bezeichnen, Gleichungen, die man auch als diejenigen der durch sie in der Kugel bestimmten grössten Kreise bezeichnen kann, so repräsentiert

$$\alpha - k\beta = 0$$

einen grössten Kreis, für welchen die sinus der Normalen, die man von einem beliebigen unter seinen Punkten auf die grössten Kreise $\alpha = 0$, $\beta = 0$ fällen kann, in einem constanten Verhältniss stehen, d. i. einen grössten Kreis, dessen Ebene den von jenen beiden Ebenen gebildeten Winkel in zwei Theile zerlegt, deren sinus in eben demselben Verhältnisse sind.

Es bezeichnen ferner $\alpha - k\beta = 0$, $\alpha - k'\beta = 0$ Bogen, die mit $\alpha = 0$, $\beta = 0$ ein Büschel von dem Doppelverhältniss

$A : A'$ bilden, und speciell $\alpha - \lambda\beta = 0$, $\alpha + \lambda\beta = 0$ Bogen, welche mit jenen ein harmonisches Büschel bestimmen.

Es ist zu bemerken, dass für A als den Mittelpunkt eines Bogens AB der vierte harmonische Punkt B' zu A, A und B ein von A um 90^0 entfernter Punkt ist. Denn wenn wir diese Punkte mit dem Centrum C verbinden, so ist CA' die innere und daher nothwendig CB' die äussere Halbierungslinie des Winkels ACB. Wenn umgekehrt zwei entsprechende Punkte eines harmonischen Systems von einander um 90^0 entfernt sind, so ist jeder von ihnen gleich entfernt von den beiden andern Punkten des Systems.

Endlich mag hier erwähnt sein, dass für x', y', z' als die Coordinaten irgend eines Punktes der Kugel die Gleichung

$$xx' + yy' + zz' = 0$$

den grössten Kreis darstellt, der jenen Punkt zum Pol hat, weil sie die Gleichung der durch das Centrum gehenden Normalebene zur geraden Verbindungslinie jenes Punktes mit dem Centrum ist.

244. Nach dem Vorigen können wir die bei ebenen Dreiecken angewendete Methode*) direct auf sphärische Dreiecke übertragen.

Wenn also $\alpha = 0$, $\beta = 0$, $\gamma = 0$ die drei Seiten eines sphärischen Dreiecks bezeichnen, so sind

$$l\alpha = m\beta = n\gamma$$

die Gleichungen von drei sich in einem Punkte schneidenden grössten Kreisen, die von den Eckpunkten des Dreiecks ausgehen, und

$$m\beta + n\gamma - l\alpha = 0, \quad n\gamma + l\alpha - m\beta = 0, \quad l\alpha + m\beta - n\gamma = 0$$

die Gleichungen der Seiten des neuen Dreiecks, welches durch die Verbindungsbögen der Durchschnittspunkte dieser Kreise mit den respectiven Gegenseiten des gegebenen Dreiecks entsteht; endlich $l\alpha + m\beta + n\gamma = 0$ die Gleichung des grössten Kreises, welcher die Durchschnittspunkte entsprechender Seiten dieser beiden Dreiecke mit einander verbindet.

Die Gleichungen $\alpha = \beta = \gamma$ repräsentiren die drei Halbirungslinien der Winkel des Dreiecks, und wenn A, B, C diese Winkel selbst bezeichnen, so ist leicht zu erkennen, dass wie bei ebenen Dreiecken

---

*) Vergl. „Kegelschnitte" Art. 56 f.

$$\alpha \cos A = \beta \cos B = \gamma \cos C$$

die drei Höhen des Dreiecks ausdrücken.

Es bleibt ferner wahr, dass, wenn die Normalen von den Ecken eines ersten Dreiecks auf die Seiten eines zweiten sich in einem Punkte schneiden, auch die Normalen von den Ecken des zweiten auf die Seiten des ersten durch einen Punkt gehen — ganz wie bei ebenen Dreiecken.

Die drei durch die gegenüberliegenden Ecken gehenden Halbierungsbögen der Seiten sind ausgedrückt durch

$$\alpha \sin A = \beta \sin B = \gamma \sin C.$$

Der Bogen

$$\alpha \sin A + \beta \sin B + \gamma \sin C = 0$$

geht durch die drei Punkte der Seiten des Dreiecks, in denen jede durch die gemeinschaftliche Halbierungslinie der beiden andern Seiten geschnitten wird, d. i. durch diejenigen Punkte der Seiten, von denen jeder um 90° von der Mitte seiner Seite entfernt ist; denn

$$\alpha \sin A \pm \beta \sin B = 0$$

schneidet $\gamma = 0$ in zwei Punkten, welche in Bezug auf ihre Durchschnittspunkte mit den Linien $\alpha = 0$, $\beta = 0$ harmonisch conjugiert sind, und da der eine von beiden der Mittelpunkt jener Strecke ist, so ist der andere nach Art. 243. um 90° von ihm entfernt.

Aus dem Gesagten folgt, dass der Durchschnittspunkt von

$$\alpha \sin A + \beta \sin B + \gamma \sin C = 0$$

mit irgend einer Seite des Dreiecks der Pol des zu dieser Seite normalen und ihren Mittelpunkt enthaltenden grössten Kreises ist, und dass der Durchschnittspunkt der drei Normalen dieser Art, d. h. das Centrum des umgeschriebenen Kreises, der Pol des grössten Kreises

$$\alpha \sin A + \beta \sin B + \gamma \sin C = 0$$

ist.

Die Gleichungen der Verbindungslinien der Dreiecks-Ecken mit dem Centrum des umgeschriebenen Kreises werden in der Form gefunden

$$\frac{\alpha}{\sin \tfrac{1}{2}(B+C-A)} = \frac{\beta}{\sin \tfrac{1}{2}(C+A-B)} = \frac{\gamma}{\sin \tfrac{1}{2}(A+B-C)}$$

245. Die Bedingung, unter welcher zwei grösste Kreise
$$ax + by + cz = 0, \quad a'x + b'y + c'z = 0$$
rechtwinklig zu einander sind, ist offenbar
$$aa' + bb' + cc' = 0;$$
und die Substitution der Werthe von α, β, γ in Function der x, y, z liefert die analoge Bedingung für die durch
$$a\alpha + b\beta + c\gamma = 0, \quad a'\alpha + b'\beta + c'\gamma = 0$$
dargestellten grössten Kreise in der ganz der planimetrischen entsprechenden Form
$$aa' + bb' + cc' - (bc' + b'c)\cos A - (ca' + c'a)\cos B - (ab' + a'b)\cos C = 0.$$

In analoger Weise findet man den sinus des durch einen gegebenen Punkt gehenden und zu dem Bogen
$$a\alpha + b\beta + c\gamma = 0$$
normalen Bogens, indem man die Coordinaten des Punktes in die linke Seite dieser Gleichung einsetzt und das Substitutionsresultat durch die Quadratwurzel von
$$a^2 + b^2 + c^2 - 2bc\cos A - 2ca\cos B - 2ab\cos C$$
dividiert.

246. Den vorigen Zurückweisungen auf das ebene Dreieck oder die dreiseitige Ecke schliessen wir im Uebergange zu Gleichungen zweiten Grades eine solche an auf die Entwickelungen des Art. 110. über die auf derselben hyperboloidischen Fläche liegenden Geraden des Tetraeders. Wenn man durch das Centrum einer Kugel zu den vier Höhen des Tetraeders und den vier Erzeugenden desselben Hyperboloids von dem zweiten Systeme Parallelen gezogen denkt, so bestimmen dieselben acht Punkte eines sphärischen Kegelschnitts, und zwar sind die der vier ersten die Pole der vier Seiten eines sphärischen Vierecks und die der vier Letztern die Höhendurchschnittspunkte der vier aus den Seiten desselben gebildeten sphärischen Dreiecke.

Für das ebene Viereck, als auf einer Kugel von unendlich grossem Halbmesser gelegen, verschwinden die Pole der vier Seiten in der unendlich entfernten Geraden und die vier Höhendurchschnittspunkte liegen daher auf einer zweiten Geraden.

Wir betrachten dann zuerst die Gleichung

$$\alpha\gamma = m\beta^2$$

ebenso wohl als Gleichung eines Kegels vom zweiten Grade, für welchen die Ebenen $\alpha = 0$, $\gamma = 0$ Tangentenebenen sind, während die Ebene $\beta = 0$ beide Berührungsseiten derselben enthält; wie als Gleichung eines sphärischen Kegelschnitts, für den die Bogen $\alpha = 0$, $\gamma = 0$ Tangenten und der Bogen $\beta = 0$ die zugehörige Berührungssehne bezeichnen. Die Gleichung sagt offenbar aus, dass das Product der sinus der Normalen, welche von einem beliebigen Punkte des sphärischen Kegelschnitts auf zwei seiner Tangentenbogen gefällt werden, zu dem Quadrat des sinus der von demselben Punkte auf den Berührungsbogen gefällten Normale in constantem Verhältniss steht.

Ebenso drückt die Gleichung $\alpha\gamma = k\beta\delta$ aus, dass das Product der sinus der von einem Punkte eines sphärischen Kegelschnitts auf zwei Gegenseiten eines ihm eingeschriebenen Vierecks gefällten Normalen zu dem Producte der sinus der von ihm auf die beiden andern Gegenseiten desselben gefällten Normalen in einem constanten Verhältniss steht. Und man leitet aus dieser Eigenschaft ganz ebenso wie in der Theorie der Kegelschnitte das Gesetz von der Gleichheit der Doppelschnittverhältnisse der Strahlenbüschel ab, welche vier feste Punkte eines sphärischen Kegelschnitts mit irgend einem fünften Punkte desselben verbinden; ebenso natürlich auch übertragen sich die Beweise einer grossen Zahl anderer hiermit verbundener Theoreme von den ebenen auf die sphärischen Kegelschnitte.

247. Wenn $\alpha = 0$, $\beta = 0$ die Ebenen der Kreisschnitte oder die cyclischen Ebenen eines Kegels darstellen, so ist nach Art. 103. die Gleichung desselben von der Form

$$x^2 + y^2 + z^2 = k\alpha\beta,$$

und die Anwendung der vorigen Interpretation auf dieselbe zeigt, dass das Product der sinus der von irgend einem Punkte eines sphärischen Kegelschnitts auf seine cyclischen Bogen gefällten Normalen einen constanten Werth hat. Oder: Wenn die Basis eines sphärischen Dreiecks und das Product der cosinus seiner Seiten bekannt sind, so ist der Ort seiner Spitze ein sphärischer Kegelschnitt, welcher diejenigen grössten Kreise zu seinen cyclischen Bogen hat, deren Pole mit den Endpunkten der gegebenen Basis zusammenfallen.

Die Form der Gleichung zeigt überdiess, dass die cyclischen Bogen sphärischer Kegelschnitte den Asymptoten der ebenen Kegelschnitte entsprechen.

Aus jeder Eigenschaft eines sphärischen Kegelschnitts ergiebt sich eine andere durch die Betrachtung des sphärischen Kegelschnitts, welcher dem Reciprokalkegel des gegebenen Kegels entspricht. So ward in Art. 125. bewiesen, dass die cyclischen Ebenen eines Kegels zu den Focallinien des Reciprokalkegels normal sind. Wenn wir daher die Punkte, in denen die Focallinien des Kegels die Kugel schneiden, die Brennpunkte des sphärischen Kegelschnitts nennen, so ergiebt sich aus der in diesem Art. bewiesenen Eigenschaft die andere, dass das Product der sinus der Normalen, die von den beiden Brennpunkten auf irgend eine Tangente eines sphärischen Kegelschnitts gefällt werden, von constantem Werthe ist.

248. Wenn irgend ein grösster Kreis einen sphärischen Kegelschnitt in den Punkten P, Q und die cyclischen Bogen desselben in den Punkten A, B schneidet, so ist $AP = BQ$.

Diese Eigenschaft sphärischer Kegelschnitte ergiebt sich auf demselben Wege aus dem im letzten Art. Bewiesenen, wie die entsprechende Eigenschaft der ebenen Hyperbel bewiesen ist. Das Verhältniss der sinus der von P und Q auf $\alpha = 0$ gefällten Normalen ist dem Verhältniss der sinus der Normalen gleich, welche von Q und P auf $\beta = 0$ gefällt werden; und da jene ersteren Normalen in dem Verhältniss $\sin AP : \sin AQ$ zu einander stehen, so ist

$$\sin AP : \sin AQ = \sin BQ : \sin BP,$$

woraus leicht die Gleichheit $AP = BQ$ folgt.

Es entspricht dieser Eigenschaft ferner die reciproke, dass die zwei von irgend einem Punkte an einen sphärischen Kegelschnitt gezogenen Tangenten mit denjenigen Bogen gleiche Winkel einschliessen, welche diesen Punkt mit den beiden Brennpunkten desselben verbinden.

249. Es ist ein specieller Fall des in Art. 248. gegebenen Theorems, dass der zwischen den beiden cyclischen Bogen eines sphärischen Kegelschnitts liegende Theil einer Tangente desselben im Berührungspunkte halbiert wird.

Man kann diesen Satz auch mittelst der Methode des Unendlichkleinen aus dem des Art. 247. entwickeln, oder ihn endlich direct aus der Form der Gleichung der Tangente

$$2(xx' + yy' + zz') = k(\alpha'\beta + \alpha\beta')$$

ableiten. Denn diese Form zeigt, dass die Tangente in irgend einem Punkte construirt wird, indem man diesen Punkt mit dem Durchschnitt seiner nach Art. 243. durch

$$xx' + yy' + zz' = 0$$

dargestellten Polare mit der Geraden

$$\alpha'\beta + \alpha\beta' = 0$$

verbindet, welche letztere Linie die vierte Harmonikale zu den cyclischen Bogen $\alpha = 0$, $\beta = 0$ und dem nach ihrem Durchschnitt vom gegebenen Punkte aus gezogenen ist. Da nun der gegebene Punkt von dem ihm harmonisch conjugierten in Bezug auf die beiden Durchschnittspunkte seiner Tangente mit den cyclischen Bogen des Kegelschnitts um 90° absteht, so ist er von diesen Punkten selbst gleichweit entfernt. (Art. 243.)

Nach dem Gesetze der Reciprocität entspricht dem soeben erörterten Satze der andere, dass die Verbindungslinien eines Punktes eines sphärischen Kegelschnitts mit den beiden Brennpunkten desselben gleiche Winkel mit der Tangente des Punktes einschliessen.

250. Aus dem Umstande, dass der in einer beliebigen Tangente durch die cyclischen Bogen bestimmte Abschnitt im Berührungspunkte halbiert wird, kann durch die Methode des Unendlichkleinen (vergl. „Kegelschn." Art. 263.) direct erkannt werden, dass jede Tangente eines sphärischen Kegelschnitts mit den cyclischen Bogen ein Dreieck von constantem Inhalt bildet, oder ein Dreieck, für welches die Summe der Basiswinkel unveränderlich ist. Man erkennt dieselbe Wahrheit trigonometrisch daraus, dass das

Product der sinus der auf die cyclischen Bogen gefällten Normalen constant ist. Denn wenn wir den Abschnitt der Tangente c und die von ihr mit den cyclischen Bogen gebildeten Winkel A und B nennen, so sind die sinus der Normalen auf α und β respective

$$\sin \tfrac{1}{2} c \sin A, \quad \sin \tfrac{1}{2} c \sin B;$$

und für das Dreieck von der Basis c und den anliegenden Winkeln A und B giebt die sphärische Trigonometrie

$$\sin^2 \tfrac{1}{2} c \sin A \sin B = -\cos S \cos (S - C),$$

und da C bekannt ist, so ist auch S, die halbe Summe der Winkel, bekannt.

Das Gesetz der Reciprocität ergiebt dann weiter, dass die Summe der Bogen constant ist, welche die Brennpunkte mit einem beliebigen Punkte des sphärischen Kegelschnitts verbinden.

Dies Ergebniss kann überdiess durch die Methode des Unendlichkleinen aus dem Satze abgeleitet werden, nach welchem die Focalstrahlen des Berührungspunktes mit der Tangente gleiche Winkel bilden.[*]

251. Wir können umgekehrt den Ort eines Punktes auf der Kugelfläche bestimmen, für welchen die Summe seiner Entfernungen von zwei festen Punkten der Kugelfläche constant ist.

Die Gleichung $\cos (\varrho + \varrho') = \cos a$ kann in der Form

$$\cos^2 \varrho + \cos^2 \varrho' - 2 \cos \varrho \cos \varrho' \cos a = \sin^2 a$$

---

[*] Man kann hierbei besonders deutlich sehen, dass ein sphärischer Kegelschnitt ebenso wohl als Ellipse, wie als Hyperbel betrachtet werden kann. Jede der Focallinien schneidet die Kugel in zwei diametral entgegengesetzten Punkten. Wenn wir dann zwei von ihnen als Brennpunkte wählen, welche in einer und derselben von den geschlossenen Curven liegen, welche der Kegel mit der Kugel bestimmt, so ist die Summe der Focaldistanzen constant. Wenn wir aber für eine der Focaldistanzen FP die auf den diametral entgegengesetzten Punkt bezügliche einführen, so ist wegen $F'P = 180° - FP$ die Differenz der Focaldistanzen constant.

Wir erkennen in derselben Art, dass eine veränderliche Tangente mit den cyclischen Bogen Winkel bildet, deren Differenz constant ist, wenn wir für einen der im Anfange dieses Artikels betrachteten Winkel sein Supplement einführen.

geschrieben werden. Wenn daher $\alpha = 0$, $\beta = 0$ die Ebenen bezeichnen, welche die Polarebenen der zwei gegebenen Punkte sind, so ist wegen $\alpha = \cos \varrho$ die Gleichung des Ortes

$$\alpha^2 + \beta^2 - 2\alpha\beta \cos a = \sin^2 a \, (x^2 + y^2 + z^2).$$

Und um zu beweisen, dass die Ebenen $\alpha = 0$, $\beta = 0$ zu den Focallinien dieses Kegels normal sind, hat man nur zu zeigen, dass die zu einer von diesen Ebenen parallelen Schnitte in der Normallinie zu ihr einen Brennpunkt haben. Sind also $\alpha' = 0$, $\alpha'' = 0$ zwei Ebenen, welche normal zu einander und zur Ebene $\alpha = 0$ sind, also durch die Linie hindurchgehen, deren Charakter als Focallinie wir nachweisen wollen, so ist wegen

$$x^2 + y^2 + z^2 = \alpha^2 + \alpha'^2 + \alpha''^2$$

die Gleichung des Ortes

$$\sin^2 a \, (\alpha'^2 + \alpha''^2) = (\beta - \alpha \cos a)^2.$$

Wenn dieser Ort dann durch eine zu $\alpha = 0$ parallele Ebene geschnitten wird, so ist durch $\alpha'^2 + \alpha''^2$ das Quadrat der Entfernung eines Punktes dieses Schnittes vom Durchschnitt von $\alpha' = 0$, $\alpha'' = 0$ ausgedrückt, und wir sehen, dass diese Entfernung zu derjenigen Entfernung in einem constanten Verhältniss steht, in welcher er von der Durchschnittslinie derselben Ebene mit $\beta - \alpha \cos a = 0$ ist. Diese Linie ist daher die Directrix des Schnittes für den Punkt (α', α'') als Brennpunkt.

Wir erkennen so auch, dass die allgemeine Gleichung eines Kegels, welcher die Linie xy zur Focallinie hat, von der Form

$$x^2 + y^2 = (ax + by + cz)^2$$

ist; und folgern daraus sodann, dass der sinus der Entfernung eines Punktes eines sphärischen Kegelschnitts vom Brennpunkte zu dem sinus der Entfernung desselben Punktes von einem gewissen Directrix-Bogen in constantem Verhältniss ist.

252. Irgend zwei veränderliche Tangenten schneiden die cyclischen Bogen in vier Punkten, welche in einem Kreise liegen.

Denn wenn die Gleichungen $L = 0$, $M = 0$, $R = 0$ zwei Tangenten und ihre Berührungssehne repräsentiren, so ist $LM = R^2$ die Gleichung des sphärischen Kegelschnitts. Da sie aber mit

$$\alpha\beta = x^2 + y^2 + z^2$$

identisch sein muss, so ist $\alpha\beta - LM$ mit $x^2 + y^2 + z^2 - R^2$ identisch; und während die letztere Grösse, gleich Null gesetzt, einen kleinen Kreis darstellt, welcher mit $R = 0$ denselben Pol hat, so zeigt die Form $\alpha\beta \cdot LM = 0$, dass dieser Kreis dem Vierseit $\alpha L\beta M$ umschrieben ist.

Die Reciprocität ergiebt, dass die **Focalstrahlen zweier Punkte eines sphärischen Kegelschnitts ein sphärisches Viereck bilden, welches einem kleinen Kugelkreis umgeschrieben ist.**

Aus dieser Eigenschaft kann dann mittelst der Bemerkung, dass die Summe oder Differenz zweier Gegenseiten in einem solchen Viereck der Summe oder Differenz der beiden andern Gegenseiten desselben gleich ist, der Satz abgeleitet werden, **dass die Summe oder Differenz der Brennpunktsdistanzen für die Punkte einer sphärischen Ellipse constant ist.**

253. Aus den soeben für Kegel bewiesenen Eigenschaften können ferner Eigenschaften abgeleitet werden, welche allen Flächen zweiten Grades angehören. Z. B.:

Das Product der sinus der Winkel, die eine Erzeugende eines Hyperboloids mit den Ebenen der Kreisschnitte bildet, ist constant.

Denn unter den Erzeugenden des Asymptotenkegels ist eine zu der betrachteten Erzeugenden des Hyperboloids parallel und die Kreisschnitte dieses Kegels sind dieselben wie die des Hyperboloids.

Da ferner die Focallinien des Asymptotenkegels die Asymptoten der Focalhyperbel sind, so folgt aus Art. 250., dass die Summe oder Differenz der Winkel constant ist, welche eine Erzeugende des Hyperboloids mit den Asymptoten der Focalhyperbel einschliesst.

Ferner, wenn für einen Centralschnitt einer Fläche zweiten Grades eine der Axen gegeben ist, so ist damit die Summe oder Differenz der Winkel gegeben, welche seine Ebene mit den Ebenen der Kreisschnitte einschliesst.

Denn nach Art. 102. berührt die Ebene eines Centralschnitts von gegebener Axe einen mit der gegebenen Fläche concyclischen Kegel und das eben ausgesprochene Theorem ist daher eine Folge von Art. 251.

Wir bekommen aber für die Summe oder Differenz dieser Winkel einen Ausdruck in Function der gegebenen Axe, indem wir den durch ihre grösste und kleinste Axe gehenden Hauptschnitt der Fläche betrachten. Wir erhalten die cyclischen Ebenen, wenn wir in demselben die Halbdurchmesser OB, OB' eintragen, deren Längen der mittleren Halbaxe b gleich sind. Die durch diese Linien und normal zur Ebene der Figur gelegten Ebenen sind die cyclischen Ebenen.

Für irgend einen Halbdurchmesser a', der mit OC den Winkel α einschliesst, gilt dann die Relation

$$\frac{1}{a'^2} = \frac{\cos^2 \alpha}{c^2} + \frac{\sin^2 \alpha}{a^2}.$$

Fig. 10.

Nun ist der Halbdurchmesser a' offenbar Axe desjenigen Schnittes, welcher durch ihn normal zur Ebene der Figur gelegt wird, und α ist für $a' > b$ die halbe Summe der Winkel BOA und $B'OA$, welche die Ebene des Schnittes mit den cyclischen Ebenen bildet; es ist dagegen für $a' < b$, weil alsdann OA zwischen den Linien OB und OB' gelegen ist, die halbe Differenz derselben Winkel. Und diese Summe oder Differenz ist für alle Schnitte von derselben Axe dieselbe. Sind daher a', b' die Axen eines Centralschnittes und θ, θ' die Winkel, welche er mit den cyclischen Ebenen einschliesst, so haben wir

$$\frac{1}{b'^2} = \frac{\cos^2 \tfrac{1}{2}(\theta - \theta')}{c^2} + \frac{\sin^2 \tfrac{1}{2}(\theta - \theta')}{a^2},$$

$$\frac{1}{a'^2} = \frac{\cos^2 \tfrac{1}{2}(\theta + \theta')}{c^2} + \frac{\sin^2 \tfrac{1}{2}(\theta + \theta')}{a^2}.$$

Durch Subtraction entspringt daraus

$$\frac{1}{b'^2} - \frac{1}{a'^2} = \left(\frac{1}{c^2} - \frac{1}{a^2}\right) \sin \theta \sin \theta',$$

d. h. die Differenz der Quadrate der reciproken Werthe der Axen eines Centralschnittes ist dem Product der sinus der Winkel proportional, welche seine Ebene mit den cyclischen Ebenen der Fläche einschliesst.

254. Wir sahen im Art. 249., dass für zwei sphärische Kegelschnitte von denselben cyclischen Bogen der in einer Tangente des einen vom andern bestimmte Abschnitt im

Berührungspunkte halbiert wird, und erkennen daraus durch die Methode des Unendlichkleinen, dass die Tangenten des einen im andern ein Segment von constanter Fläche bestimmen. (Vergl. „Kegelschn." Art. 263.)

Wenn ferner zwei sphärische Kegelschnitte dieselben Brennpunkte haben, so sind die Tangenten, welche man durch irgend einen Punkt des äussern von ihnen nach dem innern ziehen kann, gleich geneigt gegen die entsprechende Tangente des ersteren in jenem Punkte; und es ist daher nach der Methode des Unendlichkleinen (s. a. O. Art. 266.) der Ueberschuss der Summe dieser zwei Tangenten über den zwischen ihren Berührungspunkten gelegenen Bogen des innern Kegelschnitts constant. Man erkennt dieses Theorem als das reciproke von dem, welches wir im Eingange des Artikels aussprachen und als solches ist es in der That zuerst erhalten worden.[43])

255. Man soll den Ort des Durchschnitts von zwei sich rechtwinklig durchschneidenden Tangenten eines sphärischen Kegelschnitts bestimmen.

Die Aufgabe ist identisch mit der anderen auf Kegel bezüglichen, welche den Kegel zu bestimmen verlangt, der von der Durchschnittslinie zweier zu einander rechtwinkliger Tangentenebenen eines gegebenen Kegels

$$\frac{x^2}{A} + \frac{y^2}{B} + \frac{z^2}{C} = 0$$

erzeugt wird. Sind nun die Richtungswinkel der Normalen zu diesen Tangentenebenen

$$\alpha', \beta', \gamma'; \quad \alpha'', \beta'', \gamma'',$$

so erfüllen sie die Relationen

$$A\cos^2\alpha' + B\cos^2\beta' + C\cos^2\gamma' = 0,$$
$$A\cos^2\alpha'' + B\cos^2\beta'' + C\cos^2\gamma'' = 0;$$

und wir erhalten überdiess für α, β, γ als die Richtungswinkel der ihnen gemeinschaftlichen Normalen die andern Relationen

$$\cos^2\alpha = 1 - \cos^2\alpha' - \cos^2\alpha'', \text{ etc.},$$

so dass die Gleichung des Ortes durch Addition der vorigen Gleichungen in der Form:

$$Ax^2 + By^2 + Cz^2 = (A + B + C)(x^2 + y^2 + z^2)$$
gefunden wird. Derselbe ist daher ein mit dem Reciprokalkegel des gegebenen concyclischer Kegel.

Es entspricht diesem Ergebniss das reciproke, dass die Enveloppe einer Sehne von 90° in einem sphärischen Kegelschnitt ein mit dem Reciproken desselben confocaler sphärischer Kegelschnitt ist.

256. Man soll den Ort der Fusspunkte der Normalen finden, welche von dem Brennpunkt eines sphärischen Kegelschnitts auf seine Tangenten gefällt werden.

Die Methode zur Beantwortung dieser Frage ist ganz dieselbe, wie sie bei der entsprechenden Aufgabe der analytischen Geometrie der Ebene angewendet wird und die Verschiedenheit tritt nur in der Interpretation des Resultats hervor.

Wenn die Gleichung des sphärischen Kegelschnitts nach Art. 251. in der Form
$$x^2 + y^2 = t^2, \quad (t = ax + by + cz)$$
geschrieben wird, so ist die Gleichung der Tangente
$$xx' + yy' = tt'$$
und die durch den Punkt $x = 0$, $y = 0$ gehende Normale dieser Linie ist durch
$$(x' - at') y - (y' - bt') x = 0$$
ausgedrückt. Die Einführung der aus diesen Gleichungen für x', y', t' sich ergebenden Werthe in
$$x'^2 + y'^2 = t'^2$$
liefert für den gesuchten Ort die Gleichung
$$(x^2 + y^2)\{(a^2 + b^2 - 1)(x^2 + y^2) + 2cz(ax + by) + c^2z^2\} = 0,$$
in welcher die in den Klammern stehende Grösse, für sich mit Null verglichen, einen Kegel bezeichnet, dessen Kreisschnitte der Ebene z parallel sind.

257. Wir haben im Art. 244. erkannt, dass die Relation
$$\alpha \sin A + \beta \sin B + \gamma \sin C = 0$$
nicht wie in der Ebene eine identische Relation zwischen den Normalen von irgend einem Punkte aus ist. Es bleibt daher noch zu untersuchen, wie die von irgend einem Punkte auf

drei feste grösste Kreise gefällten Normalen verbunden sind. Wir haben jedoch diese Aufgabe implicite bereits gelöst, da jede der drei Normalen das Complement einer der drei Entfernungen des Punktes von den Polen der Seiten des Fundamentaldreiecks ist.

Sind daher durch a, b, c die Seiten, durch A, B, C die Winkel dieses Dreiecks bezeichnet, so sind die sinus. α, β, γ der von irgend einem Punkt auf die Seiten gefällten Normalen durch die folgende Relation vereinigt, die nur eine Transformation der im Art. 54. gegebenen ist,

$$\alpha^2 \sin^2 A + \beta^2 \sin^2 B + \gamma^2 \sin^2 C$$
$$+ 2\beta\gamma \sin B \sin C \cos a + 2\gamma\alpha \sin C \sin A \cos b + 2\alpha\beta \sin A \sin B \cos c$$
$$= 1 - \cos^2 A - \cos^2 B - \cos^2 C - 2 \cos A \cos B \cos C.$$

In dieser Form repräsentiert die Gleichung eine zwischen den sinus der drei Bogen α, β, γ bestehende Relation.

Wenn wir eine Relation zwischen den Normalen erhalten wollen, welche von einem Punkte der Kugel auf die durch

$$\alpha = 0, \quad \beta = 0, \quad \gamma = 0$$

dargestellten Ebenen gefällt werden, so haben wir nur die rechte Seite der vorigen Gleichung mit r^2 zu multipliciren und erkennen, dass diese Gleichung in α, β, γ die Transformation der elementaren Relation

$$x^2 + y^2 + z^2 = r^2$$

ist.

Es erhellt daraus, dass die linke Seite der vorigen Gleichung, für sich mit Null verglichen, eine Transformation von

$$x^2 + y^2 + z^2 = 0$$

und daher der Ausdruck des imaginären Kreises ist, in welchem zwei concentrische Kugeln sich schneiden, mit andern Worten der **Ausdruck des imaginären Kreises im Unendlichen.** (Vergl. Art. 139.)

258. Diese Gleichung erlaubt uns, die Gleichung der **Kugel zu entwickeln, die einem gegebenen Tetraeder eingeschrieben ist.** Wir bezeichnen durch

$$\alpha = 0, \quad \beta = 0, \quad \gamma = 0, \quad \delta = 0$$

seine Flächen, und denken durch das Centrum der Kugel parallel zu den drei ersten unter ihnen Ebenen gelegt, so dass die von einem Punkte der Kugel auf sie gefällten Normalen die Werthe

$\alpha = r$, $\beta = r$, $\gamma = r$ erhalten. Die Gleichung der Kugel ist
$$(\alpha - r)^2 \sin^2 A + (\beta - r)^2 \sin^2 B + \text{etc.}$$
$$= r^2 (1 - \cos^2 A - \cos^2 B - \cos^2 C - 2 \cos A \cos B \cos C).$$

Sind dann L, M, N, P die Inhaltszahlen der vier Flächen, so gilt die Identität
$$L\alpha + M\beta + N\gamma + P\delta = r(L + M + N + P);$$
wir können mit Hülfe derselben r eliminieren und das Resultat ist auf die Form des Art. 259. reducibel.

259. **Die Gleichung eines beliebigen kleinen Kugelkreises oder auch eines geraden Kegels** wird leicht gefunden. Der sinus der Entfernung irgend eines seiner Punkte von der Polare des Centrums ist constant, d. h. wenn $\alpha = 0$ diese Polare bezeichnet, ist die Gleichung des Kreises
$$\alpha^2 = \cos^2 \varrho \, (x^2 + y^2 + z^2).$$

Da hiernach alle Kreise der Kugel, welche nicht grösste Kreise sind, durch Gleichungen von der Form
$$S = \alpha^2$$
gegeben sind, so sind alle ihre Eigenschaften specielle Fälle von denen der Kegelschnitte, die mit einem gegebenen Kegelschnitt eine doppelte Berührung haben.

Man kann leicht die Theorie der Invarianten auf solche kleine Kugelkreise anwenden. Sind
$$x^2 + y^2 + z^2 - \alpha^2 \sec^2 \varrho = 0, \quad (S = 0),$$
$$x^2 + y^2 + z^2 - \beta^2 \sec^2 \varrho' = 0, \quad (S' = 0)$$
zwei Kreise, so bilden wir die Bedingung, unter welcher
$$kS + S' = 0$$
in lineare Factoren zerfällt. Für die Form derselben ist
$$k^3 \Delta + k^2 \Theta + k \Theta' + \Delta' = 0$$
$$\Delta = -\tan^2 \varrho, \quad \Delta' = -\tan^2 \varrho'$$
$$\Theta = \sec^2 \varrho \sec^2 \varrho' \sin^2 D - 2 \tan^2 \varrho - \tan^2 \varrho',$$
$$\Theta' = \sec^2 \varrho \sec^2 \varrho' \sin^2 D - 2 \tan^2 \varrho' - \tan^2 \varrho,$$
für D als die Entfernung der Centra. Für zwei Kreise in einer Ebene sind die entsprechenden Werthe
$$\Delta = -r^2, \quad \Delta' = -r'^2,$$
$$\Theta = D^2 - 2r^2 - r'^2,$$
$$\Theta' = D^2 - 2r'^2 - r^2.$$

Wenn daher eine Invarianten-Relation zwischen zwei Kreisen in der Ebene als eine Function ihrer Halbmesser und ihrer Centraldistanz ausgedrückt ist, so wird die entsprechende Relation für zwei Kreise einer Kugel aus ihr erhalten, indem man für

r, r', D die Werthe $\tan \varrho$, $\tan \varrho'$, $\sec \varrho \sec \varrho' \sin D$

einsetzt.

So berühren sich zwei Kreise in einer Ebene, wenn die Discriminante der obigen cubischen Gleichung verschwindet und die Bedingung der Berührung ist daher

entweder $D = 0$ oder $D = r \pm r'$.

Die der letzteren Bedingung entsprechende Relation für Kugelkreise ist daher

$\tan \varrho \pm \tan \varrho' = \sec \varrho \sec \varrho' \sin D$ oder $\sin D = \sin(\varrho \pm \varrho')$.

Wenn ferner zwei Kreise in einer Ebene dem nämlichen Dreieck respective eingeschrieben und umgeschrieben sind, so besteht die Invarianten-Gleichung

$$\Theta^2 = 4 \Lambda \Theta'$$

und es entspringt aus ihr zwischen den Halbmessern und der Centraldistanz beider Kreise die Relation

$$D^2 = R^2 - 2Rr.$$

Ihr entspricht für den eingeschriebenen und den umgeschriebenen Kreis eines sphärischen Dreiecks die Relation

$$\sec^2 P \sec^2 \varrho \sin^2 D = \tan^2 P - 2 \tan P \tan \varrho.$$

Wir könnten in derselben Weise die zwischen dem eingeschriebenen und umgeschriebenen Kreise eines sphärischen Polygons bestehende Relation entwickeln.

260. Nach Art. 257. ist die Gleichung eines kleinen Kugelkreises oder eines geraden Kegels in trimetrischen Coordinaten nothwendig von der Form

$\alpha^2 \sin^2 A + \beta^2 \sin^2 B + \gamma^2 \sin^2 C$
$+ 2\beta\gamma \sin B \sin C \cos a + 2\gamma\alpha \sin C \sin A \cos b + 2\alpha\beta \sin A \sin B \cos c$
$= (l\alpha + m\beta + n\gamma)^2$.

Wenn nun der betrachtete Kugelkreis dem Fundamentaldreieck $\alpha\beta\gamma$ umgeschrieben ist, so müssen die Coefficienten von α^2, β^2, γ^2 verschwinden und wir müssen daher

$l\alpha + m\beta + n\gamma = \alpha \sin A + \beta \sin B + \gamma \sin C$

haben, d. h. wie schon vorher bewiesen ist, diese Gleichung repräsentirt die Polare des Centrums des umgeschriebenen Kreises.

Die Substitution der Werthe $\sin A$, $\sin B$, $\sin C$ für l, m, n liefert die Gleichung des betrachteten Kreises in der Form

$$\beta\gamma \tan \tfrac{1}{2} a + \gamma\alpha \tan \tfrac{1}{2} b + \alpha\beta \tan \tfrac{1}{2} c = 0.$$

Die Gleichung des eingeschriebenen Kreises wird genau in derselben Form erhalten, wie in dem Falle der ebenen Dreiecke, nämlich in der Form

$$\cos \tfrac{1}{2} A \sqrt{(\alpha)} \pm \cos \tfrac{1}{2} B \sqrt{\beta} \pm \cos \tfrac{1}{2} C \sqrt{\gamma} = 0.$$

Die Tangentialgleichung eines kleinen Kreises kann entweder durch Bildung der Reciproken von der im Anfang dieses Art. gegebenen oder direct aus Art. 245. abgeleitet werden, indem man ausdrückt, dass die Senkrechte vom Centrum auf

$$\xi\alpha + \eta\beta + \zeta\gamma = 0$$

constant ist. So erhält man für die Tangentialgleichung des Kreises vom Centrum α', β', γ' und vom Radius ϱ

$$\sin^2 \varrho \, (\xi^2 + \eta^2 + \zeta^2 - 2\,\eta\zeta \cos A - 2\,\zeta\xi \cos B - 2\,\xi\eta \cos C)$$
$$= (\alpha'\xi + \beta'\eta + \gamma'\zeta)^2;$$

eine Form, die nach Art. 259. auch zeigt, dass jeder Kreis mit dem imaginären Kreis im Unendlichen eine doppelte Berührung hat.

261. Wir wollen diese Ergebnisse zur Untersuchung der von Hart gegebenen Uebertragung des Satzes vom Feuerbach'schen Kreise auf sphärische Dreiecke anwenden. Das bezügliche Theorem behauptet, dass die vier eingeschriebenen Kreise eines sphärischen Dreiecks von einem und demselben fünften Kreise berührt werden.

Man arbeitet am bequemsten mit den Tangentialgleichungen. Die Tangentialgleichungen der Kreise, welche die Seiten des Fundamental-Dreiecks berühren, sind, weil sie die Glieder ξ^2, η^2, ζ^2 nicht enthalten dürfen, offenbar

$$\xi^2 + \eta^2 + \zeta^2 - 2\,\eta\zeta \cos A - 2\,\zeta\xi \cos B - 2\,\xi\eta \cos C = (\xi \pm \eta \pm \zeta)^2;$$

oder

1) $\eta\zeta \cos^2 \tfrac{1}{2} A + \zeta\xi \cos^2 \tfrac{1}{2} B + \xi\eta \cos^2 \tfrac{1}{2} C = 0$,
2) $\eta\zeta \cos^2 \tfrac{1}{2} A - \zeta\xi \sin^2 \tfrac{1}{2} B - \xi\eta \sin^2 \tfrac{1}{2} C = 0$,
3) $-\eta\zeta \sin^2 \tfrac{1}{2} A + \zeta\xi \cos^2 \tfrac{1}{2} B - \xi\eta \sin^2 \tfrac{1}{2} C = 0$,
4) $-\eta\zeta \sin^2 \tfrac{1}{2} A - \zeta\xi \sin^2 \tfrac{1}{2} B + \xi\eta \cos^2 \tfrac{1}{2} C = 0$;

und diese Kreise werden alle durch den Kreis

5) $\xi^2 + \eta^2 + \zeta^2 - 2\eta\zeta \cos A - 2\zeta\xi \cos B - 2\xi\eta \cos C$
$= \{\xi \cos(B-C) + \eta \cos(C-A) + \zeta \cos(A-B)\}^2$

berührt. Denn die Centra der Aehnlichkeit der Kreise 1) und 5) sind durch die Tangentialgleichungen

$(\xi + \eta + \zeta) \pm \{\xi \cos(B-C) + \eta \cos(C-A) + \zeta \cos(A-B)\} = 0$

bestimmt und eines derselben ist daher

$\xi \sin^2 \tfrac{1}{2}(B-C) + \eta \sin^2 \tfrac{1}{2}(C-A) + \zeta \sin^2 \tfrac{1}{2}(A-B) = 0$.

Die Bedingung, unter welcher dieser Punkt dem Kreise 1) angehört, ist aber nach Art. 159. der „Kegelschn."

$\cos \tfrac{1}{2} A \sin \tfrac{1}{2}(B-C) + \cos \tfrac{1}{2} B \sin \tfrac{1}{2}(C-A) + \cos \tfrac{1}{2} C \sin \tfrac{1}{2}(A-B) = 0$,

und diese ist erfüllt. In gleicher Art zeigt man, dass der Kreis 5) die übrigen drei Kreise berührt. Die Coordinaten des Berührungspunktes sind

$\sin^2 \tfrac{1}{2}(B-C)$, $\sin^2 \tfrac{1}{2}(C-A)$, $\sin^2 \tfrac{1}{2}(A-B)$.

262. **Die Coordinaten des Centrums vom Hart'schen Kreise sind durch**

$\cos(B-C)$, $\cos(C-A)$, $\cos(A-B)$

ausgedrückt und dasselbe liegt daher in derjenigen Linie, welche den Durchschnittspunkt der drei Höhen mit dem Durchschnittspunkt der drei Seitenhalbierungslinien verbindet.

Denn die Coordinaten des Durchschnitts der Höhen sind

$\cos B \cos C$, $\cos C \cos A$, $\cos A \cos B$,

und die des Durchschnittspunktes der Seitenhalbierungslinien sind

$\sin B \sin C$, $\sin C \sin A$, $\sin A \sin B$.

Dasselbe Centrum liegt aber auch in der Verbindungslinie des Punktes $\cos A$, $\cos B$, $\cos C$ mit dem Punkte
$\sin(S-B)\sin(S-C)$, $\sin(S-C)\sin(S-A)$, $\sin(S-A)\sin(S-B)$,
weil man hat

$\cos A - \cos(B-C) = 2 \sin \tfrac{1}{2}(A+B-C) \sin \tfrac{1}{2}(C+A-B)$;

der erste Punkt ist der Schnittpunkt derjenigen Ecktransversalen, die mit der einen Seite denselben Winkel machen, wie die Höhe mit der andern; der zweite ist der Durchschnitt der Perpendikel, die von den Ecken auf die Verbindungslinien der Mittelpunkte der beziehungsweise anliegenden Seiten gefällt werden. Damit ist das fragliche Centrum als Durchschnitt von zwei bekannten Linien nachgewiesen.

263. Die directe Untersuchung würde in folgender Weise zu führen sein. Für
$$2s = a + b + c$$
und $\alpha \sin A = x$, $\beta \sin B = y$, $\gamma \sin C = z$ oder die Gleichung des imaginären Kreises im Unendlichen
$$U \, . \, x^2 + y^2 + z^2 + 2yz \cos a + 2zx \cos b + 2xy \cos c = 0$$
ist die Gleichung des eingeschriebenen Kreises
$$U = \{x \cos(s-a) + y \cos(s-b) + z \cos(s-c)\}^2,$$
denn sie ist äquivalent mit
$$x^2 \sin^2(s-a) + y^2 \sin^2(s-b) + z^2 \sin^2(s-c)$$
$$- 2yz \sin(s-b) \sin(s-c) - 2zx \sin(s-c) \sin(s-a)$$
$$- 2xy \sin(s-a) \sin(s-b) = 0.$$

Aus ihr gehen aber die Gleichungen der drei andern Kreise, welche dem sphärischen Dreieck eingeschrieben sind, hervor durch die respective Veränderung der Zeichen von a, b oder c (wobei U ungeändert bleibt) und man erkennt sodann, dass alle vier Kreise durch den fünften berührt sind, dessen Gleichung ist
$$U = \left\{ x \frac{\cos \tfrac{1}{2} b \cos \tfrac{1}{2} c}{\cos \tfrac{1}{2} a} + y \frac{\cos \tfrac{1}{2} c \cos \tfrac{1}{2} a}{\cos \tfrac{1}{2} b} + z \frac{\cos \tfrac{1}{2} a \cos \tfrac{1}{2} b}{\cos \tfrac{1}{2} c} \right\}^2.$$

Da diese Gleichung durch den Zeichenwechsel von a, b oder c nicht geändert wird, so berührt der durch sie gegebene Kreis alle, wenn er einen jener vier Kreise berührt.

Nun ist eine seiner gemeinsamen Sehnen mit dem eingeschriebenen Kreise
$$x \left\{ \cos(s-a) - \frac{\cos \tfrac{1}{2} b \cos \tfrac{1}{2} c}{\cos \tfrac{1}{2} a} \right\} + y \left\{ \cos(s-b) - \frac{\cos \tfrac{1}{2} c \cos \tfrac{1}{2} a}{\cos \tfrac{1}{2} b} \right\}$$
$$+ z \left\{ \cos(s-c) - \frac{\cos \tfrac{1}{2} a \cos \tfrac{1}{2} b}{\cos \tfrac{1}{2} c} \right\} = 0,$$
oder in reducierter Form
$$\frac{x}{\sin(s-b) - \sin(s-c)} + \frac{y}{\sin(s-c) - \sin(s-a)} + \frac{z}{\sin(s-a) - \sin(s-b)} = 0.$$

Die Bedingung, unter welcher die Linie $Ax + By + Cz = 0$ die Curve $\sqrt{(ax)} + \sqrt{(by)} + \sqrt{(cz)} = 0$ berührt, ist aber

$$\frac{a}{A} + \frac{b}{B} + \frac{c}{C} = 0$$

und ihre Anwendung auf die betrachtete Linie und den eingeschriebenen Kreis giebt

$$\sin(s-a)\{\sin(s-b)-\sin(s-c)\} + \sin(s-b)\{\sin(s-c)-\sin(s-a)\}$$
$$+ \sin(s-c)\{\sin(s-a)-\sin(s-b)\} = 0,$$

d. h. eine Identität.

Man findet leicht, dass die fragliche gemeinschaftliche Tangente auch den sphärischen Kegelschnitt $\sqrt{(x)} + \sqrt{(y)} + \sqrt{(z)} = 0$ berührt, der das Fundamentaldreieck in den Seitenmittelpunkten berührt — wie diess zuerst von W. Hamilton bemerkt worden ist; diess führt zur Construction dieser Tangente als der vierten gemeinschaftlichen Tangente von zwei Kegelschnitten, von denen man die drei übrigen gemeinsamen Tangenten kennt.

Da nach der allgemeinen Gleichung des Hart'schen Kreises durch

$$\alpha \sin A \frac{\cos \tfrac{1}{2} b \cos \tfrac{1}{2} c}{\cos \tfrac{1}{2} a} + \beta \sin B \frac{\cos \tfrac{1}{2} c \cos \tfrac{1}{2} a}{\cos \tfrac{1}{2} b}$$
$$+ \gamma \sin C \frac{\cos \tfrac{1}{2} a \cos \tfrac{1}{2} b}{\cos \tfrac{1}{2} c} = 0$$

oder

$$\alpha \tan \tfrac{1}{2} a + \beta \tan \tfrac{1}{2} b + \gamma \tan \tfrac{1}{2} c = 0$$

oder endlich

$$\alpha \cos(S-A) + \beta \cos(S-B) + \gamma \cos(S-C) = 0$$

die Polare seines Centrums dargestellt wird, so gelangt man zu andern Constructionen für das Centrum dieses Kreises.

Der Radius R des Berührungskreises zu drei andern Kreisen von den bekannten Centren und mit den Radien r, r', r'' kann berechnet werden, indem man $r + R$, $r' + R$, $r'' + R$ für d, e, f in die Formeln der Art. 54., 56. einsetzt und die entspringende Gleichung für R auflöst. Durch Anwendung dieser Methode auf die drei äusserlich eingeschriebenen Kreise findet man die Tangente des Radius vom Hart'schen Kreise gleich der Hälfte der Tangente des Radius des dem Dreieck umgeschriebenen Kreises.

www.ingramcontent.com/pod-product-compliance
Lightning Source LLC
Chambersburg PA
CBHW021153230426
43667CB00006B/374